JN072903

THE ENERGY DATA AND MODELLING CENTER

EDMC
エネルギー・経済統計要覧

日本エネルギー経済研究所 計量分析ユニット 編

2024

理工図書

序　文

　　一般財団法人　日本エネルギー経済研究所　計量分析ユニット(The Energy Data and Modelling Center, IEEJ)は、1984年 10 月に当研究所の付置機関エネルギー計量分析センターとして発足し、1999 年 7 月 1 日に組織改編され、現在の体制となりました。当ユニットは、設立以来、エネルギーデータベースの確立、各種エネルギーモデルの構築および計量分析などを通じて、わが国のエネルギー政策およびエネルギー関連企業の経営方針決定などに資する情報を提供してまいりました。このような活動の結果、加工データを含め、多くのエネルギーデータが蓄積されました。この「EDMC エネルギー・経済統計要覧」はこれらのデータをもとに作成したものですが、1992 年発刊以来、お陰様で好評をいただいております。

　　エネルギー種別の専門的な統計集はこれまでにもいくつか出されていますが、需給予測や需給構造の分析、原単位などの国際比較などに役立つことを目的として、エネルギー全体にわたって基本的な統計データを利用しやすい形でまとめたものは多くはないのが現状です。ここに集められたデータの多くは、当ユニットで計量分析作業をするために作成し、日常業務に利用しているものですが、エネルギー関連産業界に従事される方はもとより、エネルギー問題に関心のある皆様にとって便利な一冊であると確信しております。エネルギー問題の分析の座右の統計集としてご活用いただければ幸いです。

　　2024 年 4 月

　　　　　　　　　　　一般財団法人　日本エネルギー経済研究所
　　　　　　　　　　　計量分析ユニット

解　説

1. 統計表で「−」は該当なし、「N.A.」は不詳、「0」は単位未満を表します。

2. 各統計表の個々の数値の合計と合計欄の数値とは、四捨五入の関係で一致しない場合もあります。

3. 発刊以来、関係各位の貴重なご意見をもとに一部補正・改廃を加えています。

4. エネルギーバランス表関連については2000年度までは、資源エネルギー庁『総合エネルギー統計』を出所としております。2001年度に『総合エネルギー統計』作成方法の変更があったため、同年度以降は、日本エネルギー経済研究所計量分析ユニットの独自推計値を出所としております。本推計値は、従来の推計方法を踏襲し、過去系列との整合性を重視したものですので、長期の時系列データとして変わりなくご利用いただけます。なお、2022年度分は速報値です。

5. 国内のエネルギーバランス表関連の統計表は総発熱量で、IEAによる海外のエネルギーバランス表関連の統計表は真発熱量で表されています。そのため、計算に使用している各エネルギーの発熱量が異なります。

　また、一次電力の発電効率の仮定にも違いがあります。国内統計表では、地熱、水力、原子力は火力の発電効率（42.05%）を用いて2021年度の発熱量を2,045kcal/kWhとしていますが、IEA統計表では、原子力は0.26Mtoe/TWh（発電効率33%）、水力他は0.086Mtoe/TWh（同100%）、地熱は実効率に基づいた値もしくは0.86Mtoe/TWh（同10%）で計算しています。

　主としてこれらのため、日本に関するデータでも両者の数値は一致しません。

6. 非エネルギー消費とは、土木用アスファルトなど、エネルギー用途以外で消費した量をさします。資源エネルギー庁及びIEAのエネルギーバランス表では、さらに石油化学原料用ナフサなども含みます。

7. 資源エネルギー庁『総合エネルギー統計』は1999年度版から単位がジュール(J)に変更されましたが、本書はキロカロリー(kcal)を使用しています。両者の関係は次の通りです。

$$10^{10}\text{kcal}＝0.0418605\text{ PJ}\qquad 1\text{PJ}＝23.8889×10^{10}\text{kcal}$$

8. 国内のCO_2発生量（p.46〜48）では、EDMC推計のエネルギーバランス表を元に環境省の排出係数（参考資料IV-2）を参考に計算を行っています。ただし、非エネルギーの全量、産業部門の石油化学用ナフサ・LPG等を控除しています。高炉・転炉ガス及び都市ガスの排出係数は、それぞれの製造工程における炭素収支に基づき、毎年度設定しています。

2022年度の排出係数 Mt-CO_2/10^{13}kcal（総発熱量ベース）

高炉・転炉ガス 4.586 都市ガス 2.084

一方、世界のCO_2排出量（p.235）では、IEAの『Greenhouse Gas Emissions from Energy』と『World Energy Balances』から算出した各国の最新年のエネルギー源別排出係数(Mt-CO_2/Mtoe)に毎年のエネルギー消費量を乗じて計算を行っています。ただし、非エネルギーの全量を控除しています。
主としてこれらのため、両者の数値は一致しません。

9. 我が国の国民経済計算体系は、2020年12月に2015年基準に移行しています。1979年度以前のデータはEDMC推計です。

10. 出所がIEA（国際エネルギー機関）の表(IEA資料)については、IEAとの合意に基づいて提供されます。IEA資料の使用には、https://www.iea.org/terms/rights にあるIEAの利用規約が適用されます。IEAの利用規約で許可されていないIEA資料の使用について、IEAから個別の許可を取得したい場合は、IEAの rights@iea.org までご連絡ください。

11. 出版後に改定・訂正が行われた場合、該当部分はEDMCのホームページ https://edmc.ieej.or.jp/に掲載されますのでご利用ください。

本書の編集は、以下の日本エネルギー経済研究所計量分析ユニットの研究員及び事務職員が担当した。

伊藤　浩吉、江藤　諒、江幡　美希、遠藤　聖也、
恩田　知代子、杣田　裕子、中野　優人、森本　大樹、
栁澤　明

　なお、本要覧についてご意見・ご質問などがございましたら、発行元の理工図書株式会社へお知らせいただければ幸いです。ただし、EDMC 推計データに関するご質問は、未公表資料などに基づく推計データも数多くありますのでご容赦ください。

2024年度版
EDMC／エネルギー・経済統計要覧
●目次

I. エネルギーと経済

1. 主要経済指標

2. エネルギー需給の概要

2. 家庭部門

3. 業務部門

III. エネルギー源別需給

1. 石炭需給

2. 石油需給

IV．世界のエネルギー・経済指標

V.　超長期統計

参考資料

I　エネルギー需給の概要

II　各種計画・見通し

I. エネルギーと経済

1．主要経済指標

1．主要経済指標
(1)GDPとエネルギー関連主要指標

年度	1965	1970	1980	1990	2000	2010	2020	2022	年平均伸び率(%)						
									1970/ 1965	1980/ 1970	1990/ 1980	2000/ 1990	2010/ 2000	2020/ 2010	2022/ 2020
名目GDP (兆円)	35.4	80.1	261.7	470.9	537.6	504.9	539.0	566.5	17.7	12.6	6.1	1.3	-0.6	0.7	2.5
実質GDP(連鎖方式) (2015年価格兆円)	103.4	174.5	276.2	430.9	485.6	512.1	528.8	551.8	11.0	4.7	4.5	1.2	0.5	0.3	2.2
同一人当たり (万円/人)	105.2	168.3	235.9	348.6	382.6	399.9	419.2	441.6	9.8	3.4	4.0	0.9	0.4	0.5	2.6
人口(百万人)	98.3	103.7	117.1	123.6	126.9	128.1	126.1	124.9	1.1	1.2	0.5	0.3	0.1	-0.2	-0.5
世帯数(百万世帯)	25.5	30.0	36.3	41.8	48.0	53.8	59.5	60.3	3.3	1.9	1.4	1.4	1.1	1.0	0.6
一次エネルギー 国内供給 (石油換算百万トン)	168.9	319.7	397.2	486.3	558.7	547.6	432.0	450.5	13.6	2.2	2.0	1.4	-0.2	-2.3	2.1
同一人当たり (石油換算トン/人)	1.7	3.1	3.4	3.9	4.4	4.3	3.4	3.6	12.4	1.0	1.5	1.1	-0.3	-2.2	2.6
最終エネルギー消費 (石油換算百万トン)	108.5	211.2	264.5	322.9	375.7	338.2	281.7	280.1	14.2	2.3	2.0	1.5	-1.0	-1.8	-0.3
鉱工業生産指数 (2020年=100)	26.5	54.7	80.4	120.6	119.0	111.9	99.7	104.9	15.6	3.9	4.1	-0.1	-0.6	-1.1	2.6
粗鋼生産 (百万トン)	41.3	92.4	107.4	111.7	106.9	110.8	82.8	87.8	17.5	1.5	0.4	-0.4	0.4	-2.9	3.0
自動車保有台数 (万台)	724	1,816	3,792	5,767	7,237	7,500	7,813	7,830	20.2	7.6	4.3	2.3	0.4	0.4	0.1

1. 主要経済指標

(2) 国内総支出（2015年基準国民経済計算：連鎖方式）

年度	実質				
	国内総生産 (GDP)	伸び率 (%)	民間最終消費支出	政府最終消費支出	民間住宅投資	民間企業設備投資
1965	103,431	-	63,973	22,953	8,992	10,715
1970	174,524	8.1	99,231	28,434	17,834	29,888
1973	214,623	5.2	122,313	32,569	25,305	34,036
1975	225,410	5.2	128,492	37,043	23,989	30,252
1980	276,175	2.8	155,468	45,188	25,740	38,855
1985	339,278	5.4	186,373	53,907	25,156	49,825
1990	430,862	5.6	232,746	63,821	33,484	82,112
1991	441,678	2.5	238,273	66,071	30,509	83,215
1992	444,297	0.6	241,711	67,958	29,674	77,408
1993	440,842	-0.8	245,598	70,091	30,280	67,015
1994	447,937	1.6	250,796	73,112	32,051	66,987
1995	462,177	3.2	256,869	75,596	30,565	72,629
1996	475,806	2.9	263,038	77,203	34,246	76,894
1997	475,217	-0.1	260,140	78,169	28,751	78,748
1998	470,507	-1.0	260,946	79,695	25,853	75,981
1999	473,320	0.6	264,492	82,667	26,580	74,766
2000	485,623	2.6	268,318	85,652	26,834	79,309
2001	482,114	-0.7	273,494	87,612	25,378	76,229
2002	486,546	0.9	276,853	89,102	25,049	73,928
2003	495,923	1.9	278,839	90,906	25,187	76,196
2004	504,269	1.7	282,155	91,622	25,829	79,260
2005	515,134	2.2	287,363	92,007	25,838	85,280
2006	521,785	1.3	289,039	92,547	25,758	87,220
2007	527,272	1.1	290,927	94,057	22,343	86,602
2008	508,262	-3.6	284,681	93,481	21,775	81,563
2009	495,876	-2.4	286,677	95,875	17,347	72,235
2010	512,065	3.3	290,498	98,058	18,188	73,694
2011	514,687	0.5	292,327	99,968	18,984	76,623
2012	517,919	0.6	297,292	101,258	19,834	77,758
2013	532,072	2.7	305,995	103,088	21,550	81,953
2014	530,195	-0.4	297,942	103,988	19,798	84,202
2015	539,414	1.7	299,998	106,262	20,415	87,090
2016	543,479	0.8	299,130	107,188	21,295	87,792
2017	553,174	1.8	302,186	107,494	20,912	90,286
2018	554,534	0.2	302,359	108,680	19,903	91,687
2019	550,161	-0.8	299,614	110,974	20,420	90,523
2020	528,798	-3.9	285,317	113,992	18,910	85,450
2021	543,649	2.8	290,391	117,666	18,938	86,907
2022	551,814	1.5	298,122	119,334	18,288	89,874

出所：内閣府「国民経済計算」、EDMC推計

(2015年連鎖十億円)				名目 (十億円) 国内 総生産 (GDP)	GDP デフレーター (2015年= 100)	(参考) 国民 総所得 (10億円)	年度
公的固定 資本形成	在庫品 増加	財貨等の 輸出	財貨等の 輸入				
9,986	526	3,604	6,746	35,425	34.2	35,358	1965
17,698	1,744	7,953	15,028	80,095	45.9	80,003	1970
22,463	1,716	9,976	21,699	124,561	58.0	124,606	1973
23,723	303	12,233	19,773	162,593	72.1	162,567	1975
29,152	991	19,257	24,303	261,681	94.8	261,758	1980
29,584	1,749	27,347	25,496	345,766	101.9	347,406	1985
37,701	1,099	33,505	44,603	470,874	109.3	474,185	1990
39,173	2,025	35,325	44,381	496,059	112.3	499,391	1991
44,972	-265	36,726	43,605	505,821	113.8	510,424	1992
47,603	-649	36,710	43,858	504,510	114.4	508,677	1993
45,721	-73	38,686	48,021	511,959	114.3	516,158	1994
49,000	1,693	40,287	55,039	525,300	113.7	530,239	1995
48,218	1,746	42,904	60,034	538,660	113.2	545,465	1996
45,051	3,694	46,745	58,835	542,508	114.2	549,674	1997
46,027	-229	44,992	54,978	534,564	113.6	540,741	1998
45,735	-3,200	47,751	58,614	530,299	112.0	537,145	1999
42,393	634	52,403	64,668	537,614	110.7	545,845	2000
40,138	-1,262	48,405	62,626	527,411	109.4	535,637	2001
38,203	-1,027	54,319	65,644	523,466	107.6	531,006	2002
35,414	741	59,758	67,248	526,220	106.1	535,128	2003
32,557	1,836	66,784	73,286	529,638	105.0	540,195	2004
29,998	723	73,090	77,709	534,106	103.7	546,986	2005
28,111	1,019	79,433	80,486	537,258	103.0	552,343	2006
26,932	2,005	86,992	82,531	538,486	102.1	555,059	2007
25,794	1,983	78,099	78,965	516,175	101.6	528,857	2008
28,191	-4,791	71,091	70,640	497,364	100.3	510,168	2009
26,174	1,256	83,833	79,161	504,874	98.6	518,661	2010
25,593	1,693	82,634	83,257	500,046	97.2	514,194	2011
25,874	414	81,505	86,437	499,421	96.4	513,710	2012
28,071	-1,326	85,086	92,485	512,678	96.4	530,801	2013
27,425	314	92,643	96,071	523,423	98.7	543,356	2014
27,081	1,350	93,617	96,500	540,741	100.2	561,902	2015
27,219	47	96,832	96,054	544,830	100.2	563,984	2016
27,395	1,941	102,965	99,688	555,713	100.5	576,033	2017
27,628	2,154	104,990	102,699	556,571	100.4	578,282	2018
28,082	895	102,589	102,942	556,845	101.2	578,735	2019
29,439	-472	92,400	96,494	539,009	101.9	558,812	2020
27,537	2,292	103,855	103,384	553,642	101.8	582,625	2021
25,853	3,062	108,774	110,711	566,490	102.7	600,558	2022

注：(1)開差の分、内訳の和と合計が合わない。
　　(2)GNP(国民総生産)については V -(3)GNPと一次エネルギー消費を参照。
　　(3)1979年度以前のデータは、EDMC推計。

1. 主要経済指標
(3)消費

| 年度 | 一世帯・一ヶ月当たり
全国勤労者世帯消費支出 | | | | 大型小売店
販売額 | | 第三次産業
活動指数 | |
	(千円)	伸び率 (%)	光熱費 (円)	伸び率 (%)	(十億円)	伸び率 (%)	(2015年 =100)	伸び率 (%)
1965	50.3	8.2	-	-	N.A.	N.A.	N.A.	N.A.
1970	84.8	13.5	3,031	12.8	N.A.	N.A.	32.9	N.A.
1973	121.4	18.5	3,994	15.0	5,645	30.5	40.6	5.6
1975	170.2	13.9	6,160	24.2	7,782	12.6	42.6	5.5
1980	241.9	6.8	11,138	32.3	12,398	9.5	53.5	3.2
1985	290.0	1.8	14,378	-1.0	15,459	4.0	63.7	4.2
1990	334.6	4.4	13,702	8.5	21,266	8.3	83.8	5.6
1991	349.1	4.3	14,216	3.8	22,355	5.1	86.6	3.4
1992	354.2	1.5	14,572	2.5	21,998	-1.6	86.1	-0.6
1993	353.7	-0.2	14,962	2.7	21,444	-2.5	87.1	1.2
1994	351.7	-0.6	15,112	1.0	21,962	2.4	88.7	1.8
1995	351.7	0.0	15,759	4.3	22,604	2.9	90.8	2.4
1996	355.2	1.0	15,996	1.5	23,397	3.5	93.1	2.5
1997	354.6	-0.2	16,316	2.0	23,125	-1.2	92.7	-0.4
1998	351.9	-0.8	16,013	-1.9	23,154	0.1	92.8	0.1
1999	345.1	-1.9	16,068	0.3	23,109	-0.2	93.3	0.6
2000	342.5	-0.8	16,585	3.2	22,595	-2.2	95.2	2.0
2001	333.7	-2.6	16,191	-2.5	22,221	-1.7	95.5	0.4
2002	329.2	-1.3	15,986	-1.1	22,041	-0.8	95.9	0.4
2003	329.2	0.0	15,733	-1.6	21,734	-1.4	97.0	1.1
2004	331.2	0.6	15,950	1.4	21,380	-1.6	98.5	1.6
2005	327.2	-1.2	16,622	4.2	21,258	-0.6	100.7	2.2
2006	319.7	-2.3	16,439	-1.1	21,174	-0.4	102.0	1.3
2007	325.4	1.8	17,101	4.0	21,253	-0.4	103.0	0.9
2008	323.2	-0.7	17,191	0.5	20,659	-2.8	99.8	-3.1
2009	318.9	-1.3	16,026	-6.8	19,568	-5.3	96.6	-3.2
2010	314.6	-1.3	16,831	5.0	19,579	0.1	97.6	1.0
2011	310.2	-1.4	16,823	-0.1	19,701	0.6	98.3	0.8
2012	317.1	2.2	17,486	3.9	19,555	-0.7	99.6	1.3
2013	322.0	1.6	18,100	3.5	20,144	3.0	100.8	1.2
2014	315.3	-2.1	18,273	1.0	19,995	-0.7	99.2	-1.6
2015	313.8	-0.5	16,543	-9.5	19,940	-0.3	100.3	1.1
2016	309.4	-1.4	15,267	-7.7	19,526	-2.1	100.5	0.2
2017	313.0	1.2	16,480	8.0	19,625	0.5	101.9	1.4
2018	318.3	1.7	16,406	-0.5	19,548	-0.4	103.0	1.1
2019	320.6	0.7	16,271	-0.8	19,346	-1.0	102.3	-0.7
2020	304.5	-5.0	16,126	-0.9	19,630	1.5	95.3	-6.8
2021	311.2	2.2	16,772	4.0	19,998	1.9	97.5	2.3
2022	322.8	3.7	20,067	19.6	20,892	4.5	99.6	2.2

出所:総務省「家計調査年報」、経済産業省「商業販売統計年報」、「第三次産業活動指数」

1．主要経済指標
(4)投資

年度	機械受注総額		船舶・電力を除く民需		建築着工床面積		新設住宅着工戸数	
	（十億円）	伸び率(%)	（十億円）	伸び率(%)	（千㎡）	伸び率(%)	（千戸）	伸び率(%)
1965	1,745	6.0	670	-11.4	101,370	-0.9	845	10.5
1970	6,644	25.1	2,923	5.5	204,412	7.0	1,491	5.9
1973	10,130	42.8	4,114	37.0	266,923	5.4	1,763	-5.0
1975	8,605	0.0	3,259	-18.3	202,111	5.7	1,428	13.2
1980	13,641	5.6	5,517	15.7	213,734	-13.4	1,214	-18.3
1985	15,958	-2.5	6,700	5.1	200,413	0.7	1,251	3.6
1990	28,395	8.3	14,576	8.7	279,116	2.3	1,665	-0.4
1991	28,268	-0.4	13,851	-5.0	252,001	-9.7	1,343	-19.4
1992	25,424	-10.1	11,564	-16.5	240,140	-4.7	1,420	5.7
1993	24,532	-3.5	10,425	-9.9	230,848	-3.9	1,510	6.3
1994	24,857	1.3	10,780	3.4	238,587	3.4	1,561	3.4
1995	25,781	3.7	11,596	7.6	232,392	-2.6	1,485	-4.9
1996	28,093	9.0	12,700	9.5	258,361	11.2	1,630	9.8
1997	27,980	-0.4	12,162	-4.2	220,580	-14.6	1,341	-17.7
1998	22,983	-17.9	9,709	-20.2	193,353	-12.3	1,180	-12.1
1999	22,783	-0.9	9,643	-0.7	197,017	1.9	1,226	4.0
2000	25,283	11.0	10,970	13.8	194,481	-1.3	1,213	-1.1
2001	22,182	-12.3	9,592	-12.6	178,903	-8.0	1,173	-3.3
2002	21,683	-2.2	9,145	-4.7	171,030	-4.4	1,146	-2.4
2003	24,001	10.7	9,683	5.9	176,533	3.2	1,174	2.5
2004	25,241	5.2	10,598	9.5	182,774	3.5	1,193	1.7
2005	27,678	9.7	11,234	6.0	185,681	1.6	1,249	4.7
2006	29,115	5.2	11,630	3.5	187,614	1.0	1,285	2.9
2007	30,264	3.9	11,184	-3.8	157,222	-16.2	1,036	-19.4
2008	24,705	-18.4	9,722	-13.1	151,393	-3.7	1,039	0.3
2009	20,080	-18.7	7,740	-20.4	113,196	-25.2	775	-25.4
2010	24,365	21.3	8,448	9.1	122,283	8.0	819	5.6
2011	25,023	2.7	8,974	6.2	127,292	4.1	841	2.7
2012	23,334	-6.7	8,703	-3.0	135,454	6.4	893	6.2
2013	26,370	13.0	9,703	11.5	148,636	9.7	987	10.6
2014	28,576	8.4	9,781	0.8	130,791	-12.0	880	-10.8
2015	28,396	-0.6	10,184	4.1	129,424	-1.0	921	4.6
2016	26,796	-5.6	10,231	0.5	134,187	3.7	974	5.8
2017	28,477	6.3	10,148	-0.8	133,029	-0.9	946	-2.8
2018	29,032	1.9	10,436	2.8	131,079	-1.5	953	0.7
2019	27,391	-5.7	10,404	-0.3	124,933	-4.7	884	-7.3
2020	26,485	-3.3	9,487	-8.8	114,300	-8.5	812	-8.1
2021	31,801	20.1	10,373	9.3	122,468	7.1	866	6.6
2022	32,832	3.2	10,794	4.1	118,722	-3.1	861	-0.6

出所：国土交通省「建築統計年報」、内閣府「機械受注統計調査年報」
注：機械受注の1968年度までは127社分、1969年度以降は178社分、1987年度以降は280社分。

1．主要経済指標

(5)鉱工業生産・出荷指数

(2020年＝100)

年度	生産	出荷				期末製品在庫	製品在庫率
		総合	投資財	消費財	生産財		
1965	26.5	26.0	28.8	26.5	23.9	31.5	-
1970	54.7	52.7	66.2	48.8	47.8	65.6	62.1
1973	69.1	67.1	86.7	59.4	61.1	72.3	54.1
1975	59.6	59.8	73.3	59.5	53.1	83.7	78.6
1980	80.4	77.5	98.6	84.0	64.9	97.3	71.6
1985	95.7	90.3	112.5	101.6	75.1	101.6	70.6
1990	120.6	115.1	150.2	121.3	96.9	110.4	64.2
1991	119.7	114.8	148.1	122.2	96.7	118.0	70.9
1992	112.6	109.0	136.9	117.9	92.2	114.1	76.3
1993	108.5	105.6	128.1	113.9	90.9	111.7	76.5
1994	111.9	108.7	132.3	113.2	95.6	112.2	72.4
1995	114.2	110.7	136.8	111.9	98.3	116.0	75.5
1996	118.1	115.2	148.3	116.4	99.8	111.3	73.9
1997	119.4	116.5	147.3	117.1	102.3	120.8	77.6
1998	111.2	110.4	133.5	115.2	97.2	108.8	81.3
1999	114.2	113.9	131.7	117.0	103.6	105.6	74.1
2000	119.0	118.9	138.0	119.4	109.3	108.1	74.0
2001	108.1	109.0	123.6	115.7	98.2	101.4	81.3
2002	111.3	112.9	118.7	117.5	106.8	95.8	72.5
2003	114.5	116.6	122.3	118.7	112.4	94.1	69.7
2004	119.0	120.7	129.8	120.4	116.4	96.9	68.4
2005	120.8	123.4	132.7	122.2	119.6	99.3	69.8
2006	126.3	128.7	138.1	127.9	124.4	101.0	69.5
2007	129.9	132.7	139.3	132.2	129.1	101.7	70.2
2008	113.6	115.1	119.5	118.3	110.2	97.8	86.5
2009	102.8	104.6	95.7	111.7	104.1	87.6	82.7
2010	111.9	113.4	107.7	116.1	113.5	85.9	72.6
2011	111.1	111.6	111.6	112.6	109.9	96.2	78.9
2012	108.1	110.1	109.0	109.9	109.7	94.6	82.9
2013	111.7	115.1	114.4	114.1	114.8	90.7	76.3
2014	111.1	113.2	115.0	109.1	113.5	95.4	81.1
2015	110.3	112.0	112.3	109.6	112.1	95.6	81.8
2016	111.2	112.6	111.1	110.4	113.5	94.3	82.3
2017	114.3	114.9	115.5	111.1	115.8	99.6	83.3
2018	114.2	114.4	115.6	111.3	115.5	98.6	85.9
2019	110.2	110.4	111.7	108.8	110.8	101.0	91.7
2020	99.7	99.7	99.8	99.4	99.8	91.2	98.1
2021	105.2	103.8	106.5	96.9	106.2	98.4	91.7
2022	104.9	103.7	109.5	99.3	103.4	100.7	98.5

出所：経済産業省「鉱工業指数年報」
注：1977年度以前の出荷のうち、投資財、消費財、生産財はEDMCで接続。

1．主要経済指標
(6)金融

年度	外国為替相場 (円/ドル)	日銀券平均発行高 (十億円)	伸び率 (%)	マネーストック M2 (十億円)	伸び率 (%)	基準割引率及び貸付利率 (年利、%)	市中金利 (年利、%)
1965	362.10	19,262	-	25,687	18.5	5.48	7.70
1970	357.40	41,871	17.6	55,002	18.0	5.75	7.68
1973	273.88	73,668	25.5	98,236	15.1	9.00	7.68
1975	299.06	98,291	11.7	126,235	15.4	6.50	8.84
1980	217.25	153,468	5.2	208,097	6.9	6.25	8.52
1985	221.68	200,019	5.8	313,893	7.6	4.00	6.56
1990	141.52	316,114	7.1	504,897	6.9	6.00	7.23
1991	133.31	320,822	1.5	508,414	0.7	4.50	7.27
1992	122.63	328,464	2.4	514,470	1.2	2.50	5.79
1993	107.84	342,262	4.2	523,718	1.8	1.75	4.41
1994	99.39	358,910	4.9	540,699	3.2	1.75	4.08
1995	96.45	382,099	6.5	558,779	3.3	0.50	3.18
1996	112.65	415,314	8.7	569,828	2.0	0.50	2.60
1997	122.70	451,637	8.7	589,798	3.5	0.50	2.41
1998	128.02	486,865	7.8	614,675	4.2	0.50	2.29
1999	111.54	521,659	7.1	633,988	3.1	0.50	2.12
2000	110.52	555,679	6.5	652,137	2.9	0.25	2.07
2001	125.13	605,200	8.9	673,917	3.3	0.10	1.92
2002	121.90	677,485	11.9	681,901	1.2	0.10	1.85
2003	113.03	705,175	4.1	682,592	0.1	0.10	1.81
2004	107.49	720,220	2.1	696,512	2.0	0.10	1.75
2005	113.26	739,773	2.7	706,120	1.4	0.10	1.65
2006	116.94	746,049	0.8	713,842	1.1	0.75	1.71
2007	114.20	756,541	1.4	729,947	2.3	0.75	1.91
2008	100.46	761,734	0.7	746,285	2.2	0.30	1.88
2009	92.80	764,818	0.4	766,219	2.7	0.30	1.68
2010	85.69	776,759	1.6	786,081	2.6	0.30	1.57
2011	79.05	796,414	2.5	809,271	3.0	0.30	1.48
2012	83.08	815,658	2.4	833,874	3.0	0.30	1.38
2013	100.23	844,086	3.5	863,444	3.5	0.30	1.28
2014	109.92	873,924	3.5	894,313	3.6	0.30	1.20
2015	120.13	922,911	5.6	921,435	3.0	0.30	1.12
2016	108.37	971,981	5.3	959,763	4.2	0.30	1.02
2017	110.80	1,015,889	4.5	989,090	3.1	0.30	0.96
2018	110.88	1,053,901	3.7	1,012,505	2.4	0.30	0.91
2019	108.68	1,082,700	2.7	1,044,290	3.1	0.30	0.87
2020	106.04	1,138,193	5.1	1,143,638	9.5	0.30	0.82
2021	112.36	1,176,086	3.3	1,183,317	3.5	0.30	0.80
2022	135.40	1,209,909	2.9	1,213,441	2.5	0.30	0.78

出所：日本銀行「金融経済統計月報」
注：(1)外国為替相場は東京市場、月中平均。
　　(2)マネーストック（2003年度以降）は、2008年5月より統計が変更になった。
　　　 M2の3月平均残高の値。また、2002年度以前のデータは、旧マネーサプライの
　　　 M2+CD、3月末残高の値。
　　(3)公定歩合が名称変更になり、基準割引率及び基準貸付利率となった。年度末の値。
　　(4)市中金利の1992年4月以降は当座貸越を含むベースで、年度平均の値。

1. 主要経済指標
(7)人口・労働・物価

年度	人口 10月1日 (千人)	世帯数 年度末 (千世帯)	労働力 人口 (千人)	完全 失業者数 (千人)	完全 失業率 (%)	一人当たり 賃金 (千円/人)
1965	98,275	25,520	48,163	623	1.29	513
1970	103,720	30,027	51,709	612	1.18	994
1973	109,104	32,628	53,236	678	1.28	1,583
1975	111,940	33,911	53,442	1,044	1.97	2,292
1980	117,060	36,347	56,708	1,183	2.08	3,286
1985	121,049	38,988	59,748	1,582	2.64	3,992
1990	123,611	41,797	64,144	1,342	2.10	4,734
1991	124,101	42,458	65,322	1,371	2.09	4,912
1992	124,567	43,077	65,833	1,461	2.22	4,927
1993	124,938	43,666	66,291	1,747	2.63	4,960
1994	125,265	44,236	66,494	1,943	2.93	5,020
1995	125,570	44,831	66,720	2,156	3.23	5,075
1996	125,859	45,498	67,368	2,253	3.34	5,129
1997	126,157	46,157	67,938	2,365	3.49	5,176
1998	126,472	46,812	67,891	2,944	4.34	5,093
1999	126,667	47,420	67,750	3,200	4.73	5,050
2000	126,926	48,015	67,723	3,193	4.71	5,055
2001	127,316	48,638	67,370	3,479	5.18	4,928
2002	127,486	49,261	66,773	3,598	5.39	4,816
2003	127,694	49,838	66,618	3,418	5.13	4,754
2004	127,787	50,456	66,393	3,077	4.64	4,789
2005	127,768	51,102	66,553	2,895	4.35	4,852
2006	127,901	51,713	66,693	2,715	4.08	4,852
2007	128,033	52,325	66,859	2,548	3.83	4,827
2008	128,084	52,878	66,740	2,751	4.14	4,788
2009	128,032	53,363	66,430	3,428	5.17	4,603
2010	128,057	53,783	66,308	3,284	4.98	4,567
2011	127,834	54,171	65,836	2,978	4.53	4,571
2012	127,593	55,578	65,674	2,800	4.28	4,561
2013	127,414	55,952	65,953	2,556	3.89	4,558
2014	127,237	56,412	66,164	2,333	3.54	4,604
2015	127,095	56,951	66,334	2,182	3.31	4,626
2016	127,042	57,477	66,885	2,024	3.03	4,661
2017	126,919	58,008	67,637	1,834	2.71	4,695
2018	126,749	58,527	68,682	1,673	2.43	4,744
2019	126,555	59,072	69,227	1,625	2.35	4,777
2020	126,146	59,497	69,013	1,993	2.88	4,722
2021	125,502	59,761	68,973	1,914	2.78	4,813
2022	124,947	60,266	69,064	1,781	2.58	4,906

出所:総務省統計局「人口推計」、「労働力調査報告」、「住民基本台帳」、
　　　「消費者物価指数年報」、日本銀行「物価指数年報」
注:(1)世帯数の2012年度以降は、住民基本台帳法の適用対象となった外国人
　　が含まれる。2013年度以降のデータは基準日が変更され、年度内1月1日
　　時点値。

企業物価指数 (2020年=100)				消費者物価指数 (2020年=100)		年度
国内企業物価	伸び率 (%)	輸出物価	輸入物価		伸び率 (%)	
49.2	1.1	124.0	49.8	N.A.	N.A.	1965
54.6	2.1	133.2	53.0	31.4	N.A.	1970
68.7	21.7	151.7	70.1	40.7	15.6	1973
84.3	2.3	178.7	112.4	54.2	10.4	1975
111.1	12.5	189.2	168.2	74.4	7.7	1980
109.2	-1.7	180.5	152.0	84.2	1.9	1985
105.0	1.2	155.5	106.6	90.4	3.1	1990
105.5	0.4	148.0	95.2	92.9	2.8	1991
104.4	-1.0	142.4	91.2	94.5	1.7	1992
102.6	-1.8	131.0	79.9	95.6	1.2	1993
101.2	-1.3	127.5	78.6	96.0	0.4	1994
100.1	-1.1	128.0	78.6	95.8	-0.2	1995
98.6	-1.5	132.6	88.2	96.2	0.4	1996
99.6	1.0	134.6	90.4	98.1	2.0	1997
97.5	-2.2	133.4	84.5	98.3	0.2	1998
96.7	-0.7	121.0	80.5	97.8	-0.5	1999
96.2	-0.6	117.7	83.8	97.2	-0.6	2000
93.8	-2.5	120.9	84.6	96.3	-0.9	2001
92.2	-1.7	117.2	83.9	95.7	-0.6	2002
91.7	-0.6	113.1	82.5	95.5	-0.2	2003
93.2	1.7	113.2	88.3	95.4	-0.1	2004
94.8	1.7	115.8	102.2	95.2	-0.2	2005
96.8	2.0	119.5	113.2	95.4	0.2	2006
99.0	2.3	119.2	122.2	95.8	0.4	2007
102.1	3.2	110.3	122.7	96.8	1.0	2008
96.9	-5.1	101.9	99.5	95.2	-1.7	2009
97.3	0.4	98.6	105.2	94.7	-0.5	2010
98.6	1.3	96.4	112.7	94.6	-0.1	2011
97.6	-1.0	97.2	114.5	94.4	-0.2	2012
99.4	1.8	107.3	130.1	95.2	0.8	2013
102.2	2.8	110.3	130.2	98.0	2.9	2014
98.8	-3.3	108.8	112.8	98.2	0.2	2015
96.4	-2.4	101.2	100.9	98.2	0.0	2016
99.0	2.7	106.1	110.5	98.9	0.7	2017
101.2	2.2	106.9	117.7	99.6	0.7	2018
101.3	0.1	102.5	110.5	100.1	0.5	2019
99.9	-1.5	100.2	99.5	99.9	-0.2	2020
107.0	7.1	111.5	130.6	100.0	0.1	2021
117.2	9.5	128.3	174.0	103.2	3.2	2022

(2)1972年度以前の労働力人口、完全失業者数は、沖縄県を除く。
(3)一人当たり賃金の1989年度以前はEDMC推計。
(4)2010、2011年度の労働力人口、完全失業者数は、東日本大震災で被災した岩手、宮城、福島の3県の補完推計を含む。

1. 主要経済指標

(8)貿易・国際収支

年度	通関 (億円)					通関 (百万米ドル)			
	輸出	伸び率(%)	輸入	伸び率(%)	鉱物性燃料	輸出	伸び率(%)	輸入	伸び率(%)
1965	31,406	21.4	30,300	6.3	6,083	8,724	21.4	8,417	6.3
1970	54,724	-9.5	52,130	-9.5	14,978	20,250	20.6	19,353	20.9
1973	78,711	13.9	83,071	49.4	32,148	39,679	32.3	44,948	77.2
1975	170,262	-0.3	173,963	-4.8	78,100	56,982	-2.4	58,225	-7.0
1980	300,588	22.8	314,771	14.0	157,822	138,058	29.0	143,967	19.5
1985	407,312	-1.1	290,797	-11.0	123,223	182,634	7.7	130,031	-3.4
1990	418,750	7.7	341,711	12.4	85,518	296,581	8.4	242,285	13.2
1991	426,966	2.0	309,704	-9.4	66,414	320,610	8.1	232,376	-4.1
1992	430,529	0.8	292,250	-5.6	66,765	344,000	7.3	233,107	0.3
1993	396,132	-8.0	264,499	-9.5	50,653	366,227	6.5	244,345	4.8
1994	407,503	2.9	289,888	9.6	50,368	408,465	11.5	290,520	18.9
1995	420,694	3.2	329,530	13.7	52,619	440,057	7.7	343,959	18.4
1996	460,406	9.4	396,717	20.4	71,311	410,878	-6.6	354,451	3.1
1997	514,112	11.7	399,615	0.7	70,269	420,390	2.3	326,765	-7.8
1998	494,493	-3.8	353,938	-11.4	51,357	385,987	-8.2	276,259	-15.5
1999	485,476	-1.8	364,516	3.0	64,767	435,482	12.8	327,410	18.5
2000	520,452	7.2	424,494	16.5	86,308	473,832	8.8	386,168	17.9
2001	485,928	-6.6	415,091	-2.2	81,075	389,745	-17.7	333,202	-13.7
2002	527,271	8.5	430,671	3.8	89,541	431,466	10.7	352,364	5.8
2003	560,603	6.3	448,552	4.2	90,785	495,637	14.9	396,063	12.4
2004	617,194	10.1	503,858	12.3	112,216	574,531	15.9	469,307	18.5
2005	682,902	10.6	605,113	20.1	163,081	605,105	5.3	535,898	14.2
2006	774,606	13.4	684,473	13.1	184,466	662,494	9.5	585,477	9.3
2007	851,134	9.9	749,581	9.5	222,441	743,487	12.2	654,658	11.8
2008	711,456	-16.4	719,104	-4.1	244,822	699,640	-5.9	708,535	8.2
2009	590,079	-17.1	538,209	-25.2	152,595	636,866	-9.0	580,335	-18.1
2010	677,888	14.9	624,567	16.0	181,438	789,072	23.9	727,570	25.4
2011	652,885	-3.7	697,106	11.6	231,321	827,315	4.8	883,341	21.4
2012	639,400	-2.1	720,978	3.4	246,682	774,920	-6.3	873,466	-1.1
2013	708,565	10.8	846,129	17.4	284,131	709,156	-8.5	846,197	-3.1
2014	746,670	5.4	837,948	-1.0	250,988	684,824	-3.4	770,371	-9.0
2015	741,151	-0.7	752,204	-10.2	160,607	616,059	-10.0	624,356	-18.9
2016	715,222	-3.5	675,488	-10.2	131,385	660,127	7.2	622,878	-0.3
2017	792,212	10.8	768,105	13.7	162,508	713,749	8.1	691,684	11.0
2018	807,099	1.9	823,190	7.2	190,944	729,322	2.2	743,634	7.5
2019	758,788	-6.0	771,724	-6.3	165,655	697,896	-4.3	709,554	-4.6
2020	694,854	-8.4	684,868	-11.3	105,890	656,018	-6.0	646,352	-8.9
2021	858,737	23.6	915,432	33.7	199,471	766,839	16.9	815,816	26.2
2022	992,248	15.5	1,212,601	32.5	353,200	734,656	-4.2	895,349	9.7

出所：財務省「貿易統計」等よりEDMC推計、同「国際収支状況」

易				国際収支 (億円)				
数量指数 (2020年=100)				貿易・サービス収支	一次所得収支	経常収支	金融収支	年度
輸出	伸び率 (%)	輸入	伸び率 (%)					
9.5	23.0	9.2	3.9	N.A.	N.A.	N.A.	N.A.	1965
19.0	15.6	20.0	16.7	N.A.	N.A.	N.A.	N.A.	1970
25.4	4.9	27.1	19.7	N.A.	N.A.	N.A.	N.A.	1973
30.9	4.0	23.2	-7.1	N.A.	N.A.	N.A.	N.A.	1975
48.7	18.9	29.0	-3.5	N.A.	N.A.	N.A.	N.A.	1980
68.2	3.9	32.6	1.3	N.A.	N.A.	N.A.	N.A.	1985
79.7	6.1	49.8	6.6	N.A.	N.A.	N.A.	N.A.	1990
81.5	2.2	50.4	1.2	N.A.	N.A.	N.A.	N.A.	1991
81.1	-0.5	50.4	0.0	N.A.	N.A.	N.A.	N.A.	1992
80.1	-1.2	53.5	6.0	N.A.	N.A.	N.A.	N.A.	1993
82.4	3.0	61.6	15.2	N.A.	N.A.	N.A.	N.A.	1994
84.1	2.1	67.9	10.2	N.A.	N.A.	N.A.	N.A.	1995
86.3	2.6	70.1	3.3	19,208	65,047	73,709	98,545	1996
92.8	7.5	63.0	-10.1	72,769	69,207	131,632	153,992	1997
93.4	0.6	68.7	9.1	95,630	62,454	143,495	135,387	1998
99.1	6.1	76.5	11.4	78,494	68,392	136,050	135,703	1999
104.1	5.0	83.7	9.3	63,573	81,604	135,804	132,932	2000
94.6	-9.2	79.9	-4.4	38,567	81,626	113,998	127,151	2001
104.6	10.6	84.3	5.5	63,607	77,782	131,449	126,426	2002
111.7	6.8	91.7	8.7	96,053	90,453	178,305	137,128	2003
119.2	6.7	96.6	5.4	95,624	106,686	192,342	169,630	2004
123.4	3.5	99.7	3.2	74,072	128,989	194,128	163,246	2005
131.2	6.3	102.7	3.0	81,860	149,811	218,865	193,171	2006
139.3	6.2	102.7	0.0	90,902	165,476	243,376	255,221	2007
119.3	-14.3	96.9	-5.7	-8,878	129,053	106,885	168,446	2008
107.4	-10.0	90.0	-7.1	48,437	129,868	167,551	168,599	2009
123.3	14.8	100.5	11.7	55,176	139,260	182,687	208,412	2010
116.8	-5.3	102.7	2.2	-50,306	143,085	81,852	87,080	2011
110.0	-5.8	103.8	1.0	-92,753	144,825	42,495	14,719	2012
110.6	0.6	106.2	2.3	-144,785	183,191	23,929	-9,830	2013
112.0	1.2	103.8	-2.2	-94,116	200,488	87,031	142,128	2014
109.1	-2.6	101.8	-2.0	-10,141	213,195	182,957	242,833	2015
111.9	2.7	101.6	-0.2	44,084	193,732	216,771	249,964	2016
117.5	5.0	106.1	4.4	40,397	205,331	223,995	208,173	2017
116.9	-0.5	107.6	1.4	-6,514	217,704	193,837	216,213	2018
111.8	-4.3	105.5	-1.9	-13,548	215,078	186,712	204,568	2019
100.8	-9.8	100.9	-4.3	2,571	194,709	169,459	133,150	2020
110.5	9.6	105.1	4.2	-64,314	289,630	200,956	180,334	2021
108.0	-2.3	103.2	-1.9	-233,892	346,550	82,681	80,983	2022

1．主要経済指標
(9)エネルギー輸入

年度	鉱物性燃料		原油及び粗油			石油製品	
	価額		価額		数量	価額	
	（十億円）	（百万ドル）	（十億円）	（百万ドル）	（千kL）	（十億円）	（百万ドル）
1965	601	1,690	396	1,099	88,486	112	311
1970	1,495	4,163	853	2,371	205,260	249	691
1973	3,207	11,567	2,416	8,673	290,096	368	1,321
1975	7,792	26,123	5,906	19,757	260,690	726	2,423
1980	15,766	72,193	11,790	54,025	248,163	1,852	8,424
1985	12,284	55,031	7,446	33,400	194,570	2,042	9,147
1990	8,552	61,455	4,873	35,255	240,096	1,751	12,501
1991	6,641	49,936	3,518	26,518	223,125	1,293	9,591
1992	6,677	53,270	3,876	30,946	255,103	1,125	8,963
1993	5,065	46,753	2,888	26,651	253,193	789	7,279
1994	5,037	50,517	2,928	29,389	269,756	804	8,057
1995	5,262	54,666	2,902	30,153	262,426	945	9,780
1996	7,131	63,434	3,961	35,225	258,952	1,341	11,921
1997	7,027	57,367	3,871	31,592	266,909	1,159	9,470
1998	5,136	40,040	2,618	20,365	253,691	825	6,492
1999	6,477	58,614	3,644	33,035	251,010	1,160	10,529
2000	8,631	78,442	4,931	44,847	251,349	1,561	14,166
2001	8,107	65,128	4,435	35,663	237,848	1,304	10,469
2002	8,954	73,413	5,150	42,223	244,861	1,455	11,938
2003	9,079	80,168	5,132	45,334	244,903	1,492	13,201
2004	11,222	104,614	6,362	59,313	243,209	1,837	17,141
2005	16,308	144,092	9,989	88,246	251,371	2,462	21,723
2006	18,447	157,860	11,364	97,280	243,561	2,699	23,082
2007	22,244	195,330	13,693	120,358	243,068	3,215	28,202
2008	24,482	239,640	13,640	132,652	232,989	2,996	29,188
2009	15,260	164,853	8,587	92,851	212,698	1,981	21,421
2010	18,144	211,615	9,756	113,814	215,013	2,536	29,592
2011	23,132	293,261	11,894	150,700	209,839	3,275	41,495
2012	24,668	297,904	12,526	151,164	211,021	3,671	44,269
2013	28,413	283,940	14,826	148,203	214,182	3,831	38,240
2014	25,099	231,563	11,860	110,014	193,548	3,357	30,993
2015	16,061	133,159	7,368	61,021	198,993	2,221	18,422
2016	13,139	120,623	6,181	56,817	190,060	1,655	15,143
2017	16,251	146,421	7,283	65,609	182,857	2,287	20,615
2018	19,094	172,386	8,721	78,726	173,477	2,605	23,504
2019	16,566	152,251	7,980	73,324	172,033	2,093	19,231
2020	10,589	100,037	4,058	38,335	140,532	1,699	16,064
2021	19,947	177,362	8,078	71,909	148,015	3,147	28,038
2022	35,320	261,356	13,819	102,355	158,361	3,952	29,328

出所：財務省「貿易統計」、「外国貿易概況」

液化天然ガス			石炭			年度
価額		数量	価額		数量	
(十億円)	(百万ドル)	(千トン)	(十億円)	(百万ドル)	(千トン)	
-	-	-	93	278	17,675	1965
10	27	977	383	1,094	51,665	1970
24	86	2,364	399	1,483	57,832	1973
133	444	5,005	1,028	3,485	62,446	1975
1,063	4,878	16,965	1,057	4,854	73,131	1980
1,619	7,255	27,831	1,175	5,217	93,937	1985
1,036	7,411	36,077	883	6,229	107,634	1990
971	7,282	37,952	850	6,370	113,026	1991
914	7,299	38,976	754	6,008	110,947	1992
757	7,001	40,076	622	5,742	112,326	1993
710	7,118	42,374	585	5,857	121,237	1994
753	7,829	43,689	652	6,794	127,093	1995
1,038	9,225	46,445	776	6,935	130,008	1996
1,138	9,293	48,349	836	6,825	135,853	1997
936	7,298	49,478	744	5,782	129,649	1998
1,058	9,559	52,112	596	5,322	138,125	1999
1,498	13,596	54,157	615	5,591	150,773	2000
1,556	12,482	54,421	791	6,341	155,098	2001
1,546	12,684	55,018	773	6,315	162,669	2002
1,640	14,442	58,538	758	6,693	168,373	2003
1,726	16,088	58,018	1,196	11,138	183,569	2004
2,166	19,135	57,917	1,625	14,384	177,793	2005
2,730	23,348	63,309	1,608	13,759	179,339	2006
3,475	30,523	68,306	1,784	15,569	187,588	2007
4,498	44,637	68,135	3,255	32,263	185,514	2008
2,855	30,884	66,354	1,816	19,477	164,775	2009
3,549	41,392	70,562	2,262	26,335	186,637	2010
5,404	68,616	83,183	2,525	32,025	175,379	2011
6,214	75,023	86,865	2,223	27,028	183,769	2012
7,342	73,346	87,731	2,343	23,455	195,589	2013
7,755	71,038	89,071	2,040	18,725	187,692	2014
4,545	37,729	83,571	1,864	15,472	191,550	2015
3,336	30,640	84,749	1,915	17,541	189,415	2016
4,076	36,748	83,888	2,553	22,988	191,084	2017
4,862	43,903	80,553	2,841	25,662	188,527	2018
4,095	37,662	76,498	2,367	21,762	186,875	2019
3,150	29,769	76,357	1,644	15,504	172,999	2020
5,006	44,419	71,459	3,586	31,830	183,818	2021
8,890	65,714	70,547	8,586	63,407	180,343	2022

注：(1) 1965年度〜1975年度の鉱物性燃料は、原油及び粗油、石油製品、
液化天然ガス、石炭の合計値。
(2) 1965年度〜1975年度の石炭は、原料炭と一般炭の合計値。

2．エネルギー需給の概要

2．エネルギー需給の概要

(1)エネルギー需要とGDPの推移

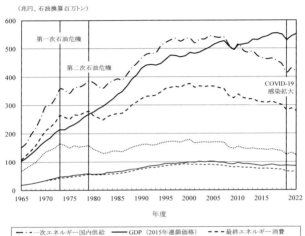

(兆円、石油換算百万トン)

凡例：
- ─・─ 一次エネルギー国内供給
- ━━ GDP（2015年連鎖価格）
- ─ ─ 最終エネルギー消費
- …… 産業部門
- ── 民生部門
- --- 運輸部門

(2)エネルギー需要のGDP弾性値

年度	1965-70	70-80	80-90	90-00	00-10	10-22
GDP (2015年連鎖価格)	11.0%	4.7%	4.5%	1.2%	0.5%	0.6%
一次エネルギー国内供給	14.3%	2.5%	2.1%	1.4%	-0.4%	-1.8%
最終エネルギー消費	14.2%	2.3%	2.0%	1.5%	-1.0%	-1.6%
一次エネルギー国内供給弾性値	1.29	0.54	0.45	1.15	-0.69	-2.83
最終エネルギー消費弾性値	1.29	0.48	0.44	1.27	-1.97	-2.49

2．エネルギー需給の概要

(3)2021年度エネルギーバランス簡約表

	NO.	1	2	3	4
		石 炭	コークス等	原 油	石油製品
一次エネルギー供給					
国内生産	1	382		433	
輸　　入	2	117,844	1,497	136,060	46,648
一次エネルギー総供給	3	118,226	1,497	136,493	46,648
輸　　出	4		-1,579		-23,429
在 庫 変 動	5	718		-78	403
一次エネルギー国内供給	6	118,944	-82	136,415	23,622
エネルギー転換および自家消費					
電気事業者	7	-67,798	-3,160	-217	-4,909
自 家 発	8	-7,509	-1,847		-8,391
熱供給事業者	9				-4
都 市 ガ ス	10				-1,709
コ ー ク ス	11	-32,585	28,224		-519
石 油 精 製	12			-134,773	132,913
石 油 化 学	13			-103	103
そ の 他	14	-6	5		
自家消費・ロス	15	-311	-2,846		-8,862
統 計 誤 差	16	3,369	-3,812	-1,322	6,414
最終エネルギー消費計	17	14,104	16,482		138,658
産業部門計	18	14,104	15,951		51,804
農林水産業	19				3,639
鉱　　業	20				252
建 設 業	21				1,843
製 造 業 計	22	14,104	15,951		46,070
食 料 品	23				42
繊　　維	24	28			318
紙・パルプ	25	295			438
化 学 工 業	26	905	47		33,034
窯 業 土 石	27	2,831	266		943
鉄　　鋼	28	9,885	15,195		872
非 鉄 金 属	29	33	123		444
金 属 機 械	30		78		120
そ の 他	31	127	242		9,859
民 生 部 門 計	32		531		19,336
家 庭 用	33		5		12,740
業 務 用	34		526		6,596
運 輸 部 門 計	35				64,366
旅 客 用	36				38,654
貨 物 用	37				25,712
非エネルギー	38				3,152

出所：EDMC推計

(10^10 kcal)

5	6	7	8	9	10	11	12
天然ガス	都市ガス	水力発電	原子力発電	地 熱	新エネルギー等	電力計	合 計
2,293		16,332	14,482	740	23,125		57,787
93,378							395,427
95,671		16,332	14,482	740	23,125		453,214
							-25,008
881							1,924
96,552		16,332	14,482	740	23,125		430,130
-56,871	-5,738	-15,961	-14,482	-443	-7,538	76,371	-100,746
	-2,270	-371		-156	-13,848	13,477	-20,915
	-309				584	-77	194
-38,509	41,450						1,232
							-4,880
							-1,860
							0
							-1
-5,781	-720					-8,739	-27,259
5,810	-359				383	2,124	12,607
1,201	32,054			141	2,706	83,156	288,502
1,189	15,076			60	2,018	32,640	132,842
				60		287	3,986
						153	405
						90	1,933
1,189	15,076				2,018	32,110	126,518
	2,769					2,558	5,369
	724				46	495	1,611
	581				1,972	2,251	5,537
652	2,745					5,049	42,432
	1,066					1,472	6,578
	1,820					6,074	33,846
	532					1,633	2,765
	1,475					7,168	8,841
537	3,364					5,410	19,539
12	16,952			81	688	48,914	86,514
	9,914				181	24,240	47,080
12	7,038			81	507	24,674	39,434
	26					1,602	65,994
	12					1,529	40,194
	14					73	25,800
							3,152

2．エネルギー需給の概要
(4) 2022年度エネルギーバランス簡約表

	NO.	1	2	3	4
		石炭	コークス等	原油	石油製品
一次エネルギー供給					
国内生産	1	394		375	
輸　入	2	115,560	590	143,076	43,647
一次エネルギー総供給	3	115,954	590	143,451	43,647
輸　　出	4		-554		-28,436
在庫変動	5	-1,967		-214	-555
一次エネルギー国内供給	6	113,987	36	143,237	14,656
エネルギー転換および自家消費					
電気事業者	7	-67,395	-2,617	-174	-5,586
自家発	8	-5,947	-1,431		-8,728
熱供給事業者	9				-4
都市ガス	10				-2,056
コークス	11	-31,062	26,721		-554
石油精製	12			-142,783	141,714
石油化学	13			-40	40
その他	14	-6	5		
自家消費・ロス	15	-311	-2,738		-9,252
統計誤差	16	2,849	-3,933	-240	4,449
最終エネルギー消費計	17	12,115	16,043		134,679
産業部門計	18	12,115	15,560		47,294
農林水産業	19				3,443
鉱　業	20				260
建設業	21				1,765
製造業計	22	12,115	15,560		41,826
食料品	23				42
繊　維	24	28			320
紙・パルプ	25	226			430
化学工業	26	816	45		29,724
窯業土石	27	2,554	246		975
鉄　鋼	28	8,351	14,843		875
非鉄金属	29	23	126		456
金属機械	30		79		117
その他	31	117	221		8,887
民生部門計	32		483		18,966
家庭用	33		5		12,365
業務用	34		478		6,601
運輸部門計	35				65,012
旅客用	36				39,918
貨物用	37				25,094
非エネルギー	38				3,407

出所：EDMC推計

(10^10 kcal)

5	6	7	8	9	10	11	12
天然ガス	都市ガス	水力発電	原子力発電	地 熱	新エネルギー等	電 力 計	合 計
2,138		15,989	11,468	729	24,366		55,459
92,185							395,058
94,323		15,989	11,468	729	24,366		450,517
							-28,990
-2,321							-5,057
92,002		15,989	11,468	729	24,366		416,470
-52,942	-5,950	-15,618	-11,468	-431	-8,300	73,647	-96,834
	-2,099	-371		-158	-14,368	12,971	-20,131
	-309				584	-77	194
-36,903	40,170						1,211
							-4,895
							-1,069
							0
							-1
-5,732	-588					-8,433	-27,054
4,704	-359				384	4,394	12,248
1,129	30,865			140	2,666	82,502	280,139
1,117	14,184			60	1,990	32,003	124,323
				60		287	3,790
						145	405
						88	1,853
1,117	14,184				1,990	31,483	118,275
	2,648					2,552	5,242
	696				46	494	1,584
	573				1,944	2,175	5,348
597	2,468					4,939	38,589
	985					1,416	6,176
	1,595					5,739	31,403
	488					1,620	2,713
	1,442					7,254	8,892
520	3,289					5,294	18,328
12	16,660			80	676	48,820	85,697
	9,340				170	23,848	45,728
12	7,320			80	506	24,972	39,969
	21					1,679	66,712
	9					1,599	41,526
	12					80	25,186
							3,407

2．エネルギー需給の概要
(5)2022年度エネルギーバランス詳細表（その1）

	NO.	1	2	3	4	5	6
		石炭	原料炭	一般炭	無煙炭等	コークス	コークス炉ガス
一次エネルギー供給							
国内生産	1	394		394			
輸　入	2	115,560	32,687	80,011	2,862	590	
一次エネルギー総供給	3	115,954	32,687	80,405	2,862	590	
輸　出	4					-554	
在庫変動	5	-1,967	305	-2,272			
一次エネルギー国内供給	6	113,987	32,992	78,133	2,862	36	
エネルギー転換および自家消費							
電気事業者	7	-67,395		-67,395			-776
揚水発電	8						
自家発	9	-5,947		-5,944	-3		-338
熱供給事業者	10						
都市ガス	11						
ガスコークス	12						
鉄鋼コークス	13	-31,062	-31,062			20,703	6,018
専業コークス	14						
鉄鋼系ガス	15					-8,803	
石油精製	16						
石油化学	17						
その他	18	-6			-6		
エネルギー転換部門計	19	-104,410	-31,062	-73,339	-9	11,900	4,904
エネルギー部門自家消費	20	-311		-308	-3		-1,383
送配電ロス	21						
統計誤差	22	2,849	6,020	-854	-2,317	-1,666	-693
最終エネルギー消費計	23	12,115	7,950	3,632	533	10,270	2,828
産業部門計	24	12,115	7,950	3,632	533	9,792	2,828
農林業	25						
水産業	26						
鉱業	27						
建設業	28						
製造業計	29	12,115	7,950	3,632	533	9,792	2,828
食料品	30						
繊維	31	28		28			
紙・パルプ	32	226		226			
化学工業	33	816		684	132	28	11
窯業土石	34	2,554		2,153	401	94	115
鉄鋼	35	8,351	7,950	401		9,320	2,626
非鉄金属	36	23		23		126	
金属機械	37					3	76
その他	38	117		117		221	
民生部門計	39					478	
家庭用	40						
業務用	41					478	
運輸部門計	42						
旅客用	43						
貨物用	44						
非エネルギー	45						

出所：EDMC推計

(10^{10} kcal)

7	8	9	10	11	12	13	14
高炉ガス 転炉ガス	練豆炭	原油	NGL	石油製品	燃料油	ガソリン	ナフサ
		375					
		142,871	205	43,647	27,461	1,882	20,584
		143,246	205	43,647	27,461	1,882	20,584
				-28,436	-27,280	-3,475	
		-214		-555	-291	-22	-52
		143,032	205	14,656	-110	-1,615	20,532
-1,841		-173	-1	-5,586	-5,459		
-1,093				-8,728	-7,596		-2,067
				-4	-4		
				-2,056			
				-554			
8,803							
		-142,619	-164	141,714	130,544	36,978	11,268
			-40	40	-32		-32
	5						
5,869	5	-142,792	-205	124,826	117,453	36,978	9,169
-1,355				-9,252	-1,088		-32
-1,574		-240		4,449	-1,492	319	-2,517
2,940	5			134,679	114,763	35,682	27,152
2,940				47,294	38,374	42	27,152
				2,116	2,116		
				1,327	1,327		
				260	260		
				1,765	1,765		
2,940				41,826	32,906	42	27,152
				42	42		
				320	155		
				430	379		
6				29,724	26,908		26,336
37				975	360		
2,897				875	282		
				456	344		
				117	23		
				8,887	4,413	42	816
	5			18,966	11,716		
	5			12,365	7,576		
				6,601	4,140		
				65,012	64,673	35,640	
				39,918	39,579	32,581	
				25,094	25,094	3,059	
				3,407			

2．エネルギー需給の概要

(5)2022年度エネルギーバランス詳細表（その2）

	NO.	15	16	17	18	19	20
		ジェット燃料油	灯油	軽油	重油	A重油	B/C重油
一次エネルギー供給							
国内生産	1						
輸入	2	784	1,745	446	2,020		2,020
一次エネルギー総供給	3	784	1,745	446	2,020		2,020
輸出	4	-6,955	-979	-7,266	-8,605	-161	-8,444
在庫変動	5	90	-118	24	-213	-49	-164
一次エネルギー国内供給	6	-6,081	648	-6,796	-6,798	-210	-6,588
エネルギー転換および自家消費							
電気事業者	7		-65	-77	-5,317	-293	-5,024
揚水発電	8						
自家発	9		-8		-5,521	-2,334	-3,187
熱供給事業者	10				-4		-4
都市ガス	11						
ガスコークス	12						
鉄鋼コークス	13						
専業コークス	14						
鉄鋼系ガス	15						
石油精製	16	9,515	10,053	35,444	27,286	9,702	17,584
石油化学	17						
その他	18						
エネルギー転換部門計	19	9,515	9,980	35,367	16,444	7,075	9,369
エネルギー部門自家消費	20		-60	-20	-976	-125	-851
送配電ロス	21						
統計誤差	22	58	21	-48	675	903	-228
最終エネルギー消費計	23	3,492	10,589	28,503	9,345	7,643	1,702
産業部門計	24		1,988	4,824	4,368	3,487	881
農林業	25		474	760	882	876	6
水産業	26		3	621	703	693	10
鉱業	27		2	117	141	110	31
建設業	28		156	1,363	246	241	5
製造業計	29		1,353	1,963	2,396	1,567	829
食料品	30				42	42	
繊維	31		11		144	144	
紙・パルプ	32		5	3	371	57	314
化学工業	33		176	103	293	104	189
窯業土石	34		12	7	341	161	180
鉄鋼	35		63	18	201	160	41
非鉄金属	36		50	3	291	186	105
金属機械	37		15	8			
その他	38		1,021	1,821	713	713	
民生部門計	39		8,601	327	2,788	2,788	
家庭用	40		7,576				
業務用	41		1,025	327	2,788	2,788	
運輸部門計	42	3,492		23,352	2,189	1,368	821
旅客用	43	3,161		3,338	498	311	187
貨物用	44	331		20,014	1,691	1,057	634
非エネルギー	45						

出所：EDMC推計

(10^10 kcal)

21	22	23	24	25	26	27	28
潤滑油	その他石油製品	製油所ガス	オイルコークス	LPG	天然ガス	LNG	都市ガス
					2,138		
194	32		2,901	13,059		92,185	
194	32		2,901	13,059	2,138	92,185	
-753	-41		-64	-298			
-45	-21			-197	-82	-2,239	
-604	-30		2,837	12,564	2,056	89,946	
				-128	-1,829	-51,113	-5,950
		-908	-150	-74			-2,099
							-309
		-143		-1,912	-1,372	-35,531	40,170
			-554				
2,494	2,258	7,860	1,012	3,514			
		72					
2,494	2,258	6,881	308	1,400	-3,201	-86,644	31,812
-53	-529	-7,037	-305	-240	-316	-5,416	-588
-98	-32	156	-28	-28	2,590	2,114	-359
1,739	1,667		2,812	13,696	1,129		30,865
			2,812	6,108	1,117		14,184
			2,812	6,108	1,117		14,184
							2,648
			23	142			696
			32	19			573
			446	2,370	597		2,468
			589	26			985
			342	251			1,595
				112			488
				94			1,442
			1,380	3,094	520		3,289
				7,249	12		16,660
				4,788			9,340
				2,461	12		7,320
				339			21
				339			9
							12
1,739	1,667						

２．エネルギー需給の概要
(5)2022年度エネルギーバランス詳細表（その3）

	NO.	29	30	31	32	33	34
		新エネルギー等	太陽光	風力	太陽熱	ごみ発電	バイオマス他
一次エネルギー供給							
国内生産	1	24,366	13,648	1,666	142	2,285	6,625
輸　　入	2						
一次エネルギー総供給	3	24,366	13,648	1,666	142	2,285	6,625
輸　　出	4						
在庫変動	5						
一次エネルギー国内供給	6	24,366	13,648	1,666	142	2,285	6,625
エネルギー転換および自家消費							
電気事業者	7	-8,300	-4,449	-1,504		-881	-1,466
揚水発電	8						
自家発	9	-14,368	-9,200	-162		-1,404	-3,602
熱供給事業者	10						
都市ガス	11						
ガスコークス	12						
鉄鋼コークス	13						
専業コークス	14						
鉄鋼系ガス	15						
石油精製	16						
石油化学	17						
その他	18						
エネルギー転換部門計	19	-22,668	-13,649	-1,666		-2,285	-5,068
エネルギー部門自家消費	20						
送配電ロス	21						
統計誤差	22	453					452
最終エネルギー消費計	23	2,151			142		2,009
産業部門計	24	1,990					1,990
農林業	25						
水産業	26						
鉱　業	27						
建設業	28						
製造業計	29	1,990					1,990
食料品	30						
繊　維	31	46					46
紙・パルプ	32	1,944					1,944
化学工業	33						
窯業土石	34						
鉄　鋼	35						
非鉄金属	36						
金属機械	37						
その他	38						
民生部門計	39	161			142		19
家庭用	40	145			126		19
業務用	41	16			16		
運輸部門計	42						
旅客用	43						
貨物用	44						
非エネルギー	45						

出所：EDMC推計

(10¹⁰ kcal) → $(10^{10}$ kcal$)$

35	36	37	38	39	40	41	42
地熱	水力発電	原子力発電	電力計	電気事業者	自家発	熱	合計
729	15,989	11,468					55,459
							395,058
729	15,989	11,468					450,517
							-28,990
							-5,057
729	15,989	11,468					416,470
-431	-16,241	-11,468	74,444	81,982	-7,538		-96,660
	623		-797	-797			-174
-158	-371		12,971		12,971		-20,131
			-77	-77		584	194
							1,211
							-4,895
							0
							-1,069
							0
							-1
-589	-15,989	-11,468	86,541	81,108	5,433	584	-121,525
			-4,007	-3,479	-528		-22,628
			-4,426	-3,711	-715		-4,426
			4,394	3,037	1,357	-69	12,248
140			82,502	76,955	5,547	515	280,139
60			32,003	27,451	4,552		124,323
60			287	287			2,463
							1,327
			145	132	13		405
			88	88			1,853
			31,483	26,944	4,539		118,275
			2,552	2,423	129		5,242
			494	475	19		1,584
			2,175	1,285	890		5,348
			4,939	3,197	1,742		38,589
			1,416	1,123	293		6,176
			5,739	4,759	980		31,403
			1,620	1,548	72		2,713
			7,254	6,927	327		8,892
			5,294	5,207	87		18,328
80			48,820	47,997	823	515	85,697
			23,848	23,483	365	25	45,728
80			24,972	24,514	458	490	39,969
			1,679	1,507	172		66,712
			1,599	1,435	164		41,526
			80	72	8		25,186
							3,407

2. エネルギー需給の概要
(6)一次エネルギー国内供給構成の推移

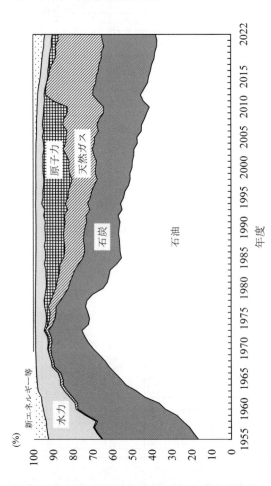

出所：経済産業省/EDMC「総合エネルギー統計」、EDMC推計

2．エネルギー需給の概要

(7)景気循環とエネルギー需要

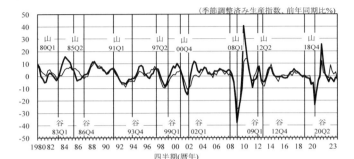

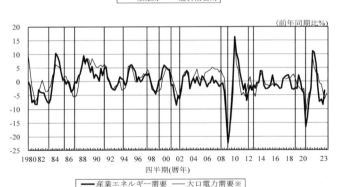

出所：内閣府「景気基準日付」、経済産業省「経済産業統計」、「電力調査統計月報」、
　　　経済産業省/EDMC「総合エネルギー統計」、EDMC推計
　注：大口電力需要は電気事業者のみ。自家発自家消費を除く。
　　　2016年度以降は統計変更により、大口電力需要の項目が無くなったため、
　　　小売電気事業者の特別高圧需要で2017年度以降の伸び率を計算。

2. エネルギー需給の概要
(8)わが国の経済成長とエネルギー需要の概況

年度	実質GDP		人口 (10月1日)		一次エネルギー 国内供給		最終エネルギー 消費	実質GDP当たり 一次エネルギー 国内供給
	(2015年価格 10億円)	伸び率 (%)	(千人)	伸び率 (%)	(石油換算 百万トン)	伸び率 (%)	(石油換算 百万トン)	(石油換算トン/ 億円)
1965	103,431	-	98,275	1.1	152.3	9.1	108.5	147.2
1970	174,524	8.1	103,720	1.2	296.7	15.3	211.2	170.0
1973	214,623	5.2	109,104	1.4	358.4	10.5	265.2	167.0
1975	225,410	5.2	111,940	1.2	343.5	-3.0	251.1	152.4
1980	276,175	2.8	117,060	0.8	380.3	-1.6	264.5	137.7
1985	339,278	5.4	121,049	0.6	393.4	1.9	270.5	115.9
1990	430,862	5.6	123,611	0.3	466.3	4.2	322.9	108.2
1991	441,678	2.5	124,101	0.4	479.5	2.8	331.4	108.6
1992	444,297	0.6	124,567	0.4	483.5	0.8	332.8	108.8
1993	440,842	-0.8	124,938	0.3	485.1	0.3	335.3	110.0
1994	447,937	1.6	125,265	0.3	509.0	4.9	347.8	113.6
1995	462,177	3.2	125,570	0.2	520.8	2.3	358.8	112.7
1996	475,806	2.9	125,859	0.2	530.0	1.8	363.4	111.4
1997	475,217	-0.1	126,157	0.2	535.5	1.0	366.2	112.7
1998	470,507	-1.0	126,472	0.2	525.4	-1.9	363.0	111.7
1999	473,320	0.6	126,667	0.2	534.2	1.7	373.0	112.9
2000	485,623	2.6	126,926	0.2	535.0	0.2	375.7	110.2
2001	482,114	-0.7	127,316	0.3	519.7	-2.9	362.4	107.8
2002	486,546	0.9	127,486	0.1	532.3	2.4	367.3	109.4
2003	495,923	1.9	127,694	0.2	532.8	0.1	365.4	107.4
2004	504,269	1.7	127,787	0.1	543.5	2.0	368.1	107.8
2005	515,134	2.2	127,768	0.0	541.1	-0.4	367.0	105.0
2006	521,785	1.3	127,901	0.1	538.2	-0.5	362.2	103.1
2007	527,272	1.1	128,033	0.1	539.6	0.3	357.9	102.3
2008	508,262	-3.6	128,084	0.0	512.2	-5.1	333.6	100.8
2009	495,876	-2.4	128,032	0.0	494.1	-3.5	325.3	99.6
2010	512,065	3.3	128,057	0.0	515.9	4.4	338.2	100.7
2011	514,687	0.5	127,834	-0.2	492.9	-4.4	327.0	95.8
2012	517,919	0.6	127,593	-0.2	486.0	-1.4	322.0	93.8
2013	532,032	2.7	127,414	-0.1	489.5	0.7	321.6	92.0
2014	530,195	-0.4	127,237	-0.1	473.7	-3.2	313.0	89.3
2015	539,414	1.7	127,095	-0.1	466.5	-1.5	310.7	86.5
2016	543,479	0.8	127,042	0.0	463.0	-0.8	309.8	85.2
2017	553,174	1.8	126,919	-0.1	464.8	0.4	313.8	84.0
2018	554,534	0.2	126,749	-0.1	455.3	-2.0	305.7	82.1
2019	550,161	-0.8	126,555	-0.2	444.7	-2.3	300.8	80.8
2020	528,798	-3.9	126,146	-0.3	415.5	-6.6	281.7	78.6
2021	543,649	2.8	125,502	-0.5	430.1	3.5	288.5	79.1
2022	551,814	1.5	124,947	-0.4	416.5	-3.2	280.1	75.5
				年平均伸び率(%)				
70/65		11.0		1.1		14.3	14.2	2.9
80/70		4.7		1.2		2.5	2.3	-2.1
90/80		4.5		0.5		2.1	2.0	-2.4
00/90		1.2		0.3		1.4	1.5	0.2
10/00		0.5		0.1		-0.4	-1.0	-0.9
22/10		0.6		-0.2		-1.6	-1.6	-2.4

出所: 経済産業省／EDMC「総合エネルギー統計」、EDMC推計、内閣府「国民経済計算年報」、
　　総務省統計局「人口推計」
注: (1)1979年度以前の実質GDPのデータは、EDMC推計。

1人当たり一次エネルギー国内供給 (石油換算トン/人)	エネルギー起源CO₂排出量 (百万トン)	伸び率 (%)	実質GDP当たりCO₂排出量 (トン/億円)	一次エネルギー当たりCO₂排出量 (トン/石油換算トン)	1人当たりCO₂排出量 (トン/人)	エネルギー自給率 (%)	年度
1.55	387.0	-	374.2	2.54	3.94	36.9	1965
2.86	758.8	14.5	434.8	2.56	7.32	17.1	1970
3.28	909.4	12.9	423.7	2.54	8.34	11.4	1973
3.07	859.3	-3.7	381.2	2.50	7.68	12.9	1975
3.25	916.9	-0.8	332.0	2.41	7.83	15.6	1980
3.25	900.7	-0.2	265.5	2.29	7.44	18.9	1985
3.77	1,046.2	3.6	242.8	2.24	8.46	17.5	1990
3.86	1,065.7	1.9	241.3	2.22	8.59	17.8	1991
3.88	1,077.8	1.1	242.6	2.23	8.65	17.3	1992
3.88	1,056.8	-1.9	239.7	2.18	8.46	18.9	1993
4.06	1,125.1	6.5	251.2	2.21	8.98	17.6	1994
4.15	1,129.6	0.4	244.4	2.17	9.00	18.8	1995
4.21	1,144.5	1.3	240.5	2.16	9.09	18.9	1996
4.24	1,141.6	-0.3	240.2	2.13	9.05	19.8	1997
4.15	1,100.3	-3.6	233.8	2.09	8.70	20.6	1998
4.22	1,138.1	3.4	240.5	2.13	8.99	19.4	1999
4.22	1,149.6	1.0	236.7	2.15	9.06	18.8	2000
4.08	1,114.6	-3.0	231.2	2.14	8.75	19.1	2001
4.18	1,173.0	5.2	241.1	2.20	9.20	17.6	2002
4.17	1,199.1	2.2	241.8	2.25	9.39	16.0	2003
4.25	1,210.1	0.9	240.0	2.22	9.47	17.3	2004
4.23	1,203.6	-0.5	233.7	2.22	9.42	17.5	2005
4.21	1,181.9	-1.8	226.5	2.20	9.24	18.1	2006
4.21	1,218.1	3.1	231.0	2.26	9.51	16.0	2007
4.00	1,155.5	-5.1	227.3	2.26	9.02	16.7	2008
3.86	1,076.0	-6.9	217.0	2.18	8.40	18.3	2009
4.03	1,134.4	5.4	221.5	2.20	8.86	18.2	2010
3.86	1,169.7	3.1	227.3	2.49	9.15	11.2	2011
3.81	1,208.8	3.3	233.4	2.49	9.47	7.3	2012
3.84	1,237.2	2.4	232.5	2.53	9.71	7.4	2013
3.72	1,191.3	-3.7	224.7	2.52	9.36	7.8	2014
3.67	1,158.4	-2.8	214.8	2.48	9.11	8.9	2015
3.64	1,144.9	-1.2	210.7	2.47	9.01	9.3	2016
3.66	1,136.4	-0.7	205.4	2.44	8.95	10.5	2017
3.59	1,092.5	-3.9	197.0	2.40	8.62	12.0	2018
3.51	1,061.5	-2.8	192.9	2.38	8.39	12.4	2019
3.29	984.4	-7.3	186.2	2.37	7.80	12.1	2020
3.43	1,017.2	3.3	187.1	2.36	8.10	13.4	2021
3.33	990.3	-2.6	179.5	2.38	7.93	13.3	2022
年平均伸び率(%)							
13.0		14.4	0.1	13.2	-14.2		70/65
1.3		1.9	-2.7	-0.6	0.7	-0.9	80/70
1.5		1.3	-3.1	-0.7	0.8	1.2	90/80
1.1		0.9	-0.3	-0.4	0.7	0.7	00/90
-0.5		-0.1	-0.7	-0.2	-0.2	-0.3	10/00
-1.6		-1.1	-1.7	0.1	-1.2	-2.6	22/10

(2)CO₂排出量はEDMCで作成したエネルギーバランス表を元に、エネルギー起源のCO₂排出量を算出したもの。
(3)エネルギー自給率は国内生産/一次エネルギー国内供給より算出。

2．エネルギー需給の概要
(9)主要国のエネルギー消費概況

国名 年	日本			アメリカ			カナダ		
	1973	2000	2021	1973	2000	2021	1973	2000	2021
GDP (2015年価格十億米ドル)	1,790	3,987	4,435	5,958	13,754	20,529	525	1,164	1,680
人口 (百万人)	109	127	126	212	282	332	22	31	38
一次エネルギー消費 (石油換算百万トン)	320	516	400	1,730	2,273	2,139	159	252	290
最終エネルギー消費 (石油換算百万トン)	234	336	267	1,315	1,546	1,540	131	182	191
同内訳 産業部門	105	103	80	394	332	278	46	54	46
構成比 (%)	(44.8)	(30.8)	(29.9)	(29.9)	(21.5)	(18.0)	(34.8)	(29.8)	(24.0)
運輸部門	41	89	63	414	588	604	34	52	56
構成比 (%)	(17.4)	(26.5)	(23.7)	(31.5)	(38.0)	(39.2)	(25.6)	(28.7)	(29.5)
民生・農業・他部門	51	108	94	419	473	504	45	55	66
構成比 (%)	(22.0)	(32.0)	(35.1)	(31.8)	(30.6)	(32.7)	(34.1)	(30.4)	(34.5)
非エネルギー部門	37	36	30	89	153	154	7	20	23
構成比 (%)	(15.8)	(10.6)	(11.4)	(6.7)	(9.9)	(10.0)	(5.6)	(11.0)	(12.1)
一人当たりGDP (2015年価格米ドル/人)	16,463	31,431	35,291	28,115	48,746	61,856	23,343	37,923	43,936
一人当たり 一次エネルギー消費 (石油換算トン/人)	2.95	4.07	3.18	8.16	8.06	6.44	7.09	8.22	7.59
GDP当たり 一次エネルギー消費 (石油換算トン/ 2015年価格百万米ドル)	179	129	90	290	165	104	304	217	173

出所：IEA「World Energy Balances」
　　　World Bank「World Development Indicators」等よりEDMC推計

	ドイツ			イギリス			フランス			イタリア		
	1973	2000	2021	1973	2000	2021	1973	2000	2021	1973	2000	2021
	1,577	2,835	3,555	1,265	2,308	3,037	1,066	2,046	2,578	958	1,842	1,862
	79	82	83	56	59	67	53	61	68	55	57	59
	335	337	288	218	223	159	180	252	235	119	172	150
	242	231	224	143	151	119	142	161	151	97	129	118
	88 (36.5)	51 (22.2)	56 (25.0)	53 (36.7)	34 (22.5)	22 (18.0)	42 (29.3)	33 (20.4)	29 (19.2)	39 (40.5)	38 (29.7)	29 (24.6)
	36 (14.9)	60 (25.7)	53 (23.5)	28 (19.3)	42 (27.8)	36 (30.3)	25 (17.4)	45 (27.8)	43 (28.3)	19 (19.6)	40 (30.8)	35 (29.7)
	100 (41.4)	95 (41.3)	90 (39.9)	51 (35.6)	63 (42.1)	56 (47.2)	61 (43.1)	67 (41.8)	66 (43.6)	30 (31.3)	42 (33.0)	48 (40.7)
	17 (7.1)	25 (10.8)	26 (11.6)	12 (8.4)	12 (7.7)	5 (4.4)	15 (10.3)	16 (10.0)	13 (8.9)	8 (8.6)	8 (6.5)	6 (5.0)
	19,972	34,490	42,726	22,505	39,188	45,102	20,091	33,592	38,046	17,495	32,351	31,506
	4.24	4.09	3.46	3.88	3.79	2.36	3.40	4.13	3.48	2.18	3.01	2.53
	212	119	81	172	97	52	169	123	91	124	93	80

注：出所がIEA (国際エネルギー機関) の表(IEA資料)については巻頭解説10を参照。

2．エネルギー需給の概要
(10)世界の地域別エネルギー消費概況

地域名 年	世界			OECD38			非OECD		
	1973	2000	2021	1973	2000	2021	1973	2000	2021
GDP (2015年価格十億米ドル)	21,294	48,229	86,438	16,862	36,437	51,456	4,432	11,792	34,982
人口 (百万人)	3,917	6,135	7,877	919	1,157	1,316	2,999	4,978	6,561
一次エネルギー消費 (石油換算百万トン)	6,084	10,026	14,759	3,756	5,337	5,262	2,144	4,416	9,188
最終エネルギー消費 (石油換算百万トン)	4,638	7,012	10,082	2,828	3,661	3,707	1,626	3,079	6,064
同内訳 産業部門 構成比 (%)	1,534 (33.1)	1,869 (26.7)	3,037 (30.1)	962 (34.0)	925 (25.3)	836 (22.5)	573 (35.2)	945 (30.7)	2,202 (36.3)
運輸部門 構成比 (%)	1,081 (23.3)	1,966 (28.0)	2,690 (26.7)	699 (24.7)	1,158 (31.6)	1,199 (32.3)	199 (12.2)	534 (17.3)	1,178 (19.4)
民生・農業・他部門 構成比 (%)	1,736 (37.4)	2,561 (36.5)	3,360 (33.3)	947 (33.5)	1,211 (33.1)	1,292 (34.8)	789 (48.5)	1,351 (43.9)	2,069 (34.1)
非エネルギー部門 構成比 (%)	286 (6.2)	616 (8.8)	995 (9.9)	221 (7.8)	367 (10.0)	381 (10.3)	66 (4.0)	249 (8.1)	614 (10.1)
一人当たりGDP (2015年価格米ドル/人)	5,436	7,861	10,973	18,357	31,493	39,098	1,478	2,369	5,332
一人当たり 一次エネルギー消費 (石油換算トン/人)	1.55	1.63	1.87	4.09	4.61	4.00	0.71	0.89	1.40
GDP当たり 一次エネルギー消費 (石油換算トン/ 2015年価格百万米ドル)	286	208	171	223	146	102	484	375	263

出所：IEA「World Energy Balances」
　　　World Bank「World Development Indicators」等よりEDMC推計

	アジア			EU27			APEC20			ASEAN10		
	1973	2000	2021	1973	2000	2021	1973	2000	2021	1973	2000	2021
	2,843	10,397	29,673	5,900	11,262	14,681	10,484	26,896	52,846	276	1,177	3,054
	2,148	3,454	4,284	386	429	447	1,770	2,549	2,941	301	524	674
	1,088	2,867	6,439	N.A.	1,471	1,388	N.A.	5,764	8,875	N.A.	383	692
	888	1,976	4,131	N.A.	1,027	1,023	N.A.	3,919	5,793	N.A.	273	457
	299 (33.6)	654 (33.1)	1,750 (42.4)	N.A.	274 (26.7)	246 (24.1)	N.A.	1,119 (28.6)	1,989 (34.3)	N.A.	75 (27.4)	165 (36.0)
	89 (10.1)	323 (16.3)	719 (17.4)	N.A.	262 (25.5)	274 (26.8)	N.A.	1,065 (27.2)	1,424 (24.6)	N.A.	62 (22.8)	123 (26.9)
	451 (50.9)	818 (41.4)	1,222 (29.6)	N.A.	391 (38.1)	408 (39.9)	N.A.	1,361 (34.7)	1,724 (29.8)	N.A.	115 (42.0)	115 (25.2)
	48 (5.4)	181 (9.2)	439 (10.6)	N.A.	100 (9.7)	94 (9.2)	N.A.	374 (9.6)	655 (11.3)	N.A.	21 (7.8)	54 (11.8)
	1,324	3,010	6,926	15,272	26,230	32,829	5,922	10,552	17,968	916	2,245	4,531
	0.51	0.83	1.50	N.A.	3.43	3.10	N.A.	2.26	3.02	N.A.	0.73	1.03
	383	276	217	N.A.	131	95	N.A.	214	168	N.A.	325	227

注: (1) 出所がIEA (国際エネルギー機関) の表(IEA資料)については巻頭解説10を参照。
(2) 地域定義はP.280参照。
(3)バンカーがあるため、OECD38と非OECDの和は世界と一致しない。

3. 一次エネルギー供給と最終エネルギー消費

3. 一次エネルギー供給と最終エネルギー消費
(1)最終エネルギー消費部門別構成比の推移

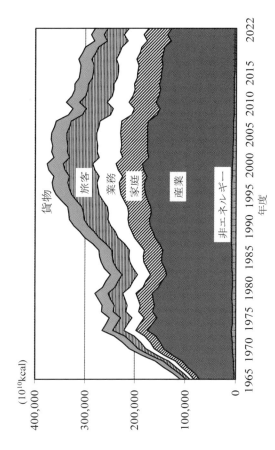

出所：経済産業省/EDMC「総合エネルギー統計」, EDMC推計

3. 一次エネルギー供給と最終エネルギー消費
(2)一次エネルギー供給総括

年度	一次エネルギー総供給								輸出・在庫
	石炭	石油	ガス	水力	原子力	新エネルギー等	合計	伸び率(%)	
1965	45,654	100,678	2,027	17,938	8	2,604	168,910	12.2	-16,615
1970	63,571	229,893	3,970	17,894	1,054	3,326	319,708	15.2	-23,036
1973	59,587	298,235	5,914	15,772	2,184	3,717	385,409	11.1	-27,028
1975	59,993	268,642	9,231	19,237	5,653	3,468	366,224	-4.8	-22,741
1980	67,327	262,436	24,164	20,481	18,583	4,208	397,198	-3.4	-16,900
1985	78,810	228,041	38,213	19,081	35,905	5,273	405,323	0.6	-11,953
1990	80,754	283,558	49,284	20,512	45,511	6,691	486,310	5.3	-20,042
1991	83,188	278,521	52,086	22,400	48,028	6,739	490,963	1.0	-11,499
1992	80,787	291,271	52,941	18,938	50,233	6,603	500,772	2.0	-17,273
1993	81,551	286,590	54,160	22,008	56,083	6,373	506,764	1.2	-21,691
1994	87,474	306,570	57,480	15,403	60,554	6,498	533,979	5.4	-25,002
1995	89,899	303,582	58,927	18,888	65,532	7,081	543,908	1.9	-23,100
1996	90,639	304,784	63,026	18,487	67,995	7,320	552,252	1.5	-22,209
1997	94,329	299,454	64,650	20,948	71,815	7,613	558,808	1.2	-23,356
1998	89,278	285,277	66,995	21,447	74,777	7,142	544,915	-2.5	-19,552
1999	95,322	286,036	69,749	19,870	71,239	7,257	549,472	0.8	-15,263
2000	100,222	289,204	73,398	19,253	69,241	7,333	558,651	1.7	-23,629
2001	102,606	271,219	72,002	18,674	68,770	7,251	540,522	-3.2	-20,823
2002	109,187	275,748	74,321	18,367	63,445	7,573	548,641	1.5	-16,333
2003	112,926	278,208	78,964	21,248	51,603	7,937	550,886	0.4	-18,088
2004	123,159	275,169	78,427	20,964	60,725	7,940	566,384	2.8	-22,892
2005	116,670	281,180	78,806	16,417	64,139	9,269	566,481	0.0	-25,425
2006	117,358	268,355	86,119	18,858	63,859	9,410	563,959	-0.4	-25,778
2007	122,593	268,174	92,968	15,880	55,526	9,679	564,820	0.2	-25,153
2008	120,760	258,710	92,721	16,379	54,326	9,335	552,231	-2.2	-40,079
2009	106,364	235,748	90,242	16,605	58,876	9,910	517,745	-6.2	-23,605
2010	120,505	242,466	95,511	17,746	60,661	10,686	547,623	5.8	-31,768
2011	113,027	243,550	111,964	18,015	21,417	10,965	518,938	-5.2	-25,992
2012	118,544	247,714	116,602	16,277	3,355	11,314	513,806	-1.0	-27,826
2013	127,807	240,721	117,297	16,580	1,930	13,161	517,496	0.7	-27,955
2014	123,415	226,191	118,836	17,734		15,317	501,133	-3.2	-27,488
2015	125,482	223,822	111,645	18,127	1,958	17,231	498,265	-0.6	-31,752
2016	123,646	217,141	113,225	16,575	3,746	18,583	492,916	-1.1	-29,920
2017	124,081	216,044	112,740	17,488	6,827	20,055	496,735	0.8	-31,926
2018	122,639	207,932	107,954	16,659	13,280	20,990	489,454	-1.5	-34,134
2019	121,021	202,628	102,464	16,479	13,045	22,035	477,672	-2.4	-32,951
2020	112,020	171,033	102,099	16,219	7,926	22,733	432,030	-9.6	-16,548
2021	119,723	183,141	95,671	16,332	14,482	23,865	453,214	4.9	-23,084
2022	116,544	187,098	94,323	15,989	11,468	25,095	450,517	-0.6	-34,047

出所:経済産業省/EDMC「総合エネルギー統計」、EDMC推計
　　内閣府「国民経済計算」

(10^10 kcal)

一次エネルギー国内供給					最終エネルギー消費		原単位 (kcal/円)		年度
石炭	石油	ガス	合計	伸び率 (%)		伸び率 (%)	国内供給 /GDP	最終消費 /GDP	
44,618	85,098	2,027	152,295	9.1	108,538	8.2	14.72	10.49	1965
63,166	207,265	3,967	296,672	15.3	211,226	13.3	17.00	12.10	1970
60,460	270,399	5,849	358,381	10.5	265,234	10.4	16.70	12.36	1973
59,803	246,097	9,226	343,483	-3.0	251,083	-2.6	15.24	11.14	1975
66,910	245,951	24,165	380,298	-1.6	264,541	-5.4	13.77	9.58	1980
76,993	217,904	38,215	393,370	1.9	270,545	1.2	11.59	7.97	1985
80,465	263,812	49,276	466,268	4.2	322,870	3.8	10.82	7.49	1990
81,368	268,844	52,085	479,464	2.8	331,364	2.6	10.86	7.50	1991
78,969	275,815	52,941	483,499	0.8	332,840	0.4	10.88	7.49	1992
79,487	266,963	54,160	485,073	0.3	335,251	0.7	11.00	7.60	1993
85,230	283,812	57,480	508,977	4.9	347,799	3.7	11.36	7.76	1994
87,842	282,543	58,923	520,808	2.3	358,795	3.2	11.27	7.76	1995
88,947	284,268	63,026	530,043	1.8	363,409	1.3	11.14	7.64	1996
93,114	277,313	64,649	535,452	1.0	366,199	0.8	11.27	7.71	1997
87,516	267,486	66,995	525,363	-1.9	362,980	-0.9	11.17	7.71	1998
93,687	272,410	69,747	534,209	1.7	373,017	2.8	11.29	7.88	1999
98,606	267,188	73,401	535,022	0.2	375,740	0.7	11.02	7.74	2000
94,292	258,752	71,960	519,699	-2.9	362,380	-3.6	10.78	7.52	2001
107,488	260,819	74,616	532,308	2.4	367,316	1.4	10.94	7.55	2002
112,245	260,860	78,905	532,798	0.1	365,408	-0.5	10.74	7.37	2003
118,515	256,749	78,599	543,492	2.0	368,079	0.7	10.78	7.30	2004
116,398	256,523	78,310	541,056	-0.4	367,037	-0.3	10.50	7.13	2005
116,893	243,334	85,827	538,181	-0.5	362,242	-1.3	10.31	6.94	2006
121,898	243,293	93,372	539,648	0.3	357,990	-1.2	10.23	6.79	2007
117,024	223,543	91,545	512,152	-5.1	333,633	-6.8	10.08	6.56	2008
107,598	209,888	91,263	494,140	-3.5	325,301	-2.5	9.96	6.56	2009
119,150	211,952	95,660	515,855	4.4	338,246	4.0	10.07	6.61	2010
112,821	217,985	111,743	492,946	-4.4	327,035	-3.3	9.58	6.35	2011
117,663	221,557	115,814	485,980	-1.4	322,005	-1.5	9.38	6.22	2012
126,139	214,416	117,315	489,541	0.7	321,633	-0.1	9.20	6.04	2013
124,439	198,772	117,787	473,689	-3.2	312,965	-2.7	8.93	5.90	2014
123,744	193,538	111,915	466,513	-1.5	310,734	-0.7	8.65	5.76	2015
121,868	187,574	114,650	462,996	-0.8	309,810	-0.3	8.52	5.70	2016
123,743	185,643	111,233	464,809	0.4	313,775	1.3	8.40	5.67	2017
121,476	176,195	106,720	455,320	-2.0	305,718	-2.6	8.21	5.51	2018
120,403	170,376	102,383	444,721	-2.3	300,798	-1.6	8.08	5.47	2019
110,723	155,366	102,515	415,482	-6.6	281,689	-6.4	7.86	5.33	2020
100,037	160,037	96,552	430,130	3.5	288,502	2.4	7.91	5.31	2021
114,023	157,893	92,000	416,470	-3.2	280,139	-2.9	7.55	5.08	2022

注: (1) 原単位のGDPは2015年価格。
(2) 新エネルギー等には、太陽光、風力、太陽熱、ごみ発電、バイオマス他 (黒液・廃材・薪・木炭・オガライト・炉頂圧発電・炭化水素油) が含まれる。

3. 一次エネルギー供給と最終エネルギー消費
(3)エネルギー需給総括（構成比）

年度	一次エネルギー国内供給 構成比 (%)						最終エネルギー消費		
	石炭	石油	ガス	水力	原子力	新エネルギー等	産業部門	非製造業	製造業
1965	29.3	55.9	1.3	11.8	0.0	1.7	62.5	4.7	57.8
1970	21.3	69.9	1.3	6.0	0.4	1.1	64.5	4.9	59.6
1973	16.9	75.5	1.6	4.4	0.6	1.0	62.5	4.5	57.9
1975	17.4	71.6	2.7	5.6	1.6	1.0	59.3	4.3	55.0
1980	17.6	64.7	6.4	5.4	4.9	1.1	55.2	5.0	50.3
1985	19.6	55.4	9.7	4.9	9.1	1.3	51.2	5.0	46.2
1990	17.3	56.6	10.6	4.4	9.8	1.4	49.8	5.6	44.2
1991	17.0	56.1	10.9	4.7	10.0	1.4	49.0	5.5	43.5
1992	16.3	57.0	10.9	3.9	10.4	1.4	47.7	5.3	42.4
1993	16.4	55.0	11.2	4.5	11.6	1.3	47.7	5.5	42.2
1994	16.7	55.8	11.3	3.0	11.9	1.3	47.7	5.2	42.4
1995	16.9	54.3	11.3	3.6	12.6	1.4	47.3	5.3	42.0
1996	16.8	53.6	11.9	3.5	12.8	1.4	47.3	5.1	42.2
1997	17.4	51.8	12.1	3.9	13.4	1.4	47.2	4.7	42.5
1998	16.7	50.9	12.8	4.1	14.2	1.4	46.4	4.5	42.0
1999	17.5	51.0	13.1	3.7	13.3	1.4	47.1	4.2	42.9
2000	18.4	49.9	13.7	3.6	12.9	1.4	47.4	4.2	43.3
2001	18.1	49.8	13.8	3.6	13.2	1.4	46.0	4.1	41.8
2002	20.2	49.0	14.0	3.5	11.9	1.4	46.0	4.0	42.0
2003	21.1	49.0	14.8	4.0	9.7	1.5	46.4	3.8	42.6
2004	21.8	47.2	14.5	3.9	11.2	1.5	45.9	3.6	42.4
2005	21.5	47.4	14.5	3.0	11.9	1.7	46.3	3.4	42.9
2006	21.7	45.2	15.9	3.5	11.9	1.7	46.9	3.0	43.9
2007	22.6	45.1	17.3	2.9	10.3	1.8	47.0	2.7	44.3
2008	22.8	43.6	17.9	3.2	10.6	1.8	45.6	2.5	43.1
2009	21.8	42.5	18.5	3.4	11.9	2.0	45.1	2.4	42.6
2010	23.1	41.1	18.5	3.4	11.8	2.1	45.6	2.3	43.4
2011	22.9	44.2	22.7	3.7	4.3	2.2	45.5	2.3	43.2
2012	24.2	45.6	23.8	3.3	0.7	2.3	45.2	2.2	42.9
2013	25.8	43.8	24.0	3.4	0.4	2.7	46.0	2.2	43.8
2014	26.3	42.0	24.9	3.7	-	3.2	46.2	2.2	44.0
2015	26.5	41.5	24.0	3.9	0.4	3.7	46.4	2.2	44.2
2016	26.3	40.5	24.8	3.6	0.8	4.0	45.9	2.2	43.7
2017	26.6	39.9	23.9	3.8	1.5	4.3	46.0	2.2	43.9
2018	26.7	38.7	23.4	3.7	2.9	4.6	46.0	2.2	43.8
2019	27.1	38.3	23.0	3.7	2.9	5.0	46.0	2.1	43.9
2020	26.6	37.4	24.7	3.9	1.9	5.5	44.4	2.2	42.2
2021	27.6	37.2	22.4	3.8	3.4	5.5	46.0	2.2	43.9
2022	27.4	37.9	22.1	3.8	2.8	6.0	44.4	2.2	42.2

出所：表I -3(2)、表I -3(4)、表I -3(5)より算出。

部門別構成比 (%)					最終エネルギー消費 エネルギー源別構成比 (%)					年度
民生部門	家庭	業務	運輸部門	非エネルギー	石炭	石炭製品	石油	天然ガス・都市ガス	電力	
17.2	9.9	7.4	17.6	2.7	7.6	14.5	59.3	3.6	13.0	1965
16.4	8.7	7.7	16.2	2.9	1.5	14.4	67.2	3.0	12.7	1970
18.1	8.9	9.2	16.4	3.1	0.7	13.4	68.5	2.9	13.4	1973
19.7	10.2	9.6	18.4	2.5	0.7	13.4	67.1	3.4	14.4	1975
21.4	11.4	10.0	20.8	2.6	2.4	12.7	63.2	3.9	16.6	1980
24.3	13.6	10.7	21.8	2.7	3.6	11.5	59.9	4.7	18.8	1985
24.4	13.1	11.3	23.0	2.7	4.2	8.8	60.6	4.9	20.2	1990
25.0	13.1	11.9	23.5	2.6	4.6	8.0	60.6	5.2	20.3	1991
25.8	13.6	12.2	23.9	2.6	4.3	7.5	61.2	5.4	20.4	1992
25.9	14.1	11.8	23.9	2.5	4.4	7.3	60.9	5.8	20.4	1993
25.8	13.6	12.2	24.2	2.4	4.6	6.9	60.8	5.7	21.0	1994
26.2	14.1	12.2	24.1	2.3	4.6	6.6	60.9	5.9	20.9	1995
25.9	13.9	12.0	24.2	2.3	4.7	6.4	60.6	6.0	21.1	1996
26.0	13.8	12.2	24.6	2.2	4.7	6.4	60.1	6.1	21.5	1997
26.3	13.6	12.7	25.1	2.1	4.6	6.0	60.2	6.3	21.8	1998
26.1	13.6	12.4	24.9	2.0	4.5	6.2	60.1	6.4	21.7	1999
26.5	14.0	12.5	24.1	1.9	4.4	6.6	59.1	6.7	22.2	2000
27.0	14.2	12.8	25.1	1.9	4.3	6.1	59.4	6.5	22.7	2001
27.6	14.6	12.9	24.7	1.8	4.1	6.3	59.0	6.7	22.9	2002
27.2	14.2	13.0	24.7	1.7	4.3	6.3	58.6	7.0	23.0	2003
27.7	14.5	13.2	24.8	1.6	3.9	6.2	57.9	7.2	23.7	2004
27.8	15.0	12.8	24.5	1.5	4.3	6.2	57.2	7.8	23.7	2005
27.1	14.6	12.5	24.5	1.5	4.3	6.2	55.8	8.5	24.2	2006
27.3	15.0	12.3	24.2	1.4	4.6	6.2	54.0	9.1	25.2	2007
28.1	15.4	12.7	25.0	1.3	4.2	6.0	53.3	9.5	25.9	2008
28.4	15.7	12.7	25.1	1.4	3.9	6.0	53.7	9.7	25.7	2009
28.7	16.0	12.8	24.4	1.3	4.6	6.2	52.0	10.0	26.1	2010
28.7	15.9	12.7	24.6	1.3	4.8	6.1	51.7	10.6	25.9	2011
28.9	15.9	13.0	24.7	1.2	5.0	5.9	51.5	11.0	26.0	2012
28.3	15.5	12.8	24.6	1.2	5.3	6.0	51.0	10.5	26.1	2013
28.1	15.4	12.7	24.5	1.2	5.3	6.2	50.6	10.7	26.3	2014
27.8	15.1	12.6	24.7	1.1	5.2	6.0	50.8	10.6	26.4	2015
28.5	15.3	13.1	24.5	1.1	4.9	6.0	49.9	11.3	26.9	2016
28.9	15.9	13.0	24.0	1.1	4.9	5.8	49.7	11.6	27.0	2017
28.5	15.3	13.3	24.3	1.1	4.9	5.9	49.3	11.4	27.5	2018
28.6	15.2	13.3	24.3	1.1	4.9	5.9	49.2	11.3	27.7	2019
30.9	17.1	13.8	23.5	1.2	4.2	5.6	49.3	11.3	28.8	2020
30.0	16.3	13.7	22.9	1.1	4.9	5.7	48.1	11.5	28.8	2021
30.6	16.3	14.3	23.8	1.2	4.3	5.7	48.1	11.4	29.5	2022

3．一次エネルギー供給と最終エネルギー消費
(4)部門別最終エネルギー消費

年度	産業部門			最終エネルギー消費			
		非製造業	製造業	民生部門	家庭	業務	運輸部門
1965	67,848	5,111	62,737	18,700	10,696	8,004	19,055
1970	136,251	10,414	125,837	34,664	18,329	16,335	34,273
1973	165,663	12,039	153,624	48,030	23,591	24,438	43,425
1975	148,940	10,857	138,083	49,563	25,574	23,989	46,295
1980	146,139	13,161	132,978	56,482	30,120	26,363	55,003
1985	138,561	13,503	125,058	65,796	36,883	28,913	58,880
1990	160,864	18,102	142,762	78,848	42,380	36,466	74,386
1991	162,405	18,107	144,298	82,704	43,327	39,377	77,776
1992	158,882	17,751	141,131	85,900	45,373	40,527	79,482
1993	159,768	18,453	141,315	86,867	47,310	39,557	80,209
1994	165,787	18,238	147,549	89,668	47,367	42,303	84,005
1995	169,837	18,973	150,864	94,181	50,573	43,608	86,640
1996	171,937	18,515	153,422	94,211	50,529	43,682	88,916
1997	172,767	17,176	155,591	95,050	50,437	44,614	90,233
1998	168,572	16,254	152,318	95,520	49,474	46,045	91,261
1999	175,579	15,574	160,005	97,289	50,881	46,408	92,788
2000	178,174	15,622	162,552	99,662	52,688	46,973	90,740
2001	166,605	15,006	151,599	97,901	51,611	46,290	90,993
2002	168,829	14,729	154,100	101,201	53,804	47,397	90,620
2003	169,623	13,867	155,756	99,473	52,035	47,438	90,264
2004	169,104	13,155	155,949	101,856	53,409	48,447	91,291
2005	169,800	12,317	157,483	101,895	54,901	46,994	89,985
2006	169,852	10,713	159,139	98,106	52,936	45,170	88,887
2007	168,357	9,740	158,617	97,590	53,672	43,918	86,777
2008	152,050	8,373	143,677	93,605	51,382	42,223	83,513
2009	146,633	7,935	138,698	92,404	50,955	41,449	81,737
2010	154,338	7,640	146,698	97,094	53,955	43,139	82,443
2011	148,668	7,389	141,279	93,698	52,057	41,641	80,497
2012	145,498	7,212	138,286	92,994	51,168	41,826	79,620
2013	147,915	7,168	140,747	90,930	49,857	41,073	79,059
2014	144,535	6,915	137,620	88,081	48,306	39,775	76,724
2015	144,190	6,860	137,330	86,285	47,043	39,242	76,809
2016	142,168	6,869	135,299	88,350	47,871	40,479	75,912
2017	144,384	6,765	137,619	90,662	49,837	40,825	75,422
2018	140,589	6,602	133,987	87,219	46,679	40,540	74,329
2019	138,440	6,357	132,083	85,925	45,866	40,059	73,127
2020	125,063	6,232	118,831	87,063	48,082	38,981	66,231
2021	132,842	6,324	126,518	86,514	47,080	39,434	65,994
2022	124,323	6,048	118,275	85,697	45,728	39,969	66,712

出所：経済産業省/EDMC「総合エネルギー統計」、EDMC推計

$(10^{10}\ kcal)$

旅客	貨物	非エネルギー	合計	対前年伸び率 (%)				年度
				産業	民生	運輸	最終エネルギー消費合計	
8,797	10,257	2,934	108,538	7.8	10.1	7.9	8.2	1965
17,735	16,538	6,038	211,226	14.0	11.7	12.3	13.3	1970
23,766	19,660	8,116	265,234	10.3	11.0	10.1	10.4	1973
26,246	20,048	6,285	251,083	-6.1	2.7	5.3	-2.6	1975
31,595	23,407	6,917	264,541	-7.5	-3.4	-1.2	-5.4	1980
35,392	23,488	7,308	270,545	-0.3	3.7	2.4	1.2	1985
45,396	28,989	8,772	322,870	3.0	4.6	4.5	3.8	1990
48,310	29,466	8,480	331,364	1.0	4.9	4.6	2.6	1991
49,905	29,577	8,576	332,840	-2.2	3.9	2.2	0.4	1992
50,816	29,393	8,408	335,251	0.6	1.1	0.9	0.7	1993
53,450	30,555	8,339	347,799	3.8	3.2	4.7	3.7	1994
55,275	31,365	8,137	358,795	2.4	5.0	3.1	3.2	1995
57,182	31,734	8,346	363,409	1.2	0.0	2.6	1.3	1996
58,641	31,592	8,149	366,199	0.5	0.9	1.5	0.8	1997
59,731	31,530	7,627	362,980	-2.4	0.5	1.1	-0.9	1998
60,934	31,854	7,361	373,017	4.2	1.9	1.7	2.8	1999
59,301	31,439	7,164	375,740	1.5	2.4	-2.2	0.7	2000
60,030	30,963	6,881	362,380	-6.5	-1.8	0.3	-3.6	2001
60,011	30,609	6,666	367,511	1.3	3.4	-0.4	1.4	2002
60,020	30,244	6,048	365,408	0.5	-1.7	-0.4	-0.5	2003
60,650	30,641	5,828	368,079	-0.3	2.4	1.1	0.7	2004
60,082	29,903	5,357	367,037	0.4	0.0	-1.4	-0.3	2005
58,776	30,111	5,397	362,242	0.0	-3.7	-1.2	-1.3	2006
57,599	29,177	5,180	357,904	-0.9	-0.5	-2.4	-1.2	2007
55,536	27,977	4,465	333,633	-9.7	-4.1	-3.8	-6.8	2008
54,907	26,830	4,527	325,301	-3.6	-1.3	-2.1	-2.5	2009
55,389	27,046	4,380	338,246	5.3	5.1	0.9	4.0	2010
53,514	26,983	4,172	327,035	-3.7	-3.5	-2.3	-3.3	2011
52,499	27,119	3,893	322,005	-2.1	-0.8	-1.1	-1.5	2012
51,399	27,659	3,729	321,633	1.7	-2.2	-0.7	-0.1	2013
49,472	27,251	3,625	312,965	-2.3	-3.1	-3.0	-2.7	2014
49,670	27,139	3,450	310,734	-0.2	-2.0	0.1	-0.7	2015
49,142	26,770	3,380	309,810	-1.4	2.4	-1.2	-0.3	2016
48,511	26,911	3,307	313,775	1.6	2.6	-0.6	1.3	2017
47,642	26,688	3,581	305,718	-2.6	-3.8	-1.4	-2.6	2018
46,679	26,448	3,306	300,798	-1.5	-1.5	-1.6	-1.6	2019
40,402	25,829	3,332	281,689	-9.7	1.3	-9.4	-6.4	2020
40,194	25,800	3,152	288,502	6.2	-0.6	-0.4	2.4	2021
41,526	25,186	3,407	280,139	-6.4	-0.9	1.1	-2.9	2022

3. 一次エネルギー供給と最終エネルギー消費
(5)エネルギー源別最終エネルギー消費

年度	石炭	石炭製品	石油	天然ガス・都市ガス	電力	最終エネルギー消費	
						事業者	自家発
1965	8,253	15,721	64,310	3,960	14,097	12,386	1,711
1970	3,159	30,390	141,846	6,345	26,910	23,104	3,805
1973	1,860	35,631	181,580	7,739	35,587	30,852	4,735
1975	1,642	33,544	168,558	8,541	36,130	31,760	4,369
1980	6,282	33,664	167,208	10,253	44,024	39,504	4,520
1985	9,839	31,147	162,115	12,791	50,830	46,147	4,683
1990	13,620	28,287	195,525	15,959	65,076	57,984	7,091
1991	15,183	26,589	200,966	17,199	67,118	59,742	7,376
1992	14,267	24,895	203,686	18,046	67,771	60,276	7,495
1993	14,614	24,623	204,313	19,420	68,310	60,634	7,676
1994	15,873	24,060	211,310	19,687	72,912	64,909	8,002
1995	16,359	23,763	218,653	21,106	74,814	66,416	8,398
1996	17,029	23,380	220,359	21,887	76,637	67,950	8,687
1997	17,191	23,518	220,216	22,498	78,559	69,462	9,097
1998	16,566	21,905	218,686	22,763	79,213	70,116	9,097
1999	16,730	23,216	224,019	24,033	81,109	71,703	9,406
2000	16,471	24,888	221,914	25,150	83,227	73,572	9,655
2001	15,751	22,121	215,134	23,561	82,357	72,391	9,966
2002	15,037	23,090	216,806	24,634	84,262	74,000	10,262
2003	15,545	22,873	214,247	25,461	83,872	73,601	10,271
2004	14,516	22,911	213,258	26,589	87,172	76,780	10,392
2005	15,691	21,942	210,088	28,631	87,075	76,971	10,104
2006	15,679	22,401	202,140	30,887	87,562	77,809	9,753
2007	16,314	22,282	193,214	32,507	90,031	80,569	9,462
2008	14,116	20,122	177,806	31,852	86,501	77,659	8,842
2009	12,836	19,612	174,608	31,569	83,538	75,051	8,487
2010	15,450	21,133	176,010	33,966	88,245	79,767	8,478
2011	15,579	19,809	168,942	34,820	84,834	76,823	8,011
2012	16,029	18,907	165,729	34,464	83,945	75,864	8,081
2013	16,983	19,272	164,048	33,870	84,047	75,930	8,117
2014	16,437	19,290	158,231	33,477	82,252	74,365	7,887
2015	16,289	18,612	157,857	32,784	82,021	74,333	7,688
2016	15,234	18,593	154,644	34,936	83,290	78,098	5,192
2017	15,462	18,142	155,980	36,276	84,794	79,503	5,291
2018	14,883	17,963	150,601	34,969	84,182	78,471	5,711
2019	14,750	17,619	147,887	34,034	83,446	77,543	5,903
2020	11,727	15,694	138,739	31,779	81,085	75,748	5,337
2021	14,104	16,482	138,658	33,255	83,156	77,495	5,661
2022	12,115	16,043	134,679	31,994	82,502	76,955	5,547

出所:経済産業省/EDMC「総合エネルギー統計」、EDMC推計

(10^{10} kcal)

その他	合計	石炭	石炭製品	石油	天然ガス・都市ガス	電力	合計	年度
				対前年伸び率(%)				
2,197	108,538	-17.9	8.7	13.5	8.3	7.5	8.2	1965
2,576	211,226	-24.3	6.5	16.4	8.6	14.5	13.3	1970
2,837	265,234	-5.8	15.9	9.8	9.6	9.7	10.4	1973
2,668	251,083	-5.4	-5.7	-3.3	3.4	2.9	-2.6	1975
3,110	264,541	105.8	3.1	-10.2	5.2	-1.7	-5.4	1980
3,823	270,545	10.0	-3.6	0.8	3.7	3.2	1.2	1985
4,403	322,870	10.6	-3.6	3.2	4.7	7.3	3.8	1990
4,309	331,364	11.5	-6.0	2.8	7.8	3.1	2.6	1991
4,175	332,840	-6.0	-6.4	1.4	4.9	1.0	0.4	1992
3,971	335,251	2.4	-1.1	0.3	7.6	0.8	0.7	1993
3,957	347,799	8.6	-2.3	3.4	1.4	6.7	3.7	1994
4,100	358,795	3.1	-1.2	3.5	7.2	2.6	3.2	1995
4,117	363,409	4.1	-1.6	0.8	3.7	2.4	1.3	1996
4,217	366,199	1.0	0.6	-0.1	2.8	2.5	0.8	1997
3,847	362,980	-3.6	-6.9	-0.7	1.2	0.8	-0.9	1998
3,910	373,017	1.0	6.0	2.4	5.6	2.4	2.8	1999
4,090	375,740	-1.5	7.2	-0.9	4.6	2.6	0.7	2000
3,456	362,380	-4.4	-11.1	-3.1	-6.3	-1.0	-3.6	2001
3,487	367,316	-4.5	4.4	0.8	4.6	2.3	1.4	2002
3,410	365,408	3.4	-0.9	-1.2	3.4	-0.5	-0.5	2003
3,633	368,079	-6.6	0.2	-0.5	4.4	3.9	0.7	2004
3,610	367,037	8.1	-4.2	-1.5	7.7	-0.1	-0.3	2005
3,573	362,242	-0.1	2.1	-3.8	7.9	0.6	-1.3	2006
3,556	357,904	4.1	-0.5	-4.4	5.2	2.8	-1.2	2007
3,236	333,633	-13.5	-9.7	-8.0	-2.0	-3.9	-6.8	2008
3,138	325,301	-9.1	-2.5	-1.8	-0.9	-3.4	-2.5	2009
3,442	338,246	20.4	7.8	0.8	7.6	5.6	4.0	2010
3,051	327,035	0.8	-6.3	-4.0	2.5	-3.9	-3.3	2011
2,931	322,005	2.9	-4.6	-1.9	-1.0	-1.0	-1.5	2012
3,413	321,633	6.0	1.9	-1.0	-1.7	0.1	-0.1	2013
3,278	312,965	-3.2	0.1	-3.5	-1.2	-2.1	-2.7	2014
3,171	310,734	-0.9	-3.5	-0.2	-2.1	-0.3	-0.7	2015
3,113	309,810	-6.5	-0.1	-2.0	6.6	1.5	-0.3	2016
3,121	313,775	1.5	-2.4	0.9	3.8	1.8	1.3	2017
3,120	305,718	-3.7	-1.0	-3.4	-3.6	-0.7	-2.6	2018
3,062	300,798	-0.9	-1.9	-1.8	-2.7	-0.9	-1.6	2019
2,665	281,689	-20.5	-10.9	-6.2	-6.6	-2.8	-6.4	2020
2,847	288,502	20.3	5.0	-0.1	4.6	2.6	2.4	2021
2,806	280,139	-14.1	-2.7	-2.9	-3.8	-0.8	-2.9	2022

3．一次エネルギー供給と最終エネルギー消費
(6)部門別エネルギー起源CO₂排出量

年度	一次エネルギー国内供給	伸び率(%)	2013年度=100	発電部門	自家消費	最終消費合計 (化石燃料起源計)	産業部門	民生部門	家庭	業務
1965	387.0	7.6	31.3	92.8	23.1	271.1	172.5	43.6	23.3	20.3
1970	758.8	14.5	61.3	196.0	69.3	493.5	320.4	77.5	38.0	39.4
1973	909.4	12.9	73.5	262.4	42.0	605.0	382.1	103.1	45.3	57.8
1975	859.3	-3.7	69.5	241.6	44.7	573.0	345.6	99.7	46.0	53.7
1980	916.9	-0.8	74.1	254.4	71.7	590.7	334.1	104.6	51.0	53.6
1985	900.7	-0.2	72.8	259.4	61.5	579.8	304.6	112.7	60.6	52.1
1990	1,046.2	3.6	84.6	337.4	49.9	658.9	329.9	123.4	63.6	59.8
1991	1,065.7	1.9	86.1	341.0	53.1	671.5	326.9	129.6	64.2	65.5
1992	1,077.8	1.1	87.1	349.9	58.6	669.3	314.4	135.1	68.1	67.0
1993	1,056.8	-1.9	85.4	331.1	51.1	674.6	318.4	134.2	71.9	62.3
1994	1,125.1	6.5	90.9	371.2	65.8	688.1	322.0	133.3	68.4	64.9
1995	1,129.6	0.4	91.3	362.6	59.1	707.9	326.0	141.7	74.7	67.0
1996	1,144.5	1.3	92.5	366.1	66.5	711.9	326.9	138.4	73.7	64.7
1997	1,141.6	-0.3	92.3	362.9	67.4	711.2	323.8	137.2	72.6	64.6
1998	1,100.3	-3.6	88.9	353.4	46.1	700.8	313.2	134.5	68.6	65.8
1999	1,138.1	3.4	92.0	375.3	44.6	718.2	325.6	135.2	70.9	64.3
2000	1,149.6	1.0	92.9	387.1	42.3	720.1	330.5	137.8	74.0	63.8
2001	1,114.6	-3.0	90.1	400.9	21.3	692.4	307.9	132.0	71.8	60.3
2002	1,173.0	5.2	94.8	433.6	42.8	696.6	307.8	137.4	75.7	61.7
2003	1,199.1	2.2	96.9	455.0	53.6	690.4	306.3	133.9	71.7	62.1
2004	1,210.1	0.9	97.8	460.6	64.3	685.3	298.2	133.8	73.0	60.8
2005	1,203.6	-0.5	97.3	469.8	51.0	682.9	296.3	137.4	77.0	60.4
2006	1,181.9	-1.8	95.5	457.6	58.7	665.7	291.5	128.0	72.3	55.7
2007	1,218.1	3.1	98.5	509.5	62.8	645.8	284.0	121.8	71.7	50.2
2008	1,155.5	-5.1	93.4	481.9	73.9	599.7	256.5	112.4	66.8	45.6
2009	1,076.0	-6.9	87.0	442.1	55.1	578.8	242.6	110.6	65.8	44.7
2010	1,134.4	5.4	91.7	461.0	70.2	603.2	260.8	114.7	69.5	45.2
2011	1,169.7	3.1	94.5	522.2	59.3	588.1	253.9	111.8	67.8	44.0
2012	1,208.8	3.3	97.7	569.8	60.4	578.6	248.7	109.8	66.0	43.8
2013	1,237.2	2.4	100.0	582.9	70.5	583.9	255.8	106.2	63.9	42.3
2014	1,191.3	-3.7	96.3	556.9	66.2	568.2	251.1	101.8	61.9	40.0
2015	1,158.4	-2.8	93.6	538.5	60.1	559.8	247.9	96.4	58.7	37.7
2016	1,144.9	-1.2	92.5	551.9	36.3	556.7	245.1	98.7	59.6	39.1
2017	1,136.4	-0.7	91.9	538.8	37.4	560.2	246.3	102.4	63.1	39.3
2018	1,092.5	-3.9	88.3	509.2	42.5	540.7	237.8	94.7	56.7	38.0
2019	1,061.5	-2.8	85.8	489.1	43.7	528.7	232.0	91.9	55.1	36.7
2020	984.4	-7.3	79.6	478.3	23.9	482.2	202.5	93.5	58.3	35.2
2021	1,017.2	3.3	82.2	479.4	41.0	496.8	220.6	90.9	55.5	35.4
2022	990.3	-2.6	80.0	462.9	46.4	481.0	204.8	89.1	53.3	35.8
年平均伸び率 (%)										
70/65	14.4			16.1	24.6	12.7	13.2	12.2	10.3	14.2
80/70	1.9			2.6	0.3	1.8	0.4	3.0	3.0	3.1
90/80	1.3			2.9	-3.6	1.1	-0.1	1.7	2.2	1.1
00/90	0.9			1.4	-1.6	0.0	0.0	1.1	1.5	0.6
10/00	-0.1			1.8	5.2	-1.8	-2.3	-1.8	-0.6	-3.4
22/10	-1.1			0.0	-3.4	-1.9	-2.0	-2.1	-2.2	-1.9
22/13	-2.4			-2.5	-4.5	-2.1	-2.4	-1.9	-2.0	-1.8

出所：EDMC推計
注：(1)EDMCで作成したエネルギーバランス表を元に、エネルギー起源のCO₂排出量を算出したもの。

(二酸化炭素百万トン)

	最終消費合計 (化石燃料+電力按分分)						経済産業省		年度
運輸部門		産業部門	民生部門	家庭	業務	運輸部門		2013年度=100	
55.0	350.4	226.6	65.0	37.2	27.8	58.8	N.A.	N.A.	1965
95.6	664.1	437.8	124.4	67.3	57.2	101.8	N.A.	N.A.	1970
119.8	835.9	534.4	174.3	88.6	85.7	127.2	N.A.	N.A.	1973
127.7	786.2	476.3	175.3	92.1	83.2	134.7	N.A.	N.A.	1975
152.0	816.2	464.8	192.5	103.1	89.4	158.8	N.A.	N.A.	1980
162.6	807.8	426.6	212.2	116.3	95.9	169.0	N.A.	N.A.	1985
205.5	956.5	484.1	258.8	135.7	123.1	213.5	1,067.6	86.4	1990
215.0	970.9	480.3	267.6	137.3	130.3	223.0	1,077.8	87.2	1991
219.8	976.9	468.5	280.4	145.1	135.3	228.1	1,085.5	87.9	1992
222.0	964.2	461.9	272.4	145.0	127.4	229.8	1,081.0	87.5	1993
232.7	1,014.0	479.1	293.8	152.3	141.5	241.1	1,130.9	91.5	1994
240.2	1,026.1	479.5	298.3	157.0	141.2	248.3	1,142.1	92.5	1995
246.6	1,034.8	483.8	296.3	155.8	140.5	254.6	1,153.5	93.4	1996
250.2	1,030.1	479.6	292.6	152.4	140.2	258.0	1,147.1	92.9	1997
253.1	1,011.0	459.9	290.4	148.0	142.4	260.1	1,113.2	90.1	1998
257.4	1,048.8	479.7	303.9	156.9	147.0	265.2	1,149.5	93.0	1999
251.8	1,062.0	488.5	313.8	161.0	152.8	259.7	1,170.3	94.7	2000
252.5	1,049.9	474.7	314.4	159.9	154.5	260.8	1,157.4	93.7	2001
251.4	1,083.4	485.3	338.1	173.1	165.0	260.6	1,189.0	96.2	2002
250.2	1,096.1	490.1	346.5	175.0	171.5	259.5	1,197.3	96.9	2003
253.2	1,094.6	482.4	350.3	177.5	172.8	261.9	1,193.4	96.6	2004
249.2	1,092.5	484.2	350.0	182.9	167.1	258.2	1,200.5	97.2	2005
246.1	1,065.5	477.8	332.9	174.1	158.8	254.9	1,178.7	95.4	2006
240.0	1,090.7	487.6	353.6	188.1	165.4	240.1	1,214.5	98.3	2007
230.8	1,020.9	442.7	338.1	179.5	158.6	240.1	1,146.9	92.8	2008
225.7	962.7	408.7	319.6	171.3	148.4	234.4	1,087.1	88.0	2009
227.6	1,010.3	435.2	338.6	182.9	155.7	236.5	1,137.0	92.0	2010
222.5	1,050.5	446.3	371.9	199.3	172.5	232.3	1,188.0	96.2	2011
220.1	1,083.7	453.4	399.4	211.5	187.9	230.9	1,227.3	99.3	2012
221.9	1,100.4	464.7	402.3	212.3	190.0	233.4	1,235.4	100.0	2013
215.3	1,065.3	453.2	385.7	202.9	182.8	226.4	1,185.6	96.0	2014
215.5	1,051.2	445.8	378.7	197.8	180.9	226.2	1,145.9	92.8	2015
212.9	1,048.8	441.6	383.1	199.6	183.5	224.0	1,125.5	91.1	2016
211.4	1,045.5	439.9	383.3	202.5	180.7	222.4	1,108.8	89.8	2017
208.2	1,000.2	422.8	358.8	185.4	173.4	218.7	1,063.8	86.1	2018
204.9	977.3	411.7	350.6	180.5	170.1	215.0	1,027.8	83.2	2019
186.2	920.2	368.3	357.4	189.9	167.6	194.4	967.4	78.3	2020
185.3	935.7	391.6	350.4	184.1	166.3	193.8	987.1	79.9	2021
187.2	917.5	371.9	345.7	180.8	164.9	196.0	958.0	77.5	2022
年平均伸び率 (%)									
11.7	13.6	14.1	13.9	12.6	15.5	11.6	N.A.		70/65
4.7	2.1	0.6	4.5	4.4	4.6	4.5	N.A.		80/70
3.1	1.6	0.4	3.0	2.8	3.2	3.0	N.A.		90/80
2.1	1.1	0.1	1.9	1.7	2.2	2.0	0.9		00/90
-1.0	-0.5	-1.1	0.8	1.3	0.2	-0.9	-0.3		10/00
-1.6	-0.8	-1.3	0.3	-0.1	0.7	-1.6	-1.4		22/10
-1.9	-2.0	-2.4	-1.5	-1.8	-1.3	-1.9	-2.8		22/13

(2)電力按分分とは発電に伴う排出量を電力消費量に応じて最終需要部門に配分したCO2排出量のことである。算出方法などについては、巻頭「解説」の8を参照。経済産業省の最新年度は速報値。

(3)自家消費は、統計誤差を含む。

3．一次エネルギー供給と最終エネルギー消費
(7) バランス表形式CO₂排出量（2022年度）

（二酸化炭素千トン）

	化石燃料起源計	石炭起源	石油起源	ガス起源	電力按分分	化石燃料+電力按分分
一次エネルギー国内供給	990,300	421,836	372,540	195,925	-	990,300
電気事業者	405,123	262,313	17,664	125,147	-	-
自家発	57,733	27,865	25,494	4,374	-	-
自家消費ロス	46,428	20,581	26,174	-327	26,391	72,820
最終消費計	481,015	111,076	303,208	66,731	436,466	917,480
産業部門計	204,772	108,864	63,965	31,943	167,147	371,920
農林業	6,170	-	6,170	-	1,536	7,706
水産業	3,886	-	3,886	-		3,886
鉱業・建設	5,876	-	5,876	-	1,235	7,111
製造業計	188,840	108,864	48,033	31,943	164,377	353,217
食料品	5,643		125	5,518	13,539	19,182
繊維	2,458	105	903	1,450	2,626	5,085
紙・パルプ	3,375	847	1,334	1,194	10,837	14,212
化学工業	21,796	3,263	12,116	6,418	24,860	46,657
窯業土石	15,907	10,457	3,397	2,053	7,313	23,220
鉄鋼	98,026	91,935	2,767	3,324	29,827	127,853
非鉄金属	2,991	664	1,310	1,017	8,604	11,595
金属機械	3,448	141	302	3,005	38,521	41,969
その他	35,196	1,452	25,780	7,964	28,249	63,445
民生部門計	89,077	2,212	52,121	34,744	260,489	349,566
家庭用	53,266	20	33,782	19,464	127,279	180,545
業務用	35,811	2,192	18,339	15,280	133,210	169,020
運輸部門計	187,166	-	187,122	44	8,829	195,995
旅客用	114,580	-	114,562	19	8,408	122,989
貨物用	72,585	-	72,560	25	421	73,006
非エネルギー	-	-	-	-		-

出所：EDMC推計

注：(1) 表 I-3-(6)と同じ。
　　(2) 自家消費ロスにはその他の転換部門における自家消費に加えて、
　　　　 統計誤差を含むため、マイナスになることがある。

3．一次エネルギー供給と最終エネルギー消費
(8)日本の温室効果ガス排出量

(二酸化炭素換算百万トン)

年度	温室効果ガス		CO₂	エネルギー起源								その他	その他ガス
		2013年度比(%)			2013年度比(%)	産業	家庭	業務	運輸	転換		その他	
1990	1,274.8	-9.4	1,162.7	1,067.6	-13.6	503.4	128.7	130.8	208.4	96.2		95.1	112.1
1991	1,289.1	-8.4	1,174.2	1,077.8	-12.8	496.2	132.1	134.2	220.4	94.9		96.4	114.9
1992	1,300.6	-7.6	1,183.7	1,085.8	-12.1	488.2	138.2	138.9	221.1	93.5		97.9	116.9
1993	1,296.2	-7.9	1,176.5	1,081.0	-12.5	475.4	138.8	142.8	230.5	93.6		95.5	119.7
1994	1,357.2	-3.6	1,231.5	1,130.9	-8.5	492.4	148.5	156.8	240.2	93.1		100.6	125.7
1995	1,378.5	-2.1	1,243.7	1,142.1	-7.5	489.3	150.3	161.9	249.2	91.4		101.6	134.8
1996	1,391.5	-1.1	1,256.3	1,153.5	-6.6	494.2	151.2	160.7	255.8	91.6		102.7	135.2
1997	1,383.4	-1.7	1,248.8	1,147.1	-7.1	484.7	145.5	166.0	257.3	93.6		101.7	134.6
1998	1,334.5	-5.2	1,208.6	1,113.2	-9.9	454.1	144.3	173.2	255.1	86.4		95.4	125.9
1999	1,357.8	-3.5	1,245.2	1,149.5	-7.0	464.6	152.3	183.2	259.4	90.0		95.7	112.6
2000	1,377.5	-2.1	1,268.0	1,170.3	-5.3	477.4	155.8	189.5	258.8	88.9		97.7	109.5
2001	1,351.4	-4.0	1,253.0	1,157.4	-6.3	465.8	152.5	189.9	262.8	86.3		95.6	98.4
2002	1,375.2	-2.3	1,282.3	1,189.0	-3.8	473.3	163.4	199.5	259.6	93.2		93.3	92.8
2003	1,381.9	-1.8	1,290.7	1,197.3	-3.1	474.9	165.9	205.8	256.0	94.7		93.4	91.2
2004	1,373.2	-2.4	1,286.0	1,193.4	-3.4	471.2	164.2	213.2	249.8	95.0		92.6	87.1
2005	1,380.7	-1.9	1,293.4	1,200.5	-2.8	467.4	170.5	220.1	244.4	98.0		92.9	87.3
2006	1,359.2	-3.4	1,270.3	1,178.7	-4.6	461.4	161.9	216.8	241.5	97.1		91.6	89.0
2007	1,394.3	-0.9	1,305.8	1,214.5	-1.7	472.9	172.7	226.5	239.4	103.0		91.4	88.5
2008	1,321.2	-6.1	1,234.7	1,146.9	-7.2	428.8	167.8	219.5	231.7	99.2		87.8	86.5
2009	1,249.1	-11.3	1,165.6	1,087.1	-12.0	403.5	161.6	196.0	228.0	98.0		78.4	83.5
2010	1,302.5	-7.5	1,217.1	1,137.0	-8.0	431.0	178.4	199.9	228.8	99.0		80.1	85.3
2011	1,353.1	-3.9	1,267.0	1,188.0	-3.8	445.7	193.3	222.9	225.2	100.9		79.0	86.1
2012	1,395.9	-0.8	1,308.2	1,227.3	-0.7	455.7	211.5	227.7	227.0	103.9		80.8	87.7
2013	1,407.6	0.0	1,317.5	1,235.4	0.0	463.6	207.6	237.3	224.2	102.7		82.1	90.2
2014	1,358.7	-3.5	1,266.3	1,185.6	-4.0	447.1	193.5	229.2	218.9	96.9		80.7	92.4
2015	1,320.0	-6.2	1,225.4	1,145.9	-7.2	430.4	186.7	217.9	217.4	93.5		79.4	94.7
2016	1,302.3	-7.5	1,204.6	1,125.5	-8.9	418.2	184.5	210.3	215.4	97.2		79.1	97.7
2017	1,288.8	-8.4	1,188.9	1,108.8	-10.2	411.9	186.2	206.3	213.2	91.2		80.1	99.9
2018	1,244.8	-11.6	1,143.7	1,063.8	-13.9	400.6	165.3	197.7	210.4	89.7		79.9	101.0
2019	1,209.7	-14.1	1,106.5	1,027.8	-16.8	386.4	158.8	190.7	206.1	85.8		78.7	103.2
2020	1,146.8	-18.5	1,041.7	967.4	-21.7	354.3	166.7	184.2	183.4	78.8		74.2	105.1
2021	1,168.8	-17.0	1,062.9	987.1	-20.1	372.7	156.2	189.4	184.8	84.0		75.8	106.0
2022	N.A.	N.A.	N.A.	958.0	-22.5	351.3	158.4	176.2	191.9	80.3		N.A.	N.A.

出所: 国立環境研究所、経済産業省
注: 最新年度は、経済産業省「総合エネルギー統計」速報値。
　　(1)エネルギー起源CO₂排出量は間接排出量を含む。
　　(2)CO₂のその他は、工業プロセス、廃棄物、その他(農業・間接CO₂等)。
　　(3)その他ガスは、メタン、一酸化二窒素、ハイドロフルオロカーボン類、
　　　　パーフルオロカーボン類、六ふっ化硫黄、三ふっ化窒素。

4. エネルギー価格

4・エネルギー価格
(1)原油輸入CIF価格の推移

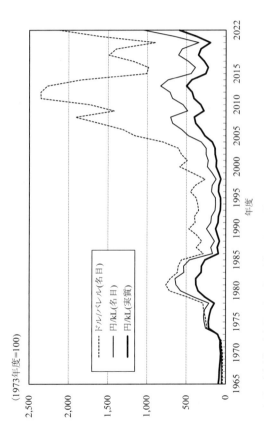

(1973年度=100)

出所：財務省「日本貿易月表」、内閣府「国民経済計算年報」等をもとに加工
注：円建てCIF価格は2015年基準のGDPデフレータを用いて実質化した。

凡例：
- ドル/バレル(名目)
- 円/kL(名目)
- 円/kL(実質)

4・エネルギー価格

(2)エネルギー源別輸入CIF価格（円建て）

年度	通関レート (円/ドル)	原油 (円/kL)	ナフサ(化学) (円/kL)	ガソリン (円/kL)	灯油 (円/kL)	軽油 (円/kL)	A重油 (円/kL)
1965	360.00	4,461	4,976	8,974	21,735	7,901	7,343
1970	360.00	4,144	5,398	3,956	12,935	6,958	7,270
1973	273.50	8,343	11,529	11,561	24,154	17,744	13,208
1975	298.69	22,643	25,373	28,108	84,669	26,898	25,882
1980	218.67	47,629	53,770	52,481	73,185	61,022	57,583
1985	224.05	38,340	38,329	42,914	46,962	39,216	44,639
1990	141.95	20,326	23,549	27,288	31,739	29,122	26,382
1991	133.33	15,795	19,643	22,355	22,977	23,351	20,245
1992	125.47	15,217	17,045	19,345	21,910	21,691	19,587
1993	108.31	11,417	12,260	14,492	17,657	17,751	16,122
1994	99.98	10,856	11,644	13,448	15,263	14,993	14,566
1995	95.84	11,057	11,480	14,017	18,499	15,824	15,200
1996	111.94	15,291	16,293	18,206	22,644	21,239	20,742
1997	122.48	14,482	17,789	21,717	19,385	22,844	18,975
1998	128.37	10,306	12,881	17,067	13,640	13,122	14,033
1999	111.95	14,529	16,049	19,151	21,438	20,434	18,458
2000	109.92	19,618	21,546	24,027	26,062	25,670	23,445
2001	124.77	18,643	19,971	23,489	22,365	23,523	22,241
2002	122.39	21,032	21,927	25,990	27,447	25,182	25,555
2003	113.52	20,950	23,595	26,674	26,608	25,820	25,215
2004	107.47	26,156	30,209	34,847	37,751	34,248	33,612
2005	112.79	39,736	40,370	45,594	56,896	49,626	46,837
2006	116.92	46,662	47,873	53,587	60,361	55,814	51,939
2007	114.87	56,375	59,398	63,856	77,511	68,531	60,018
2008	100.51	58,620	59,205	60,437	40,888	62,669	65,029
2009	93.07	40,388	39,488	42,153	48,311	48,906	40,527
2010	86.09	45,399	45,484	49,112	61,349	53,659	54,351
2011	78.98	56,684	52,957	62,378	67,995	66,654	64,987
2012	82.64	59,358	55,253	63,093	73,972	66,631	65,331
2013	99.95	69,226	65,454	74,638	83,600	79,522	85,924
2014	109.20	61,273	61,155	70,624	68,301	75,763	75,250
2015	120.38	37,035	40,843	48,319	45,921	42,902	49,724
2016	108.42	32,523	33,110	37,539	49,072	39,425	37,166
2017	111.06	39,825	40,135	46,167	55,057	51,491	47,323
2018	110.63	50,272	47,764	55,432	60,999	63,012	60,785
2019	108.78	46,388	40,906	47,798	54,636	53,220	51,298
2020	106.01	28,867	29,637	31,281	39,205	38,075	37,314
2021	111.93	54,573	54,222	58,245	67,820	62,079	62,585
2022	135.02	87,260	74,445	84,321	105,194	103,713	110,415

出所:財務省「日本貿易月表」

B重油	C重油	石炭	原料炭	一般炭	LPG	LNG	年度
(円/kL)	(円/kL)	(円/トン)	(円/トン)	(円/トン)	(円/トン)	(円/トン)	
5,256	4,825	5,666	5,643	14,333	13,128	N.A.	1965
4,675	4,975	7,625	7,635	9,588	10,847	9,841	1970
12,812	10,410	7,035	7,034	N.A.	13,555	10,201	1973
24,735	21,743	16,674	16,779	10,699	40,949	26,587	1975
46,095	43,033	14,460	14,674	12,100	73,826	62,681	1980
35,619	34,828	12,504	13,238	10,024	54,765	58,181	1985
20,828	19,138	8,203	8,655	7,206	27,190	28,729	1990
13,825	13,274	7,517	7,985	6,609	23,834	25,578	1991
14,042	13,620	6,792	7,211	5,990	22,416	23,463	1992
13,746	11,874	5,537	5,893	4,881	17,799	18,899	1993
N.A.	11,153	4,827	5,130	4,348	18,938	16,754	1994
N.A.	11,096	5,129	5,392	4,781	21,426	17,235	1995
N.A.	14,223	5,969	6,353	5,457	29,578	22,355	1996
N.A.	13,592	6,153	6,696	5,437	28,400	23,545	1997
N.A.	10,686	5,738	6,304	5,016	21,413	18,908	1998
N.A.	14,320	4,312	4,638	3,917	27,568	20,306	1999
N.A.	19,348	4,079	4,302	3,816	38,060	27,655	2000
N.A.	18,843	5,098	5,289	4,913	34,756	28,600	2001
N.A.	22,883	4,749	5,116	4,376	37,443	28,091	2002
N.A.	22,785	4,504	4,866	4,133	36,112	28,024	2003
N.A.	25,927	6,517	7,079	5,997	42,115	29,746	2004
N.A.	39,463	9,138	11,057	7,265	58,099	37,401	2005
N.A.	43,419	8,966	10,540	7,454	63,286	43,120	2006
N.A.	55,678	9,508	10,271	8,752	79,677	50,873	2007
N.A.	69,156	17,547	21,700	13,721	75,070	66,017	2008
N.A.	40,169	11,020	13,529	9,106	54,534	43,029	2009
N.A.	45,900	12,117	15,081	9,818	66,137	50,299	2010
N.A.	62,351	14,398	18,680	11,334	73,099	64,970	2011
N.A.	64,234	12,097	14,319	10,493	80,213	71,538	2012
N.A.	71,187	11,982	13,495	10,788	93,177	83,693	2013
N.A.	65,425	10,871	11,863	10,115	80,574	87,061	2014
N.A.	42,970	9,734	10,557	9,096	52,957	54,382	2015
N.A.	37,456	10,108	12,015	8,772	44,734	39,364	2016
N.A.	42,952	13,361	16,325	11,405	57,814	48,591	2017
N.A.	54,007	15,067	17,716	13,346	61,587	60,362	2018
N.A.	51,236	12,669	14,980	11,018	50,171	53,527	2019
N.A.	41,225	9,500	11,094	8,456	47,268	41,258	2020
N.A.	71,422	19,508	21,829	18,143	82,278	70,048	2021
N.A.	104,775	47,610	45,647	48,732	97,974	126,010	2022

注：(1) 各年度の為替レートは輸入通関レートの12ヶ月単純平均である。
　　(2) 1994年度以降のC重油はB重油を含む。

4・エネルギー価格
(3)エネルギー源別輸入CIF価格（ドル建て）

年度	原油	ナフサ (化学)	ガソリン	灯油	軽油	A重油
	(ドル/バレル)	(ドル/kL)	(ドル/kL)	(ドル/kL)	(ドル/kL)	(ドル/kL)
1965	1.97	13.82	24.93	60.37	21.95	20.40
1970	1.83	14.99	10.99	35.93	19.33	20.19
1973	4.85	42.15	42.27	88.31	64.88	48.29
1975	12.05	84.95	94.10	283.47	90.05	86.65
1980	34.63	245.90	240.00	334.68	279.06	263.33
1985	27.21	171.07	191.54	209.61	175.03	199.24
1990	22.76	165.90	192.23	223.59	205.15	185.86
1991	18.83	147.33	167.67	172.33	175.14	151.84
1992	19.28	135.85	154.18	174.62	172.88	156.11
1993	16.76	113.19	133.80	163.02	163.89	148.85
1994	17.26	116.46	134.51	152.66	149.96	145.69
1995	18.34	119.79	146.26	193.02	165.10	158.59
1996	21.72	145.55	162.64	202.29	189.74	185.30
1997	18.80	145.24	177.31	158.27	186.51	154.92
1998	12.76	100.34	132.95	106.25	102.22	109.32
1999	20.63	143.35	171.07	191.50	182.53	164.88
2000	28.37	196.02	218.59	237.10	233.53	213.29
2001	23.75	160.06	188.26	179.25	188.53	178.26
2002	27.32	179.15	212.36	224.26	205.75	208.80
2003	29.34	207.85	234.97	234.39	227.45	222.12
2004	38.69	281.09	324.25	351.27	318.67	312.75
2005	56.01	357.92	404.24	504.44	439.98	415.26
2006	63.45	409.45	458.32	516.26	477.37	444.23
2007	78.02	517.09	555.90	674.78	596.60	522.48
2008	92.72	589.04	601.31	406.80	623.51	646.99
2009	68.99	424.28	452.92	519.09	525.48	435.45
2010	83.84	528.34	570.47	712.61	623.29	631.32
2011	114.10	670.51	789.79	860.91	843.94	822.83
2012	114.19	668.60	763.47	895.11	806.27	790.56
2013	110.11	654.87	746.75	836.41	795.62	859.67
2014	89.21	560.02	646.74	625.46	693.80	689.11
2015	48.91	339.29	401.38	381.47	356.39	413.06
2016	47.69	305.38	346.23	452.61	363.63	342.79
2017	57.01	361.38	415.70	495.74	463.64	426.10
2018	72.24	431.75	501.06	551.38	569.58	549.44
2019	67.80	376.04	439.40	502.26	489.24	471.58
2020	43.29	279.57	295.07	369.82	359.17	351.99
2021	77.51	484.42	520.37	605.92	554.62	559.15
2022	102.75	551.36	624.51	779.10	768.13	817.77

出所：表 I -4-(2)より算出。

B重油	C重油	石炭	原料炭	一般炭	LPG	LNG	年度
(ドル/kL)	(ドル/kL)	(ドル/トン)	(ドル/トン)	(ドル/トン)	(ドル/トン)	(ドル/トン)	
14.60	13.40	15.74	15.68	39.81	36.47	N.A.	1965
12.99	13.82	21.18	21.21	26.63	30.13	27.34	1970
46.84	38.06	25.72	25.72	N.A.	49.56	37.30	1973
82.81	72.79	55.82	56.18	35.82	137.10	89.01	1975
210.80	196.79	66.13	67.11	55.33	337.61	286.65	1980
158.98	155.45	55.81	59.09	44.74	244.43	259.68	1985
146.73	134.82	57.79	60.97	50.76	191.54	202.39	1990
103.69	99.56	56.38	59.89	49.57	178.76	191.84	1991
111.92	108.55	54.13	57.47	47.74	178.66	187.00	1992
126.91	109.63	51.12	54.41	45.06	164.34	174.49	1993
N.A.	111.55	48.28	51.31	43.49	189.41	167.58	1994
N.A.	115.78	53.52	56.27	49.89	223.56	179.84	1995
N.A.	127.06	53.33	56.76	48.75	264.23	199.70	1996
N.A.	110.97	50.23	54.67	44.39	231.87	192.23	1997
N.A.	83.24	44.70	49.11	39.07	166.81	147.29	1998
N.A.	127.92	38.52	41.43	34.99	246.25	181.39	1999
N.A.	176.02	37.11	39.14	34.71	346.25	251.59	2000
N.A.	151.02	40.86	42.39	39.37	278.56	229.22	2001
N.A.	186.97	38.80	41.80	35.75	305.93	229.52	2002
N.A.	200.72	39.67	42.87	36.41	318.11	246.86	2003
N.A.	241.25	60.64	65.87	55.80	391.88	276.78	2004
N.A.	349.88	81.01	98.03	64.41	515.11	331.59	2005
N.A.	371.36	76.68	90.15	63.75	541.27	368.80	2006
N.A.	484.70	82.77	89.41	76.19	693.63	442.87	2007
N.A.	688.05	174.58	215.89	136.51	746.89	656.82	2008
N.A.	431.60	118.40	145.37	97.84	585.95	462.33	2009
N.A.	533.17	140.75	175.18	114.04	768.23	584.26	2010
N.A.	789.45	182.29	236.51	143.51	925.54	822.61	2011
N.A.	777.28	146.38	173.27	126.97	970.63	865.65	2012
N.A.	712.22	119.88	135.01	107.93	932.24	837.35	2013
N.A.	599.13	99.55	108.64	92.62	737.86	797.26	2014
N.A.	356.95	80.86	87.69	75.56	439.91	451.75	2015
N.A.	345.47	93.23	110.82	80.91	412.60	363.07	2016
N.A.	386.75	120.31	146.99	102.69	520.56	437.52	2017
N.A.	488.18	136.20	160.14	120.64	556.69	545.62	2018
N.A.	471.01	116.46	137.71	101.29	461.21	492.07	2019
N.A.	388.88	89.62	104.65	79.76	445.88	389.19	2020
N.A.	638.10	174.29	195.03	162.09	735.09	625.82	2021
N.A.	776.00	352.62	338.08	360.92	725.62	933.27	2022

注：1994年度以降のC重油はB重油を含む。

4・エネルギー価格
(4)エネルギー物価指数

年度	企業物価指数									
	原油	ガソリン	ナフサ	ジェット燃料	灯油	軽油	A重油	C重油	LPG	潤滑油
1965	15.5	20.8	16.4	12.2	7.6	7.5	6.5	16.8	N.A.	15.9
1970	13.6	21.5	16.9	13.2	7.7	6.8	6.1	16.1	N.A.	16.2
1973	26.1	26.9	25.2	16.1	8.7	9.6	8.5	22.0	N.A.	19.8
1975	75.6	46.3	71.4	31.0	18.9	21.3	19.1	52.1	N.A.	35.5
1980	154.2	74.0	161.6	68.9	42.3	44.2	40.8	126.4	103.5	51.1
1985	145.2	76.9	123.4	82.5	45.7	46.9	44.8	119.1	89.8	53.6
1990	71.8	68.7	65.1	64.7	36.6	36.9	32.5	62.7	65.5	66.5
1991	56.4	66.4	67.6	60.3	33.1	33.3	29.1	66.4	65.8	65.7
1992	54.5	66.1	56.3	58.6	32.8	33.0	28.9	55.1	68.1	66.0
1993	41.2	64.4	45.0	55.7	30.2	30.4	26.5	47.3	64.5	65.0
1994	38.8	64.2	37.6	53.7	29.8	30.0	26.1	41.0	64.7	64.8
1995	39.9	64.1	38.2	52.8	30.0	30.2	26.3	41.6	68.1	64.8
1996	55.0	62.9	46.5	57.8	37.4	37.7	34.1	47.9	75.1	65.1
1997	52.3	64.1	60.1	59.7	38.0	38.3	34.6	56.4	73.5	66.8
1998	38.2	61.6	46.5	55.8	34.3	34.6	31.0	46.5	63.7	65.6
1999	49.9	65.7	52.4	60.4	40.4	40.7	37.0	49.3	73.5	69.4
2000	67.0	71.0	68.6	68.3	48.6	48.9	44.7	62.9	86.8	72.9
2001	64.3	73.6	64.3	64.6	52.5	52.9	48.5	61.9	81.7	73.5
2002	72.1	79.2	70.2	67.4	61.0	61.4	56.7	66.0	85.7	75.2
2003	70.9	80.6	74.8	68.8	58.5	61.4	55.7	67.2	85.5	75.1
2004	86.4	87.5	94.4	77.7	71.8	72.2	66.1	76.5	94.3	77.8
2005	130.1	98.9	124.7	102.9	97.4	95.8	92.4	107.0	116.9	85.1
2006	152.0	106.2	146.0	121.8	108.2	108.3	104.4	126.1	124.4	89.8
2007	181.1	114.8	180.0	136.7	125.3	126.3	119.8	150.5	150.8	96.1
2008	189.2	113.3	172.7	150.7	134.1	135.7	133.3	156.6	146.0	100.9
2009	131.4	96.8	120.5	106.8	91.7	91.6	91.1	115.7	113.4	93.2
2010	148.0	105.1	139.0	119.5	111.6	111.2	108.2	129.5	131.6	96.0
2011	185.8	114.7	159.1	145.2	127.7	128.2	127.3	158.1	141.5	102.2
2012	194.5	115.9	167.9	150.4	131.4	129.5	130.4	162.4	152.8	104.2
2013	225.9	123.6	196.6	164.7	146.2	145.4	145.3	184.8	177.7	109.6
2014	201.9	124.6	190.8	156.3	141.4	141.8	140.9	173.3	160.7	109.4
2015	120.6	102.2	127.0	102.9	97.9	98.9	94.9	112.7	109.5	98.5
2016	106.2	98.5	102.9	92.1	93.2	91.8	89.6	100.7	93.0	95.8
2017	130.3	107.2	125.2	108.8	112.7	110.6	112.2	119.1	120.5	100.2
2018	164.7	116.7	149.2	130.8	134.8	135.0	137.1	144.2	127.6	106.0
2019	150.8	112.9	129.9	124.2	127.6	127.6	129.4	137.8	112.0	106.0
2020	93.6	99.7	95.7	97.2	99.1	99.3	99.2	95.2	100.8	98.7
2021	178.1	124.9	174.2	144.8	150.2	150.6	152.9	157.2	165.7	113.4
2022	285.6	129.0	236.7	154.9	160.0	159.1	162.2	173.0	208.1	134.2

出所：日本銀行統計局「物価指数年報」、同「物価指数月報」、
総務省統計局「消費者物価指数年報」

(2020年=100)				消費者物価指数 (2020年=100)					年度
一般炭	液化天然ガス	電力	都市ガス	ガソリン	灯油	LPG	電気	都市ガス	
N.A.	N.A.	29.1	36.4	N.A.	N.A.	N.A.	N.A.	N.A.	1965
N.A.	N.A.	29.1	36.4	37.8	20.0	19.6	54.9	32.5	1970
N.A.	N.A.	30.2	43.0	50.6	23.8	27.0	54.7	37.5	1973
N.A.	N.A.	54.6	65.3	78.9	39.7	38.1	65.3	57.4	1975
88.6	130.2	109.8	111.8	109.1	87.5	60.9	111.2	100.4	1980
86.7	116.0	110.7	111.8	103.6	78.7	62.5	112.2	102.5	1985
65.5	54.6	89.2	79.5	94.7	57.3	60.9	93.6	88.3	1990
59.5	48.4	89.2	79.5	92.9	58.1	64.3	93.6	88.3	1991
52.1	44.4	89.2	79.5	91.6	57.5	64.8	93.6	88.5	1992
42.5	35.7	88.4	78.6	91.2	57.2	65.0	92.9	88.0	1993
37.3	31.6	85.9	77.7	88.2	55.1	64.8	91.7	87.3	1994
39.8	32.7	86.3	77.2	82.3	53.0	65.1	91.1	87.4	1995
47.4	43.0	84.7	77.8	78.1	56.7	66.0	89.6	89.1	1996
50.2	44.1	87.6	82.3	75.6	58.2	70.2	92.3	93.5	1997
47.2	35.0	83.1	80.4	69.2	52.6	70.1	88.2	92.0	1998
36.1	39.9	81.7	76.2	71.8	51.2	70.2	87.0	89.4	1999
33.2	56.3	82.2	80.5	77.5	55.9	71.0	87.2	92.3	2000
46.9	59.0	81.8	82.4	75.9	56.9	71.8	86.6	93.8	2001
40.4	58.4	77.2	78.6	75.0	54.9	71.7	83.4	91.9	2002
35.4	57.0	76.3	80.1	76.3	56.9	71.9	82.7	92.5	2003
54.9	60.4	75.4	78.5	83.5	61.6	72.3	81.8	91.5	2004
76.8	74.5	74.2	81.2	92.3	78.8	74.0	80.6	92.3	2005
78.0	85.8	75.0	91.1	98.2	90.5	78.0	80.6	96.1	2006
81.2	98.1	75.9	95.7	105.3	98.3	80.2	81.4	97.3	2007
153.8	119.9	82.6	115.5	105.1	111.9	86.4	85.8	103.7	2008
106.4	85.6	75.1	97.6	90.9	80.9	85.1	81.5	97.8	2009
113.8	99.4	75.6	100.1	98.9	95.4	86.9	81.0	98.3	2010
128.7	138.5	80.2	115.4	107.0	109.3	89.1	84.7	102.6	2011
120.2	166.1	86.3	126.5	108.3	112.1	91.8	89.0	106.1	2012
123.9	195.6	95.3	142.4	114.5	120.0	93.8	96.5	110.9	2013
115.2	204.7	104.4	153.8	115.3	119.8	99.5	103.9	117.4	2014
103.1	126.9	99.2	119.0	95.6	90.5	97.1	99.4	107.3	2015
100.4	90.4	90.5	85.9	91.0	80.4	95.0	92.4	93.7	2016
129.2	112.3	97.0	97.6	99.5	96.4	95.5	97.7	97.0	2017
152.3	140.1	103.3	112.4	109.3	110.9	97.2	102.5	101.9	2018
125.3	124.5	103.9	111.2	107.7	111.2	99.3	102.9	102.7	2019
100.5	96.2	97.5	94.2	98.6	97.1	99.9	98.0	97.5	2020
220.0	160.0	105.9	114.3	118.3	122.7	103.6	104.5	103.0	2021
594.0	295.2	143.0	187.7	123.8	137.7	111.9	120.6	128.1	2022

注：(1)原油、一般炭、液化天然ガスは輸入物価指数、それ以外の企業物価指数は
　　　国内物価指数である。
　　(2)消費者物価指数の2004年度以前のガソリンはレギュラーガソリンのみである。

4・エネルギー価格
(5)エネルギー源別価格（カロリー当たり）

年度	輸入価格					卸売価格						
	原料炭	一般炭	原油	LPG	LNG	ガソリン	ナフサ	灯油	軽油	A重油	C重油	LPG
1965	0.74	2.31	0.47	1.09	-	4.78	0.74	1.36	2.94	1.20	0.70	N.A.
1970	1.00	1.55	0.44	0.90	0.76	4.84	0.75	1.36	2.83	1.10	0.65	N.A.
1973	0.93	N.A.	0.90	1.13	0.78	6.07	1.14	1.44	3.22	1.36	0.93	N.A.
1975	2.21	1.73	2.43	3.41	2.05	10.46	3.28	3.00	4.73	2.85	2.29	N.A.
1980	1.93	1.95	5.12	6.15	4.82	14.71	7.17	6.48	9.12	6.08	5.79	N.A.
1985	1.74	1.62	4.14	4.56	4.48	14.05	5.45	6.01	8.32	5.68	4.84	N.A.
1990	1.14	1.16	2.22	2.27	2.21	10.81	3.03	3.14	5.68	2.85	2.49	7.98
1991	1.05	1.07	1.71	1.99	1.97	10.21	3.11	2.77	5.31	2.48	2.56	8.06
1992	0.95	0.97	1.65	1.87	1.80	9.96	2.56	2.68	5.21	2.38	2.06	8.13
1993	0.78	0.79	1.23	1.48	1.45	9.50	2.02	2.41	4.94	2.11	1.72	7.91
1994	0.67	0.70	1.17	1.58	1.29	9.26	1.66	2.33	5.13	2.02	1.45	7.76
1995	0.71	0.77	1.20	1.79	1.33	9.06	1.67	2.28	5.65	1.97	1.43	7.93
1996	0.84	0.88	1.65	2.46	1.72	9.04	1.98	2.90	6.27	2.45	1.64	8.22
1997	0.88	0.88	1.57	2.37	1.81	9.36	2.49	3.00	6.40	2.39	1.94	8.39
1998	0.83	0.81	1.11	1.78	1.45	9.15	1.87	2.75	6.20	2.01	1.60	7.92
1999	0.61	0.63	1.57	2.30	1.56	9.93	2.05	3.31	6.80	2.35	1.69	8.10
2000	0.62	0.60	2.15	3.17	2.12	11.09	2.57	4.30	7.64	2.71	2.13	8.70
2001	0.77	0.77	2.04	2.90	2.20	10.91	2.45	4.04	7.48	2.86	2.10	8.54
2002	0.74	0.69	2.30	3.12	2.16	11.03	2.72	4.15	7.63	3.26	2.24	8.52
2003	0.70	0.65	2.30	3.01	2.15	11.08	2.95	4.18	7.65	3.12	2.29	8.75
2004	1.03	0.94	2.87	3.51	2.22	12.00	3.79	4.98	8.35	3.60	2.62	8.89
2005	1.60	1.18	4.35	4.79	2.87	13.56	5.17	6.81	10.10	4.90	3.65	9.68
2006	1.52	1.21	5.11	5.21	3.31	14.67	6.01	7.63	11.10	5.64	4.39	10.57
2007	1.48	1.43	6.18	6.57	3.90	15.85	7.31	8.72	12.18	6.58	5.36	11.68
2008	3.13	2.23	6.42	6.19	5.06	15.68	6.83	9.50	12.93	7.45	5.69	12.17
2009	1.95	1.48	4.43	4.49	3.30	13.42	4.84	6.41	9.80	5.18	4.29	10.21
2010	2.18	1.60	4.97	5.45	3.86	14.63	5.55	7.79	11.11	6.26	4.91	11.27
2011	2.70	1.85	6.21	6.02	4.98	15.99	6.40	8.90	12.26	7.50	6.11	11.54
2012	2.07	1.71	6.50	6.61	5.48	16.20	6.81	9.18	12.35	7.59	6.19	12.27
2013	1.96	1.74	7.57	7.79	6.43	17.95	8.13	10.24	13.29	8.41	6.96	13.39
2014	1.73	1.63	6.70	6.74	6.69	17.76	7.87	9.85	13.03	8.07	6.43	12.97
2015	1.54	1.47	4.05	4.43	4.18	14.41	5.27	6.80	10.15	5.37	4.12	10.60
2016	1.75	1.41	3.56	3.74	3.02	13.68	4.30	6.25	9.45	5.02	3.63	9.53
2017	2.01	1.84	4.35	4.83	3.73	14.79	5.33	7.35	10.49	6.21	4.23	10.80
2018	2.58	2.02	5.50	5.15	4.62	16.13	6.40	8.76	11.96	7.51	5.04	11.48
2019	2.18	1.77	5.08	4.19	4.10	15.51	5.66	8.32	11.52	7.01	4.75	10.91
2020	1.62	1.36	3.16	3.95	3.16	13.58	4.13	6.53	9.82	5.31	3.23	10.59
2021	3.18	2.91	5.97	6.88	5.36	17.70	9.82	12.97	8.10	5.26	13.61	
2022	6.65	7.82	9.55	8.19	9.64	17.89	10.78	10.46	13.58	8.49	5.70	15.82

出所: 財務省「日本貿易月表」、日本銀行「物価指数年報」、「企業物価指数」
　　　電気事業連合会「電気事業便覧」、経済産業省「電力需要調査」、
　　　電力・ガス取引監視等委員会「電力取引結果」、「ガス取引報結果」などよりEDMC推計。

注: (1)輸入価格以外は消費税を含む。
　　(2)総合単価は販売額を販売量で除したもので、基本料金部分を含む。
　　(3)電気の単価は1980年度、1985年度と1987年度以降は沖縄電力を含む。
　　　 再生エネ賦課金を含まない。2016年度以降は、全電気事業者。

(円/千kcal)

旧一般電気事業者 電灯 (円/kWh)	旧一般電気事業者 電力 (円/kWh)	再エネ賦課金 (円/kWh)	電力総合単価	大口電力	旧一般ガス事業者 家庭用	旧一般ガス事業者 工業用	旧一般ガス事業者 商業用その他用	大手3社 家庭用	大手3社 工業用商業用等	熱供給総合単価	年度
7.27	6.25	-	5.60	4.41	4.76	N.A.	N.A.	N.A.	N.A.	N.A.	1965
7.38	6.35	-	5.79	4.56	4.79	N.A.	N.A.	N.A.	N.A.	N.A.	1970
7.86	6.76	-	6.24	4.85	5.30	N.A.	N.A.	5.58	4.76	6.19	1973
13.50	11.61	-	12.01	9.85	8.97	N.A.	N.A.	8.71	7.50	11.42	1975
26.13	22.49	-	24.27	19.85	14.44	N.A.	N.A.	14.50	11.70	24.90	1980
27.57	23.74	-	25.51	20.21	14.35	N.A.	N.A.	13.84	10.88	27.64	1985
23.06	19.83	-	20.55	15.85	10.39	N.A.	N.A.	9.41	5.93	24.75	1990
23.27	20.01	-	20.77	16.03	10.08	N.A.	N.A.	9.06	5.64	25.54	1991
23.55	20.25	-	21.03	16.17	9.84	N.A.	N.A.	8.79	5.33	27.26	1992
23.54	20.24	-	21.02	16.05	9.44	N.A.	N.A.	8.36	4.94	27.94	1993
23.21	19.96	-	20.54	15.58	8.93	N.A.	N.A.	7.82	4.55	27.59	1994
23.03	19.80	-	20.31	15.39	8.80	N.A.	N.A.	7.71	4.48	28.38	1995
22.50	19.35	-	19.78	14.99	8.89	N.A.	N.A.	7.81	4.66	29.13	1996
23.24	19.99	-	20.47	15.60	9.19	N.A.	N.A.	8.12	4.99	29.68	1997
22.18	19.07	-	19.43	14.64	8.85	N.A.	N.A.	7.91	4.70	29.36	1998
21.70	18.66	-	18.88	N.A.	8.37	N.A.	N.A.	7.47	4.39	29.20	1999
21.69	18.65	-	18.86	13.08	8.72	N.A.	N.A.	7.85	4.88	28.91	2000
21.64	18.61	-	18.87	13.42	8.76	N.A.	N.A.	7.86	4.94	29.25	2001
20.42	17.56	-	17.57	12.60	8.12	N.A.	N.A.	7.31	4.51	28.73	2002
20.01	17.20	-	17.18	12.37	8.01	N.A.	N.A.	7.19	4.46	29.18	2003
19.66	16.91	-	16.79	12.09	7.52	N.A.	N.A.	6.79	4.24	27.77	2004
19.33	16.62	-	16.50	11.96	7.49	N.A.	N.A.	6.87	4.42	27.24	2005
19.34	16.63	-	16.63	12.12	8.27	4.43	7.62	7.41	5.07	27.76	2006
19.41	16.70	-	16.67	12.32	8.34	4.76	7.74	7.59	5.35	26.85	2007
21.19	18.22	-	18.58	14.20	9.15	6.15	8.96	8.99	6.74	27.33	2008
19.55	16.82	-	16.81	12.41	8.51	4.78	7.81	7.68	5.29	27.90	2009
19.42	16.70	-	16.66	12.48	8.63	5.21	7.95	7.73	5.57	27.02	2010
20.55	17.67	-	17.82	13.42	9.41	6.15	8.82	8.61	6.53	28.10	2011
21.76	18.71	0.22	19.08	14.73	9.92	6.76	9.38	9.18	7.15	28.07	2012
23.81	20.48	0.35	21.03	16.55	10.72	7.71	10.23	10.16	8.18	27.77	2013
25.67	22.08	0.75	22.92	18.36	11.57	8.45	11.20	10.88	8.87	29.31	2014
23.26	20.01	1.58	20.55	17.22	9.60	6.37	9.38	8.80	6.72	29.48	2015
20.15	17.33	2.25	17.57	13.74	7.57	4.48	7.34	6.80	4.81	27.83	2016
21.13	18.17	2.64	18.38	14.63	7.87	5.12	7.79	7.47	5.51	28.07	2017
22.04	18.95	2.90	19.12	15.38	8.64	5.87	8.87	8.17	6.41	28.37	2018
21.82	18.76	2.95	18.80	15.21	8.67	5.87	8.64	N.A.	N.A.	28.93	2019
20.37	17.52	2.98	17.19	13.70	7.75	4.79	7.55	N.A.	N.A.	29.85	2020
21.93	18.86	3.36	18.51	15.11	8.93	6.14	8.72	N.A.	N.A.	30.53	2021
30.54	26.26	3.45	28.02	24.94	13.33	10.71	13.03	N.A.	N.A.	N.A.	2022

(4)再生可能エネルギー発電促進賦課金単価の適用時期は当年5月〜翌年4月。
(5)2000年度以降の大口電力は、一般電気・特定規模電気事業者から産業用特別高圧での受電分。
　　2011年度以降はEDMC推計。2016年度以降は特別高圧。
(6)2006年度以降の都市ガス総合価格の旧一般ガス事業者は卸供給分を含まない。
　　2017年度以降の都市ガス総合単価家庭用は、全てのガス小売事業者。

4・エネルギー価格

(6)エネルギー源別小口・小売価格

年度					LPG		電灯 総合単価 10社	都市ガス 総合単価 家庭用 大手3社
	レギュラー ガソリン	プレミアム ガソリン	軽油	灯油 配達	家庭用	業務用		
	(円/L)	(円/L)	(円/L)	(円/18L)	(円/10m³)	(円/100m³)	(円/kWh)	(円/m³)
1965	N.A.	N.A.	N.A.	N.A.	N.A.	N.A.	12.1	N.A.
1970	N.A.	N.A.	N.A.	N.A.	N.A.	N.A.	11.8	N.A.
1973	70	N.A.	N.A.	407	2,174	N.A.	11.8	28
1975	109	N.A.	N.A.	687	3,050	N.A.	15.7	45
1980	150	N.A.	N.A.	1,541	4,892	N.A.	27.5	78
1985	142	N.A.	N.A.	1,402	5,000	N.A.	28.9	162
1990	131	148	81	1,001	4,933	32,927	25.7	151
1991	129	146	79	1,022	5,205	33,765	25.7	150
1992	128	144	79	1,021	5,282	33,590	25.8	150
1993	127	144	81	1,018	5,315	33,437	25.6	147
1994	124	141	85	986	5,307	33,183	25.5	148
1995	117	135	82	945	5,346	33,110	25.3	148
1996	110	127	84	984	5,422	32,982	24.9	148
1997	107	123	85	1,018	5,746	34,068	25.7	156
1998	97	112	80	925	5,735	33,568	24.6	155
1999	100	114	81	901	5,744	33,106	24.2	150
2000	108	121	87	976	5,821	33,066	24.2	153
2001	106	119	86	989	5,902	33,261	23.9	156
2002	105	117	85	960	5,884	33,135	22.9	150
2003	106	118	86	985	5,906	33,173	22.6	151
2004	115.8	127.2	91.4	1,071	5,934	33,195	22.3	150
2005	127.8	138.9	104.0	1,347	6,111	34,014	21.8	148
2006	136.0	147.0	113.9	1,549	6,421	36,170	21.8	155
2007	145.2	156.2	124.1	1,672	6,642	38,021	21.8	157
2008	144.8	155.7	132.0	1,888	7,191	42,069	23.0	171
2009	125.0	135.8	105.0	1,354	7,016	40,376	21.6	159
2010	136.2	147.0	116.1	1,561	7,132	41,863	21.4	156
2011	147.2	158.0	127.5	1,769	7,286	N.A.	22.3	166
2012	148.7	159.5	128.7	1,812	7,506	N.A.	23.3	170
2013	157.1	167.9	136.7	1,943	7,628	N.A.	25.2	179
2014	158.0	168.8	136.9	1,945	7,986	N.A.	26.8	189
2015	131.4	142.3	112.0	1,526	7,749	N.A.	24.6	172
2016	125.0	135.8	104.9	1,376	7,550	N.A.	22.0	148
2017	136.6	147.3	115.1	1,592	7,624	N.A.	23.0	160
2018	149.6	160.4	129.0	1,810	7,734	N.A.	24.1	171
2019	147.0	157.8	127.7	1,803	7,809	N.A.	24.0	171
2020	134.8	145.6	115.4	1,607	7,869	N.A.	22.5	157
2021	162.1	172.9	142.0	1,996	8,137	N.A.	24.3	171
2022	169.6	180.4	149.6	2,183	8,793	N.A.	29.7	218

出所: 石油情報センター「価格情報」、総務省「小売物価統計調査」、
　　　電力取引監視等委員会「電力取引報結果」、「ガス取引報結果」などよりEDMC推計
注: (1)消費税を含む。旧電気ガス税を含まない。再生エネ賦課金を含まない。
　　 (2)LPGは1m³=2.0747kgで換算。

千kcal当たり（円/千kcal）									年度
レギュラーガソリン	プレミアムガソリン	軽油	灯油配達	LPG		電灯総合単価10社	都市ガス総合単価家庭用大手3社	熱供給総合単価家庭用	
				家庭用	業務用				
N.A.	N.A.	N.A.	N.A.	N.A.	N.A.	14.06	N.A.	N.A.	1965
N.A.	N.A.	N.A.	N.A.	N.A.	N.A.	13.78	N.A.	N.A.	1970
8.32	N.A.	N.A.	2.54	8.73	N.A.	13.74	6.01	5.68	1973
12.99	N.A.	N.A.	4.29	12.25	N.A.	18.20	9.42	8.68	1975
17.81	N.A.	N.A.	9.62	19.65	N.A.	32.02	16.50	17.81	1980
16.91	N.A.	N.A.	8.75	20.08	N.A.	33.59	16.56	20.31	1985
15.65	17.68	8.76	6.25	19.81	13.23	29.87	13.72	18.27	1990
15.36	17.38	8.63	6.38	20.91	13.56	29.93	13.66	18.02	1991
15.18	17.18	8.55	6.37	21.22	13.49	30.00	13.60	18.07	1992
15.11	17.13	8.83	6.36	21.35	13.43	29.82	13.35	17.92	1993
14.71	16.79	9.23	6.15	21.32	13.33	29.71	13.41	18.08	1994
13.91	16.09	8.91	5.90	21.47	13.31	29.47	13.27	18.05	1995
13.07	15.09	9.14	6.14	21.78	13.25	28.99	13.47	18.18	1996
12.69	14.68	9.27	6.36	23.08	13.68	29.90	14.20	18.78	1997
11.53	13.35	8.71	5.77	23.03	13.48	28.55	14.07	18.84	1998
11.90	13.55	8.83	5.63	23.07	13.30	28.16	13.63	18.90	1999
13.06	14.61	9.54	6.19	23.39	13.29	28.17	13.95	18.86	2000
12.83	14.37	9.45	6.26	23.72	13.37	27.83	14.19	19.14	2001
12.72	14.20	9.34	6.08	23.65	13.32	26.66	13.73	19.15	2002
12.88	14.29	9.43	6.24	23.74	13.33	26.25	13.85	19.33	2003
14.01	15.39	10.02	6.79	23.85	13.34	25.91	13.85	18.94	2004
15.46	16.81	11.55	8.54	24.27	13.51	25.39	13.71	18.64	2005
16.45	17.78	12.65	9.81	25.50	14.37	25.31	14.42	18.85	2006
17.57	18.89	13.77	10.59	26.38	15.10	25.38	14.57	18.39	2007
17.52	18.83	14.66	11.97	28.56	16.71	26.72	15.85	18.19	2008
15.12	16.43	11.66	8.58	27.87	16.04	25.08	14.75	17.79	2009
16.48	17.78	12.89	9.49	28.33	16.63	24.87	14.52	17.69	2010
17.81	19.11	14.16	11.21	28.94	N.A.	25.96	15.36	17.45	2011
17.99	19.30	14.29	11.49	29.81	N.A.	27.03	15.75	17.44	2012
19.74	20.82	15.04	12.38	30.75	N.A.	29.31	16.59	17.65	2013
19.86	20.94	15.07	12.39	32.19	N.A.	31.20	17.58	18.45	2014
16.52	17.64	12.33	9.72	31.24	N.A.	28.65	15.96	18.53	2015
15.71	16.85	11.54	8.77	30.43	N.A.	25.59	13.71	17.84	2016
17.17	18.27	12.67	10.15	30.73	N.A.	26.72	14.86	17.76	2017
18.81	19.90	14.20	11.53	31.16	N.A.	28.07	15.94	18.14	2018
18.47	19.58	14.05	11.49	31.46	N.A.	27.94	15.86	18.15	2019
16.94	18.07	12.70	10.24	31.70	N.A.	26.22	14.59	17.66	2020
20.37	21.45	15.63	12.72	32.79	N.A.	28.28	15.94	18.21	2021
21.31	22.37	16.46	13.91	35.43	N.A.	34.50	20.28	N.A.	2022

(3)2016年度以降の電灯総合単価は、全電気事業者計。
(4)2017年度以降の都市ガス総合単価家庭用は、全てのガス小売事業者。

4・エネルギー価格

(7)石油製品卸売価格

年度	ガソリン (円/kL)	ナフサ (円/kL)	灯油 (円/kL)	軽油 (円/kL)	A重油 (円/kL)	C重油 (円/kL)	LPG (円/kg)
1965	40,175	5,917	12,118	27,083	11,176	6,850	N.A.
1970	40,661	6,000	12,121	26,011	10,185	6,363	N.A.
1973	51,027	9,127	12,839	29,624	12,620	9,132	N.A.
1975	87,897	26,242	26,715	43,484	26,467	22,406	N.A.
1980	123,541	57,324	57,667	83,875	56,558	56,698	N.A.
1985	118,015	43,587	53,489	76,553	52,833	47,459	N.A.
1990	90,766	24,250	27,956	52,265	26,520	24,366	95.4
1991	85,727	24,862	24,629	48,825	23,037	25,059	96.4
1992	83,649	20,448	23,878	47,960	22,148	20,211	97.2
1993	79,770	16,153	21,479	45,469	19,641	16,841	94.6
1994	77,815	13,317	20,710	47,224	18,767	14,200	92.8
1995	76,085	13,390	20,331	51,948	18,294	13,987	94.9
1996	75,913	15,846	25,828	57,673	22,781	16,119	98.4
1997	78,614	19,899	26,701	58,914	22,199	18,993	100.3
1998	76,850	14,971	24,517	57,073	19,038	15,675	94.7
1999	83,448	16,410	29,464	62,539	21,822	16,603	96.9
2000	91,679	20,922	37,736	69,744	25,293	21,211	104.0
2001	90,218	19,957	35,446	68,255	26,736	20,915	102.1
2002	91,198	22,156	36,391	69,620	30,440	22,355	101.9
2003	91,626	24,019	36,663	69,839	29,108	22,850	104.6
2004	99,178	30,875	43,628	76,226	33,640	26,058	106.3
2005	112,058	41,494	59,693	90,996	45,815	36,556	115.8
2006	121,298	48,233	66,911	99,974	52,673	43,988	126.4
2007	131,028	58,644	76,484	109,660	61,494	53,630	139.7
2008	129,610	54,842	83,256	116,441	69,595	56,973	145.5
2009	110,955	38,842	56,166	88,266	48,389	42,959	122.1
2010	120,921	44,531	68,294	100,026	58,505	49,101	134.7
2011	132,183	51,352	78,059	110,404	70,058	61,192	138.0
2012	133,880	54,633	80,500	111,244	70,938	61,950	146.8
2013	143,076	64,710	89,250	120,799	78,197	69,451	160.1
2014	141,577	62,608	85,869	118,374	74,981	64,149	155.1
2015	114,892	41,951	59,310	92,247	49,942	41,106	126.7
2016	109,051	34,216	54,513	85,902	46,620	36,197	114.0
2017	117,943	42,426	64,080	95,298	57,734	42,181	129.2
2018	128,527	51,348	76,410	108,735	69,760	50,328	137.4
2019	123,620	45,074	72,491	104,581	65,118	47,387	130.6
2020	108,213	32,900	56,916	89,199	49,363	32,259	126.7
2021	136,978	62,048	85,653	117,909	75,230	52,470	162.8
2022	142,561	85,768	91,181	123,455	78,929	56,905	189.2

出所：EDMC推計、石油情報センター「LPガス価格動向」他

注：間接税、消費税を含む。LPGは石油ガス税を含まない。

II. 最終需要部門別エネルギー需要

1. 産業部門

1．産業部門
(1)製造業エネルギー消費と経済活動

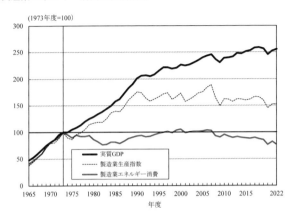

(1973年度=100)

凡例：
- 実質GDP
- 製造業生産指数
- 製造業エネルギー消費

年度

(2)IIP当たりエネルギー消費原単位

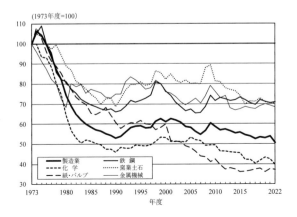

(1973年度=100)

凡例：
- 製造業
- 化 学
- 紙・パルプ
- 鉄 鋼
- 窯業土石
- 金属機械

年度

1．産業部門

(3)鉱工業・農林水産業生産指数

年度	生産指数 鉱工業(2020年=100)			生産指数 農林水産業(2000年=100)			農林水産業 (2005年=100) 経済産業省 推計	総固定 資本形成 (2015年価格) (10億円)
		鉱業	製造業		農林業	水産業		
	(10,000.0)	(16.5)	(9,983.5)	(10,000.0)	(8,393.0)	(1,607.0)		
1965	26.5	300.8	26.0	94.9	96.6	78.4	N.A.	29,693
1970	54.7	304.4	54.3	103.6	105.1	89.6	N.A.	65,420
1973	69.1	240.3	68.8	107.7	106.5	109.5	N.A.	81,804
1975	59.6	218.5	59.2	109.8	108.4	114.6	N.A.	77,964
1980	80.4	215.6	80.3	110.7	107.5	124.5	N.A.	93,747
1985	95.7	207.6	95.7	119.9	117.4	131.8	N.A.	104,564
1990	120.6	161.4	120.8	114.9	112.6	125.2	N.A.	153,296
1991	119.7	167.8	119.9	110.2	107.5	123.1	N.A.	152,897
1992	112.6	165.7	112.8	113.6	111.6	123.1	N.A.	152,054
1993	108.5	163.4	108.7	103.7	100.6	117.6	110.0	144,898
1994	111.9	162.1	112.1	112.4	111.8	114.2	119.2	144,760
1995	114.2	158.2	114.4	107.8	106.7	112.6	114.3	152,194
1996	118.1	157.5	118.3	105.6	104.7	109.8	112.0	159,358
1997	119.4	143.1	119.6	105.6	104.8	109.3	112.0	152,551
1998	111.2	137.6	111.4	98.8	98.5	99.9	104.8	147,861
1999	112.4	136.7	111.3	100.1	100.0	100.7	106.1	147,081
2000	119.0	138.0	119.2	100.0	100.0	100.0	106.0	148,537
2001	108.1	134.7	108.3	98.0	98.1	97.7	103.9	141,746
2002	111.3	130.1	111.4	96.8	96.9	96.6	102.6	137,180
2003	114.5	133.5	114.7	92.9	92.3	96.1	98.5	136,796
2004	119.0	133.9	119.1	93.6	94.0	91.5	98.7	137,646
2005	120.8	138.8	121.0	94.8	95.3	92.0	100.0	141,116
2006	126.3	142.4	126.5	N.A.	N.A.	N.A.	96.6	141,089
2007	129.9	146.3	130.0	N.A.	N.A.	N.A.	99.1	135,877
2008	113.6	140.8	113.6	N.A.	N.A.	N.A.	98.0	129,131
2009	102.8	131.1	102.8	N.A.	N.A.	N.A.	94.8	117,773
2010	111.9	126.6	111.9	N.A.	N.A.	N.A.	91.8	118,055
2011	111.1	126.7	111.1	N.A.	N.A.	N.A.	91.1	121,200
2012	108.1	124.7	108.1	N.A.	N.A.	N.A.	91.8	123,467
2013	111.7	122.4	111.7	N.A.	N.A.	N.A.	91.6	131,574
2014	111.1	118.9	111.1	N.A.	N.A.	N.A.	N.A.	131,425
2015	110.3	115.6	110.3	N.A.	N.A.	N.A.	N.A.	134,586
2016	111.2	115.1	111.2	N.A.	N.A.	N.A.	N.A.	136,306
2017	114.3	117.7	114.4	N.A.	N.A.	N.A.	N.A.	138,592
2018	114.2	110.7	114.2	N.A.	N.A.	N.A.	N.A.	139,218
2019	110.2	104.9	110.3	N.A.	N.A.	N.A.	N.A.	139,026
2020	99.7	98.8	99.7	N.A.	N.A.	N.A.	N.A.	133,798
2021	105.2	98.5	105.2	N.A.	N.A.	N.A.	N.A.	133,382
2022	104.9	93.2	104.9	N.A.	N.A.	N.A.	N.A.	134,015

出所：経済産業省「経済産業統計」、「全産業活動指数」、
　　　農林水産省「農林水産統計月報」、内閣府「国民経済計算年報」

注：(1)(　)は鉱工業、農林水産業をそれぞれ10000とする場合の各産業のウェイト。
　　(2)農林水産業生産指数は暦年値、2006年から統計廃止。
　　(3)農林水産業推計による農林水産業生産指数は暦年値、2014年から統計項目廃止。
　　(4)総固定資本形成は民間と公的固定資本形成との合計。1979年度以前のデータはEDMC推計。

1．産業部門
(4)素材系主要物資生産量

(千トン)

年度	粗鋼	電気炉	エチレン	セメント	クリンカ	紙・板紙	紙	パルプ	古紙利用率(%)
1965	41,296	8,240	844	33,590	N.A.	6,921	3,757	5,265	N.A.
1970	92,406	15,710	3,295	58,233	56,259	13,034	7,230	8,981	N.A.
1973	120,017	21,328	4,136	78,655	77,106	16,628	8,478	10,201	N.A.
1975	101,613	17,246	3,548	66,365	65,638	14,135	8,026	8,848	37.1
1980	107,386	26,163	3,872	86,358	86,836	17,527	10,344	9,363	42.0
1985	103,758	30,390	4,220	72,500	71,401	20,627	11,898	9,250	49.6
1990	111,710	35,336	5,966	86,893	77,366	28,538	16,730	11,509	51.6
1991	105,853	32,699	6,150	88,975	79,761	28,948	17,003	11,617	52.3
1992	98,937	31,685	6,009	87,951	89,055	28,117	16,446	11,075	52.6
1993	97,092	30,292	5,688	88,426	87,584	27,773	16,212	10,418	53.1
1994	101,363	32,225	6,470	91,600	90,010	28,941	16,821	10,771	53.5
1995	100,023	32,665	6,951	91,645	89,884	29,820	17,634	11,218	53.3
1996	100,793	33,432	7,248	94,363	91,430	30,105	17,801	11,173	53.8
1997	102,800	33,187	7,338	89,446	85,372	31,008	18,363	11,522	53.9
1998	90,979	29,059	7,223	80,794	75,597	29,798	17,821	10,795	55.4
1999	97,999	29,298	7,721	80,494	74,551	31,027	18,600	11,135	56.3
2000	106,901	30,547	7,566	80,068	74,542	31,742	18,989	11,266	57.3
2001	102,064	28,094	7,206	75,722	71,519	30,358	18,240	10,584	58.3
2002	109,786	29,578	7,283	70,819	68,046	30,725	18,555	10,640	59.8
2003	110,998	29,002	7,419	68,253	66,510	30,604	18,501	10,545	60.4
2004	112,897	29,561	7,555	67,046	65,137	30,834	18,829	10,676	60.3
2005	112,718	29,073	7,549	70,127	67,137	31,070	18,984	10,762	60.4
2006	117,745	30,820	7,661	70,145	65,461	31,078	19,079	10,832	60.8
2007	121,511	30,964	7,559	66,477	59,885	31,416	19,344	10,888	61.5
2008	105,500	25,707	6,520	61,295	55,647	28,849	17,600	9,771	62.4
2009	96,448	20,700	7,219	53,195	49,195	26,892	16,225	8,890	62.7
2010	110,793	24,496	6,999	50,901	47,279	27,341	16,268	9,393	62.6
2011	106,462	25,245	6,474	52,643	48,884	26,532	15,405	8,934	63.0
2012	107,305	24,459	6,261	55,072	49,883	25,731	14,855	8,544	63.9
2013	111,524	25,422	6,764	58,827	52,105	26,667	15,391	8,952	64.0
2014	109,844	25,259	6,687	56,882	51,573	26,295	14,984	8,822	64.0
2015	104,229	23,577	6,780	54,239	50,144	26,232	14,794	8,752	64.3
2016	105,166	23,873	6,286	53,600	50,436	26,339	14,680	8,597	64.4
2017	104,834	25,582	6,459	54,943	51,351	26,403	14,433	8,730	64.2
2018	102,887	26,033	6,186	55,069	50,979	26,031	13,922	8,632	64.3
2019	98,426	23,526	6,282	53,009	49,293	25,032	13,230	8,226	64.6
2020	82,786	21,369	6,043	49,826	47,522	22,650	10,893	6,878	67.5
2021	95,637	24,485	6,102	50,353	47,338	24,013	11,678	7,645	65.9
2022	87,837	23,511	5,482	47,538	43,650	23,296	11,135	7,538	66.3

出所：経済産業省「生産動態統計年報」、「鉄鋼・非鉄金属・金属製品統計月報」、「化学工業統計月報」、
　　　「窯業・建材統計月報」、「紙・印刷・プラスチック・ゴム製品統計月報」
　　　セメント協会、古紙再生促進センター
注：(1)パルプは1999年度までは溶解パルプを含み、2000年度以降は製紙パルプのみ。
　　(2)セメント生産量は窯業・建材統計月報より。
　　　クリンカ生産量はエコセメントクリンカ生産量を除く。クリンカ生産量はセメント協会ヒアリングより。
　　(3)電気炉は鋳鋼鋳込を含む。

1．産業部門

(5)産業用エネルギー消費とエネルギー消費原単位

年度	合計	伸び率(%)	産業用エネルギー消費				
			非製造業	伸び率(%)	製造業	伸び率(%)
1965	67,848	-	5,111	-	62,737	-
1970	136,251	14.0	10,414	17.7	125,837	13.7
1973	165,663	10.3	12,040	7.5	153,624	10.5
1975	148,940	-6.1	10,857	-3.0	138,083	-6.3
1980	146,139	-7.5	13,160	-1.8	132,978	-8.0
1985	138,561	-0.3	13,503	-2.5	125,058	-0.1
1990	160,864	3.0	18,102	9.2	142,762	2.3
1991	162,405	1.0	18,107	0.0	144,298	1.1
1992	158,882	-2.2	17,751	-2.0	141,131	-2.2
1993	159,768	0.6	18,453	4.0	141,315	0.1
1994	165,787	3.8	18,238	-1.2	147,549	4.4
1995	169,837	2.4	18,973	4.0	150,864	2.2
1996	171,937	1.2	18,515	-2.4	153,422	1.7
1997	172,767	0.5	17,176	-7.2	155,591	1.4
1998	168,572	-2.4	16,254	-5.4	152,318	-2.1
1999	175,579	4.2	15,574	-4.2	160,005	5.0
2000	178,174	1.5	15,622	0.3	162,552	1.6
2001	166,605	-6.5	15,006	-3.9	151,599	-6.7
2002	168,829	1.3	14,729	-1.8	154,100	1.6
2003	169,623	0.5	13,867	-5.9	155,756	1.1
2004	169,104	-0.3	13,155	-5.1	155,949	0.1
2005	169,800	0.4	12,317	-6.4	157,483	1.0
2006	169,852	0.0	10,713	-13.0	159,139	1.1
2007	168,357	-0.9	9,740	-9.1	158,617	-0.3
2008	152,050	-9.7	8,373	-14.0	143,677	-9.4
2009	146,633	-3.6	7,935	-5.2	138,698	-3.5
2010	154,338	5.3	7,640	-3.7	146,698	5.8
2011	148,668	-3.7	7,389	-3.3	141,279	-3.7
2012	145,498	-2.1	7,212	-2.4	138,286	-2.1
2013	147,915	1.7	7,168	-0.6	140,747	1.8
2014	144,535	-2.3	6,915	-3.5	137,620	-2.2
2015	144,190	-0.2	6,860	-0.8	137,330	-0.2
2016	142,168	-1.4	6,869	0.1	135,299	-1.5
2017	144,384	1.6	6,765	-1.5	137,619	1.7
2018	140,589	-2.6	6,602	-2.4	133,987	-2.6
2019	138,440	-1.5	6,357	-3.7	132,083	-1.4
2020	125,063	-9.7	6,232	-2.0	118,831	-10.0
2021	132,842	6.2	6,324	1.5	126,518	6.5
2022	124,323	-6.4	6,048	-4.4	118,275	-6.5

出所：経済産業省/EDMC「総合エネルギー統計」、EDMC推計

注：(1)非製造業は農林業、水産業、建設業、鉱業の合計。

| (10^{10} kcal) | | | | 製造業原単位 | | 年度 |
素材系	伸び率(%)	非素材系	伸び率(%)	GDP原単位(kcal/円)	IIP原単位(1973年度=100)	
48,636	-	14,103	-	6.07	107.8	1965
100,058	13.8	25,779	13.5	7.21	103.8	1970
120,390	10.4	33,233	11.2	7.16	100.0	1973
105,899	-7.4	32,185	-2.5	6.13	104.3	1975
99,240	-10.0	33,738	-1.5	4.81	74.2	1980
90,704	-1.0	34,355	2.2	3.69	58.5	1985
102,992	1.5	39,770	4.5	3.31	52.9	1990
104,122	1.1	40,176	1.0	3.27	53.9	1991
101,817	-2.2	39,312	-2.2	3.18	56.0	1992
101,573	-0.2	39,742	1.1	3.21	58.2	1993
107,402	5.7	40,146	1.0	3.29	58.9	1994
109,687	2.1	41,179	2.6	3.26	59.0	1995
110,874	1.1	42,548	3.3	3.22	58.1	1996
113,578	2.4	42,013	-1.3	3.27	58.2	1997
109,816	-3.3	42,501	1.2	3.24	61.2	1998
114,902	4.6	45,101	6.1	3.38	62.6	1999
117,218	2.0	45,334	0.5	3.35	61.0	2000
107,670	-8.1	43,929	-3.1	3.14	62.7	2001
109,096	1.3	45,004	2.4	3.17	61.9	2002
110,287	1.1	45,469	1.0	3.14	60.8	2003
110,722	0.4	45,227	-0.5	3.09	58.6	2004
112,195	1.3	45,288	0.1	3.06	58.2	2005
113,129	0.8	46,010	1.6	3.05	56.3	2006
113,371	0.2	45,246	-1.7	3.01	54.6	2007
101,032	-10.9	42,645	-5.7	2.83	56.4	2008
98,649	-2.4	40,049	-6.1	2.80	60.4	2009
104,958	6.4	41,740	4.2	2.86	58.7	2010
99,700	-5.0	41,579	-0.4	2.74	56.9	2011
97,550	-2.2	40,736	-2.0	2.67	57.3	2012
100,828	3.4	39,919	-2.0	2.65	56.4	2013
98,722	-2.1	38,898	-2.6	2.60	55.4	2014
97,515	-1.2	39,815	2.4	2.55	55.7	2015
94,384	-3.2	40,915	2.8	2.49	54.5	2016
95,812	1.5	41,807	2.2	2.49	53.9	2017
93,132	-2.8	40,855	-2.3	2.42	52.5	2018
92,228	-1.0	39,885	-2.4	2.40	53.6	2019
82,351	-10.7	36,480	-8.5	2.25	53.4	2020
88,393	7.3	38,125	4.5	2.33	53.8	2021
81,516	-7.8	36,759	-3.6	2.14	50.5	2022

(2)素材系は鉄鋼、化学、窯業土石、紙・パルプを指す。
(3)GDPは2015年価格、IIPは2020年基準。

1. 産業部門
(6)産業部門エネルギー源別最終エネルギー消費

年度	合計	石炭	石炭製品	石油	ナフサ	天然ガス 都市ガス	電力	その他
							産業部門	
1965	67,848	4,536	13,062	37,872	5,432	1,616	9,672	1,089
1970	136,251	1,629	28,580	83,321	19,748	2,235	18,576	1,910
1973	165,663	1,192	34,915	101,395	26,439	2,300	23,525	2,337
1975	148,940	1,342	33,168	87,812	22,726	2,362	22,135	2,120
1980	146,139	5,973	32,930	77,041	19,582	2,422	25,357	2,416
1985	138,561	9,637	30,144	66,130	19,755	3,207	26,809	2,634
1990	160,864	13,564	27,513	79,528	25,710	4,592	32,784	2,883
1991	162,405	15,147	25,894	79,986	27,498	5,248	33,348	2,782
1992	158,882	14,231	24,218	79,159	27,629	5,701	32,891	2,682
1993	159,768	14,583	23,850	80,065	27,788	6,348	32,435	2,487
1994	165,787	15,856	23,096	83,751	31,254	6,842	33,821	2,421
1995	169,837	16,352	22,634	86,543	33,536	7,374	34,414	2,520
1996	171,937	17,014	22,280	86,976	34,486	7,822	35,293	2,552
1997	172,767	17,175	22,516	85,959	35,541	8,392	36,108	2,617
1998	168,572	16,557	20,826	85,370	35,068	8,427	35,059	2,333
1999	175,579	16,729	22,294	89,192	37,865	9,162	35,764	2,438
2000	178,174	16,471	23,917	88,789	38,392	9,700	36,729	2,568
2001	166,605	15,751	21,117	84,265	35,042	8,146	35,332	1,994
2002	168,829	15,037	22,008	85,082	36,199	8,665	35,962	2,075
2003	169,623	15,545	21,820	84,903	37,421	9,217	36,081	2,057
2004	169,104	14,516	21,885	83,083	37,992	10,277	37,061	2,282
2005	169,800	15,691	20,967	81,124	37,654	11,580	38,144	2,294
2006	169,852	15,679	21,341	77,360	37,270	14,126	39,033	2,313
2007	168,357	16,314	21,458	72,675	36,871	15,580	40,026	2,304
2008	152,050	14,116	19,440	64,185	32,164	15,246	37,018	2,045
2009	146,633	12,836	19,016	63,241	33,426	14,971	34,555	2,014
2010	154,338	15,450	20,505	63,072	34,101	16,813	36,176	2,322
2011	148,668	15,579	19,215	58,853	31,444	17,946	35,051	2,024
2012	145,498	16,029	18,278	57,674	30,982	17,409	34,179	1,929
2013	147,915	16,983	18,657	58,653	32,638	16,877	34,318	2,427
2014	144,535	16,437	18,668	56,632	31,373	16,727	33,722	2,349
2015	144,190	16,289	17,967	57,806	33,422	16,675	33,176	2,277
2016	142,168	15,234	17,975	55,252	31,065	18,031	33,442	2,234
2017	144,384	15,462	17,520	56,314	31,918	18,812	34,015	2,261
2018	140,589	14,883	17,341	53,925	30,616	18,169	33,998	2,273
2019	138,440	14,750	17,008	53,680	31,044	17,180	33,583	2,239
2020	125,063	11,727	15,131	50,439	29,818	14,878	30,999	1,889
2021	132,842	14,104	15,951	51,804	30,150	16,265	32,640	2,078
2022	124,323	12,115	15,668	47,294	27,152	15,301	32,003	2,050

出所:経済産業省/EDMC「総合エネルギー統計」、EDMC推計

(10^10 kcal)

合計	石炭	石炭製品	石油	ナフサ	天然ガス 都市ガス	電力	その他	年度
			製造業部門					
62,737	4,441	13,062	33,153	5,432	1,616	9,377	1,089	1965
125,837	1,538	28,580	73,470	19,748	2,235	18,108	1,906	1970
153,624	1,189	34,915	89,931	26,439	2,300	22,955	2,333	1973
138,083	1,342	33,168	77,299	22,726	2,362	21,798	2,114	1975
132,978	5,973	32,930	64,273	19,582	2,422	24,982	2,398	1980
125,058	9,637	30,141	53,216	19,755	3,207	26,229	2,608	1985
142,762	13,564	27,512	62,150	25,710	4,592	32,094	2,850	1990
144,298	15,147	25,892	62,600	27,498	5,248	32,674	2,737	1991
141,131	14,231	24,216	62,153	27,629	5,701	32,193	2,637	1992
141,315	14,583	23,849	62,332	27,788	6,348	31,762	2,441	1993
147,549	15,856	23,095	66,290	31,254	6,842	33,099	2,367	1994
150,864	16,352	22,634	68,364	33,536	7,374	33,710	2,430	1995
153,422	17,014	22,280	69,322	34,486	7,822	34,538	2,446	1996
155,591	17,175	22,516	69,601	35,541	8,392	35,397	2,510	1997
152,318	16,557	20,826	69,901	35,068	8,427	34,375	2,232	1998
160,005	16,729	22,294	74,417	37,865	9,162	35,064	2,339	1999
162,552	16,471	23,917	73,988	38,392	9,700	36,003	2,473	2000
151,599	15,751	21,117	70,069	35,042	8,146	34,620	1,896	2001
154,100	15,037	22,008	71,151	36,199	8,665	35,263	1,976	2002
155,756	15,545	21,820	71,805	37,421	9,217	35,412	1,957	2003
155,949	14,516	21,885	70,712	37,992	10,277	36,373	2,186	2004
157,483	15,691	20,967	69,577	37,654	11,580	37,467	2,201	2005
159,139	15,679	21,341	67,409	37,270	14,126	38,359	2,225	2006
158,617	16,314	21,458	63,672	36,871	15,580	39,376	2,217	2007
143,677	14,116	19,440	56,504	32,164	15,246	36,405	1,966	2008
138,698	12,836	19,016	55,956	33,426	14,971	33,988	1,931	2009
146,698	15,450	20,505	56,102	34,101	16,813	35,582	2,246	2010
141,279	15,579	19,215	52,112	31,444	17,946	34,480	1,947	2011
138,286	16,029	18,278	51,113	30,982	17,409	33,604	1,853	2012
140,747	16,983	18,657	52,138	32,638	16,877	33,740	2,352	2013
137,620	16,437	18,668	50,342	31,373	16,727	33,171	2,275	2014
137,330	16,289	17,967	51,550	33,422	16,675	32,645	2,204	2015
135,299	15,234	17,975	48,984	31,065	18,031	32,907	2,168	2016
137,619	15,462	17,520	50,152	31,918	18,812	33,476	2,197	2017
133,987	14,883	17,341	47,922	30,616	18,169	33,462	2,210	2018
132,083	14,750	17,008	47,913	31,044	17,180	33,053	2,179	2019
118,831	11,727	15,131	44,788	29,818	14,878	30,479	1,828	2020
126,518	14,104	15,951	46,070	30,150	16,265	32,110	2,018	2021
118,275	12,115	15,560	41,826	27,152	15,301	31,483	1,990	2022

1. 産業部門

(7) 製造業業種別エネルギー消費

年度	製造業	素材系	鉄鋼	化学	窯業土石	紙・パルプ
1965	62,737	48,636	19,210	16,484	7,737	5,205
1970	125,837	100,058	43,082	36,854	12,073	8,049
1973	153,624	120,390	54,494	41,330	14,676	9,890
1975	138,083	105,899	49,698	35,346	12,192	8,663
1980	132,978	99,240	44,766	32,645	13,357	8,472
1985	125,058	90,704	39,431	32,335	10,947	7,991
1990	142,762	102,992	42,118	39,048	11,946	9,880
1991	144,298	104,122	40,937	41,380	12,304	9,501
1992	141,131	101,817	39,216	40,801	12,278	9,522
1993	141,315	101,573	38,948	40,789	12,300	9,536
1994	147,549	107,402	40,116	44,839	12,586	9,861
1995	150,864	109,687	40,441	46,172	12,645	10,429
1996	153,422	110,874	41,305	46,778	12,578	10,213
1997	155,591	113,578	42,723	48,041	12,395	10,419
1998	152,318	109,816	40,753	47,510	11,942	9,611
1999	160,005	114,902	41,698	51,473	11,641	10,090
2000	162,552	117,218	43,220	52,283	11,143	10,572
2001	151,599	107,670	39,469	48,805	10,618	8,778
2002	154,100	109,096	40,327	50,072	9,857	8,840
2003	155,756	110,287	40,477	51,415	9,629	8,766
2004	155,949	110,722	40,255	52,185	9,748	8,534
2005	157,483	112,195	40,327	53,797	9,607	8,464
2006	159,139	113,129	40,844	54,435	9,717	8,133
2007	158,617	113,371	41,871	54,107	9,622	7,771
2008	143,677	101,032	37,034	47,599	9,191	7,208
2009	138,698	98,649	35,133	48,624	8,476	6,416
2010	146,698	104,958	39,717	49,873	8,612	6,756
2011	141,279	99,700	39,354	46,012	8,178	6,156
2012	138,286	97,550	38,726	45,154	7,986	5,684
2013	140,747	100,828	39,724	46,738	8,272	6,094
2014	137,620	98,722	39,566	45,209	8,050	5,897
2015	137,330	97,515	37,872	46,261	7,569	5,813
2016	135,299	94,384	37,701	43,639	7,184	5,860
2017	137,619	95,812	37,413	44,978	7,443	5,978
2018	133,987	93,132	36,595	43,164	7,385	5,988
2019	132,083	92,228	35,608	43,439	7,274	5,907
2020	118,831	82,351	29,637	41,144	6,397	5,173
2021	126,518	88,393	33,846	42,432	6,578	5,537
2022	118,275	81,516	31,403	38,589	6,176	5,348

出所: 経済産業省/EDMC「総合エネルギー統計」、EDMC推計

(10^10 kcal)

非素材系	食品煙草	繊維	非鉄金属	金属機械	その他	年度
14,103	2,974	2,767	1,860	2,383	4,119	1965
25,779	3,960	5,454	3,819	4,593	7,953	1970
33,233	4,666	6,535	4,692	5,007	12,333	1973
32,185	4,640	6,494	3,889	3,818	13,344	1975
33,738	4,561	4,891	4,411	4,653	15,222	1980
34,355	4,212	4,105	3,137	7,244	15,657	1985
39,770	4,878	3,448	3,965	9,571	17,908	1990
40,176	4,910	3,287	4,148	9,522	18,309	1991
39,312	5,036	3,313	3,917	9,388	17,658	1992
39,742	4,985	3,328	3,967	9,274	18,188	1993
40,146	5,100	3,332	3,984	9,516	18,214	1994
41,179	5,341	3,383	3,772	9,666	19,017	1995
42,548	5,411	3,176	3,595	9,892	20,474	1996
42,013	5,424	3,061	3,551	10,247	19,730	1997
42,501	5,519	3,015	3,393	9,988	20,586	1998
45,101	5,536	3,150	3,519	10,164	22,732	1999
45,334	5,562	2,973	3,462	10,426	22,911	2000
43,929	5,382	2,736	3,190	8,961	23,660	2001
45,004	5,470	2,614	3,177	9,203	24,540	2002
45,469	5,494	2,561	3,095	9,330	24,989	2003
45,227	5,519	2,416	3,110	9,729	24,453	2004
45,288	5,506	2,280	3,222	10,282	23,998	2005
46,010	5,634	2,228	3,281	11,233	23,634	2006
45,246	5,668	1,816	3,449	11,319	22,994	2007
42,645	5,517	1,772	3,279	10,090	21,987	2008
40,049	5,471	1,825	2,975	9,324	20,454	2009
41,740	5,725	2,132	3,051	10,132	20,700	2010
41,579	5,649	2,146	3,060	9,740	20,984	2011
40,736	5,601	2,150	2,930	9,451	20,604	2012
39,919	5,540	1,715	2,878	9,077	20,709	2013
38,898	5,427	1,754	2,938	8,990	19,789	2014
39,815	5,417	1,663	2,877	8,940	20,918	2015
40,915	5,759	1,748	2,945	9,196	21,267	2016
41,807	5,715	1,736	3,015	9,537	21,804	2017
40,855	5,500	1,672	2,970	9,459	21,254	2018
39,855	5,358	1,622	2,831	9,323	20,721	2019
36,480	5,101	1,547	2,666	8,479	18,687	2020
38,125	5,369	1,611	2,765	8,841	19,539	2021
36,759	5,242	1,584	2,713	8,892	18,328	2022

1. 産業部門
(8) 製造業業種別生産指数（付加価値ウエイトIIP）

年度	製造業	素材系	鉄鋼	化学	窯業土石	紙・パルプ	非素材系	食品煙草
	(9,983.5)	(2,192.9)	(341.7)	(1,261.9)	(352.8)	(236.5)	(7,615.0)	(1,377.9)
1965	26.0	28.7	44.9	16.0	72.7	32.2	24.1	62.2
1970	54.3	60.0	102.4	35.3	130.1	56.3	50.9	83.6
1973	68.8	74.9	131.4	43.5	162.5	69.3	63.9	90.7
1975	59.2	64.4	109.9	39.8	130.0	59.0	55.1	92.0
1980	80.3	83.2	133.0	53.5	166.3	73.8	77.4	103.5
1985	95.7	91.8	136.7	66.1	162.1	85.6	95.5	106.8
1990	120.8	115.6	153.4	89.3	192.5	113.8	121.4	113.7
1991	119.9	114.5	148.0	89.9	187.4	115.0	120.6	114.1
1992	112.8	110.7	137.1	89.4	176.4	112.0	111.7	115.0
1993	108.7	108.6	130.9	89.4	170.7	110.3	107.4	115.3
1994	112.1	113.9	136.3	95.2	175.0	114.4	110.2	116.1
1995	114.4	116.0	136.0	98.6	173.0	118.2	112.7	115.2
1996	118.3	117.7	136.5	100.5	175.9	119.5	117.4	116.4
1997	119.6	118.4	138.5	101.7	171.6	122.3	118.9	114.5
1998	111.4	110.3	121.2	97.4	152.7	117.9	111.2	112.7
1999	114.3	113.4	125.6	101.6	150.5	121.6	114.0	113.8
2000	119.2	116.2	136.3	103.2	149.9	123.4	119.7	113.5
2001	108.3	111.3	128.4	100.4	138.6	119.0	106.6	112.1
2002	111.4	113.6	137.2	103.0	133.5	120.5	109.9	110.7
2003	114.7	115.8	141.9	105.7	132.5	120.2	113.5	111.6
2004	119.1	117.8	146.0	107.5	131.9	121.7	118.7	112.4
2005	121.0	116.7	144.4	105.8	132.7	122.9	121.5	110.0
2006	126.5	120.5	150.6	110.0	134.0	123.0	127.7	108.2
2007	130.0	121.4	153.9	110.0	133.4	124.0	131.9	110.3
2008	113.6	109.7	129.9	101.8	115.7	116.0	114.1	108.3
2009	102.8	106.2	114.1	103.3	105.1	109.1	101.0	106.2
2010	111.9	112.6	133.9	105.9	117.0	111.4	111.0	103.5
2011	111.1	110.1	130.0	104.4	111.7	108.9	110.9	102.5
2012	108.1	108.6	129.0	102.5	113.6	106.7	107.0	103.2
2013	111.7	113.8	133.9	107.1	118.8	112.1	110.9	103.6
2014	111.1	111.2	132.4	103.8	116.7	110.6	110.8	102.2
2015	110.3	111.3	124.4	107.1	118.2	112.6	109.7	103.6
2016	111.2	112.8	126.2	108.9	113.9	113.1	110.5	103.6
2017	114.4	115.2	128.1	112.0	115.7	113.9	114.0	103.1
2018	114.2	115.4	126.9	113.0	114.9	112.0	113.8	102.8
2019	110.3	110.8	119.0	109.1	109.9	109.1	110.0	102.9
2020	99.7	99.3	100.1	99.3	98.9	98.8	99.9	99.6
2021	105.2	106.3	115.7	105.2	103.2	103.3	104.9	99.2
2022	104.9	102.2	106.8	102.6	97.3	100.7	105.7	98.6

出所：経済産業省「鉱工業指数年報」、「鉱工業指数総覧」、「経済産業統計」
注：(1)(　)内は鉱工業を10,000とする場合の各業種のウエイト。

(2020年≒100)

繊維	非鉄金属	金属機械	金属製品	機械	その他	石油・石炭製品	年度
(121.2)	(254.8)	(4,863.4)	(452.5)	(4,410.9)	(997.7)	(175.6)	
358.5	28.4	11.8	52.2	9.8	65.8	50.5	1965
468.6	58.0	31.7	125.0	26.2	115.3	116.1	1970
679.5	80.6	41.9	172.6	35.3	137.3	151.9	1973
599.3	65.2	35.0	131.0	30.0	115.9	141.3	1975
612.4	84.6	56.8	168.6	50.3	135.8	140.5	1980
596.6	87.4	78.3	167.2	72.4	138.2	119.4	1985
542.2	114.7	106.7	206.9	99.6	166.2	129.3	1990
533.7	115.7	106.3	205.9	99.1	162.4	134.3	1991
496.2	112.9	96.7	193.8	90.2	155.7	137.6	1992
446.2	111.9	92.8	189.4	85.5	150.3	142.3	1993
429.6	115.7	96.9	194.7	89.4	148.2	147.2	1994
396.9	117.2	101.4	194.5	94.1	146.1	148.1	1995
388.1	122.9	106.8	197.0	99.6	150.1	148.5	1996
371.5	123.3	109.7	188.7	103.1	148.1	152.0	1997
329.3	112.7	102.2	175.4	96.0	139.3	150.8	1998
312.6	117.0	106.2	175.9	100.2	138.0	151.0	1999
285.6	125.1	114.5	174.5	109.1	135.7	152.1	2000
257.5	120.1	99.4	158.9	94.2	125.1	151.8	2001
231.7	122.1	104.6	151.4	100.2	124.1	152.9	2002
212.4	125.4	109.7	147.3	106.2	123.8	151.1	2003
196.5	125.6	116.9	147.2	114.0	124.5	149.2	2004
181.2	127.9	121.1	145.3	118.8	125.1	153.1	2005
173.5	131.5	129.1	144.1	127.6	129.5	148.0	2006
163.2	133.0	134.5	142.2	133.8	130.1	149.7	2007
141.7	111.4	114.1	134.6	112.4	117.6	143.7	2008
118.7	104.6	98.5	119.8	96.8	110.3	137.4	2009
126.6	111.4	111.3	121.5	110.4	114.9	137.2	2010
127.9	109.9	111.5	120.1	110.7	113.6	129.6	2011
123.8	109.0	106.7	119.1	105.6	112.4	129.1	2012
123.7	110.9	111.7	121.5	110.8	115.6	132.5	2013
122.2	112.9	112.6	117.5	112.2	112.6	126.0	2014
121.0	111.3	110.8	115.1	110.5	111.3	126.9	2015
117.5	113.0	112.0	112.3	112.1	111.7	126.5	2016
118.2	115.2	117.3	113.9	117.6	112.3	123.0	2017
117.0	115.3	117.1	115.0	117.3	112.2	118.1	2018
113.3	109.5	112.0	110.9	112.1	109.8	115.7	2019
96.4	100.0	100.1	99.7	100.1	99.5	96.9	2020
99.2	106.8	106.7	102.6	107.1	104.6	102.4	2021
98.4	105.5	108.7	102.6	109.3	102.1	106.5	2022

(2)製造業は「石油石炭製品」、その他は「プラスチック製品工業」をそれぞれ含む。
(3)「化学繊維」は「繊維」ではなく、「化学」に含まれる。

1. 産業部門

(9)製造業IIP当たりエネルギー消費原単位

年度	製造業	素材系	鉄鋼	化学	窯業土石	紙・パルプ
1965	107.8	105.5	103.2	108.1	117.9	113.1
1970	103.8	103.8	101.4	109.7	102.7	100.1
1973	100.0	100.0	100.0	100.0	100.0	100.0
1975	104.3	102.4	109.0	93.5	103.8	102.9
1980	74.2	74.2	81.1	64.2	88.9	80.4
1985	58.5	61.5	69.5	51.4	74.8	65.4
1990	52.9	55.5	66.2	46.0	68.7	60.8
1991	53.9	56.6	66.7	48.4	72.7	57.8
1992	56.0	57.3	69.0	48.0	77.0	59.5
1993	58.2	58.2	71.7	48.0	79.8	60.5
1994	58.9	58.7	70.9	49.5	79.6	60.4
1995	59.0	58.9	71.7	49.2	80.9	61.8
1996	58.1	58.6	73.0	48.9	79.1	59.9
1997	58.2	59.7	74.4	49.7	80.0	59.7
1998	61.2	62.0	81.1	51.3	86.6	57.1
1999	62.6	63.1	80.0	53.3	85.6	58.1
2000	61.0	62.8	76.4	53.3	82.3	60.0
2001	62.7	60.2	74.1	51.1	84.8	51.7
2002	61.9	59.8	70.9	51.1	81.8	51.4
2003	60.8	59.3	68.8	51.1	80.5	51.1
2004	58.6	58.5	66.5	51.0	81.8	49.1
2005	58.2	59.9	67.3	53.5	80.1	48.2
2006	56.3	58.4	65.4	52.0	80.3	46.3
2007	54.6	58.1	65.6	51.7	79.9	43.9
2008	56.6	57.3	68.7	49.2	87.9	43.5
2009	60.4	57.8	74.2	49.5	89.3	41.2
2010	58.7	58.0	71.5	49.5	81.5	42.5
2011	56.9	56.4	73.0	46.4	81.1	39.6
2012	57.3	55.9	72.4	46.3	77.8	37.3
2013	56.4	55.1	71.5	45.9	77.1	38.1
2014	55.4	55.3	72.0	45.8	76.4	37.3
2015	55.7	54.6	73.4	45.4	74.3	36.2
2016	54.5	52.1	72.0	42.1	69.8	36.3
2017	53.9	51.8	70.4	42.2	71.2	36.8
2018	52.5	50.2	69.5	40.2	71.2	37.4
2019	53.6	51.8	72.1	41.9	73.3	37.9
2020	53.4	51.6	71.4	43.6	71.6	36.7
2021	53.8	51.8	70.5	42.4	70.6	37.5
2022	50.5	49.7	70.9	39.5	70.3	37.2

出所: 表Ⅱ-1(7)と表Ⅱ-1(8)より算出

(1973年度=100)

非素材系	食品煙草	繊維	非鉄金属	金属機械	その他	年度
112.6	93.0	80.3	112.7	168.2	69.7	1965
97.4	92.1	121.0	113.2	121.0	76.8	1970
100.0	100.0	100.0	100.0	100.0	100.0	1973
112.5	98.1	112.7	102.5	91.1	128.2	1975
83.9	85.7	83.0	89.6	68.5	124.8	1980
69.2	76.7	71.5	61.7	77.3	126.1	1985
63.0	83.4	66.1	59.4	74.9	119.9	1990
64.1	83.6	64.0	61.6	74.9	125.5	1991
67.7	85.1	69.4	59.6	81.2	126.2	1992
71.2	84.0	77.6	60.9	83.6	134.7	1993
70.1	85.4	80.6	59.2	82.1	136.8	1994
70.3	90.1	88.6	55.3	79.7	144.8	1995
69.8	90.4	85.1	50.3	77.4	151.8	1996
68.0	92.1	85.7	49.5	78.1	148.3	1997
73.5	95.2	95.2	51.8	81.7	164.4	1998
76.1	94.6	104.8	51.7	80.0	183.3	1999
72.9	95.2	108.2	47.6	76.1	187.8	2000
79.3	93.4	110.5	45.6	75.3	210.5	2001
78.8	96.1	117.3	44.7	73.6	220.1	2002
77.1	95.7	125.4	42.4	71.1	224.6	2003
73.3	95.4	127.8	42.6	69.6	218.7	2004
71.7	97.3	130.8	43.3	70.9	213.4	2005
69.3	101.2	133.5	42.9	72.7	203.1	2006
66.0	99.9	115.7	44.6	70.3	196.7	2007
71.9	99.0	130.1	50.6	73.9	208.2	2008
76.3	100.1	159.8	48.9	79.1	206.3	2009
72.3	107.5	175.1	47.1	76.1	200.4	2010
72.1	107.1	174.5	47.8	73.0	205.5	2011
73.2	105.5	180.6	46.2	74.0	204.0	2012
69.3	104.0	144.1	44.6	67.9	199.4	2013
67.5	103.2	149.2	44.7	66.8	195.6	2014
69.8	101.6	142.9	44.4	67.4	209.1	2015
71.2	108.1	154.7	44.8	68.6	211.9	2016
70.6	107.8	152.6	45.0	68.8	216.1	2017
69.1	104.0	148.5	44.3	67.5	210.9	2018
69.7	101.2	148.8	44.4	69.6	210.1	2019
70.3	99.6	166.8	45.8	70.8	208.9	2020
69.9	105.2	168.9	44.5	69.3	207.8	2021
66.9	103.4	167.4	44.2	68.4	199.9	2022

1. 産業部門

(10)製造業業種別生産額（1994年度～）

年度	製造業	素材系*				
			鉄鋼*	化学	窯業土石	紙・パルプ
1994	293,628	81,549	30,912	30,119	10,210	10,309
1995	300,544	81,702	30,602	30,515	10,157	10,428
1996	314,312	82,729	30,356	31,547	10,358	10,469
1997	314,255	82,814	30,510	31,766	10,024	10,514
1998	297,763	76,963	26,337	31,337	9,221	10,068
1999	297,683	76,695	26,123	31,488	8,905	10,179
2000	309,848	79,405	28,236	31,881	9,100	10,188
2001	292,639	75,901	26,857	30,930	8,476	9,637
2002	295,398	74,877	26,059	31,317	8,088	9,414
2003	303,577	75,577	26,839	31,406	7,977	9,355
2004	312,808	76,938	28,576	31,029	7,912	9,421
2005	322,798	78,499	30,666	30,557	7,831	9,445
2006	333,923	81,004	32,596	30,829	8,141	9,438
2007	347,236	83,576	34,783	31,105	8,235	9,453
2008	314,473	74,705	29,901	28,887	7,261	8,656
2009	292,148	70,639	27,609	28,775	6,201	8,053
2010	311,425	76,153	30,777	30,244	6,706	8,427
2011	307,226	73,245	29,104	29,251	6,773	8,116
2012	302,706	73,538	30,587	29,037	6,288	7,626
2013	307,485	74,249	30,564	29,358	6,486	7,887
2014	308,377	73,819	30,246	29,210	6,502	7,862
2015	314,741	74,398	28,688	31,199	6,436	8,074
2016	316,641	74,836	28,628	32,030	6,268	7,910
2017	326,788	76,031	29,051	32,302	6,536	8,141
2018	328,748	75,276	27,893	32,904	6,473	8,007
2019	321,278	74,050	27,044	33,125	6,171	7,711
2020	296,521	69,056	22,279	33,977	5,914	6,885
2021	313,895	73,500	25,247	34,797	6,248	7,208
2022	310,734	69,740	23,085	33,645	6,011	7,000

出所: 内閣府「国民経済計算(2015年基準、2008SNA)」の数値を基に
EDMCが独自に推計

(十億円(実質：連鎖方式、2015年価格))

非素材系*	食品煙草	繊維	非鉄金属	金属機械*	その他	石油・石炭製品	年度
211,285	38,830	14,216	9,689	112,691	35,860	25,206	1994
214,214	38,892	13,492	9,894	116,082	35,855	25,482	1995
223,383	39,371	12,704	10,375	124,103	36,830	26,416	1996
221,048	39,219	11,816	10,433	123,696	35,884	26,588	1997
209,949	39,161	10,747	9,467	116,509	34,065	25,947	1998
208,521	38,710	9,830	9,666	116,795	33,520	24,344	1999
215,044	37,912	8,845	10,148	124,906	33,233	23,589	2000
204,910	37,861	7,739	9,596	118,085	31,629	22,786	2001
207,378	37,438	7,020	9,577	122,012	31,331	21,670	2002
212,726	37,092	6,602	9,629	127,860	31,543	20,613	2003
220,519	37,217	6,100	9,715	135,738	31,747	20,045	2004
227,938	36,354	5,627	9,754	144,690	31,513	20,221	2005
236,111	36,027	5,462	9,904	153,074	31,645	19,846	2006
246,465	36,822	5,240	10,786	161,890	31,727	19,433	2007
222,873	35,536	4,767	9,559	144,510	28,502	18,575	2008
201,118	35,709	4,200	9,232	125,643	26,335	20,216	2009
214,822	35,600	4,135	10,109	137,683	27,294	19,655	2010
215,751	35,131	4,206	9,574	139,729	27,111	17,819	2011
210,009	34,663	4,097	9,360	135,304	26,585	18,566	2012
214,670	34,832	3,864	8,920	139,827	27,228	18,135	2013
217,158	34,664	3,843	9,186	142,757	26,709	17,265	2014
222,799	35,884	4,010	9,177	146,161	27,603	17,581	2015
223,643	35,284	3,691	9,312	148,169	27,188	18,161	2016
233,341	35,670	3,677	9,431	156,416	28,147	17,124	2017
236,819	35,944	3,696	9,316	159,568	28,295	16,505	2018
230,566	35,664	3,595	9,302	153,886	28,118	16,516	2019
213,330	34,224	3,267	8,139	141,120	26,560	14,446	2020
225,647	34,731	3,465	8,934	151,226	27,292	14,754	2021
226,061	34,771	3,342	8,979	152,550	26,419	15,300	2022

注：*は参考値。原データが連鎖方式であることから加法整合性を持たないが、
　　ここでは便宜的に統合して推計

1. 産業部門
(11)製造業業種別生産額 (1980年度～2009年度)

年度	製造業	素材系	鉄鋼	化学	窯業土石	紙・パルプ
1980	206,071	54,049	24,015	15,124	7,862	7,047
1981	213,149	53,381	21,948	16,067	7,914	7,451
1982	213,430	52,790	20,481	16,856	7,810	7,644
1983	224,125	55,504	21,212	18,288	7,968	8,036
1984	235,277	57,979	22,365	19,395	8,093	8,127
1985	243,381	58,708	22,037	20,296	8,248	8,128
1986	244,402	57,151	20,070	20,672	8,268	8,140
1987	254,091	60,048	21,192	21,645	8,717	8,495
1988	271,465	62,772	21,613	23,099	9,125	8,934
1989	283,545	64,451	21,793	23,926	9,401	9,331
1990	306,438	67,817	22,094	25,878	10,002	9,843
1991	311,685	66,406	21,597	25,502	9,674	9,634
1992	303,263	66,399	21,129	26,347	9,485	9,439
1993	292,941	64,357	19,775	26,214	9,131	9,237
1994	294,007	65,147	20,145	26,263	9,528	9,210
1995	297,777	64,358	19,677	26,174	9,283	9,225
1996	309,030	65,406	19,758	26,926	9,526	9,195
1997	308,477	65,343	19,886	27,085	9,140	9,231
1998	293,250	61,009	17,184	26,415	8,466	8,944
1999	292,624	60,829	17,007	26,670	8,189	8,963
2000	301,730	61,938	18,161	26,637	8,177	8,963
2001	286,085	59,669	17,549	25,788	7,879	8,454
2002	290,087	59,277	17,146	26,438	7,435	8,257
2003	299,592	59,124	17,021	26,575	7,335	8,193
2004	309,880	59,360	17,254	26,666	7,288	8,152
2005	319,840	60,296	18,423	26,412	7,301	8,160
2006	330,377	62,384	19,485	27,291	7,443	8,165
2007	342,353	63,318	20,318	27,135	7,681	8,185
2008	305,302	56,140	16,258	25,532	6,773	7,578
2009	292,275	54,889	15,885	26,179	5,914	6,911

出所: 内閣府「国民経済計算年報(平成12年基準、93SNA)」の数値を
基にEDMCが独自に推計

(十億円 (実質：固定基準方式、2000年価格))

非素材系	食品煙草	繊維	非鉄金属	金属機械	その他	石油・石炭製品	年度
138,050	27,202	5,148	5,926	65,625	34,150	13,973	1980
145,428	28,737	5,269	5,829	69,780	35,812	14,340	1981
146,968	30,868	5,162	5,510	69,132	36,296	13,671	1982
154,551	31,900	5,208	5,512	73,984	37,946	14,070	1983
163,496	32,291	5,064	5,691	81,679	38,771	13,802	1984
171,426	34,097	5,057	4,776	87,597	39,898	13,246	1985
174,884	33,905	5,135	4,776	89,394	41,675	12,368	1986
181,910	34,365	5,002	4,893	93,738	43,911	12,134	1987
196,328	35,225	5,077	5,252	104,242	46,532	12,365	1988
206,560	34,879	4,921	5,592	112,665	48,503	12,534	1989
226,272	35,247	5,196	6,302	129,042	50,485	12,349	1990
231,905	35,683	5,072	6,495	133,387	51,269	13,373	1991
223,419	35,677	4,802	6,243	127,168	49,530	13,444	1992
214,783	35,451	4,396	6,028	121,395	47,514	13,800	1993
214,513	35,097	4,039	5,905	123,151	46,321	14,348	1994
219,564	35,171	3,794	5,992	128,306	46,301	13,855	1995
228,788	35,112	3,516	6,375	136,707	47,078	14,836	1996
228,195	35,009	3,343	6,313	138,706	44,824	14,940	1997
217,727	35,567	3,022	5,898	130,095	43,145	14,513	1998
218,176	35,305	2,894	5,827	132,812	41,338	13,619	1999
226,343	34,880	2,708	6,191	142,345	40,218	13,449	2000
213,608	34,830	2,477	5,661	132,757	37,884	12,808	2001
218,304	34,506	2,292	5,767	138,334	37,406	12,505	2002
228,456	34,143	2,254	5,553	149,292	37,214	12,013	2003
238,770	34,051	2,204	5,545	159,944	37,026	11,750	2004
247,512	33,162	2,080	5,614	169,604	37,053	12,032	2005
256,434	32,823	2,033	5,761	178,861	36,956	11,560	2006
267,231	33,154	1,973	6,188	189,521	36,397	11,803	2007
238,477	32,397	1,799	5,426	166,615	32,240	10,685	2008
226,506	32,254	1,510	5,431	156,286	31,026	10,880	2009

1. 産業部門

(12)製造業業種別生産額（1970年度〜1998年度）

年度	製造業	素材系	鉄鋼	化学	窯業土石	紙・パルプ
1970	159,158	46,765	21,956	12,012	7,239	5,558
1971	166,398	48,020	21,886	12,591	7,748	5,794
1972	184,703	55,291	25,205	14,639	8,964	6,483
1973	200,023	59,780	28,749	14,246	9,670	7,115
1974	182,221	54,793	26,998	13,861	8,007	5,928
1975	185,072	52,288	25,354	13,328	7,478	6,129
1976	198,962	55,814	27,450	13,845	7,823	6,697
1977	205,477	56,531	26,622	15,114	8,021	6,775
1978	217,861	60,553	28,316	16,510	8,366	7,362
1979	231,803	65,089	31,310	17,145	8,655	7,980
1980	229,097	62,334	30,548	16,223	8,262	7,302
1981	237,392	61,108	27,890	17,280	8,276	7,662
1982	237,349	60,149	26,014	18,118	8,149	7,868
1983	250,812	62,833	26,893	19,348	8,311	8,280
1984	265,256	65,617	28,327	20,473	8,450	8,367
1985	274,343	66,507	28,117	21,384	8,618	8,388
1986	276,532	64,589	25,687	21,841	8,640	8,421
1987	288,715	67,873	27,045	22,916	9,106	8,806
1988	309,315	70,859	27,522	24,530	9,547	9,260
1989	323,662	72,606	27,684	25,398	9,840	9,684
1990	343,988	75,514	28,241	26,963	10,272	10,037
1991	353,224	74,424	27,768	26,758	9,961	9,937
1992	345,807	75,449	28,031	27,802	9,793	9,824
1993	335,238	73,761	26,932	27,827	9,431	9,571
1994	340,891	76,345	28,712	28,140	9,901	9,592
1995	349,235	75,862	28,355	28,181	9,699	9,627
1996	366,127	77,963	29,374	29,083	9,933	9,572
1997	370,413	77,966	29,504	29,316	9,564	9,582
1998	352,013	72,790	26,305	28,478	8,796	9,211

出所: 内閣府「国民経済計算年報(平成2年基準、68SNA)」の
数値を基にEDMCが独自に推計

(十億円 (実質:固定基準方式、1990年価格))

非素材系	食品煙草	繊維	非鉄金属	金属機械	その他	石油・石炭製品	年度
99,784	18,306	7,899	3,417	45,585	24,577	12,610	1970
104,746	19,537	8,217	3,600	47,133	26,260	13,632	1971
114,866	19,721	8,701	4,410	52,542	29,492	14,545	1972
124,022	22,307	8,163	4,918	59,695	28,938	16,221	1973
111,826	21,625	7,938	3,848	54,127	24,289	15,601	1974
116,051	24,671	9,245	4,583	50,959	26,593	16,733	1975
125,527	25,196	8,706	5,691	57,522	28,412	17,621	1976
131,515	26,428	8,686	5,935	61,465	29,000	17,431	1977
140,682	27,185	8,388	6,554	66,867	31,687	16,626	1978
149,778	27,804	8,491	6,821	74,404	32,258	16,936	1979
154,049	26,642	8,472	7,120	81,145	30,669	12,714	1980
162,835	28,161	8,519	7,132	86,722	32,302	13,449	1981
164,419	30,240	8,137	6,772	86,308	32,961	12,781	1982
174,987	31,243	8,108	6,756	93,845	35,035	12,992	1983
186,986	31,552	7,739	7,052	104,526	36,117	12,653	1984
195,693	33,373	7,647	6,164	110,852	37,656	12,143	1985
200,572	33,279	7,745	6,161	114,007	39,380	11,371	1986
209,692	33,803	7,625	6,284	120,433	41,547	11,150	1987
227,121	34,543	7,695	6,727	134,014	44,142	11,336	1988
239,555	34,098	7,460	7,143	144,736	46,118	11,501	1989
257,190	34,437	7,402	7,878	159,088	48,385	11,284	1990
266,745	35,361	7,269	8,198	166,493	49,424	12,055	1991
258,366	35,636	6,927	7,968	160,057	47,779	11,992	1992
249,236	35,651	6,308	7,702	153,734	45,842	12,241	1993
251,961	35,739	5,876	7,590	158,031	44,724	12,586	1994
261,270	36,197	5,601	7,872	166,905	44,694	12,103	1995
275,578	35,639	5,220	8,412	180,463	45,845	12,586	1996
279,233	35,371	4,988	8,417	186,221	44,236	13,214	1997
265,893	35,858	4,445	7,907	175,448	42,235	13,331	1998

1. 産業部門
(13)製造業生産額当たりエネルギー消費原単位 (1994年度～)

年度	製造業	素材系	鉄鋼	化学	窯業土石	紙・パルプ
1994	503	1,317	1,298	1,489	1,233	957
1995	502	1,343	1,322	1,513	1,245	1,000
1996	488	1,340	1,361	1,483	1,214	976
1997	495	1,371	1,400	1,512	1,236	991
1998	512	1,427	1,547	1,516	1,295	955
1999	538	1,498	1,596	1,635	1,307	991
2000	525	1,476	1,531	1,640	1,225	1,038
2001	518	1,419	1,470	1,578	1,253	911
2002	522	1,457	1,548	1,599	1,219	939
2003	513	1,459	1,508	1,637	1,207	937
2004	499	1,439	1,409	1,682	1,232	906
2005	488	1,429	1,315	1,761	1,227	896
2006	477	1,397	1,253	1,766	1,194	862
2007	457	1,357	1,204	1,740	1,168	822
2008	457	1,352	1,239	1,648	1,266	833
2009	475	1,397	1,273	1,690	1,367	797
2010	471	1,378	1,290	1,649	1,284	802
2011	460	1,361	1,352	1,573	1,207	758
2012	457	1,327	1,266	1,555	1,270	745
2013	458	1,357	1,300	1,592	1,275	773
2014	446	1,337	1,308	1,548	1,238	750
2015	436	1,311	1,320	1,483	1,176	720
2016	427	1,261	1,317	1,362	1,146	741
2017	421	1,260	1,288	1,392	1,139	734
2018	408	1,237	1,312	1,312	1,141	748
2019	411	1,245	1,317	1,311	1,179	766
2020	401	1,193	1,330	1,211	1,082	751
2021	403	1,203	1,341	1,219	1,053	768
2022	381	1,169	1,360	1,147	1,028	764

出所: 表Ⅱ-1(7)と表Ⅱ-1(10)より算出

(10⁴kcal/百万円 (2015年価格))

非素材系						年度
	食品煙草	繊維	非鉄金属	金属機械	その他	
190	131	234	411	84	508	1994
192	137	251	381	83	530	1995
190	137	250	347	80	556	1996
190	138	259	340	83	550	1997
202	141	281	358	86	604	1998
216	143	320	364	87	678	1999
211	147	336	341	83	689	2000
214	142	354	332	76	748	2001
217	146	372	332	75	783	2002
214	148	388	321	73	792	2003
205	148	396	320	72	770	2004
199	151	405	330	71	762	2005
195	156	408	331	73	747	2006
184	154	347	320	70	725	2007
191	155	372	343	70	771	2008
199	153	435	322	74	777	2009
194	161	516	302	74	758	2010
193	161	510	320	70	774	2011
194	162	525	313	70	775	2012
186	159	444	323	65	761	2013
179	157	456	320	63	741	2014
179	151	415	313	61	758	2015
183	163	474	316	62	782	2016
179	160	472	320	61	775	2017
173	153	452	319	59	751	2018
173	150	451	304	61	737	2019
171	149	473	328	60	704	2020
169	155	465	310	58	716	2021
163	151	474	302	58	694	2022

1. 産業部門

(14)製造業生産額当たりエネルギー消費原単位 (1970年度～1998年度)

年度	製造業	素材系	鉄鋼	化学	窯業土石	紙・パルプ
1970	791	2,140	1,962	3,068	1,668	1,448
1971	789	2,158	2,033	3,035	1,622	1,442
1972	752	1,973	1,847	2,723	1,520	1,396
1973	768	2,014	1,896	2,901	1,518	1,390
1974	809	2,087	1,985	2,764	1,655	1,556
1975	746	2,025	1,960	2,652	1,630	1,413
1976	734	1,989	1,845	2,787	1,650	1,322
1977	688	1,891	1,746	2,564	1,623	1,272
1978	651	1,772	1,566	2,406	1,699	1,226
1979	624	1,694	1,493	2,313	1,663	1,191
1980	580	1,592	1,465	2,012	1,617	1,160
1981	531	1,498	1,492	1,705	1,506	1,042
1982	498	1,425	1,464	1,566	1,394	999
1983	476	1,376	1,416	1,495	1,375	970
1984	472	1,396	1,421	1,547	1,353	983
1985	456	1,364	1,402	1,512	1,270	953
1986	440	1,363	1,426	1,502	1,202	977
1987	443	1,369	1,425	1,520	1,168	1,012
1988	439	1,387	1,465	1,479	1,228	1,078
1989	431	1,398	1,497	1,493	1,234	1,029
1990	415	1,364	1,491	1,448	1,163	984
1991	409	1,399	1,474	1,546	1,235	956
1992	408	1,349	1,399	1,468	1,254	969
1993	422	1,377	1,446	1,466	1,304	996
1994	433	1,407	1,397	1,593	1,271	1,028
1995	432	1,446	1,426	1,638	1,304	1,083
1996	419	1,422	1,406	1,608	1,266	1,067
1997	420	1,457	1,448	1,639	1,296	1,087
1998	433	1,509	1,549	1,668	1,358	1,043

出所: 表Ⅱ-1-(7)と表Ⅱ-1-(12)より算出

(10⁴kcal/百万円　(1990年価格))

非素材系	食品煙草	繊維	非鉄金属	金属機械	その他	年度
258	216	690	1,118	101	324	1970
264	208	709	1,070	97	354	1971
260	219	710	950	88	359	1972
268	209	801	954	84	426	1973
295	215	807	1,130	81	545	1974
277	188	702	849	75	502	1975
279	186	763	717	73	542	1976
263	175	703	702	68	534	1977
246	170	740	653	66	475	1978
229	166	624	675	60	474	1979
219	171	577	620	57	496	1980
213	180	686	499	67	444	1981
198	148	683	442	66	422	1982
188	143	640	436	67	403	1983
180	139	550	445	65	417	1984
176	126	537	509	65	416	1985
168	126	529	508	63	385	1986
166	132	551	451	63	382	1987
165	139	562	433	62	387	1988
159	139	541	451	61	375	1989
155	142	466	503	60	370	1990
151	139	452	506	57	370	1991
152	141	478	492	59	370	1992
159	140	528	515	60	397	1993
159	143	567	525	60	407	1994
158	148	604	479	58	425	1995
154	152	608	427	55	447	1996
150	153	614	422	55	446	1997
160	154	678	429	57	487	1998

2. 家庭部門

2．家庭部門

(1)個人消費・世帯数・家庭部門エネルギー消費の推移

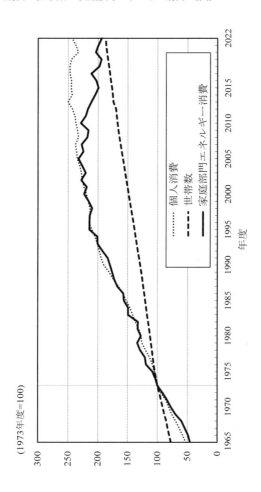

2. 家庭部門
(2)家庭部門用途別エネルギー消費量

年度	用途別消費量(10^10 kcal)					
	冷房用	暖房用	給湯用	厨房用	動力他	用途計
1965	39	4,066	2,756	1,888	1,947	10,696
1970	152	7,229	5,022	2,297	3,628	18,329
1973	270	7,108	8,259	2,757	5,198	23,591
1975	312	7,716	8,793	2,810	5,944	25,574
1980	203	8,644	10,820	2,944	7,510	30,120
1985	565	10,612	13,243	3,493	8,970	36,883
1990	897	10,453	15,316	4,081	11,635	42,380
1991	662	11,236	14,796	4,159	12,473	43,327
1992	702	12,051	15,607	4,279	12,734	45,373
1993	421	12,717	16,576	4,423	13,173	47,310
1994	1,492	12,939	15,189	4,349	13,398	47,367
1995	1,121	13,953	16,490	4,656	14,353	50,573
1996	757	13,438	16,470	4,616	15,248	50,529
1997	925	12,406	17,135	4,623	15,345	50,437
1998	1,233	12,911	15,366	4,266	15,699	49,474
1999	1,231	14,335	15,021	4,214	16,078	50,881
2000	1,257	14,657	15,854	4,361	16,560	52,688
2001	1,097	13,621	15,687	4,361	16,845	51,611
2002	1,096	15,226	15,726	4,487	17,269	53,804
2003	824	13,669	15,870	4,574	17,098	52,035
2004	1,379	14,423	15,980	4,436	17,192	53,409
2005	1,398	15,742	16,390	4,575	16,795	54,901
2006	954	13,241	16,504	4,738	17,500	52,936
2007	1,002	14,251	15,741	4,698	17,980	53,672
2008	891	13,663	14,637	4,350	17,841	51,382
2009	714	13,664	14,674	4,312	17,591	50,955
2010	1,451	14,991	14,860	4,427	18,225	53,955
2011	1,043	15,126	14,561	4,330	16,998	52,057
2012	917	14,800	14,072	4,260	17,119	51,168
2013	1,056	13,945	13,773	4,226	16,857	49,857
2014	674	13,906	13,237	4,162	16,326	48,306
2015	811	12,403	13,473	4,188	16,168	47,043
2016	1,019	12,983	13,460	4,210	16,198	47,871
2017	978	14,966	13,373	4,237	16,283	49,837
2018	1,392	12,416	12,936	4,210	15,725	46,679
2019	1,087	12,001	12,562	4,283	15,933	45,866
2020	1,126	12,805	12,915	4,347	16,578	47,770
2021	1,145	12,887	12,617	4,325	15,853	46,827
2022	1,541	12,131	11,994	4,337	15,724	45,728
構成比 (%)						
1965	0.4	38.0	25.8	17.7	18.2	100.0
1980	0.7	28.7	35.9	9.8	24.9	100.0
1990	2.1	24.7	36.1	9.6	27.5	100.0
2000	2.4	27.8	30.1	8.3	31.4	100.0
2010	2.7	27.8	27.5	8.2	33.8	100.0
2022	3.4	26.5	26.2	9.5	34.4	100.0

出所:EDMC推計

対前年度伸び率(%)						年度
冷房用	暖房用	給湯用	厨房用	動力他	用途計	
-	-	-	-	-	8.8	1965
49.7	13.1	6.9	3.0	15.2	10.6	1970
57.0	-1.6	17.8	9.5	12.6	9.5	1973
43.6	1.0	5.0	1.9	10.4	4.9	1975
-52.3	-7.7	-2.9	-9.3	1.6	-4.6	1980
1.0	14.0	-1.3	2.2	5.2	4.7	1985
63.5	-7.9	4.6	-0.6	6.8	2.0	1990
-26.2	7.5	-3.4	1.9	7.2	2.2	1991
6.1	7.3	5.5	2.9	2.1	4.7	1992
-40.1	5.5	6.2	3.4	3.4	4.3	1993
254.9	1.7	-8.4	-1.7	1.7	0.1	1994
-24.9	7.8	8.6	7.1	7.1	6.8	1995
-32.5	-3.7	-0.1	-0.9	6.2	-0.1	1996
22.3	-7.7	4.0	0.2	0.6	-0.2	1997
33.2	4.1	-10.3	-7.7	2.3	-1.9	1998
-0.2	11.0	-2.2	-1.2	2.4	2.8	1999
2.1	2.2	5.5	3.5	3.0	3.6	2000
-12.7	-7.1	-1.0	0.0	1.7	-2.0	2001
-0.1	11.8	0.2	2.9	2.5	4.2	2002
-24.8	-10.2	0.9	1.9	-1.0	-3.3	2003
67.4	5.5	0.7	-3.0	0.5	2.6	2004
1.4	9.1	2.6	3.1	-2.3	2.8	2005
-31.8	-15.9	0.7	3.6	4.2	-3.6	2006
5.0	7.6	-4.6	-0.8	2.7	1.4	2007
-11.1	-4.1	-7.0	-7.4	-0.8	-4.3	2008
-19.8	0.0	0.2	-0.9	-1.4	-0.8	2009
103.3	9.7	1.3	2.7	3.6	5.9	2010
-28.1	0.9	-2.0	-2.2	-6.7	-3.5	2011
-12.0	-2.2	-3.4	-1.6	0.7	-1.7	2012
15.1	-5.8	-2.1	-0.8	-1.5	-2.6	2013
-36.2	-0.3	-3.9	-1.5	-3.1	-3.1	2014
20.3	-10.8	1.8	0.6	-1.0	-2.6	2015
25.7	4.7	-0.1	0.5	0.2	1.8	2016
-4.1	15.3	-0.6	0.7	0.5	4.1	2017
42.4	-17.0	-3.3	-0.7	-3.4	-6.3	2018
-21.9	-3.3	-2.9	1.7	1.3	-1.7	2019
3.6	6.7	2.8	1.5	4.0	4.2	2020
1.7	0.6	-2.3	-0.5	-4.4	-2.0	2021
34.6	-5.9	-4.9	0.3	-0.8	-2.3	2022
年度平均伸び率 (%)						
31.2	12.2	12.8	4.0	13.3	11.4	70/65
2.9	1.8	8.0	2.5	7.5	5.1	80/70
16.0	1.9	3.5	3.3	4.5	3.5	90/80
3.4	3.4	0.3	0.7	3.6	2.2	00/90
1.5	0.2	-0.6	0.2	1.0	0.2	10/00
0.5	-1.7	-1.8	-0.2	-1.2	-1.4	22/10

2. 家庭部門
(3)家庭部門エネルギー源別エネルギー消費量

年度	エネルギー源別消費量(10^{10}kcal)						
	石炭等	灯油	LPG	都市ガス	電力	太陽熱	合計
1965	3,776	1,614	1,288	1,580	2,438	-	10,696
1970	2,404	5,717	2,686	2,943	4,579	-	18,329
1973	1,445	7,374	4,109	4,016	6,648	-	23,591
1975	861	7,568	4,658	4,544	7,808	136	25,574
1980	529	8,565	5,065	5,649	9,947	365	30,120
1985	357	10,959	5,719	6,743	12,263	842	36,883
1990	222	10,925	6,526	7,764	15,820	1,124	42,380
1991	208	10,837	6,558	8,163	16,481	1,080	43,327
1992	199	11,844	6,757	8,492	17,045	1,036	45,373
1993	192	12,797	6,808	8,987	17,514	1,011	47,310
1994	175	12,033	6,838	8,398	18,932	992	47,367
1995	157	13,311	7,386	9,035	19,714	970	50,573
1996	144	12,803	7,504	9,170	19,975	932	50,529
1997	128	12,771	7,271	9,058	20,275	932	50,437
1998	120	12,528	6,005	9,031	20,966	825	49,474
1999	122	13,333	5,826	9,278	21,570	750	50,881
2000	107	13,897	6,307	9,491	22,100	786	52,688
2001	101	12,926	6,454	9,355	22,049	726	51,611
2002	95	13,758	6,819	9,673	22,793	666	53,804
2003	90	12,501	6,685	9,706	22,435	618	52,035
2004	80	13,110	6,689	9,463	23,488	579	53,409
2005	76	13,867	6,915	9,928	23,567	548	54,901
2006	74	12,339	6,948	9,765	23,291	520	52,936
2007	73	12,033	6,944	9,873	24,257	492	53,672
2008	72	11,029	6,303	9,646	23,864	468	51,382
2009	66	10,904	6,070	9,629	23,857	428	50,955
2010	68	11,895	6,273	9,789	25,535	395	53,955
2011	66	11,486	6,069	9,791	24,284	361	52,057
2012	59	11,127	5,764	9,799	24,091	328	51,168
2013	60	10,475	5,511	9,554	23,960	297	49,857
2014	59	9,816	5,393	9,582	23,185	270	48,306
2015	55	9,193	5,164	9,242	23,142	247	47,043
2016	54	9,459	5,131	9,406	23,603	218	47,871
2017	55	10,239	5,219	9,873	24,251	200	49,837
2018	51	8,692	4,990	9,244	23,518	183	46,679
2019	49	8,138	4,907	9,376	23,229	167	45,866
2020	50	8,833	4,518	10,016	24,202	151	47,770
2021	50	7,768	4,726	9,914	24,232	137	46,827
2022	49	7,576	4,788	9,340	23,848	126	45,728
	構成比 (%)						
1965	35.3	15.1	12.0	14.8	22.8	-	100.0
1980	1.8	28.4	16.8	18.8	33.0	1.2	100.0
1990	0.5	25.8	15.4	18.3	37.3	2.7	100.0
2000	0.2	26.4	12.0	18.0	41.9	1.5	100.0
2010	0.1	22.0	11.6	18.1	47.3	0.7	100.0
2022	0.1	16.6	10.5	20.4	52.2	0.3	100.0

出所: 経済産業省/EDMC「総合エネルギー統計」、EDMC推計
注: 石炭等は、石炭、練豆炭、薪、木炭、熱、その他の合計。

対前年度伸び率 (%)							年度
石炭等	灯油	LPG	都市ガス	電力	太陽熱	合計	
-1.1	19.8	13.8	16.4	12.0	-	8.8	1965
-13.2	22.8	4.5	12.7	15.5	-	10.6	1970
-1.6	10.6	5.2	11.8	12.5	-	9.5	1973
-38.6	3.5	9.3	4.7	10.6	-	4.9	1975
-10.5	-12.3	-10.0	3.7	0.2	71.4	-4.6	1980
-12.7	8.7	2.0	3.0	3.8	8.4	4.7	1985
-10.1	-2.7	-1.1	-0.4	7.8	13.3	2.0	1990
-6.3	-0.8	0.5	5.1	4.2	-3.9	2.2	1991
-4.3	9.3	3.0	4.0	3.4	-4.1	4.7	1992
-3.5	8.0	0.8	5.8	2.8	-2.4	4.3	1993
-8.9	-6.0	0.4	-6.6	8.1	-1.9	0.1	1994
-10.3	10.6	8.0	7.6	4.1	-2.2	6.8	1995
-8.3	-3.8	1.6	1.5	1.3	-3.9	-0.1	1996
-11.1	-0.2	-3.1	-1.2	1.5	0.0	-0.2	1997
-6.3	-1.9	-17.4	-0.3	3.4	-11.5	-1.9	1998
1.7	6.4	-3.0	2.7	2.9	-9.1	2.8	1999
-12.3	4.2	8.3	2.3	2.5	4.8	3.6	2000
-5.6	-7.0	2.3	-1.4	-0.2	-7.6	-2.0	2001
-5.9	6.4	5.7	3.4	3.4	-8.3	4.2	2002
-5.3	-9.1	-2.0	0.3	-1.6	-7.2	-3.3	2003
-11.1	4.9	0.1	-2.5	4.7	-6.3	2.6	2004
-5.0	5.8	3.4	4.9	0.3	-5.4	2.8	2005
-2.6	-11.0	0.5	-1.6	-1.2	-5.1	-3.6	2006
-1.4	-2.5	-0.1	1.1	4.1	-5.4	1.4	2007
-1.4	-8.3	-9.2	-2.3	-1.6	-4.9	-4.3	2008
-8.3	-1.1	-3.7	-0.2	0.0	-8.5	-0.8	2009
3.0	9.1	3.3	1.7	7.0	-7.7	5.9	2010
-2.9	-3.4	-3.3	0.0	-4.9	-8.6	-3.5	2011
-10.6	-3.1	-5.0	0.1	-0.8	-9.1	-1.7	2012
1.7	-5.9	-4.4	-2.5	-0.5	-9.1	-2.6	2013
-1.7	-6.3	-2.1	0.3	-3.2	-9.1	-3.1	2014
-6.8	-6.3	-4.2	-3.5	-0.2	-8.5	-2.6	2015
-1.8	2.9	-0.6	1.8	2.0	-11.7	1.8	2016
1.9	8.2	1.7	5.0	2.7	-8.3	4.1	2017
-7.3	-15.1	-4.4	-6.4	-3.0	-8.5	-6.3	2018
-3.9	-6.4	-1.7	1.4	-1.2	-8.7	-1.7	2019
2.0	8.5	-7.9	6.8	4.2	-9.6	4.2	2020
0.0	-12.1	4.6	-1.0	0.1	-9.3	-2.0	2021
-2.0	-2.5	1.3	-5.8	-1.6	-8.0	-2.3	2022
年度平均伸び率 (%)							
-8.6	28.8	15.8	13.2	13.4	-	11.4	70/65
-14.0	4.1	6.5	6.7	8.1	-	5.1	80/70
-8.3	2.5	2.6	3.2	4.7	11.9	3.5	90/80
-7.0	2.4	-0.3	2.0	3.4	-3.5	2.2	00/90
-4.4	-1.5	-0.1	0.3	1.5	-6.6	0.2	10/00
-2.7	-3.7	-2.2	-0.4	-0.6	-9.1	-1.4	22/10

2. 家庭部門

(4)家庭部門世帯当たり用途別エネルギー消費量

年度	用途別原単位(千kcal/世帯)					
	冷房用	暖房用	給湯用	厨房用	動力他	用途計
1965	15	1,593	1,080	740	763	4,191
1970	51	2,408	1,673	765	1,208	6,104
1973	83	2,178	2,531	845	1,593	7,231
1975	92	2,275	2,593	829	1,753	7,542
1980	56	2,378	2,977	810	2,066	8,287
1985	145	2,722	3,397	896	2,301	9,460
1990	215	2,501	3,664	976	2,784	10,140
1991	156	2,646	3,485	980	2,938	10,205
1992	163	2,798	3,623	993	2,956	10,533
1993	96	2,912	3,796	1,013	3,017	10,834
1994	337	2,925	3,434	983	3,029	10,708
1995	250	3,112	3,678	1,039	3,202	11,281
1996	166	2,954	3,620	1,015	3,351	11,106
1997	200	2,688	3,712	1,002	3,325	10,927
1998	263	2,758	3,283	911	3,354	10,569
1999	259	3,023	3,168	889	3,391	10,729
2000	262	3,052	3,302	908	3,449	10,973
2001	226	2,800	3,225	897	3,463	10,611
2002	222	3,091	3,192	911	3,506	10,922
2003	165	2,743	3,184	918	3,431	10,441
2004	273	2,859	3,167	879	3,407	10,585
2005	274	3,081	3,207	895	3,287	10,743
2006	184	2,560	3,191	916	3,384	10,237
2007	191	2,724	3,008	898	3,436	10,257
2008	168	2,584	2,768	823	3,374	9,717
2009	134	2,561	2,750	808	3,296	9,549
2010	270	2,787	2,763	823	3,389	10,032
2011	193	2,792	2,688	799	3,138	9,610
2012	165	2,663	2,532	766	3,080	9,207
2013	189	2,492	2,462	755	3,013	8,911
2014	120	2,465	2,346	738	2,894	8,563
2015	142	2,178	2,366	735	2,839	8,260
2016	177	2,259	2,342	732	2,818	8,329
2017	169	2,580	2,305	730	2,807	8,591
2018	238	2,121	2,210	719	2,687	7,975
2019	184	2,032	2,127	725	2,697	7,764
2020	189	2,152	2,171	731	2,786	8,029
2021	192	2,156	2,111	724	2,653	7,836
2022	256	2,013	1,990	720	2,609	7,587
構成比 (%)						
1965	0.4	38.0	25.8	17.7	18.2	100.0
1980	0.7	28.7	35.9	9.8	24.9	100.0
1990	2.1	24.7	36.1	9.6	27.5	100.0
2000	2.4	27.8	30.1	8.3	31.4	100.0
2010	2.7	27.8	27.5	8.2	33.8	100.0
2022	3.4	26.5	26.2	9.5	34.4	100.0

出所:EDMC推計

対前年度伸び率 (%)						年度
冷房用	暖房用	給湯用	厨房用	動力他	用途計	
-	-	-	-	-	-	1965
45.4	9.8	3.7	0.0	11.8	7.4	1970
53.5	-3.8	15.2	7.1	10.2	7.1	1973
41.0	-0.8	3.1	0.1	8.4	3.1	1975
-52.9	-9.0	-4.3	-10.6	0.2	-5.9	1980
-0.4	12.4	-2.6	0.8	3.8	3.3	1985
60.9	-9.3	3.0	-2.1	5.2	0.5	1990
-27.3	5.8	-4.9	0.3	5.5	0.6	1991
4.5	5.7	4.0	1.4	0.6	3.2	1992
-40.9	4.1	4.8	2.0	2.1	2.9	1993
250.3	0.4	-9.5	-2.9	0.4	-1.2	1994
-25.9	6.4	7.1	5.7	5.7	5.3	1995
-33.5	-5.1	-1.6	-2.3	4.7	-1.6	1996
20.5	-9.0	2.6	-1.3	-0.8	-1.6	1997
31.4	2.6	-11.6	-9.0	0.9	-3.3	1998
-1.4	9.6	-3.5	-2.5	1.1	1.5	1999
0.9	1.0	4.2	2.2	1.7	2.3	2000
-13.8	-8.3	-2.3	-1.3	0.4	-3.3	2001
-1.4	10.4	-1.0	1.6	1.2	2.9	2002
-25.7	-11.3	-0.3	0.8	-2.1	-4.4	2003
65.3	4.2	-0.5	-4.2	-0.7	1.4	2004
0.1	7.8	1.3	1.8	-3.5	1.5	2005
-32.6	-16.9	-0.5	2.3	3.0	-4.7	2006
3.8	6.4	-5.7	-2.0	1.5	0.2	2007
-12.0	-5.1	-8.0	-8.4	-1.8	-5.3	2008
-20.6	-0.9	-0.7	-1.8	-2.3	-1.7	2009
101.7	8.9	0.5	1.9	2.8	5.1	2010
-28.6	0.2	-2.7	-2.9	-7.4	-4.2	2011
-14.3	-4.6	-5.8	-4.1	-1.8	-4.2	2012
14.3	-6.4	-2.8	-1.5	-2.2	-3.2	2013
-36.7	-1.1	-4.7	-2.3	-3.9	-3.9	2014
19.2	-11.6	0.8	-0.3	-1.9	-3.5	2015
24.5	3.7	-1.0	-0.4	-0.7	0.8	2016
-5.0	14.2	-1.6	-0.3	-0.4	3.2	2017
41.1	-17.8	-4.1	-1.5	-4.3	-7.2	2018
-22.6	-4.2	-3.8	0.8	0.4	-2.6	2019
2.9	5.9	2.1	0.8	3.3	3.4	2020
1.2	0.2	-2.7	-0.9	-4.8	-2.4	2021
33.5	-6.7	-5.7	-0.6	-1.6	-3.2	2022

年度平均伸び率 (%)						
27.0	8.6	9.1	0.7	9.6	7.8	70/65
1.0	-0.1	5.9	0.6	5.5	3.1	80/70
14.4	0.5	2.1	1.9	3.0	2.0	90/80
2.0	2.0	-1.0	-0.7	2.2	0.8	00/90
0.3	-0.9	-1.8	-1.0	-0.2	-0.9	10/00
-0.4	-2.7	-2.7	-1.1	-2.2	-2.3	22/10

2. 家庭部門
(5)家庭部門世帯当たり用途別エネルギー源別エネルギー消費量

(1970年度)　　　　　　　　　　　　　　　　　　　　（千kcal/世帯、%)

	暖房用	冷房用	給湯用	厨房用	動力他	合計	構成比
電力	155	51	38	74	1,208	1,525	(25.0)
都市ガス	14	-	785	181	-	980	(16.1)
LPG	19	-	580	295	-	895	(14.7)
灯油	1,663	-	168	73	-	1,904	(31.2)
石炭等	557	-	101	143	-	801	(13.1)
太陽熱	-	-	-	-	-	-	-
合計	2,408	51	1,673	765	1,208	6,104	(100.0)
構成比	(39.4)	(0.8)	(27.4)	(12.5)	(19.8)	(100.0)	

(1980年度)　　　　　　　　　　　　　　　　　　　　（千kcal/世帯、%)

	暖房用	冷房用	給湯用	厨房用	動力他	合計	構成比
電力	164	56	357	93	2,066	2,737	(33.0)
都市ガス	164	-	1,125	265	-	1,554	(18.8)
LPG	46	-	939	409	-	1,394	(16.8)
灯油	1,915	-	430	11	-	2,356	(28.4)
石炭等	89	0	26	31	-	146	(1.8)
太陽熱	-	-	100	-	-	100	(1.2)
合計	2,378	56	2,977	810	2,066	8,287	(100.0)
構成比	(28.7)	(0.7)	(35.9)	(9.8)	(24.9)	(100.0)	

(1990年度)　　　　　　　　　　　　　　　　　　　　（千kcal/世帯、%)

	暖房用	冷房用	給湯用	厨房用	動力他	合計	構成比
電力	314	215	335	137	2,784	3,785	(37.3)
都市ガス	274	-	1,247	337	-	1,858	(18.3)
LPG	43	-	1,029	490	-	1,561	(15.4)
灯油	1,843	-	769	2	-	2,614	(25.8)
石炭等	28	0	15	10	-	53	(0.5)
太陽熱	-	-	269	-	-	269	(2.7)
合計	2,501	215	3,664	976	2,784	10,140	(100.0)
構成比	(24.7)	(2.1)	(36.1)	(9.6)	(27.5)	(100.0)	

出所：EDMC推計

(2000年度) (千kcal/世帯、%)

	暖房用	冷房用	給湯用	厨房用	動力他	合計	構成比
電力	445	262	293	154	3,449	4,603	(41.9)
都市ガス	359	-	1,277	341	-	1,977	(18.0)
LPG	55	-	849	409	-	1,314	(12.0)
灯油	2,183	-	711	0	-	2,894	(26.4)
石炭等	10	0	8	4		22	(0.2)
太陽熱	-	-	164	-	-	164	(1.5)
合計	3,052	262	3,302	908	3,449	10,973	(100.0)
構成比	(27.8)	(2.4)	(30.1)	(8.3)	(31.4)	(100.0)	

(2010年度) (千kcal/世帯、%)

	暖房用	冷房用	給湯用	厨房用	動力他	合計	構成比
電力	590	269	327	173	3,389	4,748	(47.3)
都市ガス	372	-	1,152	297	-	1,820	(18.1)
LPG	103	-	712	352	-	1,166	(11.6)
灯油	1,718	-	494	0	-	2,212	(22.0)
石炭等	5	0	5	2	-	13	(0.1)
太陽熱	-	-	73	-	-	73	(0.7)
合計	2,787	270	2,763	823	3,389	10,032	(100.0)
構成比	(27.8)	(2.7)	(27.5)	(8.2)	(33.8)	(100.0)	

(2022年度) (千kcal/世帯、%)

	暖房用	冷房用	給湯用	厨房用	動力他	合計	構成比
電力	645	255	240	207	2,609	3,957	(52.2)
都市ガス	261	-	1,021	267	-	1,550	(20.4)
LPG	79	-	471	245	-	794	(10.5)
灯油	1,024	-	233	-	-	1,257	(16.6)
石炭等	3	0	4	1	-	8	(0.1)
太陽熱	-	-	21	-	-	21	(0.3)
合計	2,013	256	1,990	720	2,609	7,587	(100.0)
構成比	(26.5)	(3.4)	(26.2)	(9.5)	(34.4)	(100.0)	

注：石炭等は、石炭、練豆炭、薪、木炭、熱、その他の合計。

2. 家庭部門
(6)家庭用エネルギー消費機器の普及状況

用途	品目	年度	1965	1970	1975	1980	1985	1990	1995	2000	2005
普及率	冷暖房	石油ストーブ	45.8	82.0	89.5	91.3	84.0	75.3	66.1	58.9	N.A.
		温風ヒーター	N.A.	N.A.	N.A.	18.4	42.3	61.2	67.0	69.5	N.A.
		電気カーペット	N.A.	N.A.	N.A.	N.A.	N.A.	50.2	65.3	68.3	N.A.
		ルームエアコン	2.0	7.7	19.5	41.2	54.6	68.1	77.2	86.2	88.2
		冷房用	N.A.	N.A.	N.A.	N.A.	43.8	46.3	41.3	33.6	N.A.
		冷暖用	N.A.	N.A.	N.A.	N.A.	20.0	38.0	56.7	72.9	N.A.
	給湯	ガス湯沸器	N.A.	46.0	69.1	77.3	69.3	62.1	55.0	49.0	N.A.
		温水器	N.A.	N.A.	N.A.	N.A.	24.8	37.0	30.3	33.0	50.9
	厨房	電子レンジ	N.A.	3.0	20.8	37.4	45.3	75.6	88.4	95.3	N.A.
		電気冷蔵庫	61.6	91.2	96.1	99.2	98.4	98.9	98.4	98.4	N.A.
		300L以上	N.A.	N.A.	N.A.	N.A.	N.A.	N.A.	62.6	72.5	N.A.
		300L未満	N.A.	N.A.	N.A.	N.A.	N.A.	N.A.	46.7	38.8	N.A.
	その他	電気洗濯機	75.5	93.6	98.1	99.2	99.6	99.4	99.2	99.3	N.A.
		全自動	N.A.	N.A.	N.A.	N.A.	N.A.	33.9	42.7	61.9	82.0
		その他	N.A.	N.A.	N.A.	N.A.	68.0	61.1	42.6	22.6	N.A.
		衣類乾燥機	N.A.	N.A.	N.A.	N.A.	9.7	15.8	19.8	21.7	27.3
		洗濯機一体型	N.A.	N.A.	N.A.	N.A.	N.A.	N.A.	N.A.	N.A.	N.A.
		その他	N.A.	N.A.	N.A.	N.A.	N.A.	N.A.	N.A.	N.A.	N.A.
		布団乾燥機	N.A.	N.A.	N.A.	17.8	19.5	30.6	37.4	37.0	N.A.
		カラーテレビ	0.3	42.3	93.7	98.5	98.9	99.3	99.1	99.2	99.4
		29インチ以上	N.A.	N.A.	N.A.	N.A.	N.A.	N.A.	39.2	50.9	N.A.
		29インチ未満	N.A.	N.A.	N.A.	N.A.	N.A.	N.A.	87.0	83.5	N.A.
		VTR	N.A.	N.A.	N.A.	5.1	33.5	71.5	73.8	79.3	N.A.
		ステレオ	16.7	33.9	53.8	58.5	60.5	57.9	58.2	52.9	N.A.
		CDプレーヤー	N.A.	N.A.	N.A.	N.A.	N.A.	41.0	56.8	62.1	N.A.
		電気掃除機	41.2	74.3	92.7	95.4	98.2	98.7	98.2	98.3	N.A.
		パソコン	N.A.	N.A.	N.A.	N.A.	N.A.	11.5	17.3	50.1	68.3
保有率		石油ストーブ	N.A.	109.2	157.1	174.9	161.0	145.6	118.2	101.0	N.A.
		ファンヒーター	N.A.	N.A.	N.A.	N.A.	40.5	74.7	99.0	111.2	131.9
		ルームエアコン	N.A.	8.8	24.8	57.9	88.0	126.5	166.1	217.4	255.3
		電気冷蔵庫	N.A.	94.4	108.9	115.2	114.3	119.4	119.4	121.4	N.A.
		カラーテレビ	N.A.	43.5	117.2	150.9	174.7	201.3	215.1	230.6	250.3
		ブラウン管	N.A.	N.A.	N.A.	N.A.	N.A.	N.A.	N.A.	N.A.	226.4
		薄型	N.A.	N.A.	N.A.	N.A.	N.A.	N.A.	N.A.	N.A.	23.9
		光ディスクプレーヤー・レコーダー	N.A.	N.A.	N.A.	N.A.	N.A.	N.A.	N.A.	N.A.	90.8
		パソコン	N.A.	N.A.	N.A.	N.A.	N.A.	12.7	20.2	65.8	104.1
		温水洗浄便座	N.A.	N.A.	N.A.	N.A.	N.A.	N.A.	30.8	53.0	82.1

出所:内閣府「消費動向調査」

(普及率(%)、保有率(台/百世帯))

2010	2011	2012	2013	2014	2015	2016	2017	2018	2019	2020	2021	2022
N.A.	N.A.	N.A.	N.A.	N.A.	N.A.	N.A.	N.A.	N.A.	N.A.	N.A.	N.A.	N.A.
N.A.	N.A.	N.A.	N.A.	N.A.	N.A.	N.A.	N.A.	N.A.	N.A.	N.A.	N.A.	N.A.
N.A.	N.A.	N.A.	N.A.	N.A.	N.A.	N.A.	N.A.	N.A.	N.A.	N.A.	N.A.	N.A.
89.2	90.0	90.5	90.6	91.2	92.5	91.1	91.1	90.6	91.0	92.2	91.8	91.5
N.A.	N.A.	N.A.	N.A.	N.A.	N.A.	N.A.	N.A.	N.A.	N.A.	N.A.	N.A.	N.A.
N.A.	N.A.	N.A.	N.A.	N.A.	N.A.	N.A.	N.A.	N.A.	N.A.	N.A.	N.A.	N.A.
55.8	58.0	57.1	56.5	58.9	62.2	46.4	45.9	44.8	47.5	47.0	48.4	48.1
N.A.	N.A.	N.A.	N.A.	N.A.	N.A.	N.A.	N.A.	N.A.	N.A.	N.A.	N.A.	N.A.
N.A.	N.A.	N.A.	N.A.	N.A.	N.A.	N.A.	N.A.	N.A.	N.A.	N.A.	N.A.	N.A.
N.A.	N.A.	N.A.	N.A.	N.A.	N.A.	N.A.	N.A.	N.A.	N.A.	N.A.	N.A.	N.A.
29.8	32.2	31.7	55.2	58.3	59.1	56.3	56.1	53.0	55.6	54.3	56.3	55.9
N.A.	N.A.	N.A.	41.9	44.0	45.1	44.8	44.3	40.1	43.3	41.4	40.8	39.7
N.A.	N.A.	N.A.	23.8	26.1	26.5	21.3	21.5	22.9	22.8	22.7	26.8	28.3
99.6	99.4	99.3	96.5	97.5	98.1	96.7	96.6	96.7	96.0	96.2	95.7	95.1
N.A.	N.A.	N.A.	N.A.	N.A.	N.A.	N.A.	N.A.	N.A.	N.A.	N.A.	N.A.	N.A.
N.A.	N.A.	N.A.	N.A.	N.A.	N.A.	N.A.	N.A.	N.A.	N.A.	N.A.	N.A.	N.A.
76.0	77.3	78.0	78.7	78.0	79.1	76.7	78.4	77.3	77.0	78.5	78.9	78.7
N.A.	N.A.	N.A.	N.A.	N.A.	N.A.	N.A.	N.A.	N.A.	N.A.	N.A.	N.A.	N.A.
116.4	126.1	114.9	108.3	106.9	106.5	95.1	92.7	91.8	88.5	86.4	81.5	84.0
259.9	268.0	264.3	275.8	274.7	283.7	281.7	281.3	291.8	289.2	282.7	285.4	288.8
239.6	232.4	225.9	208.1	211.3	215.5	209.2	210.4	216.3	212.2	207.6	206.3	204.9
75.9	34.6	25.7	N.A.	N.A.	N.A.	N.A.	N.A.	N.A.	N.A.	N.A.	N.A.	N.A.
163.7	197.8	200.2	208.1	211.3	215.5	209.2	210.4	216.3	212.2	207.6	206.3	204.9
133.1	140.4	144.1	121.5	128.5	133.3	123.1	126.0	121.2	122.2	122.5	120.0	116.0
122.9	129.9	128.1	131.2	126.8	128.0	122.7	124.1	123.3	123.6	128.3	128.4	129.1
95.9	100.1	102.9	105.9	108.4	115.3	110.9	113.1	114.4	114.5	113.2	113.3	116.6

注：(1)二人以上の世帯。
(2)1980年度以降は年度末月現在、1975年度以前は年度末月の前月(2月)現在。
(3)温水器は1987年度より太陽熱温水器を含む。
(4)カラーテレビのうち、ブラウン管テレビは2012年度調査で終了。

2．家庭部門
(7)都市別冷房度日

年度	全国平均	札幌	仙台	東京	富山
1965	253.2	11.4	84.7	236.7	181.6
1970	333.0	53.7	110.4	356.8	266.9
1973	344.6	57.1	175.0	357.2	301.9
1975	367.3	23.3	151.3	391.0	268.3
1980	196.9	-	13.6	203.9	73.4
1985	395.7	94.2	202.5	389.3	313.6
1990	454.9	45.6	175.6	451.2	311.9
1991	371.5	11.7	83.7	357.9	206.8
1992	318.4	12.0	98.6	316.0	234.6
1993	190.0	4.9	17.3	187.6	84.2
1994	524.0	117.4	258.8	522.5	423.1
1995	397.8	19.7	165.9	431.5	268.6
1996	326.6	19.0	88.1	310.0	243.4
1997	357.9	27.7	105.1	376.1	262.3
1998	409.2	7.2	67.5	374.1	246.6
1999	437.5	125.5	196.3	482.8	351.2
2000	474.8	65.8	188.8	510.7	415.7
2001	418.1	2.1	103.5	435.7	311.3
2002	429.5	3.1	136.8	437.6	345.7
2003	301.1	-	52.6	280.7	189.2
2004	491.5	64.9	142.0	524.1	354.8
2005	448.8	49.6	148.3	433.3	340.0
2006	376.4	68.2	102.4	357.0	280.0
2007	437.1	51.0	155.1	413.3	303.7
2008	398.6	16.3	78.5	385.4	317.6
2009	328.7	10.0	51.2	306.5	190.0
2010	558.9	122.1	303.5	602.9	472.2
2011	472.5	59.3	241.0	488.8	390.6
2012	462.1	96.4	254.2	497.7	424.7
2013	511.4	51.0	150.8	514.7	388.4
2014	362.6	39.9	140.0	394.1	254.7
2015	321.8	42.1	181.3	317.9	270.6
2016	430.6	64.1	174.5	362.3	325.4
2017	397.2	39.8	126.7	338.9	300.9
2018	489.4	44.5	239.0	470.4	430.8
2019	439.4	79.7	200.0	399.1	357.8
2020	442.2	69.2	200.1	404.5	365.3
2021	406.9	128.4	176.5	330.0	317.0
2022	506.0	49.4	229.5	453.6	464.6

出所：EDMC推計

(度日)

名古屋	大阪	広島	高松	福岡	年度
292.0	393.1	233.7	289.0	327.1	1965
317.3	456.2	358.4	375.1	412.2	1970
333.8	456.5	337.8	362.2	422.4	1973
334.2	499.3	345.1	355.5	507.6	1975
232.6	376.1	112.1	195.2	191.4	1980
401.0	511.0	384.9	426.8	525.2	1985
479.8	595.5	542.9	508.7	580.1	1990
425.4	570.0	447.7	438.3	405.1	1991
361.2	438.1	390.9	357.9	356.7	1992
187.0	306.5	243.8	260.7	217.2	1993
550.8	677.5	629.4	593.4	581.0	1994
414.3	501.4	445.8	470.0	450.3	1995
356.6	453.4	444.2	423.3	446.6	1996
370.4	466.2	421.1	438.8	421.1	1997
455.2	582.7	540.4	543.1	545.5	1998
428.6	571.3	463.5	449.9	437.3	1999
508.8	597.1	496.9	544.3	506.4	2000
466.6	567.5	473.4	489.5	463.9	2001
469.9	583.7	490.1	525.0	474.6	2002
304.1	458.7	339.7	412.5	403.6	2003
525.5	640.5	532.0	551.0	559.8	2004
489.0	582.6	513.4	552.1	583.8	2005
415.6	522.5	428.8	472.9	456.8	2006
477.0	571.4	515.4	557.4	572.6	2007
460.9	512.4	492.2	521.5	498.2	2008
383.2	470.1	373.2	440.8	422.1	2009
590.7	642.2	582.0	640.9	601.3	2010
525.6	559.3	501.6	524.9	542.4	2011
469.1	531.3	516.7	511.8	494.8	2012
559.0	627.3	587.5	615.8	652.4	2013
406.0	455.0	370.4	411.4	366.9	2014
376.2	415.3	335.6	378.4	319.8	2015
491.6	588.5	537.4	570.4	571.5	2016
451.9	546.2	473.7	514.2	552.9	2017
570.2	584.6	546.5	557.0	601.0	2018
536.9	565.6	514.7	525.6	504.2	2019
526.7	585.2	487.3	561.4	501.9	2020
464.5	535.3	488.2	493.9	592.8	2021
570.8	638.5	597.4	649.6	657.1	2022

注:(1)日平均気温より作成。
24度を超える日の平均気温と22度との差を合計。
(2)全国平均は全国9地域の人口による加重平均値。

2．家庭部門
(8)都市別暖房度日

年度	全国平均	札幌	仙台	東京	富山
1965	1,202.7	2,780.5	1,682.6	1,005.5	1,475.3
1970	1,224.3	2,678.3	1,753.6	1,031.2	1,564.8
1973	1,297.3	2,716.4	1,817.5	1,085.6	1,662.4
1975	1,123.2	2,692.1	1,624.5	956.8	1,448.7
1980	1,225.7	2,731.3	1,764.9	976.2	1,654.9
1985	1,263.4	2,836.5	1,824.6	1,049.7	1,601.1
1990	944.3	2,238.7	1,406.4	767.7	1,290.6
1991	935.6	2,409.7	1,516.7	782.6	1,271.6
1992	962.4	2,428.0	1,515.6	803.1	1,282.1
1993	1,082.4	2,530.0	1,602.9	923.7	1,457.5
1994	981.8	2,469.0	1,577.1	826.8	1,327.0
1995	1,106.3	2,444.6	1,617.1	903.7	1,507.1
1996	1,034.5	2,597.5	1,597.6	799.7	1,394.6
1997	927.6	2,528.4	1,527.3	771.8	1,219.1
1998	952.5	2,548.1	1,515.4	794.0	1,238.4
1999	1,001.6	2,568.1	1,487.7	776.0	1,322.4
2000	1,029.5	2,768.9	1,696.3	849.1	1,339.0
2001	892.6	2,400.7	1,441.8	684.5	1,212.8
2002	1,103.4	2,571.4	1,665.8	936.2	1,426.5
2003	924.8	2,350.9	1,460.0	753.4	1,217.6
2004	963.2	2,473.8	1,549.0	783.1	1,262.0
2005	1,115.8	2,587.3	1,701.2	919.8	1,471.0
2006	863.8	2,435.2	1,463.7	665.4	1,180.1
2007	995.6	2,528.9	1,561.9	850.6	1,296.0
2008	897.7	2,272.6	1,440.6	738.6	1,162.5
2009	953.5	2,429.5	1,464.2	805.0	1,248.9
2010	1,078.6	2,454.5	1,636.1	898.6	1,434.7
2011	1,099.7	2,653.9	1,696.0	949.1	1,456.0
2012	1,059.8	2,592.3	1,626.8	866.1	1,434.9
2013	1,024.2	2,518.4	1,567.1	832.2	1,397.9
2014	994.1	2,265.4	1,470.2	881.7	1,337.3
2015	875.0	2,358.7	1,336.4	794.0	1,128.5
2016	965.6	2,558.7	1,443.6	881.0	1,214.3
2017	1,071.5	2,511.4	1,525.5	962.7	1,362.5
2018	865.3	2,339.7	1,358.9	786.5	1,128.7
2019	817.6	2,329.4	1,310.1	767.2	1,057.3
2020	863.3	2,366.4	1,417.1	758.1	1,196.6
2021	965.6	2,303.9	1,440.6	879.2	1,291.3
2022	850.3	2,259.0	1,329.9	757.7	1,106.9

出所：EDMC推計

(度日)

名古屋	大阪	広島	高松	福岡	年度
1,221.2	988.0	1,091.3	1,054.8	836.5	1965
1,214.2	1,003.9	1,163.2	1,094.4	916.1	1970
1,354.2	1,095.3	1,288.7	1,205.8	971.1	1973
1,106.1	880.9	1,070.5	1,018.6	841.0	1975
1,250.2	1,011.3	1,264.2	1,190.6	961.9	1980
1,242.2	1,071.1	1,234.0	1,172.0	1,007.7	1985
951.5	771.4	871.7	871.0	752.4	1990
890.0	725.2	824.1	844.9	679.0	1991
948.4	762.1	872.8	867.5	690.9	1992
1,091.6	887.0	973.0	962.1	802.9	1993
968.0	786.0	845.7	833.5	688.9	1994
1,212.2	958.9	1,086.5	1,061.6	882.6	1995
1,086.2	895.8	986.9	980.1	790.0	1996
898.8	740.2	769.5	789.9	630.5	1997
947.2	775.4	819.5	813.1	640.3	1998
1,054.4	856.9	933.2	937.4	752.8	1999
1,015.0	822.6	920.3	886.5	691.2	2000
938.8	714.7	872.0	789.9	626.5	2001
1,117.0	929.0	1,051.4	984.5	790.6	2002
949.7	743.9	874.0	795.5	671.6	2003
959.3	761.0	928.9	848.0	723.3	2004
1,178.3	943.9	1,065.0	1,010.1	802.4	2005
869.7	687.2	817.6	770.8	598.9	2006
962.0	814.8	937.0	861.0	706.8	2007
871.2	757.6	871.8	799.6	653.7	2008
914.9	795.5	913.4	837.8	707.4	2009
1,060.9	905.7	1,090.8	976.4	875.2	2010
1,078.6	913.5	1,029.6	952.1	801.9	2011
1,095.5	937.7	987.4	964.1	744.9	2012
1,052.9	900.5	970.7	937.2	741.6	2013
989.5	842.8	939.0	886.5	705.8	2014
792.4	690.7	786.2	731.6	634.8	2015
946.5	796.8	851.4	796.5	610.1	2016
1,039.8	902.8	1,011.0	983.5	815.1	2017
824.3	696.1	750.2	728.1	550.9	2018
744.7	633.9	692.9	684.2	483.4	2019
806.6	677.4	783.9	740.7	588.9	2020
949.8	793.7	873.2	838.8	685.7	2021
792.6	688.3	774.9	751.6	609.2	2022

注:(1)日平均気温より作成。
　　　14度を下回る日の平均気温と14度との差を合計。
　　(2)全国平均は全国9地域の人口による加重平均値。

2．家庭部門

(9)東京の月別平均気温

年度	4月	5月	6月	7月	8月	9月	10月
1965	11.1	17.2	21.6	24.2	26.7	22.2	16.9
1970	13.0	19.6	20.7	25.4	27.4	24.0	17.2
1973	15.3	17.9	19.8	26.1	28.5	23.2	17.4
1975	14.3	18.6	21.6	25.6	27.3	25.2	17.3
1980	13.6	19.2	23.6	23.8	23.4	23.0	18.2
1985	14.2	19.1	20.2	26.3	27.9	23.1	17.9
1990	14.7	19.2	23.5	25.7	28.6	24.8	19.2
1991	15.4	18.8	23.6	26.7	25.5	23.9	18.1
1992	15.1	17.3	20.6	25.5	27.0	23.3	17.3
1993	13.4	18.1	21.7	22.5	24.8	22.9	17.5
1994	15.8	19.5	22.4	28.3	28.9	24.8	20.2
1995	15.0	19.1	20.4	26.4	29.4	23.7	19.5
1996	12.7	18.1	22.6	26.2	26.0	22.4	18.0
1997	15.2	19.2	22.7	26.6	27.0	22.9	18.7
1998	16.3	20.5	21.5	25.3	27.2	24.4	20.1
1999	15.0	19.9	22.8	25.9	28.5	26.2	19.5
2000	14.5	19.8	22.5	27.7	28.3	25.6	18.8
2001	15.7	19.5	23.1	28.5	26.4	23.2	18.7
2002	16.1	18.4	21.6	28.0	28.0	23.1	19.0
2003	15.1	18.8	23.2	22.8	26.0	24.2	17.8
2004	16.4	19.6	23.7	28.5	27.2	25.1	17.5
2005	15.1	17.7	23.2	25.6	28.1	24.7	19.2
2006	13.6	19.0	22.5	25.6	27.5	23.5	19.5
2007	13.7	19.8	23.2	24.4	29.0	25.2	19.0
2008	14.7	18.5	21.3	27.0	26.8	24.4	19.4
2009	15.7	20.1	22.5	26.3	26.6	23.0	19.0
2010	12.4	19.0	23.6	28.0	29.6	25.1	18.9
2011	14.5	18.5	22.8	27.3	27.5	25.1	19.5
2012	14.5	19.6	21.4	26.4	29.1	26.2	19.4
2013	15.2	19.8	22.9	27.3	29.2	25.2	19.8
2014	15.0	20.3	23.4	26.8	27.7	23.2	19.1
2015	14.5	21.1	22.1	26.2	26.7	22.6	18.4
2016	15.4	20.2	22.4	25.4	27.1	24.4	18.7
2017	14.7	20.0	22.0	27.3	26.4	22.8	16.8
2018	17.0	19.8	22.4	28.3	28.1	22.9	19.1
2019	13.6	20.0	21.8	24.1	28.4	25.1	19.4
2020	12.8	19.5	23.2	24.3	29.1	24.2	17.5
2021	15.1	19.6	22.7	25.9	27.4	22.3	18.2
2022	15.3	18.8	23.0	27.4	27.5	24.4	17.2

出所：気象庁、EDMC推計

(℃、度日)

11月	12月	1月	2月	3月	暖房 度日	冷房 度日	年度
12.7	7.0	4.6	7.2	9.6	1,005.5	236.7	1965
12.3	6.8	5.1	5.9	8.3	1,031.2	356.8	1970
12.1	6.6	4.4	5.1	7.3	1,085.6	357.2	1973
12.7	6.7	5.4	6.8	9.0	956.8	391.0	1975
13.0	7.7	4.4	5.3	9.0	976.2	203.9	1980
13.3	7.4	4.5	4.3	7.8	1,049.7	389.3	1985
15.1	10.0	6.3	6.5	9.5	767.7	451.2	1990
13.0	9.2	6.8	6.9	9.7	782.6	357.9	1991
13.0	9.4	6.2	7.7	8.7	803.1	316.0	1992
14.1	8.5	5.5	6.6	8.1	923.7	187.6	1993
13.4	9.0	6.3	6.5	8.9	826.8	522.5	1994
12.7	7.7	6.6	5.4	9.2	903.7	431.5	1995
13.2	9.3	6.8	7.0	10.5	799.7	310.0	1996
14.3	9.2	5.3	7.0	10.1	771.8	376.1	1997
13.9	9.0	6.6	6.7	10.1	794.0	374.1	1998
14.2	9.0	7.6	6.0	9.4	776.0	482.8	1999
13.3	8.8	4.9	6.6	9.8	849.1	510.7	2000
13.1	8.4	7.4	7.9	12.2	684.5	435.7	2001
11.6	7.2	5.5	6.4	8.7	936.2	437.6	2002
14.4	9.2	6.3	8.5	9.8	753.4	280.7	2003
15.6	9.9	6.1	6.1	9.0	783.1	524.1	2004
13.3	6.4	5.1	6.7	9.8	919.8	433.3	2005
14.4	9.5	7.6	8.6	10.8	665.4	357.0	2006
13.3	9.0	5.9	5.5	10.7	850.6	413.3	2007
13.1	9.8	6.8	7.8	10.0	738.6	385.4	2008
13.5	9.0	7.0	6.5	9.1	805.0	306.5	2009
13.5	9.9	5.1	7.0	8.1	898.6	602.9	2010
14.9	7.5	4.8	5.4	8.8	949.1	488.8	2011
12.7	7.3	5.5	6.2	12.1	866.1	497.7	2012
13.5	8.3	6.3	5.9	10.4	832.2	514.7	2013
14.2	6.7	5.8	5.7	10.3	881.7	394.1	2014
13.9	9.3	6.1	7.2	10.1	794.0	317.9	2015
11.4	8.9	5.8	6.9	8.5	881.0	362.3	2016
11.9	6.6	4.7	5.4	11.5	962.7	338.9	2017
14.0	8.3	5.6	7.2	10.6	786.5	470.4	2018
13.1	8.5	7.1	8.3	10.7	767.2	399.1	2019
14.0	7.7	5.4	8.5	12.8	758.1	404.5	2020
13.7	7.9	4.9	5.2	10.9	879.2	330.0	2021
14.5	7.5	5.7	7.3	12.9	757.7	453.6	2022

2．家庭部門
(10)主要民生用機器の省エネルギーの進展状況

(1)電気冷蔵庫

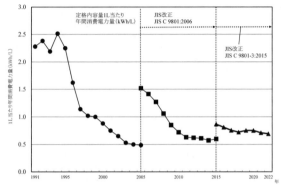

出所：総合資源エネルギー調査会第4回省エネルギー部会資料、
　　　資源エネルギー庁、(一財)省エネルギーセンター「省エネ性能カタログ」
　注：2004年以降は、定格内容積401〜450リットルに該当する各社製品の平均。

(2)エアコン

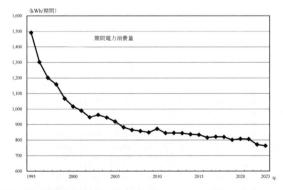

出所：(一社)日本冷凍空調工業会
　注：冷暖房兼用・壁掛け型・冷房能力2.8kWクラス・省エネルギー型の代表機種の単純平均値。

(3) カラーテレビ

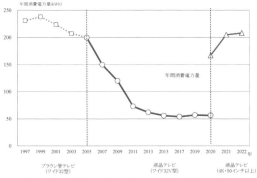

出所：資源エネルギー庁、(一財) 省エネルギーセンター「省エネ性能カタログ」より作成
注：カタログ値の単純平均。

(4) タイプ別給湯器の出荷台数構成比

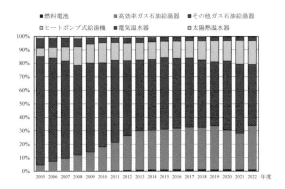

出所：経済産業省「生産動態統計」、日本ガス協会、日本ガス石油機器工業会、
(一財) コージェネレーション・エネルギー高度利用センターより作成

2. 家庭部門
(11)家計のエネルギー関連消費支出

(円/世帯)

年度	消費支出計	電気	都市ガス	LPG	灯油	他光熱	ガソリン	エネルギー計	世帯人員(人)
1965	592,952	11,878	5,213	2,757	1,482	5,347	1,093	27,770	4.26
1970	979,961	18,314	7,461	5,393	4,190	3,476	4,389	43,223	3.98
1973	1,399,925	23,690	10,266	9,574	5,780	2,989	8,615	60,914	3.91
1975	1,944,494	33,587	17,324	14,409	9,360	2,746	15,654	93,080	3.89
1980	2,801,584	68,335	31,672	27,563	21,008	2,094	36,061	186,733	3.82
1985	3,286,883	90,086	38,808	28,992	22,426	1,943	48,242	230,497	3.71
1990	3,775,690	89,845	35,080	27,478	16,382	539	50,911	220,235	3.56
1991	3,968,297	93,753	37,084	28,999	15,072	560	52,151	227,619	3.57
1992	4,002,733	96,464	38,151	29,220	15,932	554	53,313	233,634	3.53
1993	4,024,559	98,169	38,212	31,283	16,218	535	55,177	239,594	3.49
1994	3,981,452	105,878	34,931	31,233	14,159	495	59,160	245,856	3.47
1995	3,968,829	109,652	37,185	31,625	14,836	431	55,007	248,736	3.42
1996	3,968,982	109,039	39,950	31,011	15,537	399	50,999	246,935	3.34
1997	3,971,839	112,169	40,444	32,076	14,530	396	46,318	245,933	3.34
1998	3,923,690	110,740	38,479	32,746	12,279	473	44,032	238,749	3.31
1999	3,854,002	111,847	37,805	32,507	13,655	480	47,785	244,079	3.30
2000	3,814,832	115,950	37,921	33,017	16,443	376	53,449	257,156	3.31
2001	3,675,217	113,484	38,069	31,641	14,208	410	51,969	249,781	3.28
2002	3,653,550	112,168	37,520	31,140	14,881	415	54,062	250,186	3.24
2003	3,639,177	109,026	37,169	31,948	13,318	347	56,096	247,904	3.22
2004	3,621,306	111,417	36,346	29,618	16,161	339	60,004	253,885	3.19
2005	3,589,877	112,585	38,515	29,256	22,280	407	66,739	269,782	3.17
2006	3,544,729	111,033	38,998	29,774	21,033	354	70,983	272,175	3.16
2007	3,588,802	114,013	39,273	30,791	23,501	323	74,501	282,402	3.14
2008	3,533,133	119,047	40,453	30,565	18,835	351	75,321	284,572	3.13
2009	3,505,756	112,938	39,093	27,871	16,033	384	63,527	259,846	3.11
2010	3,451,742	119,409	38,558	27,449	20,614	428	70,052	276,510	3.09
2011	3,408,523	117,539	39,857	26,950	21,898	367	72,064	278,675	3.08
2012	3,452,405	123,290	42,038	26,070	21,732	387	72,090	285,607	3.07
2013	3,521,378	131,978	42,715	24,371	21,783	381	76,980	298,208	3.05
2014	3,458,257	136,889	44,428	24,932	18,181	389	72,077	296,896	3.03
2015	3,427,060	127,123	41,114	22,925	12,217	348	59,536	263,263	3.02
2016	3,372,456	118,493	35,626	21,507	13,017	432	53,368	242,443	2.99
2017	3,415,042	128,463	36,169	22,142	16,478	370	60,578	264,200	2.98
2018	3,468,086	128,800	36,258	20,711	15,005	464	67,834	269,072	2.98
2019	3,494,818	127,653	35,440	21,457	14,056	538	64,767	263,911	2.97
2020	3,314,003	127,443	34,874	21,484	13,101	570	50,473	247,945	2.95
2021	3,371,225	130,420	37,571	20,685	15,208	485	62,198	266,567	2.93
2022	3,524,052	160,764	44,291	22,027	15,482	623	69,454	312,641	2.91
対消費支出構成比(%)									
1965	100.0	2.0	0.9	0.5	0.2	0.9	0.2	4.7	
1980	100.0	2.4	1.1	1.0	0.7	0.1	1.3	6.7	
1990	100.0	2.4	0.9	0.7	0.4	0.0	1.3	5.8	
2000	100.0	3.0	1.0	0.9	0.4	0.0	1.4	6.7	
2010	100.0	3.5	1.1	0.8	0.6	0.0	2.0	8.0	
2022	100.0	4.6	1.3	0.6	0.4	0.0	2.0	8.9	

出所: 総務省「家計調査年報」、「家計調査」よりEDMC推計
注: (1)二人以上の世帯。1999年までは農林漁家世帯を除く。
(2)他光熱は石炭、薪、木炭など。

3. 業務部門

3．業務部門
(1)GDP・延床面積・業務部門エネルギー消費の推移

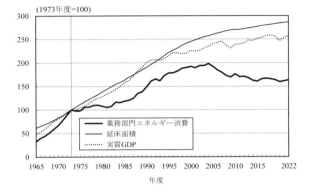

(1973年度=100)

(年平均伸び率:%)

	1965-70	1970-80	1980-90	1990-2000	2000-10	2010-22
業務部門エネルギー消費	15.3	4.9	3.3	2.6	-0.8	-0.6
延床面積	6.1	5.3	3.2	2.6	1.0	0.5
実質GDP	11.0	4.7	4.5	1.2	0.5	0.6

3. 業務部門
(2)業務部門用途別エネルギー消費量

年度	用途別消費量(10¹⁰kcal)					
	冷房用	暖房用	給湯用	厨房用	動力他	用途計
1965	349	3,968	2,331	491	866	8,004
1970	615	7,576	5,445	694	2,005	16,335
1973	849	11,495	7,985	897	3,214	24,438
1975	943	10,229	7,989	990	3,839	23,989
1980	1,212	10,715	7,193	1,273	5,968	26,363
1985	1,574	10,361	6,741	1,592	8,645	28,913
1990	2,492	10,393	9,130	2,148	12,304	36,466
1991	2,658	11,308	10,177	2,300	12,933	39,377
1992	2,773	11,768	10,265	2,377	13,344	40,527
1993	2,823	11,646	8,832	2,513	13,742	39,557
1994	3,467	11,533	9,478	2,643	15,182	42,303
1995	3,537	12,665	9,042	2,782	15,583	43,608
1996	3,676	11,916	9,087	2,878	16,125	43,682
1997	3,954	11,358	9,583	2,973	16,746	44,614
1998	4,179	11,789	9,611	2,926	17,539	46,045
1999	4,505	11,661	9,035	3,221	17,986	46,408
2000	4,788	11,685	8,658	3,372	18,471	46,973
2001	4,910	10,446	8,603	3,417	18,913	46,290
2002	5,033	11,643	7,888	3,490	19,341	47,397
2003	5,016	11,001	8,734	3,536	19,152	47,438
2004	5,666	10,784	8,165	3,643	20,190	48,447
2005	5,532	11,168	7,534	3,692	19,069	46,994
2006	5,507	9,349	7,732	3,630	18,953	45,170
2007	5,686	8,754	6,517	3,631	19,329	43,918
2008	5,626	7,681	6,154	3,566	19,197	42,223
2009	5,361	7,773	5,973	3,555	18,787	41,449
2010	5,980	7,892	5,660	3,717	19,890	43,139
2011	5,583	7,812	5,521	3,601	19,126	41,641
2012	5,616	7,748	5,558	3,648	19,256	41,826
2013	5,716	7,127	5,289	3,693	19,247	41,073
2014	5,310	6,823	5,123	3,596	18,921	39,775
2015	5,218	6,380	4,985	3,499	19,161	39,242
2016	5,616	6,576	4,997	3,720	19,571	40,479
2017	5,542	6,766	4,962	3,788	19,767	40,825
2018	5,783	6,210	4,925	3,758	19,864	40,540
2019	5,750	5,966	4,807	3,700	19,836	40,059
2020	5,560	5,846	4,570	3,477	19,528	38,981
2021	5,598	5,953	4,550	3,551	19,783	39,434
2022	5,996	5,713	4,613	3,630	20,018	39,969
構成比(%)						
1965	4.4	49.6	29.1	6.1	10.8	100.0
1980	4.6	40.6	27.3	4.8	22.6	100.0
1990	6.8	28.5	25.0	5.9	33.7	100.0
2000	10.2	24.9	18.4	7.2	39.3	100.0
2010	13.9	18.3	13.1	8.6	46.1	100.0
2022	15.0	14.3	11.5	9.1	50.1	100.0

出所：EDMC推計

対前年度伸び率(%)						年度
冷房用	暖房用	給湯用	厨房用	動力他	用途計	
-	-	-	-	-	-	1965
13.0	9.5	16.9	6.8	19.0	13.0	1970
7.4	18.4	5.7	10.2	12.2	12.4	1973
12.7	-6.2	1.5	3.9	14.8	0.4	1975
-3.7	-0.5	-7.1	4.0	1.3	-1.9	1980
4.1	1.8	-2.4	4.1	7.0	2.5	1985
15.1	8.7	2.7	5.6	10.0	7.8	1990
6.7	8.8	11.5	7.1	5.1	8.0	1991
4.3	4.1	0.9	3.3	3.2	2.9	1992
1.8	-1.0	-14.0	5.8	3.0	-2.4	1993
22.8	-1.0	7.3	5.2	10.5	6.9	1994
2.0	9.8	-4.6	5.2	2.6	3.1	1995
3.9	-5.9	0.5	3.5	3.5	0.2	1996
7.6	-4.7	5.5	3.3	3.8	2.1	1997
5.7	3.8	0.3	-1.6	4.7	3.2	1998
7.8	-1.1	-6.0	10.1	2.5	0.8	1999
6.3	0.2	-4.2	4.7	2.7	1.2	2000
2.6	-10.6	-0.6	1.3	2.4	-1.5	2001
2.5	11.5	-8.3	2.1	2.3	2.4	2002
-0.4	-5.5	10.7	1.3	-1.0	0.1	2003
13.0	-2.0	-6.5	3.0	5.4	2.1	2004
-2.4	3.6	-7.7	1.4	-5.6	-3.0	2005
-0.5	-16.3	2.6	-1.7	-0.6	-3.9	2006
3.3	-6.4	-15.7	0.0	2.0	-2.8	2007
-1.1	-12.3	-5.6	-1.8	-0.7	-3.9	2008
-4.7	1.2	-2.9	-0.3	-2.1	-1.8	2009
11.5	1.5	-5.2	4.6	5.9	4.1	2010
-6.7	-1.0	-2.5	-3.1	-3.8	-3.5	2011
0.6	-0.8	0.7	1.3	0.7	0.4	2012
1.8	-8.0	-4.8	1.2	0.0	-1.8	2013
-7.1	-4.3	-3.1	-2.6	-1.7	-3.2	2014
-1.7	-6.5	-2.7	-2.7	1.3	-1.3	2015
7.6	3.1	0.3	6.3	2.1	3.2	2016
-1.3	2.9	-0.7	1.8	1.0	0.9	2017
4.4	-8.2	-0.8	-0.8	0.5	-0.7	2018
-0.6	-3.9	-2.4	-1.5	-0.1	-1.2	2019
-3.3	-2.0	-4.9	-6.0	-1.6	-2.7	2020
0.7	1.8	-0.4	2.1	1.3	1.2	2021
7.1	-4.0	1.4	2.2	1.2	1.4	2022
年度平均伸び率(%)						
12.0	13.8	18.5	7.2	18.3	15.3	70/65
7.0	3.5	2.8	6.3	11.5	4.9	80/70
7.5	-0.3	2.4	5.4	7.5	3.3	90/80
6.7	1.2	-0.5	4.6	4.1	2.6	00/90
2.2	-3.8	-4.2	1.0	0.7	-0.8	10/00
0.0	-2.7	-1.7	-0.2	0.1	-0.6	22/10

注:暖房は他熱用途を含む。

3. 業務部門
(3) 業務部門エネルギー源別エネルギー消費量

年度	エネルギー源別消費量(10^{10}kcal)					
	石炭	石油	ガス	電力	熱	合計
1965	1,163	4,319	1,209	1,312	-	8,004
1970	525	11,119	1,904	2,782	5	16,335
1973	257	17,480	2,410	4,276	16	24,438
1975	154	16,180	2,611	4,990	54	23,989
1980	736	14,884	3,224	7,411	107	26,363
1985	1,014	13,458	3,904	10,357	180	28,913
1990	745	15,363	5,342	14,756	260	36,466
1991	658	17,118	5,754	15,534	312	39,377
1992	644	17,522	5,981	16,053	327	40,527
1993	736	15,543	6,368	16,560	350	39,557
1994	926	15,902	6,723	18,325	426	42,303
1995	1,089	16,053	7,131	18,835	500	43,608
1996	1,069	15,135	7,416	19,525	537	43,682
1997	976	15,055	7,695	20,307	580	44,614
1998	1,055	15,522	7,556	21,310	600	46,045
1999	894	14,589	8,403	21,894	629	46,408
2000	943	14,000	8,848	22,524	658	46,973
2001	978	12,572	8,975	23,104	661	46,290
2002	1,060	12,809	9,194	23,661	673	47,397
2003	1,030	12,835	9,442	23,463	668	47,438
2004	1,006	12,185	9,769	24,775	712	48,447
2005	955	11,830	10,068	23,429	712	46,994
2006	1,041	10,188	9,932	23,324	685	45,170
2007	806	8,642	9,941	23,824	705	43,918
2008	665	7,421	9,770	23,699	668	42,223
2009	582	7,302	9,694	23,227	644	41,449
2010	615	7,168	10,065	24,621	670	43,139
2011	580	7,010	9,739	23,698	614	41,641
2012	616	6,848	9,855	23,879	628	41,826
2013	606	5,992	9,950	23,887	638	41,073
2014	613	5,384	9,664	23,505	609	39,775
2015	636	4,860	9,324	23,821	601	39,242
2016	611	4,945	9,958	24,351	614	40,479
2017	614	4,875	10,106	24,617	613	40,825
2018	615	4,584	9,969	24,752	620	40,540
2019	605	4,247	9,858	24,736	613	40,059
2020	557	4,243	9,245	24,355	581	38,981
2021	526	4,139	9,507	24,674	588	39,434
2022	478	4,140	9,793	24,972	586	39,969
構成比(%)						
1965	14.5	54.0	15.1	16.4	-	100.0
1980	2.8	56.5	12.2	28.1	0.4	100.0
1990	2.0	42.1	14.6	40.5	0.7	100.0
2000	2.0	29.8	18.8	48.0	1.4	100.0
2010	1.4	16.6	23.3	57.1	1.6	100.0
2022	1.2	10.4	24.5	62.5	1.5	100.0

出所: EDMC推計

対前年度伸び率(%)						年度
石炭	石油	ガス	電力	熱	合計	
-	-	-	-	-	-	1965
-18.7	14.9	8.7	17.1	25.0	13.0	1970
-15.2	14.0	8.4	10.7	14.3	12.4	1973
-32.8	-3.3	3.1	13.5	170.0	0.4	1975
-3.4	-4.1	2.9	0.5	12.6	-1.9	1980
-2.0	-0.1	3.3	6.3	5.9	2.5	1985
5.7	6.0	6.0	10.2	22.1	7.8	1990
-11.7	11.4	7.7	5.3	20.0	8.0	1991
-2.1	2.4	3.9	3.3	4.8	2.9	1992
14.3	-11.3	6.5	3.2	7.0	-2.4	1993
25.8	2.3	5.6	10.7	21.7	6.9	1994
17.6	0.9	6.1	2.8	17.4	3.1	1995
-1.8	-5.7	4.0	3.7	7.4	0.2	1996
-8.7	-0.5	3.8	4.0	8.0	2.1	1997
8.1	3.1	-1.8	4.9	3.4	3.2	1998
-15.3	-6.0	11.2	2.7	4.8	0.8	1999
5.5	-4.0	5.3	2.9	4.6	1.2	2000
3.7	-10.2	1.4	2.6	0.5	-1.5	2001
8.4	1.9	2.4	2.4	1.8	2.4	2002
-2.8	0.2	2.7	-0.8	-0.7	0.1	2003
-2.3	-5.1	3.5	5.6	6.6	2.1	2004
-5.1	-2.9	3.1	-5.4	0.0	-3.0	2005
9.0	-13.9	-1.4	-0.4	-3.8	-3.9	2006
-22.6	-15.2	0.1	2.1	2.9	-2.8	2007
-17.5	-14.1	-1.7	-0.5	-5.2	-3.9	2008
-12.5	-1.6	-0.8	-2.0	-3.6	-1.8	2009
5.7	-1.8	3.8	6.0	4.0	4.1	2010
-5.7	-2.2	-3.2	-3.7	-8.4	-3.5	2011
6.2	-2.3	1.2	0.8	2.3	0.4	2012
-1.6	-12.5	1.0	0.0	1.6	-1.8	2013
1.2	-10.1	-2.9	-1.6	-4.5	-3.2	2014
3.8	-9.7	-3.5	1.3	-1.3	-1.3	2015
-3.9	1.7	6.8	2.2	2.2	3.2	2016
0.5	-1.4	1.5	1.1	-0.2	0.9	2017
0.2	-6.0	-1.4	0.5	1.1	-0.7	2018
-1.6	-7.4	-1.1	-0.1	-1.1	-1.2	2019
-7.9	-0.1	-6.2	-1.5	-5.2	-2.7	2020
-5.6	-2.5	2.8	1.3	1.2	1.2	2021
-9.1	0.0	3.0	1.2	-0.3	1.4	2022
年度平均伸び率(%)						
-14.7	20.8	9.5	16.2	-	15.3	70/65
3.4	3.0	5.4	10.3	35.8	4.9	80/70
0.1	0.3	5.2	7.1	9.3	3.3	90/80
2.4	-0.9	5.2	4.3	9.7	2.6	00/90
-4.2	-6.5	1.3	0.9	0.2	-0.8	10/00
-2.1	-4.5	-0.2	0.1	-1.1	-0.6	22/10

注:(1)ガスには都市ガス、LPガスを含む。
　　(2)熱には、地域熱供給、地熱、太陽熱を含む。

3．業務部門

(4)業務部門業種別エネルギー消費量

年度	業種別消費量 (10^16kcal)									
	事務所・ビル	デパート・スーパー	卸小売	飲食店	学校	ホテル・旅館	病院	娯楽場	その他	合計
1965	1,076	55	998	1,099	1,156	1,240	856	84	1,438	8,004
1970	2,662	126	2,225	2,072	2,501	2,960	2,104	263	1,421	16,335
1973	4,124	227	3,387	2,840	3,567	4,430	3,172	724	1,969	24,438
1975	4,162	270	3,497	2,722	3,059	4,359	3,052	756	2,113	23,989
1980	4,520	348	4,355	2,877	3,236	3,805	3,040	734	3,447	26,363
1985	5,185	378	5,165	2,736	3,245	3,657	3,182	861	4,503	28,913
1990	6,963	511	6,487	3,400	3,624	4,861	4,216	1,036	5,368	36,466
1991	7,482	544	6,988	3,601	3,874	5,341	4,705	1,128	5,714	39,377
1992	7,767	563	7,286	3,670	3,895	5,503	4,796	1,195	5,873	40,527
1993	7,745	575	7,368	3,685	3,663	5,158	4,396	1,184	5,783	39,557
1994	8,375	638	7,783	3,851	3,761	5,578	4,706	1,275	6,336	42,303
1995	8,550	664	8,262	3,931	3,796	5,542	4,746	1,342	6,776	43,608
1996	8,575	694	8,255	3,993	3,697	5,542	4,772	1,345	6,811	43,682
1997	8,701	732	8,363	4,069	3,681	5,732	4,994	1,384	6,958	44,614
1998	8,862	734	8,802	4,097	3,707	5,825	5,264	1,432	7,319	46,045
1999	8,944	740	9,060	4,231	3,705	5,734	5,282	1,484	7,227	46,408
2000	9,001	761	9,290	4,295	3,691	5,657	5,380	1,507	7,390	46,973
2001	8,877	772	9,020	4,297	3,517	5,587	5,356	1,458	7,404	46,290
2002	8,944	779	9,551	4,341	3,638	5,464	5,456	1,542	7,680	47,397
2003	8,807	768	9,299	4,388	3,621	5,559	5,641	1,513	7,793	47,438
2004	9,182	812	9,575	4,414	3,670	5,542	5,769	1,581	7,903	48,447
2005	8,854	770	9,492	4,267	3,573	5,210	5,654	1,557	7,618	46,994
2006	8,707	751	8,728	4,159	3,445	5,124	5,492	1,433	7,332	45,170
2007	8,852	752	8,679	4,056	3,421	4,827	5,122	1,426	6,782	43,918
2008	8,720	734	8,318	3,934	3,308	4,635	4,877	1,367	6,331	42,223
2009	8,579	701	8,305	3,885	3,274	4,515	4,784	1,344	6,061	41,449
2010	9,115	725	8,707	3,966	3,433	4,623	4,905	1,419	6,245	43,139
2011	8,785	674	8,459	3,825	3,330	4,397	4,777	1,372	6,022	41,641
2012	8,872	657	8,448	3,828	3,361	4,347	4,684	1,368	6,147	41,826
2013	8,869	637	8,158	3,767	3,344	4,216	4,678	1,343	6,062	41,073
2014	8,662	600	7,886	3,683	3,274	4,002	4,498	1,292	5,878	39,775
2015	8,661	595	7,721	3,627	3,236	3,894	4,425	1,269	5,816	39,242
2016	8,947	612	7,962	3,722	3,367	3,974	4,579	1,312	6,005	40,479
2017	9,048	590	8,077	3,762	3,428	3,971	4,601	1,319	6,028	40,825
2018	9,071	564	7,915	3,689	3,396	3,990	4,561	1,309	6,045	40,540
2019	9,029	533	7,777	3,649	3,374	3,969	4,473	1,294	5,960	40,059
2020	8,781	524	7,585	3,492	3,281	3,870	4,345	1,268	5,835	38,981
2021	8,907	537	7,618	3,524	3,354	3,933	4,383	1,291	5,888	39,434
2022	9,055	554	7,620	3,537	3,407	4,029	4,479	1,313	5,975	39,969
	構成比 (%)									
1965	13.4	0.7	12.5	13.7	14.4	15.5	10.7	1.1	18.0	100.0
1980	17.1	1.3	16.5	10.9	12.3	14.4	11.5	2.8	13.1	100.0
1990	19.1	1.4	17.8	9.3	9.9	13.3	11.6	2.8	14.7	100.0
2000	19.2	1.6	19.8	9.1	7.9	12.0	11.5	3.2	15.7	100.0
2010	21.1	1.7	20.2	9.2	8.0	10.7	11.4	3.3	14.5	100.0
2022	22.7	1.4	19.1	8.8	8.5	10.1	11.2	3.3	14.9	100.0

出所：EDMC推計

対前年度伸び率 (%)										年度
事務所・ビル	デパート・スーパー	卸小売	飲食店	学校	ホテル・旅館	病院	娯楽場	その他	合計	
-	-	-	-	-	-	-	-	-	-	1965
16.1	17.8	14.6	10.5	9.8	16.0	15.5	21.2	3.6	13.0	1970
11.8	27.3	12.8	9.7	15.2	8.2	8.7	56.5	15.4	12.4	1973
2.4	6.4	4.1	-2.6	-6.5	-0.1	0.5	3.7	4.1	0.4	1975
-2.6	-2.8	1.2	-0.6	0.7	-6.8	-3.5	-2.6	-1.2	-1.9	1980
4.0	2.0	4.8	-1.2	2.7	0.1	0.3	5.5	3.7	2.5	1985
9.0	9.6	9.9	6.4	5.9	6.6	7.0	9.3	7.1	7.8	1990
7.4	6.6	7.7	5.9	6.9	9.9	11.6	8.9	6.4	8.0	1991
3.8	3.5	4.3	1.9	0.6	3.0	1.5	5.9	2.8	2.9	1992
-0.3	2.1	1.1	0.4	-6.0	-6.3	-7.9	-0.9	-1.5	-2.4	1993
8.1	11.0	5.6	4.5	2.7	8.2	7.0	7.7	9.6	6.9	1994
2.1	3.9	6.2	2.1	0.9	-0.6	0.8	5.3	7.0	3.1	1995
0.3	4.6	-0.1	1.6	-2.6	0.0	0.6	0.3	0.5	0.2	1996
1.5	5.5	1.3	1.9	-0.4	3.4	4.6	2.9	2.2	2.1	1997
1.8	0.3	5.3	0.7	0.7	1.6	5.4	3.4	5.2	3.2	1998
0.9	0.8	2.9	3.3	-0.1	-1.6	0.3	3.6	-1.3	0.9	1999
0.6	2.8	2.5	1.5	-0.4	-1.3	1.9	1.5	2.3	1.2	2000
-1.4	1.4	-2.9	0.0	-4.7	-1.2	-0.4	-3.3	0.2	-1.5	2001
0.8	0.8	5.9	1.0	3.4	-2.2	1.9	5.8	3.7	2.4	2002
-1.5	-1.3	-2.6	1.1	-0.5	1.7	4.3	-1.9	1.5	0.1	2003
4.3	5.7	3.0	0.6	1.4	-0.3	1.4	4.5	1.4	2.1	2004
-3.6	-5.9	-0.9	-3.4	-2.6	-0.0	-1.1	-3.5	-3.6	-3.0	2005
-1.7	-2.5	-8.0	-2.5	-3.6	-1.6	-2.9	-7.9	-3.8	-3.9	2006
1.7	0.2	-0.6	-2.5	-0.7	-5.8	-6.7	-0.5	-7.5	-2.8	2007
-1.5	-2.5	-4.2	-3.0	-3.3	-4.0	-4.8	-4.2	-6.7	-3.9	2008
-1.6	-4.4	-0.1	-1.3	-1.0	-2.6	-1.9	-1.7	-4.3	-1.8	2009
6.3	3.5	4.8	2.1	4.8	2.4	2.5	5.6	3.0	4.1	2010
-3.6	-7.1	-2.8	-3.5	-3.0	-4.9	-2.6	-3.4	-3.6	-3.5	2011
1.0	-2.5	-0.1	0.1	0.9	-1.1	0.4	-0.3	2.1	0.4	2012
0.0	-3.2	-3.4	-1.6	-0.5	0.9	0.0	1.7	0.7	-1.1	2013
-2.3	-5.7	-3.3	-2.2	-2.1	-5.1	-3.8	-3.8	-3.0	-3.2	2014
0.0	-0.9	-2.1	-1.5	-1.2	-2.7	-1.6	-1.8	-1.1	-1.3	2015
3.3	2.8	3.1	2.6	4.1	2.1	3.5	3.4	3.3	3.2	2016
1.1	-3.5	1.4	1.1	1.8	-0.1	0.5	0.6	0.4	0.9	2017
0.2	-4.5	-2.0	-1.9	-0.9	0.5	-0.9	-0.8	0.3	-0.7	2018
-0.5	-5.4	-1.7	-1.1	-0.1	-0.9	-1.1	-1.1	-1.4	-1.2	2019
-2.8	-1.7	-2.5	-4.3	-2.7	-2.5	-2.9	-2.0	-2.1	-2.7	2020
1.4	2.5	0.4	0.9	2.2	1.6	0.9	1.3	1.2	1.3	2021
1.7	3.3	0.4	11.6	2.2	1.6	1.7	1.5	1.7	1.5	2022
年度平均伸び率 (%)										
19.8	18.1	17.4	13.5	16.7	19.0	19.7	25.6	-0.2	15.3	70/65
5.4	10.7	6.9	3.3	2.6	2.5	3.8	10.8	9.3	4.9	80/70
4.4	3.9	4.1	1.7	1.1	2.5	3.3	3.5	4.5	3.3	90/80
2.6	4.1	3.7	2.4	0.2	1.5	2.5	3.8	3.2	2.6	00/90
0.1	-0.6	-0.6	-0.8	-0.7	-2.0	-0.8	-1.7	-0.8	-0.9	10/00
-0.1	-2.2	-1.1	-0.9	-0.1	-1.1	-0.8	-0.6	-0.4	-0.6	22/10

注：(1)娯楽場は、劇場・映画館、ホール、市民会館等。
(2)その他は、福祉施設、図書館、博物館、体育館、集会施設等。

3. 業務部門

(5)業務部門床面積当たり用途別エネルギー消費量

年度	用途別原単位 (千kcal/m²)					
	冷房用	暖房用	給湯用	厨房用	動力他	用途計
1965	8.4	95.0	55.8	11.8	20.7	191.7
1970	11.0	135.2	97.2	12.4	35.8	291.5
1973	12.6	170.1	118.2	13.3	47.6	361.7
1975	12.5	135.7	106.0	13.1	50.9	318.3
1980	12.9	114.5	76.9	13.6	63.8	281.7
1985	14.3	93.9	61.1	14.4	78.3	262.0
1990	19.4	80.8	71.0	16.7	95.7	283.6
1991	20.0	85.1	76.6	17.3	97.3	296.3
1992	20.3	86.1	75.1	17.4	97.6	296.5
1993	20.0	82.7	62.7	17.8	97.5	280.8
1994	23.8	79.2	65.1	18.2	104.3	290.7
1995	23.6	84.5	60.3	18.6	103.9	290.8
1996	24.0	77.8	59.3	18.8	105.3	285.3
1997	25.3	72.6	61.2	19.0	107.0	285.1
1998	26.1	73.6	60.0	18.3	109.5	287.5
1999	27.6	71.4	55.4	19.7	110.2	284.3
2000	28.9	70.5	52.2	20.3	111.5	283.4
2001	29.2	62.2	51.2	20.3	112.6	275.6
2002	29.6	68.4	46.3	20.5	113.6	278.4
2003	29.1	63.8	50.7	20.5	111.1	275.2
2004	32.6	62.1	47.0	21.0	116.3	279.0
2005	31.5	63.5	42.9	21.0	108.5	267.4
2006	31.0	52.6	43.5	20.4	106.7	254.3
2007	31.7	48.9	36.4	20.3	107.9	245.2
2008	31.1	42.4	34.0	19.7	106.0	233.2
2009	29.4	42.7	32.8	19.5	103.2	227.6
2010	32.7	43.1	30.9	20.3	108.7	235.8
2011	30.6	42.8	30.2	19.7	104.7	227.9
2012	30.6	42.2	30.2	19.8	104.8	227.6
2013	30.9	38.5	28.6	20.0	104.0	222.0
2014	28.6	36.7	27.6	19.3	101.7	213.9
2015	27.9	34.1	26.6	18.7	102.4	209.8
2016	29.8	34.9	26.5	19.4	103.8	214.7
2017	29.3	35.7	26.2	20.0	104.4	215.6
2018	30.4	32.6	25.9	19.7	104.3	212.9
2019	30.1	31.2	25.1	19.3	103.7	209.4
2020	28.9	30.4	23.8	18.1	101.5	202.7
2021	29.0	30.9	23.6	18.4	102.5	204.3
2022	31.0	29.5	23.8	18.7	103.4	206.4
構成比 (%)						
1965	4.4	49.6	29.1	6.1	10.8	100.0
1980	4.6	40.6	27.3	4.8	22.6	100.0
1990	6.8	28.5	25.0	5.9	33.7	100.0
2000	10.2	24.9	18.4	7.2	39.3	100.0
2010	13.9	18.3	13.1	8.6	46.1	100.0
2022	15.0	14.3	11.5	9.1	50.1	100.0

出所: EDMC推計

対前年度伸び率 (%)						年度
冷房用	暖房用	給湯用	厨房用	動力他	用途計	
-	-	-	-	-	-	1965
5.8	2.5	9.4	0.0	11.4	5.8	1970
0.3	10.6	-1.2	3.0	4.9	5.1	1973
6.6	-11.2	-3.9	-1.7	8.7	-5.0	1975
-7.8	-4.7	-11.0	-0.4	-3.0	-6.1	1980
1.0	-1.2	-5.2	1.0	3.9	-0.5	1985
12.0	5.8	-0.1	2.8	7.0	4.9	1990
3.2	5.3	7.9	3.6	1.7	4.5	1991
1.4	1.2	-1.9	0.5	0.3	0.1	1992
-1.2	-4.0	-16.5	2.6	-0.1	-5.3	1993
18.9	-4.1	3.9	1.8	6.9	3.5	1994
-1.0	6.6	-7.4	2.1	-0.4	0.1	1995
1.8	-7.9	-1.6	1.3	1.3	-1.9	1996
5.2	-6.7	3.2	1.1	1.6	-0.1	1997
3.3	1.4	-2.0	-3.8	2.3	0.8	1998
5.8	-2.9	-7.7	8.0	-1.6	-1.1	1999
4.7	-1.3	-5.6	3.1	1.1	-0.3	2000
1.2	-11.8	-2.0	0.0	1.0	-2.8	2001
1.2	10.0	-9.5	0.8	0.9	1.0	2002
-1.6	-6.7	9.3	0.1	-2.2	-1.2	2003
12.2	-2.7	-7.2	2.3	4.7	1.4	2004
-3.5	2.3	-8.8	0.1	-6.7	-4.2	2005
-1.5	-17.2	1.6	-2.7	-1.6	-4.9	2006
2.4	-7.2	-16.4	-0.8	1.1	-3.6	2007
-2.1	-13.2	-6.6	-2.8	-1.7	-4.9	2008
-5.3	0.6	-3.5	-0.9	-2.7	-2.4	2009
11.1	1.1	-5.7	4.1	5.4	3.6	2010
-6.6	-0.9	-2.4	-3.0	-3.7	-3.4	2011
0.0	-1.4	0.1	0.7	0.1	-0.1	2012
1.1	-8.6	-5.5	0.6	-0.7	-1.2	2013
-7.6	-4.7	-3.6	-3.1	-2.2	-3.7	2014
-2.3	-7.0	-3.3	-3.3	0.7	-1.9	2015
6.8	2.3	-0.5	5.5	1.4	2.4	2016
-1.8	2.4	-1.1	1.4	0.5	0.4	2017
3.8	-8.7	-1.3	-1.4	0.0	-1.2	2018
-1.0	-4.4	-2.8	-2.0	-0.6	-1.6	2019
-3.8	-2.6	-5.5	-6.5	-2.1	-3.2	2020
0.3	1.5	-0.8	1.7	0.9	0.8	2021
6.9	-4.3	0.8	1.9	0.9	1.0	2022
年度平均伸び率 (%)						
5.6	7.3	11.7	1.0	11.5	8.7	70/65
1.7	-1.6	-2.3	0.9	6.0	-0.3	80/70
4.1	-3.4	-0.8	2.1	4.1	0.1	90/80
4.1	-1.4	-3.0	2.0	1.5	0.0	00/90
1.2	-4.8	-5.1	0.0	-0.2	-1.8	10/00
-0.4	-3.1	-2.2	-0.7	-0.4	-1.1	22/10

注：暖房用は他熱用途を含む。

3. 業務部門
(6)業務部門床面積当たり用途別エネルギー源別エネルギー消費原単位

(1970年度)　　　　　　　　　　　　　　　　　　　　　　　(千kcal/m², %)

	暖房用	冷房用	給湯用	厨房用	動力他	合計	構成比
電　力	3.2	10.7	-	-	35.8	49.6	(17.0)
ガ　ス	7.9	0.3	13.7	12.1	-	34.0	(11.7)
石　油	115.1	-	83.3	-	-	198.4	(68.1)
石　炭	9.1	-	-	0.3	-	9.4	(3.2)
熱	-	-	0.1	-	-	0.1	(0.0)
合　計	135.2	11.0	97.2	12.4	35.8	291.5	(100.0)
構 成 比	(46.4)	(3.8)	(33.3)	(4.2)	(12.3)	(100.0)	

(1980年度)　　　　　　　　　　　　　　　　　　　　　　　(千kcal/m², %)

	暖房用	冷房用	給湯用	厨房用	動力他	合計	構成比
電　力	3.9	11.5	-	-	63.8	79.2	(28.1)
ガ　ス	5.8	1.1	14.0	13.6	-	34.4	(12.2)
石　油	96.8	-	62.2	-	-	159.0	(56.5)
石　炭	7.8	-	-	0.0	-	7.9	(2.8)
熱	0.2	0.4	0.6	-	-	1.1	(0.4)
合　計	114.5	12.9	76.9	13.6	63.8	281.7	(100.0)
構 成 比	(40.6)	(4.6)	(27.3)	(4.8)	(22.6)	(100.0)	

(1990年度)　　　　　　　　　　　　　　　　　　　　　　　(千kcal/m², %)

	暖房用	冷房用	給湯用	厨房用	動力他	合計	構成比
電　力	4.2	14.1	0.3	0.5	95.7	114.8	(40.5)
ガ　ス	5.3	4.6	15.4	16.2	-	41.5	(14.6)
石　油	65.2	-	54.3	-	-	119.5	(42.1)
石　炭	5.8	-	-	-	-	5.8	(2.0)
熱	0.3	0.7	1.1	-	-	2.0	(0.7)
合　計	80.8	19.4	71.0	16.7	95.7	283.6	(100.0)
構 成 比	(28.5)	(6.8)	(25.0)	(5.9)	(33.7)	(100.0)	

出所:EDMC推計

(2000年度) (千kcal/m², %)

	暖房用	冷房用	給湯用	厨房用	動力他	合計	構成比
電 力	5.3	16.4	1.1	1.7	111.5	135.9	(48.0)
ガ ス	7.8	10.8	16.2	18.7	-	53.4	(18.8)
石 油	51.1	-	33.4	-	-	84.5	(29.8)
石 炭	5.7	-	-	-	-	5.7	(2.0)
熱	0.7	1.7	1.6	-	-	4.0	(1.4)
合 計	70.5	28.9	52.2	20.3	111.5	283.4	(100.0)
構 成 比	(24.9)	(10.2)	(18.4)	(7.2)	(39.3)	(100.0)	

(2010年度) (千kcal/m², %)

	暖房用	冷房用	給湯用	厨房用	動力他	合計	構成比
電 力	5.3	16.5	1.6	2.5	108.7	134.6	(57.1)
ガ ス	8.5	14.4	14.2	17.9	-	55.0	(23.3)
石 油	25.3	-	13.9	-	-	39.2	(16.6)
石 炭	3.4	-	-	-	-	3.4	(1.4)
熱	0.7	1.7	1.3	-	-	3.7	(1.6)
合 計	43.1	32.7	30.9	20.3	108.7	235.8	(100.0)
構 成 比	(18.3)	(13.9)	(13.1)	(8.6)	(46.1)	(100.0)	

(2022年度) (千kcal/m², %)

	暖房用	冷房用	給湯用	厨房用	動力他	合計	構成比
電 力	5.1	15.8	2.1	2.6	103.4	129.0	(62.5)
ガ ス	8.0	13.7	12.7	16.2	-	50.6	(24.5)
石 油	13.4	-	7.9	-	-	21.4	(10.4)
石 炭	2.5	-	-	-	-	2.5	(1.2)
熱	0.6	1.4	1.0	-	-	3.0	(1.5)
合 計	29.5	31.0	23.8	18.7	103.4	206.4	(100.0)
構 成 比	(14.3)	(15.0)	(11.5)	(9.1)	(50.1)	(100.0)	

注：(1)ガスには都市ガス、LPガスを含む。
　　(2)熱には、地域熱供給、地熱、太陽熱を含む。
　　(3)暖房用は他熱用途を含む。

3. 業務部門
(7)業務部門業種別延床面積

年度	業種別延床面積 (百万m²)									
	事務所・ビル	デパート・スーパー	卸小売	飲食店	学校	ホテル・旅館	病院	娯楽場	その他	合計
1965	85	2.9	94	13.0	145	28.2	22.4	7.6	20	418
1970	120	4.3	128	17.8	175	36.6	29.5	10.8	39	560
1973	146	6.5	151	22.0	194	43.2	34.4	20.6	58	676
1975	167	8.6	169	24.6	205	48.1	37.3	23.1	70	754
1980	204	12.0	210	34.4	254	55.4	45.5	21.2	99	936
1985	248	13.4	242	43.3	289	65.4	54.8	22.4	126	1,104
1990	314	15.9	282	52.4	311	77.0	64.4	24.1	145	1,286
1991	330	16.6	291	53.9	316	79.8	67.1	25.0	150	1,329
1992	347	17.3	300	55.2	318	82.4	68.0	26.3	153	1,367
1993	364	18.1	311	56.6	321	84.9	69.9	27.1	157	1,409
1994	381	18.9	323	57.9	326	87.4	72.2	28.3	161	1,455
1995	395	19.9	334	59.1	329	89.3	74.4	29.3	170	1,500
1996	404	20.8	343	60.2	332	90.2	76.8	30.3	174	1,531
1997	413	21.7	353	61.2	334	91.4	79.5	31.4	179	1,565
1998	422	21.6	365	62.6	338	92.7	83.2	32.0	184	1,602
1999	429	21.5	375	63.6	341	93.1	86.4	33.0	189	1,632
2000	434	21.8	384	64.5	343	93.0	89.8	33.3	193	1,657
2001	438	22.2	394	65.5	341	93.4	93.3	33.7	199	1,680
2002	442	22.2	397	66.3	350	93.4	95.6	34.2	202	1,702
2003	447	22.3	401	67.1	354	93.0	98.5	34.7	206	1,724
2004	448	22.4	407	67.4	354	92.9	101.3	34.9	209	1,737
2005	454	22.2	414	67.6	356	92.5	104.5	35.1	211	1,758
2006	458	22.1	422	68.0	359	92.8	107.6	35.0	212	1,776
2007	461	21.9	430	68.4	361	92.9	108.5	34.9	213	1,791
2008	464	21.7	441	68.8	361	93.1	110.3	35.2	215	1,811
2009	469	21.3	447	69.1	362	93.3	111.0	35.3	214	1,821
2010	472	20.8	451	69.2	363	92.9	111.4	35.3	213	1,829
2011	473	20.1	451	68.7	362	91.4	111.9	35.3	213	1,827
2012	476	19.5	454	68.5	364	90.1	112.9	35.3	218	1,838
2013	478	19.0	457	68.5	365	89.1	114.7	35.6	224	1,850
2014	479	18.4	461	68.4	366	87.9	115.7	35.7	227	1,860
2015	481	18.4	464	68.4	368	87.2	117.4	35.9	230	1,871
2016	485	18.3	468	68.7	370	86.5	118.7	35.9	235	1,885
2017	487	17.6	472	68.7	371	86.4	119.3	35.8	236	1,894
2018	489	16.8	474	68.7	373	87.0	119.8	36.1	240	1,904
2019	490	16.0	476	68.8	375	88.0	120.2	36.2	242	1,913
2020	492	16.2	476	68.8	378	89.4	120.7	36.4	245	1,923
2021	493	16.4	475	68.5	381	90.4	121.4	36.5	248	1,930
2022	496	16.6	475	68.4	380	90.4	122.2	36.7	251	1,937
	構成比 (%)									
1965	20.3	0.7	22.5	3.1	34.8	6.8	5.4	1.8	4.7	100.0
1980	21.8	1.3	22.4	3.7	27.2	5.9	4.9	2.3	10.6	100.0
1990	24.4	1.2	21.9	4.1	24.2	6.0	5.0	1.9	11.3	100.0
2000	26.2	1.3	23.2	3.9	20.7	5.6	5.4	2.0	11.6	100.0
2010	25.8	1.1	24.6	3.8	19.9	5.1	6.1	1.9	11.6	100.0
2022	25.6	0.9	24.5	3.5	19.6	4.7	6.3	1.9	13.0	100.0

出所：EDMC推計

対前年度伸び率 (%)										年度
事務所・ビル	デパート・スーパー	卸小売	飲食店	学校	ホテル・旅館	病院	娯楽場	その他	合計	
-	-	-	-	-	-	-	-	-	-	1965
8.3	11.6	7.0	7.0	4.6	5.5	5.7	8.8	14.3	6.8	1970
6.1	22.3	4.7	8.0	4.7	6.9	4.3	40.6	15.2	7.0	1973
6.6	9.5	6.2	4.1	3.9	4.1	5.1	5.9	9.4	5.7	1975
3.7	3.2	4.5	8.6	5.2	3.4	4.5	-0.8	4.1	4.4	1980
3.9	2.2	2.3	4.6	2.6	3.7	1.8	1.2	3.8	3.0	1985
4.4	4.3	3.0	3.2	1.3	3.0	3.3	2.6	1.3	2.8	1990
5.1	4.2	3.0	3.0	1.5	3.7	4.3	3.9	3.4	3.3	1991
5.2	4.0	3.1	2.3	0.6	3.2	1.3	5.0	2.4	2.9	1992
4.7	4.7	3.7	2.5	1.0	3.1	2.7	3.1	2.6	3.1	1993
4.7	4.9	3.9	2.3	1.3	3.0	3.3	4.7	2.5	3.3	1994
3.7	5.0	3.4	2.1	1.0	2.2	3.1	3.6	5.1	3.0	1995
2.3	4.4	2.8	1.8	0.8	1.0	3.2	3.1	2.6	2.1	1996
2.3	4.8	2.8	1.7	0.8	1.3	2.9	3.1	2.2	2.3	1997
2.2	-0.1	3.4	2.4	1.1	1.4	4.6	1.9	2.8	2.3	1998
1.6	-0.8	2.9	1.6	1.0	0.5	3.9	3.0	2.4	1.9	1999
1.2	1.7	2.3	1.3	0.6	-0.1	4.0	0.9	2.2	1.5	2000
0.9	1.8	2.5	1.5	-0.7	0.5	3.9	1.3	3.1	1.4	2001
0.9	0.2	0.8	1.3	2.5	0.0	2.5	1.4	1.5	1.3	2002
1.1	0.2	1.2	1.2	1.2	-0.5	3.0	1.4	2.1	1.3	2003
0.1	0.5	1.4	0.5	0.1	-0.1	2.8	0.8	1.3	0.7	2004
1.4	-0.8	1.8	0.3	0.5	-0.4	3.2	0.6	1.2	1.2	2005
0.8	-0.7	1.9	0.6	0.8	0.3	2.9	-0.5	0.3	1.0	2006
0.8	-1.0	1.7	0.6	0.6	0.1	0.9	-0.1	0.6	0.9	2007
0.7	-0.6	2.6	0.5	0.0	0.2	1.7	0.7	0.9	1.1	2008
0.9	-1.9	1.3	0.5	0.4	0.2	0.6	0.2	-0.7	0.6	2009
0.8	-2.4	0.9	0.1	0.4	-0.5	0.4	0.1	-0.3	0.4	2010
0.2	-3.3	0.1	-0.7	-0.3	-1.5	0.4	0.1	0.0	-0.1	2011
0.6	-2.9	0.6	-0.3	0.4	-1.5	0.9	0.1	2.2	0.6	2012
0.9	-3.0	0.6	0.0	0.4	-1.1	1.6	0.4	2.8	0.7	2013
0.3	-2.8	0.9	-0.2	0.3	-1.4	0.9	0.5	1.6	0.6	2014
0.4	-0.4	0.7	0.1	0.5	-0.8	1.5	0.4	1.3	0.6	2015
0.7	-0.2	0.9	0.4	0.4	-0.2	1.1	0.0	1.9	0.8	2016
0.4	-4.0	0.8	0.0	0.4	-0.2	0.5	-0.3	0.6	0.5	2017
0.5	-4.7	0.4	-0.1	0.6	0.7	0.4	0.9	1.5	0.5	2018
0.3	-4.8	0.5	0.2	0.4	0.1	0.3	0.1	0.9	0.4	2019
0.4	1.5	0.4	-0.1	0.8	1.6	0.5	0.6	1.4	0.6	2020
0.2	1.3	-0.2	-0.4	0.8	1.1	0.5	0.1	1.0	0.4	2021
0.4	1.4	-0.1	-0.2	0.2	-0.2	0.5	0.1	1.4	0.3	2022
年度平均伸び率 (%)										
7.2	8.6	6.4	6.5	3.7	5.3	5.6	7.3	14.5	6.1	70/65
5.5	10.8	5.1	6.8	3.8	4.2	4.4	7.0	9.9	5.3	80/70
4.4	2.9	3.0	4.3	2.0	3.3	3.5	1.3	3.8	3.2	90/80
3.3	3.2	3.1	2.1	1.0	1.9	3.4	3.3	2.9	2.6	00/90
0.8	-0.5	1.6	0.7	0.6	0.0	2.2	0.6	1.0	1.0	10/00
0.4	-1.9	0.4	-0.1	0.4	-0.2	0.8	0.3	1.4	0.5	22/10

注：(1)娯楽場は、劇場・映画館、ホール、市民会館等。
　　(2)その他は、福祉施設、図書館、博物館、体育館、集会施設等。

4. 運輸部門（旅客・貨物）

4．運輸部門（旅客・貨物）

(1)GDPと輸送需要の推移

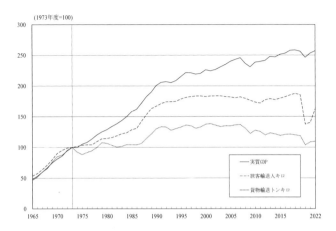

(2)GDPと運輸部門エネルギー消費

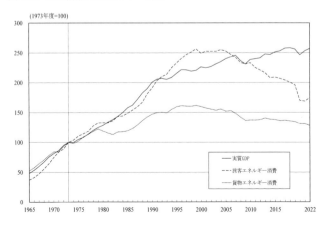

4. 運輸部門（旅客・貨物）

(3)運輸部門別輸送機関別エネルギー消費量

年度	旅客部門計	伸び率(%)	自家用乗用車	営業用乗用車	バス	旅客鉄道	旅客海運	旅客航空
1965	8,797	-	3,530	1,487	904	1,482	948	445
1970	17,735	16.5	10,353	1,949	1,188	1,374	1,915	956
1973	23,766	12.5	15,338	1,967	1,486	1,468	2,171	1,335
1975	26,246	6.4	17,032	2,089	1,425	1,459	2,574	1,665
1980	31,595	0.2	22,540	1,869	1,331	1,511	1,984	2,360
1985	35,392	3.1	26,552	2,110	1,251	1,518	1,625	2,336
1990	45,396	5.3	35,623	2,381	1,463	1,837	1,253	2,840
1991	48,310	6.4	38,037	2,657	1,476	1,877	1,328	2,935
1992	49,905	3.5	39,741	2,494	1,478	1,893	1,258	3,041
1993	50,816	1.8	41,116	1,914	1,462	1,897	1,299	3,129
1994	53,450	5.2	43,553	1,806	1,517	1,941	1,216	3,417
1995	55,275	3.4	45,168	1,735	1,505	1,947	1,224	3,697
1996	57,182	3.5	46,714	2,089	1,473	1,936	1,356	3,614
1997	58,641	2.6	47,932	2,300	1,468	1,952	1,371	3,619
1998	59,731	1.9	48,973	2,252	1,446	1,962	1,422	3,676
1999	60,934	2.0	50,185	2,341	1,470	1,932	1,510	3,496
2000	59,301	-2.7	49,560	1,531	1,375	1,937	1,429	3,469
2001	60,030	1.2	49,929	1,582	1,392	1,928	1,347	3,853
2002	60,011	0.0	50,286	1,606	1,365	1,901	1,338	3,516
2003	60,020	0.0	50,320	1,583	1,407	1,940	1,368	3,401
2004	60,650	1.1	50,681	1,499	1,499	1,921	1,299	3,751
2005	60,082	-0.9	49,925	1,494	1,503	2,007	1,213	3,940
2006	58,776	-2.2	48,537	1,483	1,533	1,983	1,086	4,154
2007	57,599	-2.0	47,033	1,439	1,531	1,995	1,003	4,599
2008	55,536	-3.6	45,379	1,375	1,456	1,983	913	4,430
2009	54,907	-1.1	45,264	1,344	1,452	1,967	786	4,094
2010	55,427	0.9	45,819	1,284	1,623	1,987	706	4,007
2011	53,514	-3.5	45,000	1,206	1,538	1,882	705	3,183
2012	52,499	-1.9	44,163	1,186	1,590	1,878	697	2,986
2013	51,399	-2.1	42,107	1,152	1,647	1,960	668	3,865
2014	49,472	-3.7	40,114	1,081	1,604	1,918	660	4,095
2015	49,670	0.4	40,277	1,006	1,589	1,959	606	4,234
2016	49,142	-1.1	39,950	942	1,559	1,971	630	4,090
2017	48,511	-1.3	39,592	896	1,539	1,990	616	3,878
2018	47,642	-1.8	38,813	827	1,507	1,992	627	3,876
2019	46,679	-2.0	37,832	741	1,469	1,977	616	4,044
2020	40,401	-13.4	34,826	424	1,114	1,635	389	2,014
2021	40,194	-0.5	34,073	420	1,041	1,696	452	2,513
2022	41,526	3.3	34,342	466	1,185	1,763	608	3,161

出所：EDMC推計

(10¹⁰kcal)

貨物部門計		貨物自動車	貨物鉄道	貨物海運	貨物航空	運輸部門計		年度
	伸び率(%)						伸び率(%)	
10,257	-	7,031	2,126	1,080	20	19,055	7.9	1965
16,538	8.1	12,821	1,216	2,434	66	34,273	12.3	1970
19,660	7.3	15,703	554	3,284	120	43,425	10.1	1973
20,048	3.8	15,681	405	3,836	126	46,295	5.3	1975
23,407	-3.1	18,887	320	3,978	221	55,003	-1.2	1980
23,488	1.4	19,732	193	3,240	323	58,880	2.4	1985
28,989	3.3	25,894	160	2,521	414	74,386	4.5	1990
29,466	1.6	26,211	160	2,669	426	77,776	4.6	1991
29,577	0.2	26,398	164	2,575	440	79,482	2.3	1992
29,393	-0.6	26,214	156	2,555	468	80,209	0.9	1993
30,555	4.0	27,405	152	2,503	496	84,005	4.7	1994
31,365	2.6	27,977	154	2,711	523	86,640	3.1	1995
31,734	1.2	28,153	149	2,924	507	88,916	2.6	1996
31,592	-0.4	27,864	149	3,045	534	90,233	1.5	1997
31,530	-0.2	27,235	146	3,608	541	91,261	1.1	1998
31,854	1.0	27,336	141	3,837	540	92,788	1.7	1999
31,439	-1.3	26,673	139	4,058	570	90,740	-2.2	2000
30,963	-1.5	26,205	137	4,094	526	90,993	0.3	2001
30,609	-1.1	25,790	135	4,163	521	90,620	-0.4	2002
30,244	-1.2	25,636	137	3,924	547	90,264	-0.4	2003
30,641	1.3	26,207	136	3,748	550	91,291	1.1	2004
29,903	-2.4	25,970	140	3,236	557	89,985	-1.4	2005
30,111	0.7	26,376	138	3,026	572	88,887	-1.2	2006
29,177	-3.1	25,835	134	2,620	588	86,777	-2.4	2007
27,977	-4.1	24,928	132	2,371	546	83,513	-3.8	2008
26,830	-4.1	24,100	126	2,066	538	81,737	-2.1	2009
27,008	0.7	24,379	124	1,994	511	82,434	0.9	2010
26,983	-0.1	24,461	120	1,903	498	80,497	-2.3	2011
27,119	0.5	24,600	120	1,900	498	79,620	-1.1	2012
27,659	2.0	25,262	126	1,750	521	79,059	-0.7	2013
27,251	-1.5	24,900	123	1,705	523	76,724	-3.0	2014
27,139	-0.4	24,951	125	1,554	509	76,809	0.1	2015
26,770	-1.4	24,583	126	1,570	492	75,912	-1.2	2016
26,911	0.5	24,779	127	1,533	472	75,422	-0.6	2017
26,688	-0.8	24,633	127	1,492	436	74,329	-1.4	2018
26,448	-0.9	24,389	127	1,510	423	73,127	-1.6	2019
25,830	-2.3	23,728	106	1,639	356	66,231	-9.4	2020
25,800	-0.1	23,576	107	1,757	360	65,994	-0.4	2021
25,186	-2.4	23,050	115	1,691	331	66,712	1.1	2022

4．運輸部門（旅客・貨物）
(4)運輸部門別輸送機関別輸送量

年度	旅客部門計		(百万人・km)					
		伸び率 (%)	自家用乗用車	営業用乗用車	バス	旅客鉄道	旅客海運	旅客航空
1965	414,464	-	62,940	9,006	80,134	255,513	3,919	2,952
1970	700,475	12.4	277,581	15,507	102,893	288,505	6,670	9,319
1973	775,101	1.1	311,634	15,067	111,713	312,928	7,724	16,035
1975	801,408	1.8	328,997	12,504	110,063	323,800	6,895	19,148
1980	887,875	0.5	414,073	13,043	110,396	314,542	6,132	29,688
1985	997,197	3.9	510,687	12,657	104,898	330,083	5,753	33,119
1990	1,295,356	2.5	727,049	12,558	110,372	387,478	6,274	51,624
1991	1,327,802	2.5	745,070	12,892	108,212	400,083	6,194	55,349
1992	1,350,234	1.7	765,997	12,563	106,637	402,258	6,097	56,681
1993	1,352,791	0.2	771,798	12,178	102,909	402,727	6,060	57,119
1994	1,357,552	0.4	782,758	11,569	99,655	396,332	5,946	61,290
1995	1,385,408	2.1	806,336	11,078	97,287	400,056	5,637	65,014
1996	1,405,948	1.5	823,552	10,661	94,891	402,156	5,634	69,053
1997	1,416,287	0.7	839,254	10,293	92,900	395,239	5,351	73,250
1998	1,421,926	0.4	852,031	9,912	90,433	388,938	4,620	75,992
1999	1,422,105	0.0	854,762	9,728	88,686	385,101	4,479	79,349
2000	1,417,323	-0.3	851,893	9,678	87,306	384,441	4,304	79,700
2001	1,422,857	0.4	856,140	9,477	86,350	385,421	4,006	81,463
2002	1,423,180	0.0	857,330	9,557	86,181	382,236	3,893	83,982
2003	1,424,193	0.1	854,391	9,610	86,391	384,958	4,024	83,382
2004	1,416,130	-0.6	849,692	9,303	86,286	385,163	3,869	81,816
2005	1,409,239	-0.5	833,455	9,222	88,066	391,228	4,025	83,242
2006	1,401,124	-0.6	817,785	9,198	88,699	395,908	3,783	85,752
2007	1,410,596	0.7	818,993	8,913	88,969	405,544	3,834	84,343
2008	1,392,870	-1.3	805,415	8,489	89,921	404,585	3,510	80,950
2009	1,368,794	-1.7	801,163	8,155	87,402	393,765	3,073	75,235
2010	1,345,329	-1.7	783,630	8,686	82,764	393,466	3,004	73,779
2011	1,333,862	-0.9	778,176	7,221	79,126	395,067	3,047	71,226
2012	1,374,566	3.1	800,875	7,210	81,061	404,396	3,092	77,931
2013	1,388,414	1.0	799,864	7,044	79,684	414,387	3,265	84,169
2014	1,376,712	-0.8	788,811	6,930	77,209	413,970	2,986	86,806
2015	1,395,135	1.3	793,345	6,508	76,379	427,486	3,138	88,279
2016	1,413,428	1.3	806,118	6,382	75,165	431,799	3,275	90,689
2017	1,436,134	1.6	819,626	6,290	75,116	437,363	3,191	94,549
2018	1,455,104	1.3	831,952	5,993	75,895	441,614	3,364	96,286
2019	1,438,386	-1.1	828,325	5,486	71,845	435,063	3,076	94,592
2020	1,065,774	-25.9	730,702	3,047	35,691	263,211	1,523	31,600
2021	1,088,951	2.2	707,881	3,227	39,364	289,891	1,847	46,742
2022	1,261,692	15.9	762,977	4,059	53,448	352,853	N.A.	86,508

出所：国土交通省「自動車輸送統計年報」、同「鉄道輸送統計年報」
　　　同「内航船舶輸送統計」、同「海事レポート」、同「航空輸送統計年報」
注：(1)自家用乗用車は自家用貨物を含む。

貨物部門計		(百万トン・km)				年度
	伸び率 (%)	貨物 自動車	貨物 鉄道	貨物 海運	貨物 航空	
174,343	-	36,837	56,605	80,880	21	1965
317,609	11.1	103,579	62,713	151,243	74	1970
373,429	6.1	107,888	57,743	207,648	150	1973
329,892	-4.3	99,284	46,877	183,579	152	1975
397,918	-1.0	138,119	37,337	222,173	290	1980
389,330	-0.3	161,110	21,919	205,818	482	1985
486,481	6.9	213,940	27,196	244,546	799	1990
498,510	2.5	222,338	27,157	248,203	812	1991
496,435	-0.4	220,961	26,668	248,002	804	1992
476,757	-4.0	216,980	25,433	233,526	818	1993
487,243	2.2	223,338	24,493	238,540	871	1994
496,632	1.9	232,276	25,101	238,330	924	1995
508,853	2.5	241,167	24,968	241,756	963	1996
504,525	-0.9	241,908	24,618	237,018	981	1997
488,780	-3.1	237,896	22,920	226,980	985	1998
496,746	1.6	243,734	22,541	229,432	1,039	1999
513,490	3.4	248,607	22,136	241,671	1,075	2000
516,679	0.6	249,041	22,193	244,451	994	2001
507,463	-1.8	248,759	22,131	235,582	991	2002
498,873	-1.7	256,861	22,794	218,191	1,027	2003
504,282	1.1	261,915	22,476	218,833	1,059	2004
503,361	-0.2	267,898	22,813	211,576	1,076	2005
509,751	1.3	277,615	23,192	207,849	1,095	2006
511,404	0.3	283,962	23,334	202,962	1,146	2007
488,891	-4.4	277,696	22,256	187,859	1,080	2008
457,286	-6.5	268,366	20,562	167,315	1,044	2009
476,843	4.3	275,513	20,398	179,898	1,033	2010
469,658	-1.5	273,766	19,998	174,900	993	2011
447,940	-4.6	248,659	20,471	177,791	1,018	2012
460,605	2.8	253,574	21,071	184,860	1,100	2013
454,009	-1.4	248,736	21,029	183,120	1,125	2014
444,923	-2.0	241,903	21,519	180,381	1,120	2015
451,506	1.5	248,709	21,265	180,438	1,093	2016
453,140	0.4	249,475	21,663	180,934	1,068	2017
448,473	-1.0	249,037	19,369	179,089	979	2018
443,687	-1.1	253,081	19,993	169,680	933	2019
387,677	-12.6	214,938	18,340	153,824	576	2020
406,002	4.7	225,536	18,042	161,795	629	2021
409,715	0.9	228,359	17,984	162,663	709	2022

(2)1994年度の自家用乗用車、営業用乗用車、貨物自動車はEDMC推計。
(3)2009年度以前の営業用乗用車、貨物自動車はEDMC推計。

4. 運輸部門（旅客・貨物）
(5)運輸部門別輸送機関別エネルギー消費原単位

年度	旅客部門計		自家用乗用車	営業用乗用車	バス	旅客鉄道	旅客海運
		伸び率(%)					
1965	212	-	561	1,651	113	58	2,419
1970	253	3.6	373	1,257	115	48	2,871
1973	307	11.2	492	1,306	133	47	2,811
1975	327	4.6	518	1,671	129	45	3,734
1980	356	-0.3	544	1,433	121	48	3,235
1985	355	-0.8	520	1,667	119	46	2,825
1990	350	2.7	490	1,896	133	47	1,996
1991	364	3.8	511	2,061	136	47	2,144
1992	370	1.6	519	1,985	139	47	2,063
1993	376	1.6	533	1,571	142	47	2,143
1994	394	4.8	556	1,561	152	49	2,046
1995	399	1.3	560	1,566	155	49	2,171
1996	407	1.9	567	1,959	155	48	2,407
1997	414	1.8	571	2,234	158	49	2,562
1998	420	1.5	575	2,272	160	50	3,079
1999	428	2.0	587	2,406	166	50	3,372
2000	418	-2.4	582	1,582	157	50	3,321
2001	422	0.8	583	1,669	161	50	3,361
2002	422	-0.1	587	1,680	158	50	3,437
2003	421	-0.1	588	1,648	163	50	3,400
2004	428	1.6	596	1,611	174	50	3,358
2005	426	-0.5	599	1,620	171	51	3,014
2006	419	-1.6	594	1,612	173	50	2,871
2007	408	-2.7	574	1,614	172	49	2,616
2008	399	-2.4	563	1,620	162	49	2,601
2009	401	0.6	565	1,648	166	50	2,557
2010	412	2.7	585	1,478	196	51	2,351
2011	401	-2.6	578	1,671	194	48	2,315
2012	382	-4.8	551	1,645	196	46	2,254
2013	370	-3.1	526	1,635	207	47	2,045
2014	359	-2.9	509	1,561	208	46	2,209
2015	356	-0.9	508	1,545	208	46	1,931
2016	348	-2.3	496	1,476	207	46	1,924
2017	338	-2.8	483	1,425	205	45	1,931
2018	327	-3.1	467	1,381	199	45	1,863
2019	325	-0.9	457	1,351	204	45	2,004
2020	379	16.8	477	1,393	312	62	2,554
2021	369	-2.6	481	1,302	264	59	2,447
2022	329	-10.8	450	1,147	222	50	N.A.

出所：EDMC推計

旅客航空	貨物部門計		(kcal/トン・km)				年度
		伸び率(%)	貨物自動車	貨物鉄道	貨物海運	貨物航空	
1,507	588	-	1,909	376	134	9,519	1965
1,026	521	-2.7	1,238	194	161	8,951	1970
833	526	1.1	1,455	96	158	8,010	1973
870	608	8.5	1,579	86	209	8,313	1975
795	588	-2.1	1,367	86	179	7,631	1980
705	603	1.7	1,225	88	157	6,688	1985
550	596	-3.4	1,210	59	103	5,178	1990
530	591	-0.8	1,179	59	108	5,250	1991
537	596	0.8	1,195	62	104	5,469	1992
548	617	3.5	1,208	61	109	5,728	1993
558	627	1.7	1,227	62	105	5,694	1994
569	632	0.7	1,204	61	114	5,662	1995
523	624	-1.3	1,167	60	121	5,265	1996
494	626	0.4	1,152	60	128	5,440	1997
484	645	3.0	1,145	64	159	5,492	1998
441	641	-0.6	1,122	62	167	5,200	1999
435	612	-4.5	1,073	63	168	5,301	2000
473	599	-2.1	1,052	62	167	5,296	2001
419	603	0.7	1,037	61	177	5,259	2002
408	606	0.5	998	60	180	5,323	2003
458	608	0.2	1,001	60	171	5,198	2004
473	594	-2.2	969	61	153	5,179	2005
484	591	-0.6	950	59	146	5,223	2006
545	571	-3.4	910	57	129	5,125	2007
547	572	0.3	898	59	126	5,059	2008
544	587	2.5	898	61	123	5,149	2009
543	566	-3.5	885	61	111	4,942	2010
447	575	1.4	894	60	109	5,014	2011
383	605	5.4	989	59	107	4,898	2012
459	600	-0.8	996	60	95	4,735	2013
472	600	0.0	1,001	58	93	4,651	2014
480	610	1.6	1,031	58	86	4,545	2015
451	593	-2.8	988	59	87	4,497	2016
410	594	0.2	993	59	85	4,424	2017
403	595	0.2	989	66	83	4,453	2018
428	596	0.2	964	63	89	4,532	2019
637	666	11.8	1,104	58	107	6,189	2020
538	635	-4.6	1,045	59	109	5,730	2021
365	615	-3.3	1,009	64	104	4,665	2022

4. 運輸部門（旅客・貨物）

(6)航空・鉄道輸送距離

(百万km)

年度	航空座席キロ	鉄道					
		旅客車キロ			貨物車キロ		
		旅客計	民鉄	JR国鉄	貨物計	民鉄	JR国鉄
1965	4,954	4,286	1,320	2,966	4,155	102	4,010
1970	12,362	5,293	1,579	3,714	4,165	86	4,057
1973	21,225	5,998	1,705	4,293	3,855	73	3,745
1975	31,328	5,879	1,755	4,125	2,982	58	2,893
1980	45,844	6,211	1,957	4,254	2,189	50	2,109
1985	55,880	6,113	2,164	3,949	1,192	30	1,139
1990	70,834	7,176	2,479	4,697	1,483	29	1,454
1991	77,807	7,321	2,557	4,765	1,495	27	1,468
1992	85,460	7,467	2,623	4,844	1,461	25	1,437
1993	92,635	7,550	2,691	4,859	1,387	23	1,363
1994	100,189	7,539	2,742	4,797	1,321	24	1,297
1995	107,081	7,679	2,813	4,866	1,342	24	1,318
1996	110,925	7,704	2,850	4,854	1,322	21	1,300
1997	127,594	7,769	2,869	4,899	1,304	18	1,286
1998	122,828	7,799	2,907	4,892	1,226	16	1,210
1999	124,192	7,786	2,921	4,865	1,202	15	1,186
2000	126,077	7,761	2,942	4,819	1,162	16	1,146
2001	126,785	7,822	3,000	4,822	1,119	16	1,103
2002	129,429	7,631	2,982	4,649	1,041	16	1,025
2003	132,703	7,930	3,033	4,897	1,181	13	1,168
2004	128,522	8,055	3,192	4,863	1,241	12	1,229
2005	129,462	8,089	3,120	4,968	1,190	12	1,178
2006	133,183	8,204	3,143	5,061	1,289	11	1,278
2007	131,483	8,224	3,158	5,066	1,200	11	1,190
2008	126,261	8,376	3,196	5,180	1,167	10	1,157
2009	121,845	8,434	3,232	5,203	1,080	10	1,071
2010	115,749	8,307	3,211	5,096	1,067	10	1,057
2011	112,859	8,328	3,205	5,123	1,038	N.A.	N.A.
2012	122,348	8,405	3,230	5,175	1,049	N.A.	N.A.
2013	130,761	8,365	3,222	5,143	1,090	N.A.	N.A.
2014	131,598	8,534	3,299	5,234	1,095	N.A.	N.A.
2015	129,814	8,543	3,267	5,276	1,109	N.A.	N.A.
2016	129,625	8,556	3,280	5,276	1,078	N.A.	N.A.
2017	130,466	8,636	3,307	5,329	1,095	N.A.	N.A.
2018	131,775	8,618	3,304	5,314	971	N.A.	N.A.
2019	133,521	8,686	3,323	5,362	1,021	N.A.	N.A.
2020	68,925	8,424	3,302	5,121	949	N.A.	N.A.
2021	92,635	8,260	3,259	5,002	924	N.A.	N.A.
2022	129,964	8,260	3,212	5,048	924	N.A.	N.A.

出所：国土交通省「航空輸送統計年報」、同「鉄道輸送統計年報」
注：鉄道の貨物は2011年度から業態別の分類が廃止。

4．運輸部門（旅客・貨物）
(7)自動車走行キロ

(百万km)

年度	貨物				旅客			
	合計	営業用	自家用	軽自動車	合計	バス	乗用車	軽自動車
1965	47,259	7,662	28,455	11,142	39,902	3,566	32,476	3,860
1970	102,844	14,165	66,585	22,094	145,352	5,303	114,344	25,706
1973	106,085	16,333	69,957	19,796	187,750	5,376	155,222	27,153
1975	100,430	16,309	68,509	15,612	191,851	5,354	166,491	20,006
1980	143,792	24,513	90,378	28,901	249,905	5,932	228,189	15,784
1985	179,522	31,639	88,191	59,691	280,713	6,233	260,306	14,174
1990	226,064	44,258	96,385	85,420	353,513	6,979	330,733	15,800
1991	232,335	47,835	98,936	85,564	374,275	7,049	345,795	21,431
1992	234,632	49,700	98,524	86,408	392,224	6,935	358,790	26,499
1993	233,320	50,487	97,152	85,682	399,319	6,806	361,830	30,682
1994	234,093	53,156	95,780	85,157	415,272	6,701	373,164	35,408
1995	236,458	55,214	96,601	84,643	431,454	6,649	384,080	40,725
1996	236,261	57,788	95,918	82,555	448,617	6,590	395,349	46,678
1997	232,013	58,551	93,668	79,795	459,759	6,528	401,934	51,298
1998	227,373	57,913	92,090	77,370	466,660	6,413	403,521	56,727
1999	227,346	60,143	91,281	75,922	485,353	6,490	413,739	65,123
2000	230,713	63,421	92,238	75,053	492,357	6,508	413,412	72,436
2001	227,901	63,558	90,775	73,568	510,284	6,646	423,423	80,215
2002	225,771	64,794	88,469	72,508	513,408	6,545	419,931	86,932
2003	227,933	66,852	87,302	73,779	514,523	6,557	413,895	94,083
2004	221,419	65,683	81,257	74,478	511,869	6,563	404,948	100,358
2005	215,972	64,964	77,052	73,956	506,538	6,549	393,899	106,089
2006	216,032	67,076	75,376	73,580	501,423	6,553	382,453	112,417
2007	216,225	68,155	74,509	73,562	503,045	6,621	376,026	120,401
2008	211,697	66,221	71,975	73,501	492,779	6,471	360,856	125,452
2009	204,579	63,791	68,216	72,572	500,478	6,455	361,066	132,957
2010	211,973	65,136	74,673	72,164	506,255	6,399	368,930	130,926
2011	198,206	61,052	64,827	72,328	505,655	6,140	363,468	136,048
2012	201,624	60,252	66,207	75,164	521,116	6,199	368,562	146,354
2013	203,554	59,515	66,618	77,421	520,007	6,146	363,608	150,254
2014	203,418	59,461	66,233	77,724	514,598	6,103	351,747	156,748
2015	201,294	59,870	65,548	75,876	519,825	6,045	353,173	160,607
2016	198,380	59,387	62,662	76,331	531,380	5,909	355,821	169,649
2017	197,033	59,788	62,052	75,192	542,865	5,804	360,906	176,155
2018	194,645	59,977	61,732	72,936	553,285	5,735	367,188	180,362
2019	192,652	59,629	61,563	71,460	551,992	5,556	365,337	181,099
2020	179,909	56,459	57,041	66,409	485,948	3,965	319,436	162,547
2021	177,561	59,196	55,911	62,454	472,433	3,847	309,554	159,032
2022	183,844	59,646	59,651	64,546	508,014	4,475	338,296	165,243

出所：国土交通省「自動車輸送統計年報」
注：2009年度以前はEDMC推計。

4. 運輸部門（旅客・貨物）
(8)ガソリン車保有台数

年度	ガソリン車合計		貨物用			
		伸び率(%)	合計	伸び率(%)	営業用	自家用
1965	6,712	-	4,407	-	127	2,462
1970	16,724	14.7	7,743	4.4	85	4,440
1973	23,051	8.4	8,649	2.4	41	5,409
1975	25,921	4.6	8,728	-1.9	36	5,861
1980	33,730	3.4	10,661	3.4	25	6,016
1985	39,474	3.0	13,275	4.8	16	4,313
1990	47,190	3.5	15,327	-1.0	12	3,004
1991	48,504	2.8	14,959	-2.4	11	2,802
1992	49,546	2.1	14,611	-2.3	12	2,639
1993	50,783	2.5	14,317	-2.0	12	2,531
1994	52,084	2.6	14,049	-1.9	13	2,443
1995	53,631	3.0	13,771	-2.0	14	2,380
1996	55,265	3.0	13,407	-2.6	15	2,354
1997	56,471	2.2	13,073	-2.5	16	2,348
1998	57,606	2.0	12,742	-2.5	17	2,341
1999	58,858	2.2	12,507	-1.8	18	2,330
2000	60,186	2.3	12,305	-1.6	19	2,328
2001	61,398	2.0	12,144	-1.3	20	2,304
2002	62,659	2.1	11,997	-1.2	22	2,298
2003	63,868	1.9	11,973	-0.2	26	2,346
2004	65,261	2.2	11,977	0.0	28	2,368
2005	66,427	1.8	11,968	-0.1	31	2,389
2006	67,023	0.9	11,893	-0.6	34	2,383
2007	67,166	0.2	11,780	-1.0	37	2,362
2008	67,246	0.1	11,613	-1.4	39	2,284
2009	67,088	-0.2	11,455	-1.4	40	2,244
2010	66,928	-0.2	11,325	-1.1	42	2,213
2011	66,958	0.0	11,270	-0.5	43	2,204
2012	66,694	-0.4	11,166	-0.9	44	2,185
2013	66,337	-0.5	11,081	-0.8	44	2,173
2014	65,760	-0.9	10,994	-0.8	45	2,167
2015	64,815	-1.4	10,889	-0.9	45	2,164
2016	63,810	-1.6	10,796	-0.9	46	2,169
2017	62,684	-1.8	10,722	-0.7	47	2,170
2018	61,440	-2.0	10,698	-0.2	49	2,167
2019	60,087	-2.2	10,646	-0.5	51	2,156
2020	58,888	-2.0	10,640	-0.1	52	2,145
2021	57,584	-2.2	10,643	0.0	53	2,132
2022	56,579	-1.7	10,689	0.4	54	2,111

出所：自動車検査登録情報協会「自動車保有車両数」

(千台)

軽自動車	合計	伸び率 (%)	バス	乗用車	軽自動車	年度
			旅客用			
1,819	2,304	-	20	1,872	412	1965
3,082	8,982	25.5	79	6,575	2,328	1970
3,199	14,402	12.3	87	11,360	2,954	1973
2,832	17,193	8.3	81	14,556	2,555	1975
4,620	23,069	3.3	50	20,916	2,103	1980
8,946	26,199	2.0	21	24,236	1,943	1985
12,312	31,863	5.8	7.6	29,140	2,715	1990
12,146	33,545	5.3	6.3	30,179	3,360	1991
11,961	34,935	4.1	5.3	30,999	3,930	1992
11,773	36,467	4.4	4.5	31,910	4,552	1993
11,593	38,035	4.3	3.8	32,829	5,202	1994
11,377	39,860	4.8	3.3	33,891	5,966	1995
11,038	41,858	5.0	2.8	35,117	6,738	1996
10,709	43,398	3.7	2.5	35,994	7,401	1997
10,385	44,863	3.4	2.3	36,676	8,185	1998
10,159	46,352	3.3	2.2	37,183	9,166	1999
9,958	47,881	3.3	2.2	37,794	10,084	2000
9,819	49,255	2.9	2.3	38,293	10,959	2001
9,677	50,661	2.9	2.5	38,842	11,816	2002
9,601	51,895	2.4	3.2	39,228	12,663	2003
9,581	53,283	2.7	4.1	39,768	13,512	2004
9,548	54,459	2.2	5.0	40,104	14,350	2005
9,477	55,130	1.2	5.7	39,843	15,281	2006
9,381	55,387	0.5	6.5	39,298	16,082	2007
9,291	55,633	0.4	7.2	38,743	16,883	2008
9,171	55,632	0.0	8.2	38,142	17,482	2009
9,070	55,603	-0.1	9.0	37,594	18,000	2010
9,023	55,688	0.2	10	37,099	18,579	2011
8,937	55,528	-0.3	11	36,178	19,339	2012
8,864	55,256	-0.5	13	35,023	20,220	2013
8,782	54,767	-0.9	14	33,793	20,960	2014
8,680	53,926	-1.5	15	32,685	21,226	2015
8,581	53,015	-1.7	16	31,733	21,266	2016
8,506	51,962	-2.0	16	30,688	21,257	2017
8,482	50,742	-2.3	17	29,525	21,200	2018
8,439	49,442	-2.6	18	28,413	21,011	2019
8,444	48,248	-2.4	18	27,469	20,760	2020
8,458	46,941	-2.7	19	26,416	20,507	2021
8,525	45,890	-2.2	19	25,334	20,538	2022

注：被牽引車を除く(但し、1965～1972年度は被牽引車を含む)。
1970年度以前の特種(殊)用途車は貨物用計にのみ計上。

4．運輸部門（旅客・貨物）
(9)軽油車保有台数

年度	軽油車合計		貨物用			
		伸び率 (%)	合計	伸び率 (%)	営業用	自家用
1965	536	-	437	-	146	291
1970	1,261	16.8	1,139	18.7	311	828
1973	1,852	14.8	1,723	15.6	432	1,291
1975	2,159	7.3	2,015	7.4	461	1,554
1980	3,874	12.3	3,359	8.9	589	2,769
1985	6,345	9.3	4,824	6.9	723	4,101
1990	10,140	9.7	6,907	6.4	947	5,960
1991	10,959	8.1	7,246	4.9	986	6,260
1992	11,630	6.1	7,451	2.8	1,008	6,442
1993	12,107	4.1	7,563	1.5	1,022	6,540
1994	12,572	3.8	7,699	1.8	1,059	6,640
1995	12,985	3.3	7,822	1.6	1,094	6,728
1996	13,020	0.3	7,706	-1.5	1,130	6,576
1997	12,911	-0.8	7,670	-0.5	1,150	6,520
1998	12,600	-2.4	7,557	-1.5	1,148	6,409
1999	12,229	-2.9	7,432	-1.7	1,157	6,275
2000	11,800	-3.5	7,313	-1.6	1,174	6,139
2001	11,253	-4.6	7,126	-2.6	1,171	5,955
2002	10,532	-6.4	6,846	-3.9	1,164	5,683
2003	9,714	-7.8	6,487	-5.3	1,162	5,324
2004	9,061	-6.7	6,285	-3.1	1,178	5,107
2005	8,456	-6.7	6,105	-2.9	1,185	4,919
2006	7,945	-6.0	5,934	-2.8	1,185	4,749
2007	7,504	-5.5	5,792	-2.4	1,181	4,611
2008	6,995	-6.8	5,498	-5.1	1,150	4,348
2009	6,594	-5.7	5,317	-3.3	1,124	4,193
2010	6,305	-4.4	5,184	-2.5	1,118	4,066
2011	6,116	-3.0	5,107	-1.5	1,116	3,991
2012	6,017	-1.6	5,061	-0.9	1,117	3,944
2013	5,997	-0.3	5,055	-0.1	1,126	3,928
2014	6,029	0.5	5,056	0.0	1,134	3,923
2015	6,129	1.7	5,061	0.1	1,148	3,912
2016	6,251	2.0	5,083	0.4	1,169	3,914
2017	6,379	2.1	5,101	0.4	1,186	3,915
2018	6,544	2.6	5,134	0.6	1,204	3,930
2019	6,694	2.3	5,165	0.6	1,219	3,946
2020	6,835	2.1	5,197	0.6	1,227	3,970
2021	6,943	1.6	5,220	0.4	1,230	3,989
2022	7,045	1.5	5,244	0.5	1,228	4,016

出所：自動車検査登録情報協会「自動車保有車両数」

(千台)

旅客用				年度
合計	伸び率 (%)	バス	乗用車	
99	-	85	14	1965
121	1.3	111	10	1970
129	4.8	126	2.8	1973
144	5.5	139	5.2	1975
516	40.8	179	337	1980
1,521	17.7	210	1,311	1985
3,233	17.4	238	2,994	1990
3,713	14.9	242	3,471	1991
4,179	12.6	243	3,936	1992
4,545	8.7	243	4,302	1993
4,873	7.2	241	4,632	1994
5,163	6.0	240	4,924	1995
5,314	2.9	239	5,075	1996
5,241	-1.4	237	5,004	1997
5,043	-3.8	235	4,809	1998
4,797	-4.9	233	4,564	1999
4,487	-6.5	233	4,254	2000
4,127	-8.0	231	3,896	2001
3,686	-10.7	230	3,456	2002
3,227	-12.4	228	3,000	2003
2,775	-14.0	227	2,549	2004
2,351	-15.3	225	2,126	2005
2,011	-14.5	225	1,786	2006
1,713	-14.8	223	1,490	2007
1,497	-12.6	221	1,276	2008
1,278	-14.6	218	1,060	2009
1,121	-12.3	216	905	2010
1,010	-9.9	214	796	2011
956	-5.3	212	744	2012
942	-1.5	212	730	2013
973	3.2	212	761	2014
1,068	9.8	214	855	2015
1,168	9.3	215	953	2016
1,278	9.4	215	1,063	2017
1,410	10.4	214	1,197	2018
1,529	8.4	211	1,318	2019
1,639	7.2	202	1,437	2020
1,724	5.2	196	1,528	2021
1,801	4.5	191	1,609	2022

注:1973年度以降、被牽引車を除く。

4. 運輸部門（旅客・貨物）

(10) 自動車保有台数

年度	自動車合計			貨物用						
		伸び率(%)	合計	伸び率(%)	ガソリン	軽油	LPG	電気	併用/ハイブリッド	その他
1965	7,239	-	4,844	-	4,407	437	8.5	-	-	-
1970	18,165	14.9	8,870	6.0	7,743	1,139	12	-	-	-
1973	25,166	9.0	10,400	4.9	8,649	1,723	10	0.062	1.7	17
1975	28,366	4.8	10,768	-0.3	8,728	2,015	8.3	0.041	1.1	16
1980	37,915	4.2	14,040	4.7	10,661	3,359	6.7	0.035	0.39	13
1985	46,151	3.8	18,130	5.4	13,275	4,824	16	0.038	1.5	14
1990	57,669	4.5	22,271	1.2	15,327	6,907	16	0.037	0.56	20
1991	59,802	3.7	22,243	-0.1	14,959	7,246	16	0.060	0.40	22
1992	61,515	2.9	22,102	-0.6	14,611	7,451	15	0.12	0.30	24
1993	63,228	2.8	21,920	-0.8	14,317	7,563	15	0.14	0.22	25
1994	64,992	2.8	21,791	-0.6	14,049	7,699	16	0.17	0.17	27
1995	66,950	3.0	21,638	-0.7	13,771	7,822	16	0.18	0.13	29
1996	68,618	2.5	21,162	-2.2	13,407	7,706	16	0.16	0.12	32
1997	69,719	1.6	20,795	-1.7	13,073	7,670	17	0.18	0.11	35
1998	70,562	1.2	20,357	-2.1	12,742	7,557	18	0.18	0.11	39
1999	71,458	1.3	20,001	-1.8	12,507	7,432	19	0.18	0.10	42
2000	72,370	1.3	19,685	-1.6	12,305	7,313	21	0.15	0.14	46
2001	73,067	1.0	19,345	-1.7	12,144	7,126	24	0.10	0.26	52
2002	73,632	0.8	18,927	-2.2	11,997	6,846	26	0.084	0.49	57
2003	74,071	0.6	18,551	-2.0	11,973	6,487	29	0.065	0.39	62
2004	74,881	1.1	18,360	-1.0	11,977	6,285	31	0.042	1.7	65
2005	75,507	0.8	18,178	-1.0	11,968	6,105	33	0.031	3.2	69
2006	75,680	0.2	17,938	-1.3	11,893	5,934	34	0.023	4.9	72
2007	75,469	-0.3	17,687	-1.4	11,780	5,792	34	0.022	7.0	75
2008	75,144	-0.4	17,231	-2.6	11,613	5,498	34	0.017	10	75
2009	75,024	-0.2	16,893	-2.0	11,455	5,317	33	0.018	12	76
2010	74,997	0.0	16,631	-1.6	11,325	5,184	32	0.024	13	76
2011	75,455	0.6	16,500	-0.8	11,270	5,107	31	0.042	15	77
2012	75,934	0.6	16,351	-0.9	11,166	5,061	29	0.057	18	77
2013	76,539	0.8	16,261	-0.5	11,081	5,055	28	0.066	19	78
2014	76,921	0.5	16,176	-0.5	10,994	5,056	26	0.42	21	78
2015	77,139	0.3	16,076	-0.6	10,889	5,061	25	1.3	22	79
2016	77,491	0.5	16,005	-0.4	10,796	5,083	23	1.6	24	78
2017	77,768	0.4	15,949	-0.3	10,722	5,101	21	1.5	25	79
2018	77,964	0.3	15,961	0.1	10,698	5,134	18	1.4	30	79
2019	77,991	0.0	15,951	-0.1	10,646	5,165	16	1.5	44	79
2020	78,130	0.2	15,990	0.2	10,640	5,197	15	1.7	57	80
2021	78,114	0.0	16,030	0.3	10,643	5,220	13	1.7	72	81
2022	78,295	0.2	16,130	0.6	10,689	5,244	12	2.2	100	82

出所：自動車検査登録情報協会「自動車保有車両数」
注：(1)1973年度以降、被牽引車を除く。
　　2003年度より「併用/ハイブリッド」と「その他」の定義が変更された。

(千台)

合計	伸び率 (%)	ガソリン	軽油	LPG	電気	併用/ ハイブ リッド	その他	年度
				旅客用				
2,395	-	2,304	99	69	-	-	-	1965
9,295	24.8	8,982	121	191	-	-	-	1970
14,766	12.1	14,402	129	230	0.028	1.1	3.9	1973
17,597	8.2	17,193	144	257	0.030	0.80	2.1	1975
23,876	3.9	23,069	516	290	0.017	0.26	0.45	1980
28,021	2.8	26,199	1,521	300	0.010	0.29	0.15	1985
35,398	6.7	31,863	3,233	302	0.035	0.19	0.16	1990
37,559	6.1	33,545	3,713	300	0.042	0.17	0.17	1991
39,413	4.9	34,935	4,179	299	0.063	0.16	0.17	1992
41,308	4.8	36,467	4,545	296	0.11	0.13	0.17	1993
43,201	4.6	38,035	4,873	292	0.12	0.12	0.18	1994
45,311	4.9	39,860	5,163	288	0.14	0.11	0.21	1995
47,457	4.7	41,858	5,314	284	0.19	0.12	0.26	1996
48,924	3.1	43,398	5,241	281	0.29	0.15	3.8	1997
50,205	2.6	44,863	5,043	276	0.39	0.16	23	1998
51,458	2.5	46,352	4,797	270	0.43	0.17	38	1999
52,685	2.4	47,881	4,487	265	0.44	0.21	51	2000
53,722	2.0	49,255	4,127	263	0.49	0.34	76	2001
54,705	1.8	50,661	3,686	263	0.45	0.45	93	2002
55,520	1.5	51,895	3,227	263	0.44	132	2.6	2003
56,520	1.8	53,284	2,775	263	0.35	195	3.0	2004
57,329	1.4	54,459	2,351	263	0.31	254	3.1	2005
57,742	0.7	55,130	2,011	260	0.26	338	3.2	2006
57,782	0.1	55,387	1,713	257	0.23	422	3.2	2007
57,912	0.2	55,633	1,497	253	0.20	526	3.3	2008
58,131	0.4	55,634	1,278	244	0.15	972	3.3	2009
58,366	0.4	55,607	1,121	225	4.6	1,405	3.5	2010
58,956	1.0	55,688	1,010	217	20	2,017	3.1	2011
59,583	1.1	55,528	956	210	34	2,852	3.0	2012
60,278	1.2	55,256	942	204	49	3,824	2.9	2013
60,745	0.8	54,767	973	198	64	4,741	3.1	2014
61,062	0.5	53,926	1,068	191	74	5,800	3.7	2015
61,486	0.7	53,015	1,168	185	92	7,022	5.1	2016
61,818	0.5	51,962	1,278	174	110	8,290	5.7	2017
62,004	0.3	50,742	1,410	159	125	9,561	6.2	2018
62,040	0.1	49,442	1,529	137	10,781	6.9		2019
62,139	0.2	48,248	1,639	130	144	11,971	8.3	2020
62,084	-0.1	46,941	1,724	120	160	13,129	10.0	2021
62,165	0.1	45,890	1,801	112	227	14,125	10.2	2022

(2)貨物用の電気車、ハイブリッド車の特殊用途車は、2008年度まではその他、
2009年度以降は各々に含まれる。

4. 運輸部門（旅客・貨物）
(11)乗用車新車登録台数・平均燃費

年度	新車登録台数(千台)						
	乗用車計	普通車	小型四輪車 2000cc以下	軽四輪車 660cc以下	構成比(%)		
					普通車	小型四輪車	軽四輪車
1965	598	8	487	103	1.3	81.4	17.3
1970	2,397	8	1,682	707	0.3	70.2	29.5
1973	2,652	37	2,259	355	1.4	85.2	13.4
1975	2,629	49	2,436	144	1.9	92.7	5.5
1980	2,819	64	2,581	174	2.3	91.5	6.2
1985	3,092	74	2,864	153	2.4	92.6	5.0
1990	5,093	391	3,827	875	7.7	75.2	17.2
1991	4,800	724	3,241	835	15.1	67.5	17.4
1992	4,427	709	2,948	770	16.0	66.6	17.4
1993	4,154	662	2,709	783	15.9	65.2	18.9
1994	4,304	738	2,747	819	17.1	63.8	19.0
1995	4,465	900	2,633	933	20.1	59.0	20.9
1996	4,851	941	2,936	975	19.4	60.5	20.1
1997	4,190	811	2,509	870	19.4	59.9	20.8
1998	4,143	738	2,358	1,048	17.8	56.9	25.3
1999	4,185	750	2,160	1,275	17.9	51.6	30.5
2000	4,257	756	2,230	1,271	17.8	52.4	29.9
2001	4,295	720	2,293	1,282	16.8	53.4	29.8
2002	4,534	690	2,535	1,309	15.2	55.9	28.9
2003	4,741	1,305	2,096	1,340	27.5	44.2	28.3
2004	4,749	1,338	2,056	1,356	28.2	43.3	28.5
2005	4,755	1,256	2,082	1,417	26.4	43.8	29.8
2006	4,557	1,228	1,800	1,529	26.9	39.5	33.6
2007	4,390	1,336	1,629	1,426	30.4	37.1	32.5
2008	3,909	1,093	1,428	1,388	27.9	36.5	35.5
2009	4,175	1,340	1,558	1,277	32.1	37.3	30.6
2010	3,880	1,276	1,396	1,208	32.9	36.0	31.1
2011	4,010	1,312	1,421	1,277	32.7	35.4	31.9
2012	4,439	1,345	1,523	1,571	30.3	34.3	35.4
2013	4,837	1,510	1,506	1,821	31.2	31.1	37.7
2014	4,454	1,338	1,355	1,761	30.0	30.4	39.5
2015	4,115	1,380	1,308	1,428	33.5	31.8	34.7
2016	4,243	1,529	1,377	1,337	36.0	32.4	31.5
2017	4,350	1,547	1,348	1,454	35.6	31.0	33.4
2018	4,364	1,580	1,298	1,486	36.2	29.7	34.1
2019	4,173	1,516	1,218	1,439	36.3	29.2	34.5
2020	3,858	1,434	1,062	1,363	37.2	27.5	35.3
2021	3,468	1,371	916	1,181	39.5	26.4	34.1
2022	3,614	1,460	881	1,272	40.4	24.4	35.2

出所：日刊自動車新聞社 日本自動車会議所共編 「自動車年鑑」
2003年度よりシャシーベースからナンバーベースに変更されたため
日本自動車工業会「自動車統計月報」を使用

| 電動車新車登録比率(%) | | | ガソリン乗用車平均燃費(km/L)（JC08モード） | | | | | 年度 |
| | | | EDMC推計 | | | | 参考 | |
ハイブリッド	プラグインハイブリッド	電気	新車	除軽四輪車	保有(ストックベース)	除軽四輪車	国土交通省新車*	
-	-	-	N.A.	N.A.	N.A.	N.A.	N.A.	1965
-	-	-	N.A.	N.A.	N.A.	N.A.	N.A.	1970
-	-	-	N.A.	N.A.	N.A.	N.A.	N.A.	1973
-	-	-	N.A.	N.A.	N.A.	N.A.	N.A.	1975
-	-	-	12.0	11.7	11.2	10.8	N.A.	1980
-	-	-	12.9	12.7	12.1	11.8	N.A.	1985
-	-	-	12.0	11.4	12.4	12.0	N.A.	1990
-	-	-	11.9	11.2	12.3	11.9	N.A.	1991
-	-	-	11.4	10.7	12.0	11.9	11.3	1992
-	-	-	11.5	10.8	12.0	11.5	11.3	1993
-	-	-	11.7	10.9	11.9	11.4	11.2	1994
-	-	-	11.4	10.6	11.8	11.2	11.3	1995
-	-	-	11.6	10.8	11.7	11.1	11.1	1996
0.0	-	-	11.7	10.9	11.7	11.0	11.4	1997
0.4	-	-	12.0	11.1	11.7	10.9	11.9	1998
0.4	-	-	12.5	11.3	11.7	10.9	12.1	1999
0.3	-	-	12.7	11.6	11.8	10.9	12.4	2000
0.6	-	-	13.3	12.2	11.9	11.0	12.9	2001
0.4	-	-	13.8	12.8	12.0	11.0	13.4	2002
0.9	-	-	13.9	12.8	12.2	11.1	13.5	2003
1.4	-	-	13.9	12.8	12.3	11.3	13.8	2004
1.3	-	-	14.1	13.0	12.5	11.4	13.9	2005
1.9	-	-	14.2	12.9	12.7	11.5	14.2	2006
2.0	-	-	14.5	13.2	12.9	11.7	14.4	2007
2.8	-	-	14.8	13.4	13.1	11.8	15.2	2008
10.8	-	-	15.8	14.6	13.3	12.0	16.4	2009
11.5	-	-	16.4	15.5	13.6	12.3	16.8	2010
15.8	-	-	17.0	15.8	13.9	12.6	17.8	2011
19.3	-	-	18.0	16.4	14.2	12.8	19.4	2012
21.0	0.3	0.3	19.4	17.7	14.6	13.2	21.0	2013
21.3	0.3	0.4	20.4	18.1	15.1	13.6	21.7	2014
23.3	0.4	0.3	21.5	19.8	15.5	14.0	22.4	2015
31.5	0.3	0.3	21.7	20.2	16.0	14.5	21.9	2016
31.7	0.8	0.6	21.9	20.4	16.4	14.9	22.0	2017
33.3	0.5	0.5	21.8	19.9	17.1	15.4	22.2	2018
34.1	0.4	0.5	22.0	20.0	17.5	15.9	22.7	2019
35.8	0.4	0.4	21.6	19.6	17.9	16.4	24.4	2020
40.1	0.8	0.7	22.3	20.8	18.2	16.7	24.6	2021
43.8	1.1	2.2	22.8	21.4	18.6	17.1	N.A.	2022

次世代自動車振興センター、日本自動車販売協会連合会、全国軽自動車協会連合会、国土交通省「自動車燃費一覧」

注：(1)自動車の区分は道路運送車両法による。

(2)国土交通省新車燃費は2010年度以前EDMC推計。

III. エネルギー源別需給

エネルギー源別需給

1. 石炭需給

1．石炭需給

(1)石炭供給の推移

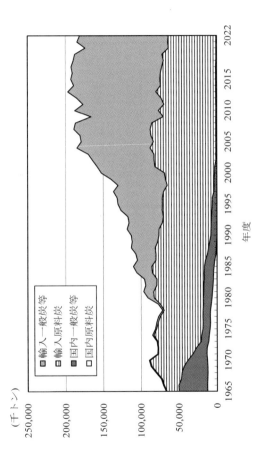

（千トン）

250,000

200,000

150,000

100,000

50,000

0

1965　1970　1975　1980　1985　1990　1995　2000　2005　2010　2015　2022

年度

■輸入一般炭等
□輸入原料炭
■国内一般炭等
□国内原料炭

出所：2000年度まで経済産業省「エネルギー生産・需給統計年報」
　　　2001年度より財務省「日本貿易月表」、カーボンフロンティア機構・ニールデータバンク
注：一般炭等には無煙炭を含む。

1. 石炭需給
(2)石炭供給量

年度	国内炭生産				輸入炭入着			
	原料炭	一般炭	無煙炭	計	原料炭	一般炭	無煙炭	計
1965	12,607	35,385	2,120	50,112	15,870	-	1,066	16,936
1970	12,759	24,568	1,002	38,329	49,510		-	1,440	50,950
1973	10,979	9,817	137	20,933	56,867		1,183	58,050
1975	9,265	9,262	70	18,597	60,813	500	1,027	62,340
1980	6,673	11,404	18	18,095	64,518	7,107	1,086	72,711
1985	3,987	12,442	26	16,455	69,163	22,428	2,101	93,692
1990	-	7,974	5	7,979	68,202	34,680	1,953	104,835
1991	-	7,931	0	7,931	68,116	39,742	2,543	110,401
1992	-	7,602	-	7,602	64,132	41,728	2,393	108,253
1993	-	7,206	0	7,206	62,979	44,516	2,675	110,170
1994	-	6,742	-	6,742	65,117	51,344	3,305	119,766
1995	-	6,317	3	6,320	65,290	55,318	3,562	124,170
1996	-	6,162	4	6,166	65,514	56,130	3,744	125,388
1997	-	3,970	2	3,972	65,916	62,510	4,047	132,473
1998	-	3,698	-	3,698	61,449	61,666	3,469	126,584
1999	-	3,690	-	3,690	63,767	68,916	3,036	135,719
2000	-	2,974	-	2,974	65,689	81,017	2,735	149,441
2001	-	2,822	-	2,822	78,429	72,051	4,618	155,098
2002	-	1,285	-	1,285	81,034	76,437	5,198	162,669
2003	-	1,355	-	1,355	81,075	82,069	5,229	168,373
2004	-	1,272	-	1,272	86,315	91,443	5,811	183,569
2005	-	1,249	-	1,249	81,876	89,945	5,973	177,793
2006	-	1,351	-	1,351	84,993	88,518	5,828	179,339
2007	-	1,280	-	1,280	85,993	95,983	5,613	187,588
2008	-	1,290	-	1,290	83,787	96,509	5,219	185,514
2009	-	1,206	-	1,206	69,041	90,946	4,787	164,775
2010	-	1,145	-	1,145	75,508	105,012	6,117	186,637
2011	-	1,195	-	1,195	68,011	101,723	5,645	175,379
2012	-	1,247	-	1,247	71,772	106,216	5,781	183,769
2013	-	1,251	-	1,251	78,637	111,451	5,501	195,589
2014	-	1,318	-	1,318	72,349	110,238	5,105	187,692
2015	-	1,265	-	1,265	73,090	112,022	6,438	191,550
2016	-	1,287	-	1,287	72,458	111,177	5,779	189,415
2017	-	1,328	-	1,328	70,598	114,480	6,006	191,084
2018	-	964	-	964	68,799	113,781	5,947	188,527
2019	-	775	-	775	70,778	109,968	6,130	186,875
2020	-	748	-	748	62,367	105,146	5,486	172,999
2021	-	659	-	659	63,451	114,159	6,208	183,818
2022	-	680	-	680	62,661	113,372	4,310	180,343

出所:2000年度まで経済産業省「エネルギー生産・需給統計年報」、2001年度より
　　財務省「日本貿易月表」、カーボンフロンティア機構・コールデータバンク

(千トン)

年初業者在庫				鉱業所受入	供給計				年度
原料炭	一般炭	無煙炭	計		原料炭	一般炭	無煙炭	計	
235	1,408	266	1,909	4,237	28,712	41,030	3,452	73,194	1965
177	1,703	374	2,254	302	62,446	26,573	2,816	91,835	1970
1,412	2,683	147	4,242	83	69,258	12,583	1,467	83,308	1973
232	926	102	1,260	85	70,310	10,773	1,199	82,282	1975
1,673	1,849	72	3,594	35	72,864	20,395	1,176	94,435	1980
393	896	32	1,321	41	73,543	35,807	2,159	111,505	1985
235	3,731	8	3,974	30	68,437	46,416	1,967	116,820	1990
-	2,406	8	2,414	30	68,116	50,109	2,551	120,776	1991
-	2,314	7	2,321	142	64,132	51,786	2,400	118,318	1992
-	2,202	25	2,227	20	62,979	53,944	2,700	119,623	1993
-	1,811	61	1,873	44	65,117	59,941	3,366	128,425	1994
-	2,023	92	2,115	5	65,290	63,663	3,657	132,606	1995
-	2,118	56	2,174	-	65,514	64,410	3,804	133,728	1996
-	2,032	50	2,082	-	65,916	68,512	4,099	138,530	1997
-	1,101	35	1,137	-	61,449	66,465	3,504	131,419	1998
-	1,032	4	1,036	-	63,767	73,638	3,040	140,444	1999
-	1,102	4	1,105	-	65,689	85,093	2,739	153,520	2000
N.A.	N.A.	N.A.	N.A.	N.A.	N.A.	N.A.	N.A.	N.A.	2001
N.A.	N.A.	N.A.	N.A.	N.A.	N.A.	N.A.	N.A.	N.A.	2002
N.A.	N.A.	N.A.	N.A.	N.A.	N.A.	N.A.	N.A.	N.A.	2003
N.A.	N.A.	N.A.	N.A.	N.A.	N.A.	N.A.	N.A.	N.A.	2004
N.A.	N.A.	N.A.	N.A.	N.A.	N.A.	N.A.	N.A.	N.A.	2005
N.A.	N.A.	N.A.	N.A.	N.A.	N.A.	N.A.	N.A.	N.A.	2006
N.A.	N.A.	N.A.	N.A.	N.A.	N.A.	N.A.	N.A.	N.A.	2007
N.A.	N.A.	N.A.	N.A.	N.A.	N.A.	N.A.	N.A.	N.A.	2008
N.A.	N.A.	N.A.	N.A.	N.A.	N.A.	N.A.	N.A.	N.A.	2009
N.A.	N.A.	N.A.	N.A.	N.A.	N.A.	N.A.	N.A.	N.A.	2010
N.A.	N.A.	N.A.	N.A.	N.A.	N.A.	N.A.	N.A.	N.A.	2011
N.A.	N.A.	N.A.	N.A.	N.A.	N.A.	N.A.	N.A.	N.A.	2012
N.A.	N.A.	N.A.	N.A.	N.A.	N.A.	N.A.	N.A.	N.A.	2013
N.A.	N.A.	N.A.	N.A.	N.A.	N.A.	N.A.	N.A.	N.A.	2014
N.A.	N.A.	N.A.	N.A.	N.A.	N.A.	N.A.	N.A.	N.A.	2015
N.A.	N.A.	N.A.	N.A.	N.A.	N.A.	N.A.	N.A.	N.A.	2016
N.A.	N.A.	N.A.	N.A.	N.A.	N.A.	N.A.	N.A.	N.A.	2017
N.A.	N.A.	N.A.	N.A.	N.A.	N.A.	N.A.	N.A.	N.A.	2018
N.A.	N.A.	N.A.	N.A.	N.A.	N.A.	N.A.	N.A.	N.A.	2019
N.A.	N.A.	N.A.	N.A.	N.A.	N.A.	N.A.	N.A.	N.A.	2020
N.A.	N.A.	N.A.	N.A.	N.A.	N.A.	N.A.	N.A.	N.A.	2021
N.A.	N.A.	N.A.	N.A.	N.A.	N.A.	N.A.	N.A.	N.A.	2022

注:2001年度以降は「エネルギー生産・需給統計」からの変更により
データが更新できない箇所がある。

1. 石炭需給
(3)わが国の石炭輸入量（その1）

年度	一般炭							
	米国	豪州	カナダ	中国	南アフリカ	インドネシア	ロシア	計
1965	-	-	-	-	-	-	-	-
1970	-	-	-	-	-	-	-	-
1973	-	-	-	-	-	-	-	-
1975	-	330	-	139	-	-	31	500
1980	709	4,272	600	760	512	9	245	7,107
1985	1,086	13,993	861	2,230	2,974	239	1,046	22,428
1990	1,646	24,376	1,316	2,525	1,347	824	2,581	34,680
1991	2,106	26,256	1,369	3,078	1,914	2,753	2,119	39,742
1992	2,483	26,743	1,333	3,064	2,165	4,296	1,523	41,728
1993	2,199	29,059	1,629	3,201	2,555	4,476	1,372	44,516
1994	2,519	32,454	1,604	4,540	2,422	6,278	1,466	51,344
1995	3,448	32,806	1,731	5,653	2,700	6,947	1,947	55,318
1996	3,231	32,534	2,018	6,440	2,869	6,957	2,056	56,130
1997	2,526	38,211	2,032	6,651	2,685	8,509	1,835	62,510
1998	2,503	37,042	1,937	7,659	2,191	8,821	1,486	61,666
1999	2,860	41,063	1,361	8,775	2,630	9,740	N.A.	68,916
2000	2,928	48,514	1,025	13,159	1,410	11,186	N.A.	81,017
2001	1,352	45,996	644	14,730	1,038	5,025	3,205	72,051
2002	381	48,547	974	16,500	435	5,629	3,944	76,437
2003	-	53,017	1,210	17,052	127	6,343	4,215	82,069
2004	96	58,705	516	18,387	67	8,591	5,080	91,443
2005	0	60,047	935	14,517	76	7,677	6,676	89,945
2006	0	59,783	1,681	13,169	76	8,203	5,605	88,518
2007	0	66,521	2,122	9,866	418	9,648	7,379	95,983
2008	233	69,078	2,072	7,956	150	10,261	6,712	96,509
2009	115	62,937	2,089	3,875	550	15,370	5,994	90,946
2010	368	72,225	2,272	3,943	298	18,259	7,528	105,012
2011	578	69,132	2,286	2,144	616	19,468	7,354	101,723
2012	995	75,870	2,344	820	509	17,508	7,950	106,216
2013	1,746	82,265	2,697	589	311	15,410	8,334	111,451
2014	1,909	81,912	1,865	537	141	14,271	9,604	110,238
2015	1,095	85,760	1,738	503	159	11,837	10,929	112,022
2016	622	83,361	2,043	1,521	60	12,763	10,807	111,177
2017	2,716	82,508	1,796	1,076	63	13,485	12,199	114,480
2018	3,192	81,436	2,088	608	135	13,013	12,687	113,781
2019	4,046	74,810	3,197	725	305	13,645	13,092	109,968
2020	2,411	71,844	3,250	143	86	12,123	15,288	105,146
2021	4,132	82,586	3,034	514	324	10,812	12,697	114,159
2022	3,779	81,824	5,850	87	1,616	12,886	7,166	113,372
構成比 (%)								
1965	-	-	-	-	-	-	-	-
1980	1.0	5.9	0.8	1.0	0.7	0.0	0.3	9.8
1990	1.6	23.3	1.3	2.4	1.3	0.8	2.5	33.1
2000	2.0	32.5	0.7	8.8	0.9	7.5	N.A.	54.2
2010	0.2	38.7	1.2	2.1	0.2	9.8	4.0	56.3
2022	2.1	45.4	3.2	0.0	0.9	7.1	4.0	62.9

出所：2000年度まで経済産業省「エネルギー生産・需給統計年報」、
　　　2001年度より財務省「日本貿易月表」

(千トン)

米国	豪州	カナダ	中国	南アフリカ	インドネシア	ロシア	計	一般炭原料炭計	年度
				原料炭					
6,618	6,813	754	489	-		1,196	15,870	15,870	1965
25,436	15,768	4,494	-	17		2,659	49,510	49,510	1970
18,344	24,000	10,353	-	92		2,859	56,867	56,867	1973
21,471	23,104	11,380	-	110		3,140	60,813	61,313	1975
20,775	26,303	11,145	958	2,837		2,009	64,518	71,625	1980
12,802	30,027	16,658	1,213	4,601	94	3,367	69,163	91,591	1985
9,930	30,677	17,004	1,343	3,443	209	5,267	68,202	102,882	1990
9,652	32,145	16,916	1,600	3,409	497	3,273	68,116	107,858	1991
9,048	33,099	13,331	1,595	3,023	1,192	2,257	64,132	105,860	1992
7,927	31,167	14,321	1,610	2,906	1,552	3,107	62,979	107,495	1993
6,854	32,387	15,673	1,756	3,083	1,896	3,029	65,117	116,462	1994
7,105	31,226	15,747	2,396	2,941	2,351	2,899	65,290	120,608	1995
5,871	32,130	15,587	3,256	2,973	2,429	2,504	65,514	121,644	1996
4,890	33,651	16,070	2,984	1,973	3,156	2,474	65,916	128,426	1997
3,814	31,897	14,719	2,759	1,581	3,667	2,192	61,449	123,114	1998
2,012	38,581	12,873	2,828	582	3,653	N.A.	63,767	132,683	1999
517	41,998	12,398	3,669	89	3,604	N.A.	65,689	146,706	2000
889	45,216	9,525	7,720	-	11,780	2,436	78,429	150,480	2001
1	42,899	8,521	11,747	-	13,952	2,957	81,034	157,471	2002
59	42,793	7,741	10,734	-	15,118	3,602	81,075	163,144	2003
4,709	44,785	5,445	7,967	-	18,276	4,201	86,315	177,757	2004
1,358	42,322	6,674	5,464	-	22,268	2,962	81,876	171,820	2005
240	45,339	7,063	4,299	-	23,757	3,201	84,993	173,511	2006
2	47,693	9,143	1,508	-	23,681	3,517	85,993	181,975	2007
1,602	44,103	8,116	2,330	-	24,249	2,546	83,787	180,295	2008
1,035	40,263	7,227	757	-	17,203	2,101	69,041	159,988	2009
3,431	42,610	8,269	889	-	17,166	2,548	75,508	180,520	2010
5,799	37,351	6,737	651	-	14,529	2,433	68,011	169,734	2011
5,111	36,795	7,371	582	-	19,228	2,063	71,772	177,988	2012
4,740	40,658	8,004	574	-	21,285	3,107	78,637	190,088	2013
4,264	35,682	7,269	196	-	20,912	3,326	72,349	182,587	2014
4,246	36,705	6,266	94	-	20,944	3,790	73,090	185,112	2015
4,947	35,696	6,186	265	-	19,026	4,411	72,458	183,636	2016
6,251	33,575	6,514	651	-	17,310	3,446	70,598	185,078	2017
8,952	31,355	6,781	365	-	15,311	3,850	68,799	182,580	2018
8,712	32,022	6,832	318	-	16,021	4,853	70,778	180,746	2019
6,422	31,083	6,067	193	-	13,104	4,056	62,367	167,513	2020
5,784	34,535	5,100	86	-	11,582	4,622	63,451	177,610	2021
6,370	34,311	5,401	48	-	13,783	923	62,661	176,033	2022
				構成比 (%)					
39.1	40.2	4.5	2.9	-	-	7.1	93.7	93.7	1965
28.6	36.2	15.3	1.3	3.9	-	2.8	88.7	98.5	1980
9.5	29.3	16.2	1.3	3.3	0.2	5.0	65.1	98.1	1990
0.3	28.1	8.3	2.5	0.1	2.4	N.A.	44.0	98.2	2000
1.8	22.8	4.4	0.5	-	9.2	1.4	40.5	96.7	2010
3.5	19.0	3.0	0.0	-	7.6	0.5	34.7	97.6	2022

注:(1)ロシアの1965-1991年度は旧ソ連を指す。
　　(2)構成比は次ページの総合計(一般炭、原料炭、無煙炭)に対する比率。
　　(3)掲載していない国があるため、一般炭、原料炭の内訳と計は必ずしも一致しない。

1. 石炭需給

(3)わが国の石炭輸入量（その2）

(千トン)

年度	無煙炭	石炭国別合計(無煙炭を含む)								総合計
		米国	豪州	カナダ	中国	南アフリカ	インドネシア	ロシア	その他	
1965	1,066	6,618	6,828	890	610	131	-	1,253	606	16,936
1970	1,440	25,437	15,768	4,686	235	284	-	2,690	1,850	50,950
1973	1,183	18,344	24,000	10,548	282	194	-	2,901	1,780	58,049
1975	1,027	21,471	23,435	11,528	456	150	-	3,209	2,090	62,339
1980	1,086	21,522	30,575	11,769	2,236	3,496	9	2,275	829	72,711
1985	2,101	13,888	44,395	17,519	3,676	8,557	333	4,418	905	93,691
1990	1,953	11,576	55,334	18,320	4,589	4,888	1,033	8,054	1,041	104,835
1991	2,543	11,758	58,777	18,285	5,860	5,450	3,250	5,492	1,529	110,401
1992	2,393	11,531	60,046	14,664	6,054	5,271	5,488	3,854	1,345	108,253
1993	2,675	10,127	60,360	15,949	6,393	5,461	6,028	4,579	1,272	110,169
1994	3,305	9,372	64,841	17,277	8,370	5,509	8,174	4,545	1,679	119,765
1995	3,562	10,553	64,101	17,477	9,920	5,640	9,298	4,889	2,291	124,170
1996	3,744	9,101	64,702	17,605	11,592	5,841	9,386	4,577	2,585	125,389
1997	4,047	7,416	71,862	18,102	12,011	4,658	11,665	4,308	2,451	132,473
1998	3,469	6,316	68,938	16,655	12,278	3,772	12,488	3,678	2,459	126,584
1999	3,036	4,873	79,728	14,235	13,109	3,212	13,393	N.A.	7,169	135,719
2000	2,735	3,445	90,512	13,424	18,403	1,499	14,790	N.A.	7,368	149,441
2001	4,618	2,241	91,476	10,168	25,172	1,097	16,813	5,641	2,490	155,098
2002	5,198	383	91,786	9,495	31,125	435	19,581	6,992	2,874	162,669
2003	5,229	59	95,982	8,950	30,604	127	21,461	7,895	3,294	168,373
2004	5,811	4,806	103,703	5,961	28,479	67	26,935	9,677	3,941	183,569
2005	5,973	1,358	102,959	7,609	22,151	76	29,945	10,492	3,203	177,793
2006	5,828	240	105,932	8,784	19,486	76	31,960	9,427	3,434	179,339
2007	5,613	2	114,952	11,265	13,615	418	33,329	11,257	2,750	187,588
2008	5,219	1,835	114,081	10,188	12,649	150	34,510	9,661	2,440	185,514
2009	4,787	1,150	104,099	9,352	6,027	550	32,573	8,867	2,157	164,775
2010	6,117	3,799	116,315	10,541	6,503	298	35,449	11,426	2,306	186,637
2011	5,645	6,392	107,870	9,023	4,258	616	34,004	11,401	1,814	175,379
2012	5,781	6,144	113,879	9,715	2,591	509	36,737	12,232	1,963	183,593
2013	5,501	6,487	124,635	10,701	2,251	311	36,695	13,126	1,382	195,589
2014	5,105	6,211	118,921	9,134	1,842	141	35,183	15,024	1,237	187,692
2015	6,438	5,432	124,664	8,005	1,544	159	32,782	17,463	1,502	191,550
2016	5,779	5,641	120,694	8,229	2,641	60	31,789	17,905	2,458	189,415
2017	6,006	8,967	117,963	8,407	2,422	63	30,795	18,201	4,266	191,084
2018	5,947	12,144	114,623	8,869	1,615	135	28,347	19,326	3,469	188,527
2019	6,130	12,758	109,106	10,030	1,799	305	29,666	20,656	2,575	186,895
2020	5,486	8,834	105,754	9,317	543	86	25,235	21,486	1,744	172,999
2021	6,208	9,916	120,182	8,135	939	324	22,394	19,537	2,391	183,818
2022	4,310	10,187	118,976	11,251	364	1,616	26,668	8,752	2,529	180,343
					構成比 (%)					
1965	6.3	39.1	40.3	5.3	3.6	0.8	-	7.4	3.6	100.0
1980	1.5	29.6	42.1	16.2	3.1	4.8	0.0	3.1	1.1	100.0
1990	1.9	11.0	52.8	17.5	4.4	4.7	1.0	7.7	1.0	100.0
2000	1.8	2.3	60.6	9.0	12.3	1.0	9.9	N.A.	4.9	100.0
2010	3.3	2.0	62.3	5.6	3.5	0.2	19.0	6.1	1.2	100.0
2022	2.4	5.6	66.0	6.2	0.2	0.9	14.8	4.9	1.4	100.0

出所：2000年度まで経済産業省「エネルギー生産・需給統計年報」、2001年度より財務省「日本貿易月表」
注：(1) ロシアの1965〜1991年度は旧ソ連を指す。1999、2000年度はその他に含む。
　　(2) 構成比は総合計（一般炭、原料炭、無煙炭）に対する比率。

1．石炭需給
(4)産業別石炭販売量（石炭計）

(千トン)

年度	合計	鉄鋼	ガス	コークス	電気業	窯業土石	紙・パルプ	その他
1965	69,775	21,458	3,838	3,073	21,423	1,461	1,670	16,852
1970	89,114	54,821	3,269	3,901	18,952	464	484	7,223
1973	81,164	62,575	2,529	3,579	7,647	439	192	4,203
1975	81,443	64,489	2,232	3,722	7,567	398	84	2,951
1980	92,405	65,969	1,653	4,473	9,818	7,202	274	3,016
1985	110,940	65,844	1,161	5,868	23,034	7,672	1,196	6,165
1990	115,170	64,712	703	4,943	26,284	8,286	3,031	7,211
1991	118,956	64,203	553	5,167	29,396	8,977	3,160	7,497
1992	115,971	60,932	523	4,582	31,532	9,619	2,800	5,983
1993	117,625	60,157	393	4,717	33,547	9,289	3,386	6,137
1994	126,229	63,135	279	4,735	38,347	9,715	3,563	6,456
1995	130,272	63,853	233	5,263	41,409	9,916	4,153	5,444
1996	131,439	63,090	130	6,084	41,921	9,832	3,927	6,444
1997	137,283	64,469	46	5,606	46,502	9,953	4,407	6,300
1998	130,069	61,097	-	4,985	45,591	8,445	3,940	6,011
1999	139,674	64,443	-	4,132	50,982	8,614	4,030	7,473
2000	152,290	65,414	-	5,059	58,936	9,906	5,063	7,912
2001	154,486	67,344	N.A.	N.A.	63,849	10,057	5,088	8,148
2002	160,675	69,536	N.A.	N.A.	67,404	10,004	5,313	8,417
2003	165,785	69,338	N.A.	N.A.	72,642	10,200	5,203	8,402
2004	176,742	72,612	N.A.	N.A.	78,604	10,848	5,645	9,033
2005	174,618	66,019	N.A.	N.A.	82,801	11,101	5,091	9,606
2006	179,734	67,252	N.A.	N.A.	81,048	11,166	5,478	14,790
2007	187,484	69,224	N.A.	N.A.	86,857	11,408	5,139	14,856
2008	183,643	66,763	N.A.	N.A.	85,431	11,330	5,622	14,497
2009	165,887	60,582	N.A.	N.A.	77,021	10,308	5,184	12,791
2010	174,145	68,301	N.A.	N.A.	75,319	10,596	5,295	14,634
2011	166,646	66,249	N.A.	N.A.	71,242	10,093	5,316	13,746
2012	169,021	65,965	N.A.	N.A.	73,089	10,510	5,592	14,247
2013	181,356	68,026	N.A.	N.A.	82,512	10,216	6,021	14,581
2014	174,921	63,676	N.A.	N.A.	81,010	10,185	5,785	14,265
2015	177,696	63,327	N.A.	N.A.	83,183	10,100	6,281	14,798
2016	N.A.	65,149	N.A.	N.A.	111,193	10,110	6,056	14,399
2017	N.A.	62,525	N.A.	N.A.	113,943	10,224	6,149	14,336
2018	N.A.	60,875	N.A.	N.A.	112,710	10,306	6,157	14,531
2019	N.A.	61,755	N.A.	N.A.	110,530	10,087	5,879	13,525
2020	N.A.	53,310	N.A.	N.A.	107,667	9,535	5,437	12,491
2021	N.A.	59,591	N.A.	N.A.	111,613	9,590	5,065	12,997
2022	N.A.	55,132	N.A.	N.A.	113,422	8,971	4,135	11,379

出所：2000年度まで経済産業省「エネルギー生産・需給統計年報」、
　　　2001年度より同「石油等消費動態統計年報」、「電力調査統計月報」。
注：(1)統計内容変更により、1999、2000年度の鉄鋼業は高炉による製鉄業についてのみ掲載。
　　(2)2016年度以降の電気業は、小売業参入の全面自由化に伴う電気事業類型の見直しにより、
　　　　調査対象事業者が変更されている。

1．石炭需給
(5)世界の石炭貿易量（2020年）

輸入国＼輸出国	世界計	アメリカ	カナダ	コロンビア	ロシア	南アフリカ
アメリカ	2,614	-	294	1,907	253	-
カナダ	4,860	4,062	-	534	198	-
メキシコ	5,558	3,591	-	235	1,294	-
ブラジル	16,066	7,155	305	*1,644	3,126	329
チリ	11,060	410	1,176	6,868	156	-
イギリス	4,532	991	-	115	1,627	66
オランダ	6,035	1,205	-	305	3,232	-
ベルギー	3,063	427	-	36	1,193	102
ドイツ	29,573	5,751	1,219	1,854	14,227	417
フランス	7,142	1,222	133	445	2,414	298
スペイン	3,968	358	-	461	2,183	-
ポルトガル	5	-	-	-	-	-
イタリア	7,179	1,478	109	584	4,007	-
フィンランド	2,432	613	285	-	1,332	-
デンマーク	1,111	-	-	-	1,074	9
オーストリア	2,709	512	-	-	343	-
スロバキア	2,520	398	192	20	881	-
ポーランド	12,771	270	4	902	9,396	-
ウクライナ	16,951	3,277	-	18	11,906	-
トルコ	40,106	2,498	915	17,212	16,047	1,976
ロシア	22,400	-	-	33	-	-
イスラエル	7,743	-	-	-	-	-
モロッコ	9,965	760	-	185	8,701	61
パキスタン	16,345	-	-	-	987	11,322
インド	215,251	*11,281	3,691	3,746	7,696	35,131
中国	303,610	1,621	5,209	1,545	33,988	-
日本	173,138	7,180	8,044	495	23,150	103
韓国	115,485	3,847	7,256	3,894	24,686	1,221
香港	5,485	-	-	-	991	-
マレーシア	31,129	-	-	47	1,854	-
タイ	23,734	-	-	174	1,639	-
合計	1,104,540	58,907	28,832	43,259	178,581	51,035

出所：国連「Energy Statistics Yearbook 2020」
注：(1)褐炭、ピート、ブリケットを除く。

(千トン)

モザンビーク	オーストラリア	中国	カザフスタン	モンゴル	インドネシア	その他
-	-	98	-	-	59	3
-	-	21	-	-	-	66
-	-	-	-	-	-	417
303	3,204	-	-	-	-	0
-	2,439	-	-	-	-	11
-	320	7	62	-	-	1,344
-	1,292	-	-	-	-	1
-	1,192	-	-	-	-	113
140	3,851	2	159	-	-	1,953
102	2,431	2	15	-	-	80
-	153	7	259	-	-	547
-	-	-	-	-	-	5
-	414	-	304	-	67	216
-	130	-	-	-	-	72
-	-	-	-	-	-	28
-	261	-	-	-	-	1,593
295	-	-	-	-	-	734
208	1,056	4	843	-	-	88
-	134	-	1,280	-	-	336
77	904	-	456	-	-	21
-	-	-	19,500	-	-	2,867
-	-	-	-	-	-	7,743
-	-	-	49	-	-	209
-	51	5	-	-	3,521	459
4,009	42,282	37	-	-	98,411	8,967
77	102,079	-	255	*28,127	55,895	74,814
129	109,500	534	125	-	23,344	534
1,248	48,351	1,380	-	-	18,385	5,217
-	327	-	-	-	4,011	156
-	7,050	87	-	-	*22,091	0
-	3,881	2	-	-	17,812	226
6,588	331,302	2,186	23,307	28,127	243,596	108,820

(2)輸入国からみた輸入量の数字。ただし、世界計については輸出国からみた輸出量。
(3)*The United Nations Statistics Divisionによる推計。

2. 石油需給

2．石油需給

(1)油種別燃料油販売量

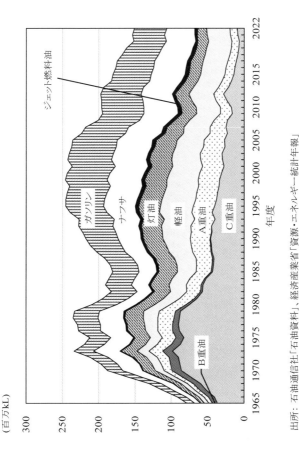

（百万kL）

出所：石油通信社「石油資料」、経済産業省「資源・エネルギー統計年報」
注：(1)2002年1月よりB重油はC重油に含まれる。
(2)2001年度以前は消費者向総販売量、2002年度以降は国内向販売量。

2．石油需給

(2)原油の需給

年度	原油需給					
	国内生産	伸び率	輸入	伸び率	中東原油	中東依存率
	(千kL)	(%)	(千kL)	(%)	(千kL)	(%)
1965	787	5.3	87,627	18.2	77,372	88.3
1970	901	11.0	204,872	17.4	173,336	84.6
1973	818	-1.6	288,609	16.9	223,763	77.5
1975	699	-7.6	262,785	-4.7	205,606	78.2
1980	481	-12.7	249,199	-10.1	177,948	71.4
1985	670	33.4	197,261	-7.4	135,705	68.8
1990	655	0.8	238,480	13.1	170,568	71.5
1991	946	44.5	238,646	0.1	176,406	73.9
1992	981	3.7	255,668	7.1	192,283	75.2
1993	899	-8.3	256,406	0.3	198,058	77.2
1994	863	-4.0	273,777	6.8	211,505	77.3
1995	866	0.3	265,526	-3.0	208,582	78.6
1996	834	-3.6	263,792	-0.7	213,705	81.0
1997	840	0.8	267,489	1.4	221,227	82.7
1998	773	-8.0	254,279	-4.9	219,081	86.2
1999	728	-5.8	248,530	-2.3	210,173	84.6
2000	761	4.5	254,604	2.4	221,852	87.1
2001	734	-3.6	239,784	-5.8	210,838	87.9
2002	756	3.0	241,898	0.9	206,266	85.3
2003	830	9.8	244,854	1.2	216,645	88.5
2004	860	3.7	241,805	-1.2	216,339	89.5
2005	911	5.9	249,010	3.0	221,777	89.1
2006	905	-0.6	238,649	-4.2	212,221	88.9
2007	979	8.2	242,029	1.4	209,224	86.4
2008	973	-0.6	234,406	-3.1	205,849	87.8
2009	917	-5.8	211,656	-9.7	189,498	89.5
2010	853	-7.0	214,357	1.3	185,698	86.6
2011	824	-3.3	209,173	-2.4	177,985	85.1
2012	759	-7.9	211,026	0.9	175,481	83.2
2013	668	-11.9	210,345	-0.3	175,869	83.6
2014	626	-6.3	195,169	-7.2	161,478	82.7
2015	578	-7.7	194,515	-0.3	160,399	82.5
2016	549	-5.0	191,047	-1.8	166,573	87.2
2017	546	-0.5	185,091	-3.1	161,583	87.3
2018	496	-9.2	177,043	-4.3	156,243	88.3
2019	524	5.7	173,044	-2.3	155,023	89.6
2020	513	-2.1	136,463	-21.1	125,599	92.0
2021	473	-7.7	148,904	9.1	137,735	92.5
2022	410	-13.3	156,563	5.1	149,059	95.2

出所：経済産業省「資源・エネルギー統計年報・月報」、
　　　「生産動態統計月報」、石油連盟「石油資料月報」

精製業者原油処理量		非精製用出荷	年度末在庫	製油所稼働率	常圧蒸留設備能力	年度
（千kL）	（千バレル/日）	（千kL）	（千kL）	（%）	（千バレル/日）	
83,427	1,438	2,510	4,885	69.9	2,058	1965
193,046	3,327	9,651	11,312	90.7	3,749	1970
260,432	4,488	24,346	19,729	83.0	5,410	1973
237,329	4,079	23,907	26,931	69.6	5,940	1975
227,399	3,919	18,112	33,643	66.0	5,940	1980
179,625	3,095	15,271	27,376	62.3	4,973	1985
204,164	3,518	27,970	29,191	77.3	4,552	1990
215,607	3,705	26,204	22,173	79.3	4,764	1991
229,074	3,948	25,531	19,579	81.2	4,880	1992
233,242	4,019	19,616	19,735	80.3	5,055	1993
245,027	4,223	24,998	19,851	82.9	5,118	1994
241,350	4,148	20,445	20,644	79.4	5,221	1995
242,307	4,176	20,129	20,229	79.1	5,270	1996
249,932	4,307	15,342	21,073	81.2	5,303	1997
242,861	4,185	12,910	19,510	77.7	5,379	1998
240,493	4,133	11,766	15,855	77.0	5,355	1999
242,389	4,177	9,297	18,921	79.1	5,274	2000
234,482	4,041	6,262	17,051	81.0	4,988	2001
234,964	4,049	7,348	16,788	81.4	4,974	2002
237,029	4,074	7,709	17,242	83.0	4,906	2003
234,046	4,033	7,421	17,990	84.4	4,778	2004
241,113	4,155	9,337	17,358	87.2	4,767	2005
230,759	3,977	7,850	17,801	82.9	4,796	2006
233,633	4,015	12,487	14,361	82.7	4,856	2007
223,975	3,860	8,956	16,460	78.9	4,895	2008
209,572	3,612	4,319	14,851	74.5	4,846	2009
208,572	3,594	5,742	15,842	77.7	4,627	2010
196,720	3,381	13,263	16,081	74.2	4,559	2011
197,359	3,401	15,338	15,731	75.9	4,478	2012
200,148	3,449	12,961	14,382	78.5	4,391	2013
188,714	3,252	8,123	14,055	82.4	3,947	2014
188,757	3,244	6,651	14,199	82.8	3,917	2015
190,308	3,280	2,915	12,525	86.2	3,804	2016
183,974	3,170	1,638	12,185	90.1	3,519	2017
176,382	3,040	744	12,773	86.4	3,519	2018
173,701	2,993	206	12,195	84.8	3,519	2019
139,051	2,390	323	9,573	68.7	3,490	2020
147,246	2,537	389	9,659	73.4	3,458	2021
156,016	2,689	378	9,893	79.2	3,395	2022

注：稼働率は年度内の各月の単純平均値。

2．石油需給

(3)供給国別原油輸入量

年度	輸入合計	中東合計	サウジアラビア	アラブ首長国連邦	イラン	イラク	カタール	クウェート
1965	87,627	77,372	16,855	450	18,937	5,573	682	20,677
1970	204,872	173,336	28,677	11,693	87,483	-	206	18,210
1973	288,609	223,763	57,398	31,227	89,508	978	216	23,628
1975	262,785	205,606	71,501	26,950	58,505	6,060	183	21,919
1980	249,199	177,948	82,212	36,576	5,664	13,782	8,637	8,840
1985	197,261	135,705	26,656	43,788	13,709	6,268	12,471	3,330
1990	238,480	170,568	46,602	50,985	25,528	4,730	14,296	4,522
1991	238,646	176,406	55,770	61,017	21,050		13,401	2,178
1992	255,668	192,283	54,952	62,168	20,609	-	16,380	10,002
1993	256,406	198,058	55,223	64,477	23,730	-	16,946	11,468
1994	273,777	211,505	52,829	71,807	25,702	-	17,183	11,438
1995	265,526	208,582	51,075	70,886	23,087		16,800	13,314
1996	263,792	213,705	53,703	72,021	27,710	295	16,585	14,448
1997	267,489	221,227	58,988	70,817	24,985	579	20,974	15,934
1998	254,279	219,081	52,148	71,091	28,694	1,158	23,090	14,439
1999	248,530	210,173	48,359	60,475	28,560	6,116	23,655	14,694
2000	254,604	221,852	54,898	65,112	29,229	3,586	24,546	18,839
2001	239,784	210,838	53,365	57,200	29,874	589	25,594	17,219
2002	241,898	206,266	54,228	55,496	33,418	456	22,283	16,801
2003	244,854	216,645	55,704	59,479	39,507	3,312	23,772	18,202
2004	241,805	216,339	63,380	60,456	36,382	3,636	21,842	17,887
2005	249,010	221,777	72,789	61,089	32,425	1,742	23,511	17,872
2006	238,649	212,221	69,149	62,496	26,889	2,259	24,709	16,874
2007	242,029	209,224	66,873	57,678	29,546	2,161	25,914	16,677
2008	234,406	205,849	66,136	53,517	27,849	3,082	25,826	19,570
2009	211,656	189,498	62,384	45,182	23,002	4,782	25,641	16,318
2010	214,357	185,698	62,562	44,767	20,944	6,986	24,877	14,938
2011	209,173	177,985	64,950	47,126	16,259	4,578	21,327	14,578
2012	211,026	175,481	64,123	46,626	10,114	4,428	24,073	15,576
2013	210,345	175,869	64,603	47,803	9,655	3,395	27,430	15,153
2014	195,169	161,478	63,523	48,690	10,170	2,555	18,644	13,410
2015	194,515	160,399	65,732	49,172	9,660	3,119	16,404	15,127
2016	191,047	166,573	71,417	45,294	13,345	4,681	16,587	12,601
2017	185,091	161,583	72,943	45,894	9,603	3,448	14,095	13,531
2018	177,043	156,243	67,695	44,894	6,664	2,596	14,203	13,467
2019	173,044	155,023	58,970	56,242	676	1,987	16,062	15,434
2020	136,463	125,599	57,977	40,773		789	11,315	11,736
2021	148,904	137,735	55,594	54,256	-	158	11,600	12,513
2022	156,563	149,059	61,385	60,311	-	-	10,177	13,374

出所：経済産業省「資源・エネルギー統計年報」

(千kL)

中立地帯	その他	東南アジア合計	インドネシア	その他	アメリカ	ロシア	アフリカ	その他	年度
14,197		6,293	6,156	137	65	2,924		973	1965
20,946	5,962	27,434	27,103	331	45	577	2,772	708	1970
15,406	5,404	53,070	42,433	10,637	78	1,423	7,858	2,417	1973
12,986	7,503	39,713	29,368	10,344	-	81	7,525	9,861	1975
13,446	8,790	50,533	37,393	13,139	-	109	4,429	16,179	1980
11,961	17,522	33,087	22,551	10,536	-	153	2,542	25,775	1985
8,324	15,581	40,454	29,940	10,514	-	56	972	26,431	1990
6,714	16,276	37,369	26,252	11,117		96	713	24,063	1991
10,729	17,442	37,857	25,543	12,314		67	1,104	24,357	1992
10,305	15,908	34,908	21,825	13,083		5	2,142	21,292	1993
12,279	20,267	37,525	24,140	13,385		22	1,476	23,248	1994
14,332	19,087	34,906	20,932	13,974		11	1,822	20,206	1995
13,170	15,772	29,078	17,480	11,598	334	5	1,238	19,432	1996
14,847	14,104	24,807	14,582	10,225	939	-	1,602	18,913	1997
13,660	14,802	21,777	14,406	7,371	301	-	1,598	11,522	1998
13,346	14,967	21,771	14,171	7,601	2,335	-	2,773	11,478	1999
13,843	11,799	19,120	12,255	6,865	273	-	1,777	11,583	2000
12,433	14,562	16,623	10,391	6,232	-	330	4,046	7,948	2001
9,527	14,058	14,884	9,716	5,168	-	880	11,291	8,576	2002
8,810	7,857	13,752	8,871	4,881	-	1,689	6,253	6,515	2003
5,640	7,117	11,908	7,893	4,015	-	1,583	9,965	2,011	2004
4,952	7,396	12,139	7,646	4,494	-	1,736	10,056	3,302	2005
5,240	4,605	9,949	6,606	3,343	-	3,792	9,444	3,243	2006
4,541	5,833	12,665	7,858	4,807	-	8,423	8,132	3,584	2007
4,117	5,754	10,481	6,419	4,062	-	8,734	5,803	3,539	2008
4,174	8,015	6,461	4,193	2,268	-	9,629	3,370	2,697	2009
4,118	6,505	7,413	5,155	2,258	-	15,171	2,986	3,090	2010
4,245	4,923	13,120	7,357	5,763	-	8,629	5,983	3,456	2011
4,439	6,104	14,435	7,652	6,783	-	11,167	6,267	3,675	2012
3,413	4,417	11,324	6,805	4,518	-	15,050	4,256	3,848	2013
2,357	2,129	8,050	5,014	3,036	47	16,316	3,006	6,272	2014
213	972	7,079	4,253	2,827	205	15,672	1,700	9,459	2015
-	2,649	4,557	2,712	1,845	851	11,073	161	7,831	2016
-	2,071	4,026	2,068	1,958	1,633	9,729	814	7,307	2017
-	6,724	2,645	1,225	1,420	4,177	7,786	757	5,436	2018
-	5,371	1,579	25	1,554	2,700	8,248	799	4,695	2019
386	2,622	1,288	78	1,210	969	4,885	281	3,441	2020
417	3,198	1,177	96	1,082	224	5,424	849	3,495	2021
516	3,296	1,119	105	1,013	2,287	624	174	3,300	2022

注：ロシアの1989年度以前はソ連邦の値。

2. 石油需給
(4)石油製品別生産量

年度	ガソリン	プレミアム	ナフサ	ジェット燃料	灯油	軽油	A重油
1965	11,507	N.A.	7,743	1,373	5,701	6,302	3,161
1970	21,258	3,276	22,675	2,613	17,582	12,620	10,354
1973	27,925	3,650	31,681	3,924	23,317	18,264	18,765
1975	29,234	5,549	27,152	3,341	21,827	16,415	18,191
1980	34,601	1,141	20,945	4,506	23,673	21,512	20,807
1985	36,081	1,550	10,800	4,262	24,849	25,771	19,187
1990	42,978	6,167	11,826	4,711	23,728	33,497	26,533
1995	51,405	10,546	17,279	7,724	27,540	45,984	28,562
1996	52,399	11,017	16,792	7,768	27,728	47,164	28,038
1997	53,756	11,300	19,071	9,557	28,230	47,945	27,335
1998	55,740	11,782	18,038	10,143	27,057	45,711	26,986
1999	56,422	11,899	17,960	10,811	27,009	44,165	27,866
2000	56,989	11,495	18,144	10,556	28,463	42,256	28,760
2001	58,216	11,677	18,556	10,402	27,395	41,575	28,377
2002	58,008	11,343	19,124	10,452	28,091	39,333	29,407
2003	58,643	11,319	19,461	9,792	27,065	38,598	29,493
2004	58,058	10,890	19,975	10,087	27,045	38,425	29,260
2005	58,797	10,509	21,932	11,356	27,997	40,420	28,026
2006	57,678	9,723	21,827	13,318	24,717	40,574	24,327
2007	58,127	9,247	22,819	14,887	23,075	43,989	21,610
2008	56,862	8,476	20,784	15,849	20,346	46,214	18,520
2009	57,216	8,776	21,538	13,561	20,245	42,759	16,610
2010	58,448	8,820	20,096	14,019	19,647	43,037	16,241
2011	54,568	8,057	18,902	12,811	19,183	39,194	15,468
2012	53,219	7,215	19,009	13,279	18,156	38,904	14,929
2013	54,623	7,092	20,508	15,396	17,695	43,309	14,291
2014	53,511	6,824	18,286	15,385	16,261	41,043	13,113
2015	54,773	7,181	19,106	15,742	15,754	41,609	12,748
2016	53,715	6,165	20,013	15,905	15,803	41,180	12,892
2017	53,229	6,083	18,038	14,679	15,720	41,608	12,507
2018	50,933	6,297	16,935	15,563	13,243	40,898	11,978
2019	48,960	5,943	17,146	15,619	13,240	41,190	11,345
2020	43,478	5,328	12,462	6,438	13,090	32,671	11,324
2021	45,462	5,465	13,545	8,565	12,585	36,179	10,410
2022	46,400	4,941	14,161	10,973	11,533	39,004	10,441

出所:経済産業省「資源・エネルギー統計年報」、「生産動態統計年報」

(千kL)

B重油	C重油	重油計	燃料油計	伸び率 (%)	潤滑油	年度
6,677	36,674	46,512	79,138	18.3	1,178	1965
12,217	84,178	106,749	183,499	15.5	2,424	1970
11,633	111,154	141,552	246,662	16.9	2,767	1973
10,158	99,089	127,438	225,409	-2.6	2,071	1975
5,159	81,743	107,709	212,947	-9.3	2,303	1980
2,009	42,018	63,215	164,978	-5.7	2,237	1985
751	45,008	72,292	189,032	10.5	2,545	1990
91	48,330	76,983	226,915	-0.8	2,690	1995
56	44,645	72,739	224,591	-1.0	2,817	1996
52	46,264	73,651	232,211	3.4	2,804	1997
42	43,934	70,962	227,651	-2.0	2,607	1998
22	40,577	68,464	224,832	-1.2	2,707	1999
16	39,923	68,699	225,106	0.1	2,616	2000
N.A.	34,949	63,326	219,469	-2.5	2,614	2001
N.A.	36,799	66,207	221,214	0.8	2,665	2002
N.A.	38,094	67,588	221,148	0.0	2,595	2003
N.A.	34,604	63,864	217,454	-1.7	2,611	2004
N.A.	35,403	63,428	223,931	3.0	2,633	2005
N.A.	31,876	56,203	214,317	-4.3	2,669	2006
N.A.	33,161	54,771	217,667	1.6	2,609	2007
N.A.	30,158	48,678	208,734	-4.1	2,368	2008
N.A.	24,446	41,056	196,375	-5.9	2,434	2009
N.A.	23,669	39,910	195,157	-0.6	2,645	2010
N.A.	25,314	40,783	185,440	-5.0	2,481	2011
N.A.	27,787	42,716	185,283	-0.1	2,339	2012
N.A.	22,664	36,956	188,487	1.7	2,457	2013
N.A.	20,154	33,287	177,773	-5.7	2,423	2014
N.A.	19,097	31,845	178,829	0.6	2,364	2015
N.A.	19,731	32,623	179,239	0.2	2,470	2016
N.A.	17,037	29,544	172,818	-3.6	2,198	2017
N.A.	16,372	28,350	165,922	-4.0	2,448	2018
N.A.	15,912	27,256	163,412	-1.5	2,260	2019
N.A.	13,988	25,311	133,451	-18.3	2,030	2020
N.A.	15,799	26,208	142,044	6.4	1,969	2021
N.A.	17,618	28,059	150,129	5.7	2,053	2022

注：2002年1月よりB重油はC重油に含まれる。

2. 石油需給

(5)石油製品別輸出量

年度	ガソリン	ナフサ	ジェット燃料	灯油	軽油	A重油
1965	383	184	760	171	588	362
1970	70	4	1,490	137	64	831
1973	83	171	2,044	99	120	1,053
1975	-	108	1,319	-	23	930
1980	-	-	1,800	-	178	511
1985	2	-	1,248	7	188	486
1990	48	458	950	498	640	882
1991	12	532	1,365	643	1,214	983
1992	163	503	2,026	465	1,238	1,187
1993	766	241	2,362	448	1,594	1,294
1994	833	325	2,976	364	1,744	1,523
1995	1,346	310	3,250	488	2,650	1,119
1996	734	360	2,873	291	2,467	134
1997	783	254	5,008	99	3,618	136
1998	801	150	5,759	237	2,637	159
1999	616	265	6,265	315	2,264	249
2000	349	145	6,196	156	2,058	205
2001	388	106	5,802	246	2,012	96
2002	284	102	6,015	247	1,374	128
2003	267	41	5,366	183	1,307	156
2004	112	26	5,888	155	1,525	161
2005	521	-	6,689	383	4,087	168
2006	317	23	7,955	499	4,950	165
2007	536	12	9,277	644	8,999	350
2008	710	38	10,080	444	13,050	561
2009	1,552	-	8,321	357	11,319	608
2010	2,198	-	8,936	198	11,046	736
2011	1,254	51	8,694	600	7,614	342
2012	1,148	58	9,047	144	6,410	787
2013	1,748	17	10,457	732	10,348	558
2014	3,112	14	10,031	711	8,443	722
2015	3,967	17	10,681	491	9,414	1,055
2016	3,100	51	10,947	573	8,823	1,042
2017	3,759	7	9,879	517	9,023	1,245
2018	3,318	-	10,709	697	8,413	1,112
2019	3,117	3	10,608	996	9,068	1,809
2020	2,451	-	3,780	1,300	2,900	1,292
2021	3,984	-	5,714	385	5,938	447
2022	4,361	-	7,235	1,123	7,996	173

出所:経済産業省「資源・エネルギー統計年報」

(千kL)

B重油	C重油	重油計	燃料油計	伸び率(%)	潤滑油	年度
86	7,332	7,780	9,866	21.5	29	1965
136	6,578	7,545	9,310	-27.6	318	1970
126	15,427	16,605	19,122	29.7	255	1973
97	17,507	18,534	19,983	-12.3	227	1975
31	9,401	9,942	11,921	5.5	322	1980
8	2,009	2,503	3,948	-7.5	197	1985
2	3,676	4,560	7,156	65.3	253	1990
2	6,130	7,115	10,880	52.0	244	1991
-	7,541	8,729	13,124	20.6	310	1992
-	9,652	10,946	16,356	24.6	395	1993
-	9,437	10,959	17,201	5.2	471	1994
-	8,446	9,565	17,609	2.4	450	1995
-	6,885	7,019	13,743	-22.0	479	1996
-	9,269	9,405	19,167	39.5	462	1997
-	8,425	8,583	18,168	-5.2	396	1998
-	6,022	6,271	15,996	-12.0	474	1999
-	6,180	6,385	15,288	-4.4	409	2000
N.A.	5,775	5,872	14,427	-5.6	517	2001
N.A.	5,678	5,806	13,827	-4.2	514	2002
N.A.	6,925	7,081	14,243	3.0	472	2003
N.A.	7,770	7,931	15,637	9.8	513	2004
N.A.	9,867	10,035	21,715	38.9	559	2005
N.A.	9,409	9,575	23,319	7.4	587	2006
N.A.	9,183	9,533	29,001	24.4	665	2007
N.A.	9,269	9,830	34,153	17.8	518	2008
N.A.	7,774	8,382	29,932	-12.4	772	2009
N.A.	7,172	7,908	30,285	1.2	768	2010
N.A.	6,792	7,135	25,347	-16.3	807	2011
N.A.	7,141	7,928	24,735	-2.4	765	2012
N.A.	6,053	6,611	29,912	20.9	898	2013
N.A.	5,775	6,497	28,807	-3.7	856	2014
N.A.	6,839	7,894	32,465	12.6	896	2015
N.A.	7,966	9,007	32,501	0.2	1,024	2016
N.A.	7,094	8,339	31,524	-3.0	791	2017
N.A.	7,701	8,813	31,951	1.4	935	2018
N.A.	7,984	9,793	33,586	5.1	844	2019
N.A.	6,760	8,052	18,483	-45.0	813	2020
N.A.	7,473	7,920	23,941	29.5	723	2021
N.A.	8,460	8,633	29,347	22.6	766	2022

注：2002年1月よりB重油はC重油に含まれる。

2. 石油需給

(6)石油製品別輸入量

年度	ガソリン	ナフサ	ジェット燃料	灯油	軽油	A重油
1965	45	769	-	0	-	2,819
1970	2	6,695	23	177	-	1,991
1973	13	6,222	14	89	89	2,396
1975	-	5,939	-	0	-	1,904
1980	0	6,661	37	284	312	943
1985	531	14,762	-	1,010	238	1,859
1990	2,127	21,083	-	3,795	4,954	1,477
1991	1,416	19,967	-	3,114	2,712	1,257
1992	1,039	20,699	-	2,429	1,665	1,210
1993	470	19,384	-	2,098	1,517	1,065
1994	1,479	23,436	-	2,127	1,199	1,049
1995	1,343	27,394	-	3,415	1,722	1,077
1996	1,428	29,137	-	3,521	1,601	1,208
1997	1,346	27,319	-	1,349	231	1,084
1998	936	27,099	65	2,539	538	1,046
1999	1,412	30,798	75	3,558	1,336	1,165
2000	1,629	30,160	97	3,236	1,738	1,072
2001	1,215	28,144	79	2,030	1,306	973
2002	1,602	30,260	78	2,838	912	874
2003	1,858	29,538	127	2,365	662	845
2004	2,905	29,545	444	1,292	584	313
2005	2,227	27,964	466	1,123	519	299
2006	2,261	28,855	103	560	247	79
2007	829	26,250	-	170	265	26
2008	651	23,105	2	497	293	125
2009	854	25,838	-	459	317	76
2010	1,098	27,248	43	1,053	444	192
2011	2,905	24,868	-	1,486	875	89
2012	2,884	25,276	94	1,213	583	88
2013	1,659	25,926	77	911	253	54
2014	1,508	26,821	101	1,370	562	91
2015	1,149	28,710	314	848	559	42
2016	843	25,684	228	1,187	431	30
2017	1,224	28,392	355	1,928	511	83
2018	2,138	27,288	304	1,790	657	78
2019	2,470	26,416	210	1,561	797	123
2020	3,014	28,853	79	2,718	1,449	115
2021	2,801	29,351	127	1,522	1,713	144
2022	2,361	25,868	118	2,002	490	-

出所：経済産業省「資源・エネルギー統計年報」

(千kL)

B重油	C重油	重油計	燃料油計	伸び率 (%)	潤滑油	年度
40	9,462	12,321	13,135	24.0	316	1965
988	14,120	17,098	23,996	34.3	371	1970
1,965	8,856	13,217	19,643	-9.0	190	1973
276	6,013	8,194	14,133	-25.2	122	1975
-	6,197	7,140	14,435	-27.3	134	1980
-	5,779	7,638	24,178	13.8	56	1985
-	7,007	8,485	40,443	-18.1	136	1990
-	6,220	7,477	34,686	-14.2	195	1991
-	5,489	6,699	32,531	-6.2	104	1992
-	3,337	4,402	27,870	-14.3	75	1993
-	3,624	4,674	32,915	18.1	85	1994
-	2,861	3,938	37,813	14.9	71	1995
-	2,629	3,837	39,523	4.5	73	1996
-	1,828	2,912	33,157	-16.1	68	1997
-	969	2,014	33,190	0.1	65	1998
-	1,677	2,841	40,020	20.6	49	1999
-	879	1,951	38,810	-3.0	36	2000
N.A.	783	1,756	34,530	-11.0	31	2001
N.A.	1,198	2,073	37,763	9.4	31	2002
N.A.	1,980	2,825	37,375	-1.0	51	2003
N.A.	2,443	2,756	37,525	0.4	52	2004
N.A.	4,144	4,443	36,741	-2.1	58	2005
N.A.	3,169	3,248	35,273	-4.0	83	2006
N.A.	4,561	4,587	32,102	-9.0	87	2007
N.A.	4,644	4,768	29,315	-8.7	72	2008
N.A.	2,257	2,332	29,799	1.7	100	2009
N.A.	3,023	3,215	33,100	11.1	117	2010
N.A.	7,483	7,571	37,704	13.9	114	2011
N.A.	9,374	9,462	39,512	4.8	129	2012
N.A.	6,781	6,835	35,661	-9.7	123	2013
N.A.	4,635	4,726	35,089	-1.6	123	2014
N.A.	3,475	3,517	35,098	0.0	153	2015
N.A.	2,466	2,496	30,869	-12.0	158	2016
N.A.	2,394	2,477	34,887	13.0	188	2017
N.A.	1,899	1,977	34,154	-2.1	227	2018
N.A.	457	580	32,033	-6.2	239	2019
N.A.	606	721	36,834	15.0	193	2020
N.A.	1,344	1,488	37,002	0.5	280	2021
N.A.	2,024	2,024	32,863	-11.2	184	2022

注:(1)ボンド扱いの輸入を含まない。
　　(2)2002年1月よりB重油はC重油に含まれる。

2. 石油需給

(7)石油製品別販売量

年度	ガソリン	ナフサ	ジェット燃料	灯油	軽油	A重油
1965	10,874	7,853	535	5,236	5,583	5,207
1970	21,014	27,645	1,174	15,835	12,003	11,096
1973	27,223	36,240	1,672	21,930	16,759	19,306
1975	28,995	32,031	2,058	21,663	15,996	18,993
1980	34,543	26,299	2,967	23,565	21,563	21,082
1985	36,698	24,613	3,056	25,307	25,808	20,315
1990	44,783	31,423	3,739	26,701	37,680	27,066
1991	46,139	33,807	3,863	26,881	39,851	27,734
1992	47,152	35,771	4,001	27,639	40,782	27,749
1993	48,235	36,505	4,134	28,835	41,808	27,805
1994	50,353	40,829	4,498	27,799	44,262	27,825
1995	51,628	43,988	4,849	30,017	45,452	28,796
1996	53,032	45,285	4,736	29,790	46,064	28,720
1997	54,318	45,766	4,773	28,790	45,018	28,281
1998	55,756	44,962	4,852	28,425	43,896	27,854
1999	57,251	48,004	4,639	29,949	43,468	29,151
2000	58,372	47,686	4,608	29,917	41,745	29,510
2001	58,821	46,273	4,995	28,500	40,957	29,303
2002	59,830	48,598	4,603	30,622	39,489	30,138
2003	60,561	48,442	4,502	29,109	38,130	29,752
2004	61,476	49,026	4,906	27,977	38,203	29,100
2005	61,421	49,388	5,129	28,265	37,116	27,780
2006	60,552	50,078	5,389	24,504	36,606	23,961
2007	59,042	48,533	5,916	22,666	35,586	21,369
2008	57,428	42,861	5,676	20,249	33,728	17,891
2009	57,475	47,331	5,283	20,066	32,396	16,045
2010	58,159	46,699	5,153	20,349	32,891	15,425
2011	57,209	43,718	4,199	19,623	32,872	14,680
2012	56,207	43,172	3,974	18,884	33,391	13,759
2013	55,477	45,739	5,053	17,911	34,089	13,438
2014	52,981	43,938	5,320	16,662	33,583	12,314
2015	53,127	46,234	5,488	15,946	33,619	11,871
2016	52,508	44,797	5,278	16,257	33,326	11,987
2017	51,800	45,102	5,035	16,642	33,820	11,531
2018	50,625	43,910	4,972	14,534	33,803	11,067
2019	49,304	42,550	5,151	13,627	33,754	10,156
2020	45,524	40,323	2,733	14,498	32,027	10,226
2021	44,509	41,660	3,313	13,518	32,075	10,135
2022	44,774	38,232	4,027	12,249	31,665	10,421

出所: 経済産業省「資源・エネルギー統計年報」、石油通信社「石油資料」
石油連盟「石油資料」、C重油の電力用は2015年度より「電力調査統計」

(千kL)

B重油	C重油	電力用	燃料油計	伸び率(%)	潤滑油	年度
6,829	36,227	12,473	78,344	15.3	1,472	1965
12,732	85,798	35,378	187,297	18.2	2,432	1970
12,834	98,172	43,157	234,136	11.1	2,697	1973
10,618	82,285	36,313	212,639	-3.0	2,053	1975
5,245	73,955	36,972	209,219	-10.3	2,108	1980
2,111	43,023	20,620	180,931	-2.9	2,156	1985
749	45,874	23,957	218,012	3.0	2,439	1990
328	43,965	22,654	222,568	2.1	2,412	1991
146	44,702	23,839	227,941	2.4	2,347	1992
146	39,581	19,004	227,048	-0.4	2,256	1993
129	43,636	22,362	239,330	5.4	2,377	1994
87	40,588	19,054	245,405	2.5	2,335	1995
62	37,600	16,363	245,288	0.0	2,431	1996
50	36,228	14,672	243,224	-0.8	2,408	1997
44	34,072	13,293	239,861	-1.3	2,325	1998
22	33,483	12,865	245,966	2.4	2,252	1999
29	31,343	12,134	243,211	-1.1	2,192	2000
21	27,617	9,325	236,488	-2.8	2,089	2001
N.A.	29,517	10,843	242,797	2.7	2,110	2002
N.A.	30,195	12,455	240,691	-0.9	2,079	2003
N.A.	26,556	9,853	237,245	-1.4	2,045	2004
N.A.	27,009	11,786	236,109	-0.5	2,047	2005
N.A.	22,696	9,349	223,785	-5.2	2,054	2006
N.A.	25,354	14,256	218,465	-2.4	1,938	2007
N.A.	23,159	12,791	200,991	-8.0	1,750	2008
N.A.	16,435	7,211	195,031	-3.0	1,681	2009
N.A.	17,343	6,299	196,019	0.5	1,763	2010
N.A.	23,743	12,319	196,044	0.2	1,695	2011
N.A.	28,382	19,749	197,770	0.7	1,538	2012
N.A.	21,890	14,630	193,596	-2.1	1,531	2013
N.A.	17,779	10,906	182,577	-5.5	1,511	2014
N.A.	14,241	7,302	180,524	-1.1	1,460	2015
N.A.	12,778	7,905	176,931	-2.0	1,414	2016
N.A.	10,844	6,218	174,774	-1.2	1,433	2017
N.A.	8,836	4,184	167,746	-4.0	1,590	2018
N.A.	7,378	2,663	161,920	-3.5	1,548	2019
N.A.	6,622	2,584	151,953	-6.2	1,430	2020
N.A.	8,544	4,388	153,754	1.2	1,444	2021
N.A.	9,456	5,544	150,825	-1.9	1,811	2022

注：2002年1月よりB重油はC重油に含まれる。

2．石油需給
(8)部門別石油製品需要量（エネルギーバランス表）

年度	需要 (石油換算百万トン)							電力
	最終需要合計	産業計	非製造	製造	民生	運輸	非エネルギー	
1965	63.5	37.1	4.7	32.4	7.7	15.8	2.9	13.6
1970	141.3	82.8	9.9	72.9	20.3	32.2	6.0	41.2
1973	181.5	101.3	11.5	89.8	30.0	42.1	8.1	53.3
1975	168.5	87.7	10.5	77.2	29.4	45.1	6.3	45.9
1980	167.1	77.0	12.8	64.2	29.6	53.7	6.9	45.1
1985	162.1	66.1	12.9	53.2	31.2	57.5	7.3	28.3
1990	195.5	79.5	17.4	62.1	34.6	72.7	8.8	34.3
1991	201.0	80.0	17.4	62.6	36.5	76.0	8.5	33.6
1992	203.7	79.2	17.0	62.2	38.3	77.7	8.6	34.9
1993	204.3	80.1	17.7	62.3	37.4	78.4	8.4	30.2
1994	211.3	83.8	17.5	66.3	37.0	82.2	8.3	34.1
1995	218.7	86.5	18.2	68.4	39.2	84.8	8.1	31.3
1996	220.4	87.0	17.7	69.3	38.0	87.1	8.3	29.2
1997	220.2	86.0	16.4	69.6	37.7	88.4	8.1	27.9
1998	218.7	85.4	15.5	69.9	36.3	89.4	7.6	26.8
1999	224.0	89.2	14.8	74.4	36.6	90.9	7.4	27.0
2000	221.9	88.8	14.8	74.0	37.1	88.9	7.2	24.8
2001	215.1	84.3	14.2	70.1	34.9	89.1	6.9	24.9
2002	216.8	85.1	13.9	71.2	36.3	88.7	6.7	27.8
2003	214.2	84.9	13.1	71.8	35.0	88.3	6.0	28.8
2004	213.3	83.1	12.4	70.7	35.0	89.4	5.8	26.7
2005	210.1	81.1	11.5	69.6	35.6	88.0	5.4	27.9
2006	202.1	77.4	10.0	67.4	32.5	86.9	5.4	24.0
2007	193.2	72.7	9.0	63.7	30.6	84.8	5.2	28.4
2008	177.8	64.2	7.7	56.5	27.7	81.5	4.5	26.1
2009	174.6	63.2	7.3	56.0	27.1	79.7	4.5	20.2
2010	176.0	63.1	7.0	56.1	28.1	80.4	4.4	21.1
2011	168.9	58.9	6.7	52.1	27.3	78.6	4.2	28.4
2012	165.7	57.7	6.6	51.1	26.4	77.7	3.9	33.6
2013	164.0	58.7	6.5	52.1	24.6	77.1	3.7	27.7
2014	158.2	56.6	6.3	50.3	23.2	74.8	3.6	23.6
2015	157.9	57.8	6.3	51.6	21.8	74.8	3.5	21.4
2016	154.6	55.3	6.3	49.0	22.1	73.9	3.4	18.3
2017	156.0	56.3	6.2	50.2	22.9	73.5	3.3	15.4
2018	150.6	53.9	6.0	47.9	20.7	72.4	3.6	13.5
2019	147.9	53.7	5.8	47.9	19.7	71.2	3.3	12.3
2020	138.7	50.4	5.7	44.8	20.3	64.7	3.3	11.6
2021	138.7	51.8	5.7	46.1	19.3	64.4	3.2	13.3
2022	134.7	47.3	5.5	41.8	19.0	65.0	3.4	14.3

出所：経済産業省/EDMC「総合エネルギー統計」、EDMC推計

対前年伸び率 (%)								年度
最終需要合計	産業計	非製造	製造	民生	運輸	非エネルギー	電力	
13.8	15.0	14.4	15.1	16.8	10.7	7.6	9.3	1965
16.5	18.2	18.8	18.1	15.1	13.9	13.5	19.1	1970
9.8	8.9	7.4	9.1	11.6	11.0	9.6	14.1	1973
-3.3	-8.0	-2.8	-8.7	0.3	5.6	-8.7	1.5	1975
-10.2	-16.6	-1.6	-19.1	-7.5	-1.3	-7.6	-10.9	1980
0.8	-1.3	-2.6	-1.0	3.3	2.4	-1.9	-15.1	1985
3.2	2.7	9.2	1.0	1.8	4.5	4.3	4.3	1990
2.8	0.6	0.0	0.7	5.6	4.6	-3.3	-2.1	1991
1.4	-1.0	-2.2	-0.7	4.9	2.2	1.1	3.9	1992
0.3	1.1	4.3	0.3	-2.1	0.9	-2.0	-13.6	1993
3.4	4.6	-1.5	6.3	-1.0	4.8	-0.8	13.1	1994
3.5	3.3	4.1	3.1	5.8	3.2	-2.4	-8.4	1995
0.8	0.5	-2.9	1.4	-3.1	2.7	2.6	-6.6	1996
-0.1	-1.2	-7.3	0.4	-0.6	1.5	-2.4	-4.5	1997
-0.7	-0.7	-5.4	0.4	-3.8	1.2	-6.4	-4.1	1998
2.4	4.5	-4.5	6.5	0.7	1.7	-3.5	1.0	1999
-0.9	-0.5	0.2	-0.6	1.5	-2.2	-2.7	-8.1	2000
-3.1	-5.1	-4.1	-5.3	-5.9	0.3	-4.0	0.1	2001
0.8	1.0	-1.9	1.5	4.1	-0.4	-3.1	11.9	2002
-1.2	-0.2	-6.0	0.9	-3.7	-0.5	-9.3	3.6	2003
-0.5	-2.1	-5.6	-1.5	0.0	1.2	-3.6	-7.4	2004
-1.5	-2.4	-6.7	-1.6	1.9	-1.6	-8.1	4.4	2005
-3.8	-4.6	-13.8	-3.1	-8.8	-1.2	0.7	-13.9	2006
-4.4	-6.1	-9.5	-5.5	-5.8	-2.4	-4.0	18.4	2007
-8.0	-11.7	-14.7	-11.3	-9.6	-3.9	-13.8	-8.4	2008
-1.8	-1.5	-5.2	-1.0	-2.0	-2.2	1.4	-22.3	2009
0.8	-0.3	-4.3	0.3	3.8	0.9	-3.2	4.1	2010
-4.0	-6.7	-3.3	-7.1	-2.9	-2.3	-4.7	34.9	2011
-1.9	-2.0	-2.7	-1.9	-3.2	-1.1	-6.7	18.0	2012
-1.0	1.7	-0.7	2.0	-7.0	-0.8	-4.2	-17.6	2013
-3.5	-3.4	-3.5	-3.4	-5.7	-3.0	-2.8	-14.5	2014
-0.2	2.1	-0.5	2.4	-6.1	0.1	-4.8	-9.5	2015
-2.0	-4.4	0.2	-5.0	1.4	-1.2	-2.0	-14.5	2016
0.9	1.9	-1.7	2.4	3.8	-0.7	-2.2	-15.5	2017
-3.4	-4.2	-2.6	-4.4	-9.5	-1.5	8.3	-12.3	2018
-1.8	-0.5	-3.9	0.0	-4.9	-1.6	-7.7	-8.8	2019
-6.2	-6.0	-2.0	-6.5	3.0	-9.2	0.8	-6.4	2020
-0.1	2.7	1.5	2.9	-4.7	-0.5	-5.4	15.1	2021
-2.9	-8.7	-4.6	-9.2	-1.9	1.0	8.1	7.6	2022

注：非エネルギーはグリース、パラフィン、アスファルト、潤滑油。

2. 石油需給

(9)LPガスの需給

年度	国内生産	輸入	供給計	伸び率 (%)	家庭業務用	都市ガス用	工業用
1965	2,244	500	2,744	27.3	1,641	40	324
1970	3,974	2,610	6,584	13.8	3,294	176	1,164
1973	4,692	5,108	9,800	11.0	4,616	401	2,009
1975	4,505	5,859	10,364	2.2	4,990	563	2,438
1980	4,115	9,985	14,100	-2.4	5,599	1,394	2,949
1985	4,359	11,795	16,154	3.6	5,751	1,989	3,782
1990	4,556	14,340	18,896	1.5	6,207	2,334	5,162
1991	4,562	15,051	19,613	3.8	6,542	2,452	5,030
1992	4,703	15,317	20,020	2.1	6,750	2,515	5,008
1993	4,549	15,068	19,617	-2.0	7,027	2,567	4,970
1994	4,715	15,080	19,795	0.9	6,807	2,419	5,147
1995	4,903	14,828	19,731	-0.3	7,146	2,541	5,190
1996	4,984	15,230	20,214	2.4	7,279	2,394	5,364
1997	4,937	14,840	19,777	-2.2	7,343	2,252	5,294
1998	4,764	14,118	18,882	-4.5	7,366	2,151	4,986
1999	4,936	14,106	19,042	0.8	7,657	2,208	5,031
2000	5,046	14,793	19,839	4.2	7,710	2,121	5,014
2001	4,999	14,336	19,335	-2.5	7,603	1,911	4,645
2002	4,615	13,924	18,539	-4.1	7,897	1,826	4,760
2003	4,440	14,029	18,469	-0.4	7,802	1,492	4,740
2004	4,442	13,681	18,123	-1.9	7,827	1,434	4,572
2005	4,910	14,120	19,030	5.0	7,942	1,296	4,599
2006	4,781	13,493	18,274	-4.0	7,969	848	4,335
2007	4,703	13,603	18,306	0.2	7,933	842	4,023
2008	4,527	13,241	17,768	-2.9	7,404	789	3,759
2009	4,724	11,687	16,411	-7.6	7,153	819	3,637
2010	4,457	12,504	16,961	3.4	7,312	904	3,595
2011	4,061	12,859	16,921	-0.2	7,134	1,008	3,316
2012	4,216	13,330	17,545	3.7	6,811	1,036	3,199
2013	4,601	11,615	16,217	-7.6	6,631	1,093	3,037
2014	4,307	11,697	16,004	-1.3	6,535	1,167	2,883
2015	4,353	10,613	14,967	-6.5	6,297	964	3,048
2016	4,268	10,629	14,897	-0.5	6,275	995	3,030
2017	4,481	10,639	15,119	1.5	6,384	1,110	3,309
2018	3,982	10,794	14,775	-2.3	6,101	1,127	3,157
2019	3,631	10,786	14,417	-2.4	5,997	1,100	3,140
2020	3,013	10,234	13,248	-8.1	5,927	1,097	3,098
2021	3,128	10,243	13,372	0.9	6,089	1,312	2,691
2022	2,937	10,916	13,853	3.6	6,099	1,628	2,737

出所:経済産業省「資源・エネルギー統計年報」、日本LPガス協会「LPガス需給の推移」

(千トン)

自動車用	化学原料用	電力用	内需小計	輸出	需要計	伸び率(%)	年度
635	54	-	2,694	1	2,695	24.1	1965
1,430	527	-	6,591	38	6,629	12.8	1970
1,495	1,194	-	9,715	50	9,765	10.7	1973
1,558	866	-	10,415	9	10,424	4.7	1975
1,696	1,466	845	13,949	4	13,953	-1.6	1980
1,762	1,903	619	15,806	30	15,836	2.3	1985
1,805	2,378	896	18,782	2	18,784	2.5	1990
1,820	2,587	941	19,372	9	19,381	3.2	1991
1,797	2,667	886	19,623	14	19,637	1.3	1992
1,772	2,424	544	19,304	10	19,314	-1.6	1993
1,794	2,526	425	19,118	14	19,132	-0.9	1994
1,752	2,179	533	19,341	6	19,347	1.1	1995
1,738	2,399	529	19,703	6	19,709	1.9	1996
1,678	2,449	306	19,322	47	19,369	-1.7	1997
1,645	2,286	455	18,889	57	18,946	-2.2	1998
1,642	2,326	267	19,131	95	19,226	1.5	1999
1,623	1,969	393	18,830	55	18,885	-1.8	2000
1,595	2,352	391	18,497	76	18,573	-1.7	2001
1,610	2,234	377	18,704	29	18,733	0.9	2002
1,628	1,981	402	18,045	4	18,049	-3.7	2003
1,642	2,085	343	17,903	1	17,904	-0.8	2004
1,626	2,502	436	18,401	3	18,404	2.8	2005
1,594	2,901	422	18,069	104	18,173	-1.3	2006
1,570	3,348	472	18,188	115	18,303	0.7	2007
1,486	3,051	631	17,120	141	17,261	-5.7	2008
1,409	3,268	312	16,598	194	16,792	-2.7	2009
1,370	2,819	306	16,306	181	16,487	-1.8	2010
1,295	2,583	958	16,294	102	16,396	-0.6	2011
1,231	2,518	1,546	16,341	201	16,542	0.9	2012
1,177	2,947	653	15,538	238	15,776	-4.6	2013
1,110	3,038	300	15,033	245	15,278	-3.2	2014
1,054	2,698	168	14,229	184	14,413	-5.7	2015
985	2,572	294	14,151	276	14,427	0.1	2016
940	2,762	182	14,687	177	14,864	3.0	2017
869	2,715	145	14,114	257	14,371	-3.3	2018
773	2,840	81	13,931	172	14,103	-1.9	2019
529	2,136	-	12,787	117	12,904	-8.5	2020
551	1,893	-	12,536	184	12,720	-1.4	2021
547	2,111	-	13,122	249	13,371	5.1	2022

注：LPガスはプロパン及びブタンの合計値。

2．石油需給
(10)世界の原油・石油製品貿易量 (2022年)

輸入国＼輸出国		世界計	アメリカ	カナダ	メキシコ	中南米	ヨーロッパ	ロシア	CIS諸国(ロシア以外)	イラク	クウェート
								原油・石油製品輸出計			
原油・石油製品輸入計	アメリカ	411	-	216	40	42	23	7	2	15	2
	カナダ	52	41	-	-	1	3	0	0	-	0
	メキシコ	60	56	0	-	0	2	0	0	-	-
	中南米	140	92	1	0	-	12	4	0	0	0
	ヨーロッパ	708	110	7	6	28	-	193	70	56	5
	ロシア	2	0	0	-	0	0	-	1	0	-
	CIS諸国(ロシア以外)	24	0	0	0	0	2	21	-	0	0
	中東	109	2	0	0	3	10	6	4	1	4
	アフリカ	157	10	0	0	4	47	3	2	1	6
	オーストラリア、ニュージーランド	58	2	0	0	0	0	0	0	-	0
	中国	602	23	5	0	41	10	96	6	56	35
	インド	284	23	0	5	8	7	44	1	55	15
	日本	171	12	2	1	4	1	2	0	-	13
	シンガポール	117	11	0	0	10	5	2	1	2	0
	その他アジア太平洋	483	44	2	6	7	7	11	11	18	39
世界計		3,376	426	233	58	146	129	391	98	203	120

	世界計	アメリカ	カナダ	メキシコ	中南米	ヨーロッパ	ロシア	CIS諸国(ロシア以外)	イラク	クウェート
原油輸入	2,129	313	24	0	24	501	0	16	0	0
石油製品輸入	1,247	98	28	60	116	206	2	8	9	3
原油輸出	2,129	173	200	49	117	20	265	86	191	90
石油製品輸出	1,247	253	32	9	29	110	126	12	12	30

出所：Energy Institute「Statistical Review of World Energy 2023」
注：(1) 輸送中の数量変化、特定不可能な移送、国籍不明の軍用等を含む。
　　(2) バンカーは輸出に含まない。域内輸送(例:ヨーロッパ域内)を除く。

(百万トン)

サウジアラビア	アラブ首長国連邦	その他中東	北アフリカ	西アフリカ	東南アフリカ	オーストラリア、ニュージーランド	中国	インド	日本	シンガポール	その他アジア太平洋
28	2	2	7	11	0	0	0	3	1	1	8
4	0	0	0	2	0	0	0	0	0	0	0
-	-	0	-	0	0	0	0	0	0	0	0
7	3	1	2	7	0	0	4	3	1	1	1
52	8	8	66	62	1	1	6	20	1	2	6
0	0	0	0	0	0	0	0	0	0	0	0
0	0	0	0	0	0	0	0	0	0	0	0
26	9	20	1	1	0	0	2	15	0	1	4
22	16	7	0	5	1	0	5	17	0	2	8
0	1	0	1	1	0	-	2	5	3	13	30
90	54	58	5	48	0	3	-	1	1	3	68
49	32	15	4	19	0	0	1	-	0	2	5
54	54	16	1	0	0	2	1	0	-	1	8
7	18	6	2	1	0	3	8	3	3	-	36
101	65	40	13	20	0	5	26	16	6	47	-
439	262	172	102	177	4	13	55	83	17	73	174

サウジアラビア	アラブ首長国連邦	その他中東	北アフリカ	西アフリカ	東南アフリカ	オーストラリア、ニュージーランド	中国	インド	日本	シンガポール	その他アジア太平洋
1	5	16	8	1	7	10	508	231	133	44	286
13	40	23	34	53	54	48	93	53	38	73	196
365	173	92	76	170	2	9	1	0	0	1	49
74	90	79	26	7	2	4	54	83	17	72	125

2. 石油需給

(11)石油備蓄量

(万kL、日)

年度	民間備蓄				国家備蓄				合計		
	原油	製品及び半製品	備蓄量計(製品換算)	日数	原油	製品	備蓄量計(製品換算)	日数	備蓄量計(製品換算)	日数	1日当たりの備蓄量
1965	489	498	962	-	-	-	-	-	962	-	-
1970	1,131	1,513	2,587	50	-	-	-	-	2,587	50	51
1973	1,973	2,105	3,979	57	-	-	-	-	3,979	57	70
1975	2,693	2,035	4,593	68	-	-	-	-	4,593	68	68
1980	3,944	2,548	6,295	90	754	-	716	10	7,011	101	70
1985	2,940	2,355	5,148	92	2,052	-	1,949	35	7,097	126	56
1990	2,886	2,399	5,141	88	3,302	-	3,137	54	8,278	142	58
1991	2,639	2,267	4,773	80	3,603	-	3,423	57	8,196	137	60
1992	2,281	2,349	4,517	77	3,903	-	3,708	63	8,225	140	59
1993	2,282	2,209	4,376	76	4,203	-	3,993	69	8,369	145	58
1994	2,216	2,435	4,540	81	4,501	-	4,276	76	8,816	157	56
1995	2,399	2,161	4,440	74	4,750	-	4,513	76	8,953	150	60
1996	2,348	2,475	4,705	79	4,870	-	4,627	78	9,332	156	60
1997	2,296	2,462	4,643	80	5,000	-	4,750	82	9,393	163	58
1998	2,236	2,267	4,390	74	5,000	-	4,750	85	9,141	163	56
1999	2,082	2,078	4,055	72	5,000	-	4,750	84	8,805	156	56
2000	2,168	2,280	4,340	78	4,990	-	4,741	85	9,080	163	56
2001	2,151	2,144	4,787	77	5,091	-	4,836	89	9,623	166	58
2002	2,264	1,966	4,116	78	5,098	-	4,843	91	8,959	169	53
2003	2,279	1,923	4,087	74	5,098	-	4,843	88	8,930	163	55
2004	2,126	1,879	3,899	74	5,099	-	4,844	92	8,743	166	53
2005	2,270	2,053	4,210	78	5,087	-	4,833	90	9,043	168	54
2006	2,108	2,057	4,060	79	5,096	-	4,842	95	8,902	174	51
2007	1,864	2,002	3,772	77	5,097	-	4,842	99	8,614	177	49
2008	1,962	1,975	3,839	81	5,085	-	4,831	102	8,670	184	47
2009	1,808	1,776	3,494	84	5,047	13	4,807	115	8,301	199	42
2010	1,623	1,760	3,302	79	5,011	13	4,773	114	8,075	193	42
2011	1,879	1,784	3,569	83	5,012	13	4,774	113	8,343	197	42
2012	1,977	1,963	3,842	83	4,949	46	4,748	102	8,590	185	46
2013	1,990	1,719	3,610	83	4,911	130	4,796	110	8,406	193	44
2014	1,689	1,684	3,288	80	4,890	137	4,782	117	8,147	199	41
2015	1,607	1,603	3,130	81	4,838	138	4,734	122	7,997	207	39
2016	1,466	1,517	2,910	78	4,811	143	4,713	126	7,782	208	37
2017	1,393	1,502	2,825	79	4,779	143	4,683	131	7,716	215	36
2018	1,522	1,507	2,953	85	4,701	143	4,609	132	7,745	222	35
2019	1,373	1,542	2,846	86	4,675	143	4,584	138	7,614	229	33
2020	1,280	1,418	2,635	88	4,627	143	4,538	149	7,350	244	30
2021	1,256	1,297	2,490	81	4,548	143	4,463	146	7,119	232	31
2022	1,183	1,347	2,471	80	4,332	143	4,259	137	6,943	224	31

出所: 石油通信社「石油30年の歩み」、経済産業省「資源・エネルギー統計年報」
　　石油通信社「石油資料」、石油連盟「石油資料月報」
注: 各年度とも年度末の数量。製品ベースの備蓄量は原油については0.95を乗じて換算。
　　産油国共同備蓄を示していないので、内訳と合計が一致しない。

3. 都市ガス・天然ガス需給

3．都市ガス・天然ガス需給

(1)用途別都市ガス販売量の推移

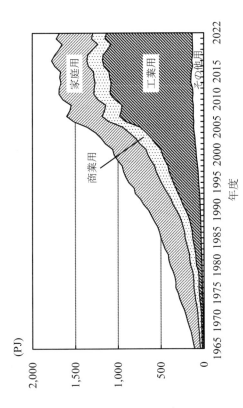

出所：日本ガス協会「ガス事業便覧」、経済産業省「ガス事業統計月報」「ガス事業生産動態統計調査」
注：2005年度以前は旧一般ガス事業者計。2006年度以降はガス事業者計。

3. 都市ガス・天然ガス需給

(2)天然ガス・LNGの需給

年度	国産天然ガス生産量 (百万m³)	輸入合計	LNG (千トン)				
			消費者向販売量				
			都市ガス	電力	工業用燃料	液売り量	合計
1965	2,108	-	-	-	-	-	-
1970	2,808	977	241	717	-	-	958
1973	2,924	2,364	941	1,386	-	-	2,327
1975	2,776	5,005	1,595	3,336	-	-	4,931
1980	2,433	16,965	3,351	12,908	521	-	16,780
1985	2,400	27,831	5,776	21,254	571	-	27,601
1990	2,128	36,077	8,536	27,165	611	-	36,312
1991	2,229	37,952	9,508	28,284	600	-	38,392
1992	2,206	38,976	9,618	28,837	612	-	39,067
1993	2,273	40,076	10,615	28,670	667	-	39,952
1994	2,305	42,374	11,035	30,891	554	-	42,480
1995	2,249	43,689	12,166	30,857	611	-	43,634
1996	2,209	46,445	13,679	32,516	611	-	46,806
1997	2,301	48,349	13,611	33,656	721	-	47,988
1998	2,297	49,478	14,100	35,026	667	-	49,793
1999	2,313	52,112	14,850	36,392	669	-	51,911
2000	2,499	54,157	15,989	37,844	667	-	54,500
2001	2,466	54,421	15,084	38,175	N.A.	-	N.A.
2002	2,752	55,018	16,647	37,914	N.A.	-	N.A.
2003	2,814	58,538	17,625	39,063	N.A.	-	N.A.
2004	2,957	58,018	18,878	37,170	N.A.	-	N.A.
2005	3,140	57,917	20,539	34,641	N.A.	-	N.A.
2006	3,408	63,309	23,288	38,177	N.A.	338	N.A.
2007	3,729	68,306	24,697	42,106	N.A.	571	N.A.
2008	3,706	68,135	24,148	41,035	N.A.	829	N.A.
2009	3,555	66,354	23,847	40,890	N.A.	804	N.A.
2010	3,343	70,562	25,321	42,393	N.A.	1,077	N.A.
2011	3,334	83,183	26,105	53,561	N.A.	1,571	N.A.
2012	3,177	86,865	26,360	56,431	N.A.	1,688	N.A.
2013	2,940	87,731	25,784	57,034	N.A.	1,731	N.A.
2014	2,746	89,071	26,216	57,490	N.A.	1,871	N.A.
2015	2,715	83,571	26,334	53,194	N.A.	1,915	N.A.
2016	2,797	84,749	27,550	55,688	N.A.	2,334	N.A.
2017	2,926	83,888	28,037	52,922	N.A.	2,381	N.A.
2018	2,657	80,553	27,363	49,666	N.A.	2,286	N.A.
2019	2,467	76,498	26,414	46,601	N.A.	3,031	N.A.
2020	2,290	76,357	25,621	47,067	N.A.	3,502	N.A.
2021	2,262	71,459	26,588	41,852	N.A.	3,134	N.A.
2022	2,108	70,547	25,510	39,115	N.A.	3,309	N.A.

出所: 経済産業省「エネルギー生産・需給統計年報」、「生産動態統計」、「電力調査統計月報」、財務省「日本貿易月表」、経済産業省「ガス事業統計月報」

対前年伸び率 (%)						構成比 (%)				年度
輸入合計	消費者向販売量				合計	都市ガス	電力	工業用燃料	液売り量	
	都市ガス	電力	工業用燃料	液売り量						
-	-	-	-	-	-	-	-	-	-	1965
436.8	225.7	679.3	-	-	477.1	25.2	74.8	-	-	1970
121.3	180.1	104.7	-	-	129.7	40.4	59.6	-	-	1973
33.5	24.5	34.5	-	-	31.1	32.3	67.7	-	-	1975
14.2	8.6	19.0	-17.7	-	15.2	20.0	76.9	3.1	-	1980
3.6	3.8	4.0	-0.2	-	3.9	20.9	77.0	2.1	-	1985
9.2	9.6	6.5	0.0	-	7.1	23.5	74.8	1.7	-	1990
5.2	11.4	4.1	-1.8	-	5.7	24.8	73.7	1.6	-	1991
2.7	1.2	2.0	2.0	-	1.8	24.6	73.8	1.6	-	1992
2.8	10.4	-0.6	9.0	-	2.3	26.6	71.8	1.7	-	1993
5.7	4.0	7.7	-16.9	-	6.3	26.0	72.7	1.3	-	1994
3.1	10.2	-0.1	10.3	-	2.7	27.9	70.7	1.4	-	1995
6.3	12.4	5.4	0.0	-	7.3	29.2	69.5	1.3	-	1996
4.1	-0.5	3.5	18.0	-	2.5	28.4	70.1	1.5	-	1997
2.3	3.6	4.1	-7.5	-	3.8	28.3	70.3	1.3	-	1998
5.3	5.3	3.9	0.3	-	4.3	28.6	70.1	1.3	-	1999
3.9	7.7	4.0	-0.3	-	5.0	29.3	69.4	1.2	-	2000
0.5	N.A.	N.A.	N.A.	-	N.A.	N.A.	N.A.	N.A.	-	2001
1.1	10.4	-0.7	N.A.	-	N.A.	N.A.	N.A.	N.A.	-	2002
6.4	5.9	3.0	N.A.	-	N.A.	N.A.	N.A.	N.A.	-	2003
-0.9	7.1	-4.8	N.A.	-	N.A.	N.A.	N.A.	N.A.	-	2004
-0.2	8.8	-6.8	N.A.	-	N.A.	N.A.	N.A.	N.A.	-	2005
9.3	N.A.	10.2	N.A.	-	N.A.	N.A.	N.A.	N.A.	N.A.	2006
7.9	6.1	10.3	N.A.	69.1	N.A.	N.A.	N.A.	N.A.	N.A.	2007
-0.2	-2.2	-2.5	N.A.	45.2	N.A.	N.A.	N.A.	N.A.	N.A.	2008
-2.6	-1.2	-0.4	N.A.	-3.0	N.A.	N.A.	N.A.	N.A.	N.A.	2009
6.3	6.2	3.7	N.A.	33.9	N.A.	N.A.	N.A.	N.A.	N.A.	2010
17.9	3.1	26.3	N.A.	45.8	N.A.	N.A.	N.A.	N.A.	N.A.	2011
4.4	1.0	5.4	N.A.	7.5	N.A.	N.A.	N.A.	N.A.	N.A.	2012
1.0	-2.2	1.1	N.A.	2.5	N.A.	N.A.	N.A.	N.A.	N.A.	2013
1.5	1.7	0.8	N.A.	8.1	N.A.	N.A.	N.A.	N.A.	N.A.	2014
-6.2	0.5	-7.5	N.A.	2.3	N.A.	N.A.	N.A.	N.A.	N.A.	2015
1.4	4.6	4.7	N.A.	21.9	N.A.	N.A.	N.A.	N.A.	N.A.	2016
-1.0	1.8	-5.0	N.A.	2.0	N.A.	N.A.	N.A.	N.A.	N.A.	2017
-4.0	-2.4	-6.2	N.A.	2.0	N.A.	N.A.	N.A.	N.A.	N.A.	2018
-5.0	-3.5	-6.2	N.A.	32.6	N.A.	N.A.	N.A.	N.A.	N.A.	2019
-0.2	-3.0	1.0	N.A.	15.5	N.A.	N.A.	N.A.	N.A.	N.A.	2020
-6.4	3.8	-11.1	N.A.	-10.5	N.A.	N.A.	N.A.	N.A.	N.A.	2021
-1.3	-4.1	-6.5	N.A.	5.6	N.A.	N.A.	N.A.	N.A.	N.A.	2022

注:(1) 1976年度以前の消費者向販売量は経済産業省/EDMC「総合エネルギー統計」。

(2) 2001年度より消費者向販売量は消費量。2001～2005年度の都市ガス向け販売量は一般ガス事業者の消費量。2006年度以降はガス事業者の消費量。

(3) 液売り量はガス事業者によるガス事業者向け以外の液売り量。

3. 都市ガス・天然ガス需給

(3)原料別都市ガス生産・購入量

年度	生産・購入量 (10⁶ MJ)				
	石油系ガス	石炭系ガス	LNG	天然ガス	その他ガス
1965	56,192	58,540	-	13,704	161
1970	103,263	80,771	13,160	19,663	351
1973	131,788	76,742	51,016	25,114	315
1975	142,975	73,252	86,442	26,083	268
1980	149,425	56,022	188,795	26,703	364
1985	131,065	46,888	319,036	35,280	460
1990	141,049	19,176	464,233	39,675	544
1991	148,730	16,074	513,725	41,869	452
1992	151,382	15,374	551,720	43,812	418
1993	155,690	15,085	604,537	45,732	43
1994	147,158	12,137	623,863	45,171	39
1995	156,470	12,205	676,078	47,608	37
1996	146,212	11,948	716,148	49,602	33
1997	136,452	9,638	754,710	52,112	35
1998	128,763	9,208	775,479	54,080	34
1999	131,043	9,732	823,444	57,390	37
2000	126,127	9,573	864,280	61,036	31
2001	115,334	7,765	892,480	61,986	33
2002	110,899	7,876	982,183	67,775	34
2003	93,715	5,704	1,040,721	72,905	36
2004	87,330	2,732	1,122,040	76,618	33
2005	76,744	1,994	1,229,603	85,627	46
2006	54,282	-	1,553,654	205,224	44
2007	53,594	-	1,681,577	261,800	-
2008	49,664	-	1,665,757	256,383	-
2009	49,937	-	1,660,226	249,389	-
2010	54,196	-	1,804,873	235,526	-
2011	58,699	-	1,872,865	242,056	-
2012	59,967	-	1,868,354	230,676	-
2013	61,493	-	1,824,421	217,777	88
2014	64,472	-	1,838,784	214,879	125
2015	52,576	-	1,843,478	211,426	116
2016	54,436	-	2,006,735	210,829	130
2017	60,901	-	2,042,845	204,419	143
2018	62,152	-	2,013,290	191,141	118
2019	62,908	-	2,002,958	181,496	87
2020	62,599	-	1,954,289	186,802	66
2021	73,562	-	2,071,590	189,739	59
2022	88,584	-	2,023,207	179,853	3

出所: 2005年以前は日本ガス協会「ガス事業便覧」、2006年度以降は
経済産業省「ガス事業統計月報」、「ガス事業生産動態統計調査」

合計	伸び率(%)	構成比(%)				年度
		石油系ガス	石炭系ガス	LNG・天然ガス	その他ガス	
128,598	9.8	43.7	45.5	10.7	0.1	1965
217,208	9.0	47.5	37.2	15.1	0.2	1970
284,974	12.5	46.2	26.9	26.7	0.1	1973
329,019	5.8	43.5	22.3	34.2	0.1	1975
421,309	7.8	35.5	13.3	51.1	0.1	1980
532,733	5.4	24.6	8.8	66.5	0.1	1985
664,678	5.1	21.2	2.9	75.8	0.1	1990
720,850	8.5	20.6	2.2	77.1	0.1	1991
762,706	5.8	19.8	2.0	78.1	0.1	1992
821,087	7.7	19.0	1.8	79.2	0.0	1993
828,369	0.9	17.8	1.5	80.8	0.0	1994
892,398	7.7	17.5	1.4	81.1	0.0	1995
923,944	3.5	15.8	1.3	82.9	0.0	1996
952,946	3.1	14.3	1.0	84.7	0.0	1997
967,565	1.5	13.3	1.0	85.7	0.0	1998
1,021,647	5.6	12.8	1.0	86.2	0.0	1999
1,061,047	3.9	11.9	0.9	87.2	0.0	2000
1,077,599	1.6	10.7	0.7	88.6	0.0	2001
1,168,768	8.5	9.5	0.7	89.8	0.0	2002
1,213,081	3.8	7.7	0.5	91.8	0.0	2003
1,288,754	6.2	6.8	0.2	93.0	0.0	2004
1,394,013	8.2	5.5	0.1	94.3	0.0	2005
1,814,650	N.A.	3.0	-	96.9	0.0	2006
1,997,579	10.1	2.7	-	97.3	-	2007
1,971,867	-1.3	2.5	-	97.5	-	2008
1,959,639	-0.6	2.5	-	97.4	-	2009
2,094,791	6.9	2.6	-	97.4	-	2010
2,173,820	3.8	2.7	-	97.3	-	2011
2,159,224	-0.7	2.8	-	97.2	-	2012
2,103,898	-2.6	2.9	-	97.1	0.0	2013
2,118,352	0.7	3.0	-	96.9	0.0	2014
2,107,690	-0.5	2.5	-	97.5	0.0	2015
2,272,178	7.8	2.4	-	97.6	0.0	2016
2,308,333	1.6	2.6	-	97.4	0.0	2017
2,266,726	-1.8	2.7	-	97.3	0.0	2018
2,247,474	-0.8	2.8	-	97.2	0.0	2019
2,203,776	-1.9	2.8	-	97.2	0.0	2020
2,334,979	6.0	3.2	-	96.8	0.0	2021
2,291,706	-1.9	3.9	-	96.1	0.0	2022

注：(1) 2005年度以前は旧一般ガス事業者計、2006年度以降はガス事業者計。
(2) 2014年1月以降、秘匿データがあるため生産量・購入量合計とその内訳の合計は一致しない。

3. 都市ガス・天然ガス需給
(4)都市ガス需要量・需要家数

年度	需要 (10^6 MJ)					合計	
	販売量	自家消費	加熱用	勘定外ガス	一般ガス事業者以外への卸供給量		伸び率(%)
1965	110,996	503	14,609	2,490	-	128,598	9.9
1970	191,359	889	20,859	4,072	-	217,178	9.0
1973	256,023	2,977	21,361	4,577		284,939	12.5
1975	297,067	3,637	22,444	5,856		329,002	5.8
1980	389,391	5,268	19,183	7,465		421,306	7.8
1985	499,500	5,523	17,370	10,314		532,707	5.4
1990	643,258	7,134	8,409	5,861		664,661	5.1
1991	699,439	7,952	7,132	6,306		720,829	8.5
1992	737,845	8,361	6,929	9,559		762,694	5.8
1993	797,211	9,014	6,434	8,404		821,063	7.7
1994	809,791	9,442	4,942	4,481		828,655	0.9
1995	872,157	9,255	4,969	5,927		892,307	7.7
1996	907,608	9,423	4,192	2,698	N.A.	923,921	3.5
1997	934,225	8,465	2,222	6,627	N.A.	951,540	3.0
1998	949,295	10,114	1,912	6,269	N.A.	967,589	1.7
1999	1,002,604	10,618	1,757	6,666	N.A.	1,021,644	5.6
2000	1,047,231	11,027	1,428	1,432	N.A.	1,061,124	3.9
2001	1,063,490	9,787	1,185	3,090	N.A.	1,077,551	1.5
2002	1,148,393	7,508	1,229	10,335	N.A.	1,167,465	8.3
2003	1,197,821	7,311	1,329	3,509	N.A.	1,209,970	3.6
2004	1,261,602	9,731	1,131	1,792	14,423	1,288,679	6.5
2005	1,358,758	10,877	1,213	N.A.	21,113	1,391,961	8.0
2006	1,514,732	18,843	1,200	N.A.	N.A.	1,534,775	N.A.
2007	1,600,917	42,540	1,326	N.A.	N.A.	1,644,783	7.2
2008	1,562,638	44,079	1,274	N.A.	N.A.	1,607,991	-2.2
2009	1,546,296	46,354	1,402	N.A.	N.A.	1,594,052	-0.9
2010	1,644,363	49,085	1,497	N.A.	N.A.	1,694,945	6.3
2011	1,690,658	53,481	1,608	N.A.	N.A.	1,745,747	3.0
2012	1,688,314	72,416	1,693	N.A.	N.A.	1,762,424	1.0
2013	1,666,820	47,607	1,292	N.A.	N.A.	1,715,719	-2.7
2014	1,681,126	47,984	1,313	N.A.	N.A.	1,730,423	0.9
2015	1,670,720	46,352	1,274	N.A.	N.A.	1,718,346	-0.7
2016	1,738,455	56,949	1,356	N.A.	N.A.	1,796,760	4.6
2017	1,776,012	38,493	1,299	N.A.	N.A.	1,815,804	1.1
2018	1,740,380	32,932	1,174	N.A.	N.A.	1,774,487	-2.3
2019	1,692,021	28,267	896	N.A.	N.A.	1,721,184	-3.0
2020	1,653,937	27,328	876	N.A.	N.A.	1,682,141	-2.3
2021	1,722,519	23,191	907	N.A.	N.A.	1,746,616	3.8
2022	1,684,443	17,699	876	N.A.	N.A.	1,703,018	-2.5

出所: 日本ガス協会「ガス事業便覧」、経済産業省「ガス事業生産動態統計調査」
注: (1)需要は2005年度以前は旧一般ガス事業者計、2006年度以降はガス事業者計を示す。
　　合計は2004年度から一般以外への卸供給量を含み、2005年度から勘定外ガスを除く。

調定数(千件)				合計		年度
家庭用	商業用	工業用	その他用		伸び率 (%)	
N.A.	N.A.	N.A.	N.A.	N.A.	N.A.	1965
8,992	440	45	83	9,561	7.5	1970
11,131	531	49	99	11,809	8.3	1973
12,204	614	51	111	12,980	4.2	1975
14,354	785	52	139	15,330	2.9	1980
16,123	935	53	159	17,270	2.3	1985
18,478	1,019	53	175	19,725	2.8	1990
18,905	1,072	53	177	20,207	2.4	1991
19,277	1,087	52	181	20,597	1.9	1992
19,583	1,097	52	184	20,917	1.6	1993
19,650	1,090	51	185	20,976	0.3	1994
20,259	1,110	51	191	21,612	3.0	1995
20,685	1,112	51	194	22,043	2.0	1996
21,102	1,111	51	199	22,464	1.9	1997
21,497	1,101	51	203	22,851	1.7	1998
21,845	1,094	50	207	23,196	1.5	1999
22,212	1,082	50	211	23,554	1.5	2000
22,556	1,067	50	214	23,886	1.4	2001
22,828	1,058	50	217	24,153	1.1	2002
23,070	1,053	50	220	24,393	1.0	2003
23,294	1,052	51	222	24,619	0.9	2004
23,539	1,044	50	223	24,856	1.0	2005
23,766	1,033	50	224	25,073	0.9	2006
23,971	1,017	50	224	25,262	0.8	2007
24,092	1,001	49	224	25,367	0.4	2008
24,163	988	49	224	25,424	0.2	2009
24,064	969	48	223	25,305	-0.5	2010
24,323	964	48	226	25,560	1.0	2011
24,482	957	47	227	25,714	0.6	2012
24,676	950	46	229	25,902	0.7	2013
24,891	944	46	231	26,112	0.8	2014
25,138	939	45	232	26,353	0.9	2015
25,388	935	44	233	26,600	0.9	2016
25,676	928	43	232	26,879	N.A.	2017
25,939	928	42	231	27,140	1.0	2018
26,189	957	41	230	27,418	1.0	2019
26,373	940	40	229	27,582	0.6	2020
26,525	944	39	229	27,736	0.6	2021
26,738	940	39	228	27,945	0.6	2022

(2)調定数は、2016年度以前は旧一般ガス事業者計、2017年度以降はガス事業者計を示す。

1969年～1972年が12月末時点の値、1973年以降が当該年度3月末時点の値。

3. 都市ガス・天然ガス需給
(5)用途別都市ガス販売量

年度	都市ガス販売量 (10⁶ MJ)						新規事業者	小売の新規事業者
	ガス事業者							
	家庭用	商業用	工業用	電気事業用	その他用	合計		
1965	66,137	23,738	14,137	N.A.	6,984	110,996	-	N.A.
1970	123,202	36,751	20,353	N.A.	11,053	191,359	-	N.A.
1973	168,102	46,030	28,429	N.A.	13,462	256,023	-	N.A.
1975	190,197	52,656	37,335	N.A.	16,874	297,067	-	N.A.
1980	236,478	67,663	61,493	N.A.	23,760	389,391	-	N.A.
1985	282,270	86,078	97,476	N.A.	33,677	499,500	-	N.A.
1990	324,997	107,242	168,258	N.A.	42,761	643,258	-	N.A.
1991	341,704	113,411	199,246	N.A.	45,077	699,439		N.A.
1992	355,498	115,762	220,341	N.A.	46,244	737,845		N.A.
1993	376,219	123,220	247,899	N.A.	49,873	797,211		N.A.
1994	351,536	133,156	268,767	N.A.	56,332	809,791		N.A.
1995	378,209	140,552	292,752	N.A.	60,643	872,157		N.A.
1996	383,854	145,389	314,140	N.A.	64,225	907,608	322	N.A.
1997	379,161	149,907	337,841	N.A.	67,315	934,225	2,760	N.A.
1998	378,056	156,100	341,403	N.A.	73,736	949,295	5,796	N.A.
1999	388,394	161,724	371,297	N.A.	81,189	1,002,604	6,854	N.A.
2000	397,306	170,003	391,158	N.A.	88,770	1,047,237	7,636	N.A.
2001	391,623	171,804	408,667	N.A.	91,396	1,063,490	7,406	N.A.
2002	404,903	181,918	461,423	N.A.	100,148	1,148,393	18,860	N.A.
2003	406,315	185,378	503,594	N.A.	102,534	1,197,821	27,508	N.A.
2004	396,129	197,226	556,126	60,140	112,120	1,261,602	49,910	N.A.
2005	415,571	204,779	618,731	59,950	119,677	1,358,758	60,674	N.A.
2006	408,764	200,639	789,339	59,763	115,989	1,514,732	82,110	N.A.
2007	413,280	207,572	857,260	56,397	122,805	1,600,917	98,302	N.A.
2008	403,778	199,836	838,487	59,170	120,538	1,562,638	118,174	N.A.
2009	403,064	193,876	828,458	57,023	120,899	1,564,296	129,812	N.A.
2010	409,770	198,978	904,674	59,867	130,942	1,644,363	167,486	N.A.
2011	409,873	188,339	967,931	63,965	124,515	1,690,658	187,358	N.A.
2012	410,172	189,233	959,402	75,596	129,508	1,688,314	167,808	N.A.
2013	399,927	188,077	929,097	75,461	149,718	1,666,820	130,824	N.A.
2014	401,093	181,616	952,019	120,133	146,398	1,681,126	128,110	N.A.
2015	386,872	178,203	963,093	120,692	142,553	1,670,720	144,419	N.A.
2016	393,744	180,738	1,035,593	204,291	128,379	1,738,455	160,273	N.A.
2017	413,304	182,547	1,041,956	191,025	138,205	1,776,012	182,767	189,066
2018	386,973	178,207	1,047,723	197,356	127,476	1,740,380	201,974	206,160
2019	392,486	174,154	997,645	181,771	127,737	1,692,021	237,322	238,262
2020	419,286	152,878	952,653	232,989	129,120	1,653,937	257,515	258,469
2021	415,017	154,993	1,020,266	238,481	132,243	1,722,519	304,590	306,571
2022	390,996	159,975	1,001,182	246,458	132,289	1,684,443	N.A.	310,668

出所：日本ガス協会「ガス事業便覧」、経済産業省「ガス事業統計月報」、
　　　「ガス事業生産動態統計調査」、「電力調査統計月報」等に基づく。

対前年伸び率 (%)								年度
ガス事業者					合計	新規事業者	小売の新規事業者	
家庭用	商業用	工業用	電気事業用	その他用				
16.4	10.7	3.9	N.A.	13.3	13.2	-	N.A.	1965
12.7	10.7	6.7	N.A.	11.2	11.6	-	N.A.	1970
11.8	10.5	24.2	N.A.	13.0	12.9	-	N.A.	1973
4.7	6.3	7.2	N.A.	10.1	5.6	-	N.A.	1975
3.7	3.6	40.1	N.A.	8.1	8.4	-	N.A.	1980
3.0	3.9	12.5	N.A.	5.2	5.1	-	N.A.	1985
-0.4	6.0	17.9	N.A.	8.1	5.5	-	N.A.	1990
5.1	5.8	18.4	N.A.	5.4	8.7	-	N.A.	1991
4.0	2.1	10.6	N.A.	2.6	5.5	-	N.A.	1992
5.8	6.4	12.5	N.A.	7.8	8.0	-	N.A.	1993
-6.6	8.1	8.4	N.A.	12.9	1.6	-	N.A.	1994
7.6	5.6	8.9	N.A.	7.7	7.7	-	N.A.	1995
1.5	3.4	7.3	N.A.	5.9	4.1	-	N.A.	1996
-1.2	3.1	7.5	N.A.	4.8	2.9	757.1	N.A.	1997
-0.3	4.1	1.1	N.A.	9.5	1.6	110.0	N.A.	1998
2.7	3.6	8.8	N.A.	10.1	5.6	18.3	N.A.	1999
2.3	5.1	5.3	N.A.	9.3	4.5	11.4	N.A.	2000
-1.4	1.1	4.5	N.A.	3.0	1.6	-3.0	N.A.	2001
3.4	5.9	12.9	N.A.	9.6	8.0	154.7	N.A.	2002
0.3	1.9	9.1	N.A.	2.4	4.3	45.9	N.A.	2003
-2.5	6.4	10.4	N.A.	9.3	5.3	81.4	N.A.	2004
4.9	3.8	11.3	-0.3	6.7	7.7	21.6	N.A.	2005
N.A.	N.A.	N.A.	-0.3	N.A.	N.A.	35.3	N.A.	2006
1.1	3.5	8.6	-5.6	5.9	5.7	19.7	N.A.	2007
-2.3	-3.7	-2.2	4.9	-1.8	-2.4	20.2	N.A.	2008
-0.2	-3.0	-1.2	-3.6	0.3	-1.0	9.8	N.A.	2009
1.7	2.6	9.2	5.0	8.3	6.3	29.0	N.A.	2010
0.0	-5.3	7.0	6.8	-4.9	2.8	11.9	N.A.	2011
0.1	0.5	-0.9	19.7	4.0	-0.1	-10.4	N.A.	2012
-2.5	-0.6	-3.2	-1.5	15.6	-1.3	-22.0	N.A.	2013
0.3	-3.4	2.5	59.2	-2.2	0.9	-2.1	N.A.	2014
-3.5	-1.9	1.2	0.5	-2.6	-0.6	12.7	N.A.	2015
1.8	1.4	7.5	N.A.	-9.9	4.1	11.0	N.A.	2016
5.0	1.0	0.6	-6.5	7.7	2.2	N.A.	N.A.	2017
-6.4	-2.4	0.6	3.3	-7.8	-2.0	10.5	9.0	2018
1.4	-2.3	-4.8	-7.9	0.2	-2.8	17.5	15.6	2019
6.8	-12.2	-4.5	28.2	1.1	-2.3	8.5	8.5	2020
-1.0	1.4	7.1	2.4	2.4	4.1	18.3	18.6	2021
-5.8	3.2	-1.9	3.3	0.0	-2.2	N.A.	1.3	2022

注:(1) ガス事業者とは、2005年度以前は旧一般ガス事業者計、2006年度以降はガス事業者計を示す。

(2) 新規事業者とは、2016年度以前は旧ガス導管事業者および旧大口ガス事業者を示し、2017年度以降はガス小売事業者と特定ガス導管事業者を示す。

(3) 小売の新規事業者は、全面自由化(2017年度)後に新規参入した小売事業者の販売量およびみなし小売事業者の越境販売量を示す。

3．都市ガス・天然ガス需給
(6)世界の天然ガス貿易量（2022年）

輸出国 / 輸入国	世界	アメリカ	カナダ	トリニダード・トバゴ	ボリビア	オランダ	ノルウェー	ロシア	トルクメニスタン	カザフスタン	ウズベキスタン
アメリカ	82.73	-	82.05	0.65	-	-	-	-	-	-	-
カナダ	26.26	26.16	-	-	-	-	-	-	-	-	-
メキシコ	57.09	56.68	-	-	-	-	-	-	-	-	-
ブラジル	8.45	1.93	-	-	6.14	-	-	-	-	-	-
アルゼンチン	5.95	1.79	-	0.06	3.69	-	0.09	-	-	-	-
欧州連合	428.35	54.28	-	3.61	-	13.90	89.71	80.26	-	-	-
トルコ	15.06	5.34	-	0.35	-	-	-	0.31	-	-	-
ウクライナ	-	-	-	-	-	-	-	-	-	-	-
ベラルーシ	18.48	-	-	-	-	-	-	18.48	-	-	-
ロシア	8.13	-	-	-	-	-	-	-	4.73	3.40	-
アラブ首長国連邦	19.44	-	-	-	-	-	-	-	-	-	-
中国	151.58	2.59	-	0.58	-	-	-	20.78	32.89	4.37	2.49
インド	28.38	3.30	-	0.15	-	-	-	0.58	-	-	-
パキスタン	9.71	0.08	-	-	-	-	-	-	-	-	-
日本	98.26	5.64	-	0.15	-	-	-	9.24	-	-	-
韓国	63.90	7.84	-	0.16	-	-	-	2.69	-	-	-
台湾	27.44	2.92	-	-	-	-	-	1.50	-	-	-
シンガポール	13.45	0.62	-	0.09	-	-	-	0.09	-	-	-
タイ	17.97	0.70	-	0.74	-	-	-	0.09	-	-	-
その他	180.12	17.14	-	4.37	-	0.31	30.75	31.48	3.11	-	0.03
世界	1,260.76	186.99	82.05	10.92	9.84	14.21	120.55	165.52	40.73	7.77	2.52

出所：Energy Institute「Statistical Review of World Energy 2023」

（十億 m³）

アゼルバイジャン	カタール	オマーン	イラン	アルジェリア	ナイジェリア	オーストラリア	インドネシア	マレーシア	ブルネイ	ミャンマー	パプアニューギニア	その他
-	-	-	-	-	-	-	-	-	-	-	-	0.03
-	-	-	-	-	-	-	0.41	-	-	-	-	0.11
-	0.13	-	-	-	0.05	-	-	-	-	-	-	-
-	0.06	-	-	0.09	-	-	-	-	-	-	-	0.18
11.51	19.99	0.64	-	38.97	10.65	0.01	0.01	0.01	-	-	-	104.81
-	0.09	0.11	-	5.36	0.84	-	0.09	-	-	-	-	2.56
-	19.44	-	-	-	-	-	-	-	-	-	-	-
-	24.79	0.86	-	0.09	0.62	35.01	5.13	10.20	0.48	3.98	3.18	3.54
-	14.67	1.27	-	0.29	1.27	0.60	0.09	0.11	-	-	-	6.05
-	8.63	-	-	0.09	0.44	-	-	0.09	-	-	-	0.37
-	3.93	3.44	-	0.17	1.32	41.89	3.46	16.31	4.38	-	5.44	2.90
-	13.37	6.93	-	0.09	0.75	15.93	4.42	7.53	0.26	-	0.84	3.09
-	7.15	0.45	-	-	0.37	10.08	1.51	0.82	0.08	-	1.85	0.72
-	0.55	-	-	-	0.01	3.38	6.13	0.11	-	-	-	2.47
-	3.20	0.86	-	-	0.46	1.95	0.15	2.19	0.26	6.59	0.05	0.74
11.03	18.20	0.40	18.88	4.72	2.82	3.46	0.32	0.08	0.96	-	-	32.05
22.54	134.19	14.95	18.88	49.87	19.60	112.30	21.73	37.45	6.42	10.56	11.36	159.82

注：原則、総発熱量40MJ/m³ (15℃・1気圧)。

3. 都市ガス・天然ガス需給
(7) わが国の供給国別LNG輸入量

年度	アメリカ	ペルー	他中南米	ロシア	他欧州	アラブ首長国連邦	カタール	オマーン	他中東
1969	182	-	-	-	-	-	-	-	-
1970	977	-	-	-	-	-	-	-	-
1973	989	-	-	-	-	-	-	-	-
1975	1,017	-	-	-	-	-	-	-	-
1980	872	-	-	-	-	2,001	-	-	-
1985	990	-	-	-	-	2,257	-	-	-
1990	982	-	-	-	-	2,272	-	-	-
1991	1,010	-	-	-	-	2,666	-	-	-
1992	1,009	-	-	-	-	2,513	-	-	-
1993	1,105	-	-	-	-	2,484	-	-	-
1994	1,173	-	-	-	-	3,488	-	-	-
1995	1,221	-	-	-	-	4,098		-	-
1996	1,338	-	-	-	-	4,418	293	-	-
1997	1,194	-	-	-	-	4,653	2,383	-	-
1998	1,304	-	-	-	-	4,523	3,310	-	-
1999	1,189	-	-	-	-	4,690	4,940	-	-
2000	1,260	-	-	-	-	4,802	6,000	123	-
2001	1,266	-	-	-	-	4,853	6,386	681	-
2002	1,253	-	-	-	-	4,633	6,640	867	-
2003	1,242	-	56	-	-	5,256	6,608	1,656	-
2004	1,210	-	55	-	-	5,107	6,762	1,104	-
2005	1,250	-	56	-	-	5,371	6,396	1,101	-
2006	1,127	-	276	-	-	5,262	7,707	2,864	-
2007	776	-	599	-	61	5,571	8,129	3,699	-
2008	699	-	339	-	62	5,549	8,095	3,064	-
2009	563	-	163	4,339	-	5,092	8,011	2,785	-
2010	557	-	111	5,978	-	5,085	7,720	2,661	119
2011	242	752	262	7,772	403	5,638	14,301	4,227	362
2012	208	872	381	8,366	529	5,544	15,252	3,794	248
2013	-	368	281	8,584	846	5,282	16,173	4,229	502
2014	253	-	121	8,514	902	5,695	16,500	3,002	957
2015	157	148	57	7,106	449	5,639	13,212	2,491	103
2016	479	120	57	7,709	394	4,863	11,907	2,526	-
2017	940	474	227	7,062	71	4,739	9,863	2,837	-
2018	2,829	462	-	6,386	389	4,736	9,692	2,631	-
2019	4,166	636	-	6,315	-	1,444	8,593	2,951	-
2020	6,168	875	-	6,390	15	1,033	9,119	2,395	-
2021	5,606	284	108	6,799	29	1,395	7,058	2,229	-
2022	3,988	182	63	6,378	-	960	2,922	2,458	-

出所:財務省「日本貿易統計」

(千トン)

ナイジェリア	赤道ギニア	他アフリカ	ブルネイ	インドネシア	マレーシア	他アジア	パプアニューギニア	オーストラリア	輸入計	年度
-	-	-	-	-	-	-		-	182	1969
-	-	-	-	-	-	-		-	977	1970
-	-	-	1,375	-	-	-		-	2,364	1973
-	-	-	3,988	-	-	-		-	5,005	1975
-	-	-	5,418	8,674	-	-		-	16,965	1980
-	-	-	5,188	14,825	4,572	-		-	27,831	1985
-	-	-	5,254	17,609	6,775	-		3,185	36,077	1990
-	-	-	5,284	17,878	7,026	-		4,087	37,952	1991
-	-	-	5,277	18,414	7,169	-		4,595	38,976	1992
-	-	-	5,545	17,931	7,690	-		5,321	40,076	1993
-	-	-	5,481	18,498	7,580	-		6,155	42,374	1994
-	-	-	5,507	17,476	8,559	-		6,827	43,689	1995
-	-	-	5,511	18,120	9,489	-		7,276	46,445	1996
-	-	-	5,444	18,206	9,444	-		7,025	48,349	1997
-	-	-	5,330	17,987	9,789	-		7,235	49,478	1998
-	-	-	5,582	18,232	10,231	-		7,247	52,112	1999
-	-	-	5,715	18,123	10,923	-		7,211	54,157	2000
-	-	-	6,004	16,444	11,296	-		7,489	54,421	2001
-	-	-	6,011	17,522	10,881	-		7,212	55,018	2002
-	-	-	6,367	17,490	12,219	-		7,644	58,538	2003
112	-	-	6,357	15,545	13,154	-		8,612	58,018	2004
-	-	174	6,165	13,813	13,136	-		10,456	57,917	2005
165	-	740	6,393	13,951	12,220	-		12,606	63,309	2006
1,020	561	2,575	6,641	13,605	13,252	-		11,816	68,306	2007
1,820	1,174	1,761	6,110	13,949	13,339	-		12,174	68,135	2008
233	1,345	60	5,988	12,746	12,570	-		12,457	66,354	2009
756	294	545	5,940	12,930	14,617	-		13,248	70,562	2010
3,337	2,124	963	6,176	7,906	15,126	-		13,592	83,183	2011
4,531	2,850	1,274	5,914	5,776	14,269	-		17,057	86,865	2012
3,892	1,796	1,055	4,772	6,568	15,005	-		18,377	87,731	2013
5,108	659	692	4,431	5,184	15,316	-	3,403	18,336	89,071	2014
3,717	449	701	4,072	6,392	15,602	133	4,018	19,123	83,571	2015
1,801	540	377	4,044	6,652	15,549	122	4,107	23,502	84,749	2016
1,360	57	342	4,013	6,663	14,238	209	3,966	26,826	83,888	2017
1,053	64	392	4,320	4,759	9,960	-	3,431	29,449	80,553	2018
1,062	69	61	4,249	3,369	9,938	71	3,604	29,970	76,498	2019
1,487	137	128	4,015	2,139	10,469	90	3,454	28,442	76,357	2020
541	187	281	4,011	2,170	9,787	149	3,484	27,342	71,459	2021
848	121	322	3,113	2,598	12,352	114	3,828	30,298	70,547	2022

4. 電力需給

4．電力需給

(1)発電電力量の推移

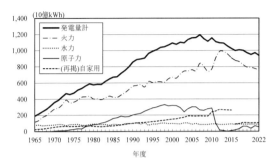

出所: 経済産業省「電力調査統計月報」
注: P.205共通注記(5)、(6)を参照。
(1)発電量計はその他 (地熱、太陽光、燃料電池、風力、超伝導) を含む。
(2)1991年度以前の火力には地熱を含む。

(2)電灯電力需要の推移

出所: 経済産業省「電力調査統計月報」
注: P.205共通注記(5)を参照。
電気事業用計、電力は特定規模需要を含む。2016年度以降は、特定供給、自家消費を含む。

4. 電力需給
(3)発電設備能力

年度	電気事業用					平均出水率(%)	原子力設備利用率(%)
	水力	揚水	火力	原子力	計		
1965	15,270	989	21,228		36,499	107.1	
1970	18,922	3,372	38,711	1,323	58,955	97.9	N.A.
1973	21,519	5,175	60,607	2,283	84,409	85.4	N.A.
1975	23,785	5,875	69,331	6,602	99,740	105.7	N.A.
1980	28,667	11,296	85,051	15,511	129,358	108.9	60.8
1985	33,195	14,338	96,433	24,521	154,329	98.4	76.0
1990	36,452	17,487	106,905	31,480	175,072	102.2	72.7
1991	37,734	18,187	108,389	33,239	179,598	110.6	73.8
1992	38,140	18,508	111,039	34,419	183,832	94.3	74.2
1993	38,593	18,928	113,196	38,376	190,427	109.4	75.4
1994	40,558	20,848	116,420	40,366	197,687	75.9	76.6
1995	42,082	22,268	119,204	41,191	202,944	94.0	80.2
1996	43,054	23,168	123,242	42,547	209,337	92.0	80.8
1997	43,106	23,168	127,920	45,083	216,603	102.4	81.3
1998	43,888	23,888	132,925	45,083	222,393	104.1	84.2
1999	44,399	24,288	134,312	45,083	224,291	97.7	80.1
2000	44,853	24,688	138,163	45,083	228,596	97.4	81.7
2001	44,883	24,688	138,918	45,742	230,041	94.3	80.5
2002	44,901	24,703	140,419	45,742	231,564	92.6	73.4
2003	45,197	24,659	140,386	45,742	231,826	108.8	59.7
2004	45,191	24,659	140,742	47,122	233,556	110.8	68.9
2005	45,665	25,129	139,216	49,580	234,963	91.8	71.9
2006	45,685	25,093	138,890	49,467	234,544	102.8	69.9
2007	45,977	25,343	138,127	49,467	234,073	89.1	60.7
2008	46,252	25,643	140,023	47,935	234,711	91.7	60.0
2009	45,221	25,393	142,574	48,847	237,153	95.7	65.7
2010	43,849	25,693	135,070	48,960	228,479	103.1	67.3
2011	44,168	25,993	136,132	48,960	229,908	106.8	23.7
2012	44,652	26,465	139,795	46,148	231,219	95.1	3.9
2013	44,676	26,468	141,901	44,264	231,468	100.3	2.3
2014	45,403	27,071	143,777	44,264	234,028	103.7	-
2015	45,786	27,071	143,040	42,048	231,484	107.4	2.5
2016	49,521	27,471	174,392	41,482	274,519	N.A.	5.0
2017	49,562	27,471	173,261	39,132	272,885	N.A.	9.1
2018	49,582	27,471	171,469	38,042	271,685	N.A.	19.3
2019	49,635	27,471	168,760	33,083	266,112	N.A.	20.6
2020	49,635	27,471	170,260	33,083	269,648	N.A.	13.4
2021	49,612	27,471	167,482	33,083	268,708	N.A.	24.4
2022	49,612	27,391	166,379	33,083	269,730	N.A.	19.3

出所:経済産業省「電力需給の概要」「電力調査統計月報」、
　　　電気事業連合会「電気事業便覧」、
　　　　　一般社団法人日本原子力産業協会「原子力発電所の運転・建設状況」など

(千kW)

自家用				合計					年度
水力	火力	原子力	計	水力	火力	原子力	計	伸び率(%)	
1,005	3,488	13	4,508	16,275	24,717		41,005	7.7	1965
1,073	8,221	13	9,306	19,994	46,932	1,336	68,262	14.8	1970
1,070	10,010	13	11,093	22,589	70,617	2,295	95,502	12.0	1973
1,068	11,434	13	12,545	24,853	80,765	6,615	112,285	7.8	1975
1,109	13,022	178	14,340	29,776	98,072	15,689	143,698	4.2	1980
1,142	13,728	165	15,070	34,337	110,161	24,686	169,399	3.7	1985
1,378	18,079	165	19,658	37,831	124,984	31,645	194,133	4.6	1990
1,382	18,793	165	20,387	39,117	127,183	33,404	199,985	2.7	1991
1,384	19,706	165	21,301	39,523	130,745	34,584	205,133	2.6	1992
1,372	20,905	165	22,487	39,965	134,101	38,541	212,914	3.8	1993
1,374	21,629	165	23,212	41,932	138,049	40,531	220,898	3.7	1994
1,374	22,461	165	24,051	43,455	141,665	41,356	226,994	2.8	1995
1,353	22,832	165	24,400	44,407	146,074	42,712	233,737	3.0	1996
1,356	24,282	165	25,844	44,462	152,202	45,248	242,446	3.7	1997
1,494	26,129	165	27,897	45,382	159,054	45,248	250,290	3.2	1998
1,461	27,557	165	29,253	45,860	161,869	45,248	253,544	1.3	1999
1,472	28,485	165	30,241	46,325	166,648	45,248	258,838	2.1	2000
1,503	29,810	165	31,689	46,387	168,729	45,907	261,730	1.1	2001
1,644	32,470	165	34,566	46,545	172,889	45,907	266,129	1.7	2002
1,584	34,335	-	36,460	46,781	174,721	45,742	268,287	0.8	2003
1,612	36,730	-	39,145	46,803	177,472	47,122	272,701	1.6	2004
1,692	36,563	-	39,220	47,357	175,779	49,580	274,183	0.5	2005
1,689	37,460	-	40,444	47,375	176,350	49,467	274,988	0.3	2006
1,660	38,285	-	41,516	47,637	176,412	49,467	275,588	0.2	2007
1,697	39,302	-	42,800	47,949	179,324	47,935	277,511	0.7	2008
2,745	39,162	-	43,946	47,966	181,736	48,847	281,099	1.3	2009
4,262	47,312	-	53,836	48,111	182,381	48,960	282,315	0.4	2010
4,250	49,177	-	55,821	48,419	185,309	48,960	285,729	1.2	2011
4,282	49,109	-	56,107	48,934	188,904	46,148	287,327	0.6	2012
4,256	49,357	-	57,703	48,932	191,258	44,264	289,171	0.6	2013
4,194	49,579	-	60,532	49,597	193,356	44,264	294,560	1.9	2014
4,248	47,765	-	60,352	50,035	190,805	42,048	291,836	-0.9	2015
536	19,571	-	23,888	50,058	193,963	41,482	298,407	N.A.	2016
452	20,201	-	26,324	50,014	193,462	39,132	299,209	0.3	2017
455	21,557	-	28,407	50,037	193,026	38,042	300,093	0.3	2018
398	21,024	-	27,785	50,033	189,784	33,083	293,897	-2.1	2019
398	21,498	-	28,903	50,033	191,758	33,083	298,550	1.6	2020
396	20,773	-	28,489	50,009	188,256	33,083	297,191	-0.5	2021
395	21,558	-	29,351	50,007	187,937	33,083	299,081	0.6	2022

注：P.205共通注記(1)、(2)、(4)、(5)を参照。
(1) 計には地熱、太陽光、燃料電池、風力、超伝導を含む。(2) 1991年度以前の火力には地熱を含む。
(3) 出水率は、一部EDMC推計。
(4) 原子力設備利用率は、2016年度以降の値についても発電端ベース。

4．電力需給
(4)発電電力量

年度	旧一般電気事業者							その他電気事業者		
	水力	火力				原子力	計	水力	火力	原子力
		石油	石炭	LNG	計					
1965	55,335	36,797	48,814	-	88,011	-	143,346	14,764	9,514	-
1970	56,320	124,320	63,913	N.A.	194,131	1,293	251,744	17,317	35,238	3,288
1973	49,519	244,434	20,141	N.A.	271,806	6,211	327,536	16,541	58,461	3,494
1975	59,970	204,712	13,129	26,920	247,652	22,710	330,332	19,306	61,918	2,392
1980	63,871	178,942	12,827	84,647	280,843	71,950	416,664	21,275	66,000	10,059
1985	61,044	125,090	29,188	135,243	296,447	148,017	505,508	20,149	67,252	10,966
1990	65,433	165,661	37,258	181,674	393,396	181,063	639,892	23,314	73,949	20,340
1991	71,861	155,259	39,982	195,989	399,341	193,778	664,980	25,745	73,736	18,564
1992	61,032	155,044	46,671	195,541	405,200	202,865	670,557	21,712	76,484	19,441
1993	72,109	119,799	55,138	192,691	371,591	229,742	674,826	25,773	76,542	18,474
1994	51,953	151,641	59,751	206,731	425,457	248,008	727,102	18,016	83,883	20,157
1995	62,315	125,620	66,308	204,545	401,129	271,369	737,630	22,292	89,468	18,534
1996	61,642	113,198	70,856	215,694	407,575	280,968	753,511	21,316	89,420	20,227
1997	69,191	86,603	71,126	223,396	395,602	300,677	768,877	24,392	93,738	17,824
1998	69,448	76,913	85,098	230,160	397,576	310,593	780,816	25,798	81,680	20,755
1999	65,141	74,745	91,374	246,487	420,943	309,852	799,077	23,138	92,691	6,061
2000	66,471	63,685	98,217	255,116	426,426	302,475	798,385	22,857	100,477	18,863
2001	64,717	40,491	106,918	251,200	408,556	301,291	777,640	21,791	104,102	18,358
2002	63,272	53,076	118,186	261,896	443,429	275,505	785,347	20,777	111,034	18,569
2003	72,388	55,538	127,363	269,086	462,900	220,528	758,968	23,666	117,910	19,485
2004	70,918	53,393	139,251	255,366	454,724	262,477	791,166	24,590	110,942	19,965
2005	60,020	65,563	147,544	243,607	459,290	286,979	809,219	19,759	122,278	17,776
2006	65,967	51,050	147,802	263,769	465,268	287,122	821,077	23,038	107,747	16,304
2007	57,179	100,022	153,498	282,102	538,279	249,538	847,747	19,674	122,803	14,294
2008	56,451	78,918	146,529	277,995	506,123	247,097	812,152	19,464	115,163	11,031
2009	57,696	39,980	138,668	273,938	456,584	266,110	782,991	16,843	111,815	13,669
2010	62,868	46,387	145,794	287,523	485,424	271,270	821,992	11,307	67,843	16,961
2011	62,814	N.A.	N.A.	N.A.	610,670	100,696	776,765	11,564	67,857	1,066
2012	57,023	N.A.	N.A.	N.A.	666,757	15,939	742,288	10,337	69,185	-
2013	58,850	107,916	173,053	392,027	672,996	9,303	743,691	9,714	70,122	-
2014	60,620	72,418	171,665	405,124	649,213	-	712,347	9,635	68,551	-
2015	63,907	58,605	170,127	374,163	603,806	9,437	679,674	11,004	71,853	-
2016	59,236	38,976	162,918	375,018	576,912	17,300	655,612	22,664	217,486	-
2017	63,725	26,999	164,846	357,840	549,686	31,278	646,792	24,149	227,809	-
2018	61,209	15,482	152,796	340,536	508,814	62,159	634,181	23,826	217,334	-
2019	60,477	8,371	151,179	321,817	481,374	61,035	604,851	23,827	214,785	-
2020	60,726	9,171	147,527	315,516	472,550	37,011	572,263	23,767	225,383	-
2021	62,265	15,408	164,083	281,637	461,443	67,767	593,463	23,552	220,067	-
2022	60,278	16,852	165,478	266,670	449,325	53,524	565,090	22,971	215,397	-

出所：経済産業省「電力需給の概要」「電力調査統計月報」、電気事業連合会「電気事業便覧」、
　　　資源エネルギー庁資料など

(百万kWh)

計	自家用			計	合計			計	伸び率(%)	年度
	水力	火力	原子力		水力	火力	原子力			
24,278	5,102	17,499	25	22,626	75,201	115,024	25	190,250	5.9	1965
55,843	6,453	45,498	0	51,951	80,090	274,782	4,581	359,538	13.7	1970
78,496	5,618	58,635	2	64,255	71,678	388,902	9,707	470,287	9.8	1973
83,694	6,630	55,115	23	61,768	85,906	364,763	25,125	475,794	3.6	1975
97,386	6,946	55,943	582	63,471	92,092	402,838	82,591	577,521	-2.1	1980
98,418	6,755	60,826	595	68,026	87,948	424,426	159,578	671,952	3.6	1985
117,701	7,088	91,465	869	99,679	95,835	557,423	202,272	857,272	7.3	1990
118,132	7,989	95,615	1,118	104,977	105,595	567,258	213,460	888,089	3.6	1991
117,709	6,872	98,902	953	107,002	89,616	580,586	223,259	895,268	0.8	1992
120,882	7,588	102,048	1,040	110,997	105,470	550,180	249,256	906,705	1.3	1993
122,158	5,690	108,126	962	115,071	75,659	617,465	269,121	964,331	6.4	1994
130,397	6,608	113,610	1,351	121,853	91,216	604,206	291,254	989,880	2.6	1995
131,063	6,475	117,019	1,005	124,775	89,433	614,014	302,201	1,009,349	2.0	1996
136,058	6,786	125,236	676	132,955	100,369	614,576	319,177	1,037,890	2.8	1997
128,334	7,340	128,559	996	137,138	102,587	607,815	332,343	1,046,288	0.8	1998
121,985	7,298	136,814	702	145,068	95,577	650,448	316,616	1,066,130	1.9	1999
142,302	7,489	142,274	712	150,813	96,817	669,177	322,050	1,091,500	2.4	2000
144,356	7,364	145,817	209	153,893	93,872	658,475	319,859	1,075,889	-1.4	2001
150,460	7,752	156,112	1,021	165,452	91,801	710,575	295,095	1,101,259	2.4	2002
161,166	8,083	164,678	-	173,822	104,535	745,488	240,013	1,093,956	-0.7	2003
155,589	7,639	181,401	-	190,586	103,147	747,068	282,442	1,137,341	4.0	2004
159,916	6,571	180,272	-	188,791	86,350	761,841	304,755	1,157,926	1.8	2005
151,807	8,335	177,514	-	188,226	83,977	755,084	303,426	1,161,110	0.3	2006
156,875	7,381	180,207	-	190,410	84,234	841,289	263,832	1,195,032	2.9	2007
145,737	7,590	177,643	-	188,380	83,504	798,930	258,128	1,146,269	-4.1	2008
142,401	9,293	154,122	-	187,230	83,832	742,522	279,750	1,112,024	-2.9	2009
96,248	16,507	218,038	-	238,649	90,681	771,306	288,230	1,156,888	4.0	2010
80,640	17,331	228,419	-	250,424	91,709	906,946	101,762	1,107,829	-4.2	2011
79,666	16,285	250,816	-	271,996	83,485	973,768	15,939	1,093,950	-1.3	2012
79,978	16,322	244,227	-	266,813	84,885	987,345	9,303	1,090,482	-0.3	2013
78,214	16,687	237,588	-	263,156	86,942	955,352	-	1,053,717	-3.4	2014
82,883	16,469	233,130	-	261,628	91,270	908,789	9,437	1,024,185	-2.8	2015
251,946	2,670	82,618	-	90,352	84,569	877,017	17,300	997,911	N.A.	2016
266,456	2,255	83,940	-	94,092	90,128	861,435	31,278	1,007,341	0.9	2017
258,037	2,363	97,430	-	108,191	87,398	823,589	62,109	1,090,409	-0.7	2018
258,334	2,010	96,651	-	107,585	86,314	792,810	61,035	970,770	-3.0	2019
273,146	1,817	92,087	-	103,570	86,310	790,020	37,011	948,979	-2.2	2020
270,300	1,815	94,817	-	106,486	87,632	776,326	67,767	970,249	2.2	2021
267,622	1,816	92,668	-	104,866	85,064	757,391	53,524	937,578	-3.4	2022

注: P.205共通注記(3)、(4)、(5)、(6)を参照。
　(1) 合計には地熱、太陽光、燃料電池、風力を含む。
　(2) 1991年度以前の火力には地熱を含む。
　(3) 1997年度までの旧一般電気事業者火力内訳は沖縄電力を除く9電力。

4．電力需給

(5)電灯電力需要

						電灯電力需要 (百万kWh)	
年度			電気事業用				
	電灯	電力	特定規模需要	高圧	特別高圧	特定供給	自家消費
1965	28,324	119,495	-	-	-	-	-
1970	51,706	221,254	-	-	-	-	-
1973	72,548	290,821	-	-	-	-	-
1975	82,421	291,850	-	-	-	-	-
1980	105,271	358,982		-	-	-	-
1985	133,303	408,091		-	-	-	-
1990	177,419	500,712	-	-	-	-	-
1991	185,326	513,267	-	-	-	-	-
1992	192,136	512,660	-	-	-	-	-
1993	197,695	511,507	-	-	-	-	-
1994	215,515	543,498	-	-	-	-	-
1995	224,650	551,861	-	-	-	-	-
1996	228,231	566,087	-	-	-	-	-
1997	232,371	578,891	-	-	-	-	-
1998	240,938	577,397	-	-	-	-	-
1999	248,234	588,509	-	-	-	-	-
2000	254,592	363,594	239,891	-	-	-	-
2001	254,469	358,303	231,505	-	-	-	0
2002	263,439	362,405	237,088	-	-	-	0
2003	259,658	359,725	238,838	-	-	-	0
2004	272,552	250,781	368,770	-	-	-	0
2005	281,294	52,827	559,654	-	-	17,401	7,088
2006	278,316	49,427	575,451	-	-	16,284	7,663
2007	289,728	49,743	595,564	-	-	16,791	7,835
2008	285,288	46,757	571,691	-	-	12,122	9,646
2009	284,969	45,173	543,977	-	-	9,908	12,640
2010	304,234	47,453	574,937	-	-	6	4,429
2011	288,950	44,931	545,567	-	-	6	4,331
2012	286,224	43,694	540,997	-	-	5	4,355
2013	284,345	42,783	544,364	-	-	5	4,536
2014	273,107	40,473	537,824	-	-	5	3,943
2015	266,855	39,150	531,514	-	-	5	4,018
2016	271,809	37,647	N.A.	307,391	231,446	3,444	45,806
2017	279,307	38,127	N.A.	309,609	233,832	3,374	47,833
2018	270,314	36,809	N.A.	306,841	236,344	6,270	37,420
2019	266,652	35,417	N.A.	301,812	229,919	6,238	34,868
2020	277,978	35,397	N.A.	290,264	214,917	5,472	36,790
2021	278,146	34,857	N.A.	296,338	225,396	6,157	38,258
2022	270,263	34,236	N.A.	283,455	218,706	6,207	38,273

出所：電気事業連合会「電気事業便覧」，経済産業省「電力調査統計月報」、
経済産業省「電力需給の概要」
注：P.205共通注記(1)、(3)、(5)を参照。
(1)2000年度以降の電気事業用の電力計には、特定規模需要は含まない。

合計	自家発等	合計	伸び率 (%)						年度
			電灯電力需要						
			電気事業用			合計	自家発等	合計	
			電灯	電力	特定規模需要				
147,819	21,002	168,821	12.0	5.3	-		6.5	14.0	6.8	1965
272,960	46,741	319,701	14.0	13.1	-		13.2	20.5	14.2	1970
363,369	58,399	421,768	10.9	10.7	-		10.7	3.7	9.7	1973
374,271	54,064	428,335	9.4	2.5	-		3.9	-3.1	3.0	1975
464,253	55,998	520,251	-0.5	-1.3	-		-1.1	-5.9	-1.7	1980
541,394	57,912	599,306	4.5	2.8	-		3.2	3.0	3.2	1985
678,131	87,471	765,602	8.6	6.8	-		7.2	7.2	7.2	1990
698,594	91,295	789,888	4.5	2.5	-		3.0	4.4	3.2	1991
704,796	92,956	797,752	3.7	-0.1	-		0.9	1.8	1.0	1992
709,202	95,494	804,695	2.9	-0.2	-		0.6	2.7	0.9	1993
759,013	99,804	858,817	9.0	6.3	-		7.0	4.5	6.7	1994
776,511	105,048	881,559	4.2	1.5	-		2.3	5.3	2.6	1995
794,318	109,153	903,471	1.6	2.6	-		2.3	3.9	2.5	1996
811,261	115,444	926,705	1.8	2.3	-		2.1	5.8	2.5	1997
818,334	116,327	934,661	3.7	-0.3	-		0.9	0.8	0.9	1998
836,743	120,627	957,370	3.0	1.9	-		2.2	3.7	2.4	1999
858,078	123,988	982,066	2.6	N.A.	N.A.		2.5	2.8	2.6	2000
844,277	123,378	967,655	0.0	-1.5	-3.5		-1.6	-0.5	-1.5	2001
862,932	126,760	989,692	3.5	1.1	2.4		2.2	2.7	2.3	2002
858,221	126,547	984,768	-1.4	-0.7	0.7		-0.5	-0.2	-0.5	2003
892,101	127,283	1,019,386	5.0	N.A.	N.A.		3.9	0.6	3.5	2004
918,265	125,535	1,043,800	3.2	N.A.	N.A.		2.9	-1.4	2.4	2005
927,141	121,167	1,048,308	-1.1	-6.4	2.8		1.0	-3.5	2.8	2006
959,661	117,831	1,077,492	4.1	0.6	3.5		3.5	-2.8	2.8	2007
925,503	110,029	1,035,532	-1.5	-6.0	-4.0		-3.6	-6.6	-3.9	2008
896,668	106,154	1,002,822	-0.1	-3.4	-4.8		-3.1	-3.5	-3.2	2009
931,059	125,382	1,056,441	6.8	5.0	5.7	N.A.		5.3	2010
883,787	118,658	1,002,445	-5.0	-5.3	-5.1		-5.1	-5.4	-5.1	2011
875,276	116,336	991,612	-0.9	-2.8	-0.8		-1.0	-2.0	-1.1	2012
876,033	116,595	992,627	-0.7	-2.1	0.6		0.1	0.2	0.1	2013
855,353	114,078	969,430	-4.0	-5.4	-1.2		-2.4	-2.2	-2.3	2014
841,542	113,803	955,345	-2.3	-3.3	-1.2		-1.6	-0.2	-1.5	2015
899,799	90,352	990,151	1.9	-3.8	N.A.	N.A.		3.6	2016
914,375	94,092	1,008,467	2.8	1.3	N.A.		1.6	4.1	1.8	2017
896,250	108,191	1,004,440	-3.2	-3.5	N.A.		-2.0	15.0	-0.4	2018
877,160	107,585	984,745	-1.4	-3.8	N.A.		-2.1	-0.6	-2.0	2019
863,204	103,570	966,774	4.2	-0.1	N.A.		-1.6	-3.7	-1.8	2020
881,517	106,486	988,003	0.1	-1.5	N.A.		2.1	2.8	2.2	2021
866,714	104,866	971,580	0.1	-1.5	N.A.		-1.7	-1.5	-1.7	2022

(2)1976年度以前の電力の内訳は沖縄電力を除く9電力会社。

(3) 特定規模需要は、2000年度以降原則2,000kW以上の受電、
2004年度以降は原則500kW以上の受電、2005年度以降は原則50kW以上の受電。

4．電力需給

(6)大口電力業種別需要電力量（電気事業者計、1965年度～2015年度）

年度	鉱業	製造業								
		食料品	繊維工業	パルプ・紙紙加工品	化学工業	石油製品・石炭製品	ゴム製品	窯業・土石製品	鉄鋼業	
1965	3,611	1,428	3,565	6,366	23,087	533	716	2,738	18,610
1970	3,098	2,781	5,888	7,683	30,880	1,335	1,462	9,345	44,304
1973	2,344	4,051	7,094	9,172	27,893	2,298	1,904	12,039	62,495
1975	2,276	4,584	6,397	8,985	26,575	2,356	1,779	10,916	59,728
1980	2,099	6,124	6,387	12,222	26,787	2,688	2,341	15,071	61,803
1985	1,695	7,519	6,236	12,800	28,234	2,631	2,699	13,347	55,877
1990	1,502	11,333	6,839	11,882	28,462	2,386	3,468	14,964	58,923
1991	1,476	11,775	6,760	11,602	28,492	2,399	3,522	14,942	58,095
1992	1,454	11,983	6,412	10,979	27,153	2,379	3,464	14,601	55,978
1993	1,421	12,236	5,685	10,116	25,607	2,597	3,259	14,179	54,200
1994	1,455	12,995	5,557	9,830	26,590	2,691	3,372	14,344	55,968
1995	1,445	13,226	5,083	9,499	26,668	2,642	3,385	14,443	56,007
1996	1,449	13,670	4,945	10,328	27,056	2,608	3,386	14,324	55,938
1997	1,382	14,149	4,825	10,658	28,037	2,051	3,471	13,123	56,311
1998	1,322	14,618	4,309	10,205	27,010	1,535	3,416	11,923	51,290
1999	1,296	14,984	4,108	10,345	27,217	1,405	3,462	11,711	52,421
2000	1,286	15,268	3,860	10,519	27,417	1,486	3,504	11,874	54,098
2001	1,177	15,519	3,614	10,175	25,944	1,462	3,458	11,175	50,403
2002	1,011	15,516	3,314	10,307	27,226	1,446	3,601	11,026	52,364
2003	918	15,366	3,057	10,119	27,572	1,382	3,602	10,921	52,743
2004	926	15,391	2,977	9,920	28,562	1,484	3,534	10,748	53,597
2005	963	15,447	3,062	10,336	29,620	1,567	3,379	11,088	53,336
2006	1,014	16,252	3,178	10,572	31,223	1,689	3,342	11,878	55,625
2007	896	17,302	3,192	11,028	32,657	1,795	3,339	12,152	57,371
2008	892	17,369	2,800	10,597	29,996	1,923	3,094	11,578	51,217
2009	849	17,308	4,013	9,406	26,717	1,794	2,794	10,396	46,269
2010	889	17,887	4,478	9,899	28,102	2,138	3,069	11,642	36,335
2011	884	17,510	4,318	9,255	27,177	2,157	3,022	11,598	36,466
2012	906	17,623	4,009	8,571	26,346	2,179	2,870	11,223	35,957
2013	954	18,044	4,056	8,493	26,575	2,236	2,913	10,781	37,337
2014	963	18,001	3,966	8,076	26,278	2,348	2,888	10,490	36,641
2015	910	18,298	3,873	7,626	25,609	2,263	2,801	9,996	34,346

出所：経済産業省「電力調査統計月報」
注：P.205共通注記(4)を参照。
　　(1) 業種別自家発自家消費電力量は表Ⅲ-4-(7)に別掲。

(百万kWh)

非鉄金属	機械器具	その他	合計	鉄道業	その他	合計	伸び率(%)	年度
4,515	5,857	6,788	74,201	6,169	3,041	87,023	4.5	1965
16,117	14,494	4,609	138,895	9,431	5,707	157,131	12.4	1970
22,877	18,884	7,544	176,251	11,020	8,118	197,734	9.7	1973
20,233	17,567	7,801	166,919	11,718	9,472	190,385	-1.2	1975
20,542	25,749	11,060	190,773	12,713	12,494	218,079	-2.4	1980
12,451	38,016	13,943	193,753	13,440	14,689	223,575	1.1	1985
12,598	57,369	22,138	230,360	16,366	19,024	267,252	5.9	1990
12,794	60,244	22,726	233,352	16,764	19,875	271,467	1.6	1991
12,678	59,389	22,529	227,545	17,106	20,452	266,556	-1.8	1992
12,638	58,171	22,545	221,233	17,282	21,087	261,023	-2.1	1993
13,170	61,374	23,905	229,796	17,655	22,392	271,297	3.9	1994
13,508	62,987	24,399	231,846	17,864	23,057	274,212	1.1	1995
13,648	65,597	25,620	237,120	17,727	23,603	279,899	2.1	1996
14,356	67,964	26,140	241,085	18,000	24,605	285,072	1.8	1997
13,774	66,537	25,586	230,203	18,117	25,764	275,406	-3.4	1998
14,156	67,312	26,239	233,360	18,152	26,677	279,486	1.5	1999
14,730	69,842	27,029	239,627	18,159	27,684	286,756	2.6	2000
13,497	66,241	26,141	227,629	18,212	28,752	275,771	-3.8	2001
13,640	67,333	26,437	232,211	18,529	29,495	281,256	2.0	2002
13,617	68,489	26,242	233,109	18,391	29,301	281,719	0.2	2003
13,861	71,963	27,088	239,126	18,764	29,768	288,583	2.4	2004
14,678	74,513	27,659	244,685	19,057	29,663	294,368	2.0	2005
15,746	79,156	29,375	258,036	18,771	29,903	307,725	4.5	2006
17,549	83,072	30,561	270,019	18,854	30,580	320,348	4.1	2007
16,441	76,224	28,742	249,982	18,829	30,212	299,916	-6.4	2008
15,394	69,509	27,628	231,228	18,815	29,977	280,871	-6.4	2009
16,053	74,570	29,293	233,466	18,764	30,109	283,227	0.8	2010
15,703	71,637	28,158	227,001	17,667	28,505	274,057	-3.2	2011
15,228	68,950	27,395	220,351	17,714	28,414	267,386	-2.4	2012
14,382	69,223	27,798	221,839	17,861	28,672	269,326	0.7	2013
14,674	68,956	27,099	219,418	17,826	28,575	266,766	-1.0	2014
14,534	68,036	27,516	214,898	17,934	29,552	263,294	-1.3	2015

(2)1995年度以降は卸電気事業者を、1998年度以降は特定電気事業者を、
　　2002年度以降は特定規模電気事業者を含む。
(3)2009年度より、化学繊維工業は化学工業から繊維工業へ分類変更されている。

4. 電力需給

(7)業種別自家発自家消費電力量（全国、1965年度〜2015年度）

年度	鉱業	産業用							
							製造業		
		食料品	繊維工業	パルプ・紙紙加工品	化学工業	石油製品・石炭製品	ゴム製品	窯業・土石製品	鉄鋼業
1965	977	145	34	3,202	6,659	522	15	887	4,992
1970	1,422	440	42	9,197	17,919	1,571	60	1,399	8,040
1973	1,161	549	36	11,507	23,168	2,576	82	1,813	9,272
1975	1,013	442	29	11,243	20,884	2,631	64	1,548	7,880
1980	1,051	507	32	10,908	17,927	2,804	46	2,150	11,701
1985	1,404	580	42	11,193	17,986	2,497	42	3,221	14,621
1990	1,025	1,140	713	19,952	26,224	4,002	111	4,678	19,587
1991	1,021	1,329	908	20,723	27,590	4,345	137	4,974	19,685
1992	922	1,333	936	20,564	29,030	4,558	160	5,110	19,226
1993	902	1,385	855	20,985	29,744	4,858	193	5,289	19,510
1994	783	1,555	882	22,007	31,022	5,170	200	5,443	20,181
1995	780	1,729	830	23,257	32,372	5,572	245	5,604	21,063
1996	797	1,865	847	23,092	33,110	6,073	391	6,273	22,049
1997	642	1,944	838	23,764	34,202	7,408	399	7,152	22,755
1998	631	2,169	840	23,594	34,368	7,902	417	6,575	22,228
1999	625	2,191	882	23,897	35,299	8,078	464	6,944	23,376
2000	642	2,388	882	24,383	35,402	7,940	471	6,982	24,294
2001	590	2,601	810	23,757	34,112	7,746	461	6,793	24,946
2002	602	2,739	732	23,647	34,250	7,818	471	6,868	25,551
2003	596	2,761	702	23,624	33,703	7,612	439	6,760	26,148
2004	610	3,015	641	23,864	34,608	7,643	684	6,729	27,052
2005	518	3,120	307	19,452	34,265	8,855	1,118	5,206	26,117
2006	390	2,935	659	18,684	33,799	8,082	1,015	4,887	26,174
2007	300	2,693	577	18,677	32,528	7,271	1,127	4,679	26,417
2008	282	2,542	466	17,225	30,497	7,188	957	4,253	25,478
2009	245	2,387	3,944	16,225	27,347	7,383	905	3,823	24,196
2010	235	2,324	3,733	15,912	28,534	7,528	861	3,614	39,625
2011	213	2,297	3,658	15,531	27,148	7,466	859	3,368	38,634
2012	215	2,178	3,523	15,604	26,000	6,789	879	3,500	38,764
2013	188	2,128	2,785	15,910	27,406	7,203	859	3,445	37,976
2014	153	2,095	2,730	15,850	27,010	7,664	733	3,548	36,267
2015	280	2,081	2,372	15,543	29,331	6,564	683	3,534	35,161

出所: 電気事業連合会「電気事業便覧」、通産省/電気事業連合会「電気事業40年の統計」、同「電気事業30年の統計」、経済産業省「電力需給の概要」、同「電力調査統計月報」

(百万kWh)

非鉄金属	機械器具	その他	合計	鉄道業	その他	合計	業務用	合計	伸び率(%)	年度
1,688	0	204	18,348	1,675	2	21,002	N.A.	21,002	14.0	1965
4,724	10	0	43,402	1,882	36	46,741	N.A.	46,741	20.5	1970
5,905	4	3	54,915	2,212	111	58,399	N.A.	58,399	3.7	1973
5,863	6	53	50,643	2,197	211	54,064	N.A.	54,064	-3.8	1975
5,965	5	12	52,058	2,514	375	55,998	N.A.	55,998	-5.9	1980
2,589	46	56	52,873	2,863	773	57,912	N.A.	57,912	3.0	1985
2,319	1,135	626	80,985	3,568	1,398	86,977	494	87,471	7.2	1990
2,416	1,351	940	84,398	3,640	1,528	90,587	708	91,295	4.4	1991
2,266	1,623	1,179	85,985	3,607	1,619	92,134	822	92,956	1.8	1992
2,305	1,855	1,245	88,225	3,661	1,729	94,516	978	95,494	2.7	1993
2,169	2,143	1,343	92,114	3,673	1,970	98,540	1,264	99,804	4.5	1994
2,253	2,452	1,499	96,878	3,664	2,158	103,479	1,569	105,048	5.3	1995
2,268	2,944	1,580	100,490	3,712	2,384	107,384	1,769	109,153	3.9	1996
2,588	3,421	1,784	106,254	3,721	2,664	113,258	2,186	115,444	5.8	1997
2,510	3,955	1,999	106,556	3,717	2,849	113,754	2,573	116,327	0.8	1998
2,457	4,480	2,085	110,152	3,713	3,028	117,518	3,109	120,627	3.7	1999
2,618	5,111	2,380	112,852	3,631	3,162	120,286	3,702	123,988	2.8	2000
2,153	5,549	2,438	111,548	3,562	3,250	119,320	4,058	123,378	-0.5	2001
2,511	6,583	2,526	113,696	2,926	5,065	122,290	4,470	126,760	2.7	2002
2,442	7,010	2,640	113,841	3,614	4,937	122,989	3,558	126,547	-0.2	2003
2,732	8,453	2,895	118,315	2,716	5,643	127,283	3,763	131,046	3.6	2004
2,158	9,049	3,751	113,399	2,472	5,799	122,189	3,346	125,535	-4.2	2005
1,879	8,263	2,719	109,097	2,621	6,409	118,517	2,651	121,167	-3.5	2006
1,498	7,706	2,931	106,102	2,502	6,832	115,735	2,096	117,831	-2.8	2007
1,053	6,749	2,596	99,004	2,531	6,521	108,338	1,691	110,029	-6.6	2008
1,068	6,310	2,271	96,104	2,116	6,457	104,677	1,477	106,154	-3.5	2009
1,071	6,202	2,429	111,833	2,437	9,485	123,991	1,391	125,382	18.1	2010
907	6,082	1,946	107,896	2,409	6,896	117,414	1,244	118,658	-5.4	2011
814	5,708	2,113	105,872	2,286	6,798	115,171	1,165	116,336	-2.0	2012
757	5,547	1,923	105,938	3,162	6,280	115,569	1,026	116,595	0.2	2013
679	5,117	2,294	103,986	3,128	5,943	113,210	868	114,078	-2.2	2014
702	5,207	2,431	103,608	3,098	5,753	112,713	980	113,693	-0.3	2015

注：P.205共通注記(3)、(4)を参照。
　　1969年度までは、「製造業その他」にセメント製造業以外の窯業土石製造業が含まれる。
　　2009年度より、化学繊維工業は化学工業から繊維工業へ分類変更されている。

4. 電力需給

(8)汽力発電用燃料消費量（電気事業者）

年度	石炭 (湿炭千t)	重油 (千kL)	原油 (千kL)	LNG (千t)	都市ガス (百万m³)	重油換算 総消費量 (千kL)	伸び率 (%)
1965	20,073	11,786	719	-	N.A.	21,786	1.0
1970	18,821	34,646	7,239	717	N.A.	53,237	19.0
1973	8,318	42,825	23,601	1,379	N.A.	76,910	22.5
1975	7,179	35,999	22,666	3,326	N.A.	72,287	3.0
1980	9,776	35,689	13,432	12,987	N.A.	80,268	-7.4
1985	22,627	21,079	21,634	21,634	N.A.	83,436	-3.9
1990	27,238	23,806	21,859	27,624	N.A.	105,469	8.1
1991	29,264	22,678	20,329	29,431	N.A.	106,628	1.1
1992	31,539	23,655	20,462	29,134	N.A.	108,784	2.0
1993	34,511	18,983	15,841	29,178	N.A.	101,203	-7.0
1994	37,902	22,303	21,004	31,089	N.A.	114,862	13.5
1995	41,474	18,676	16,740	31,593	N.A.	110,156	-4.1
1996	43,344	16,218	16,429	33,140	N.A.	110,710	0.5
1997	46,332	14,481	11,969	34,346	N.A.	108,078	-2.4
1998	46,072	13,101	9,469	35,359	N.A.	105,127	-2.7
1999	51,803	13,098	9,184	37,662	N.A.	111,564	6.1
2000	57,785	11,750	7,510	38,663	N.A.	113,985	2.2
2001	62,325	8,488	4,559	38,175	N.A.	110,456	-3.1
2002	67,759	11,110	6,579	37,914	N.A.	118,892	7.6
2003	73,460	12,601	5,810	39,063	N.A.	124,387	4.6
2004	77,876	10,147	6,501	37,170	1,315	121,825	-2.1
2005	82,460	11,673	7,799	34,639	1,314	124,085	1.9
2006	79,523	8,978	6,120	38,178	1,334	122,753	-1.1
2007	84,205	14,239	11,301	42,105	1,265	140,503	14.5
2008	80,992	12,566	7,978	41,034	1,322	131,112	-6.7
2009	76,805	7,212	3,643	40,671	1,261	118,577	-9.6
2010	72,153	6,318	4,759	41,743	1,336	113,573	-4.2
2011	69,934	11,846	11,567	52,870	1,425	139,925	23.2
2012	71,084	16,090	13,477	55,709	1,765	151,676	8.4
2013	80,884	12,697	11,576	56,092	1,810	151,960	0.2
2014	80,230	9,434	6,758	56,610	2,683	145,334	-4.4
2015	80,285	7,095	5,700	52,306	2,691	136,190	-6.3
2016	110,859	8,236	2,789	55,688	4,680	181,319	N.A.
2017	114,997	6,339	1,587	52,922	4,327	177,269	-2.2
2018	110,560	4,245	587	49,666	4,485	166,179	-6.3
2019	108,542	2,938	204	46,601	4,118	159,482	-4.0
2020	105,882	3,119	305	47,067	5,256	158,028	-0.9
2021	108,868	4,696	230	41,852	5,362	155,864	-1.4
2022	108,222	5,367	183	39,115	5,559	152,644	-2.1

出所: 電気事業連合会「電気事業便覧」、経済産業省「電力調査統計月報」
注: (1)2016年度以降の重油換算総消費量は全投入燃料からEDMC推計。
(2)P.205共通注記(1)、(5)を参照。

4．電力需給

(9)汽力発電所熱効率・負荷率・最大電力（電気事業者）

(%、千kW)

年度	熱効率		負荷率	最大電力
	発電端	送電端		
1965	37.11	34.74	68.0	27,297
1970	37.75	35.93	67.1	49,216
1973	38.11	36.51	62.0	68,383
1975	38.03	36.39	59.9	72,481
1980	38.08	36.25	61.9	88,139
1985	38.21	36.31	59.0	109,605
1990	38.78	37.05	56.8	143,717
1991	38.80	37.06	56.8	149,038
1992	38.83	37.09	56.0	153,786
1993	38.76	36.97	59.2	144,739
1994	38.92	37.17	55.0	167,356
1995	39.00	37.21	55.3	171,133
1996	39.30	37.50	56.6	167,549
1997	39.69	37.89	58.4	167,825
1998	39.95	38.18	58.3	168,320
1999	40.40	38.70	59.4	168,663
2000	40.59	38.87	59.5	173,069
2001	40.77	39.05	56.7	182,688
2002	41.00	39.33	58.5	179,837
2003	41.08	39.42	61.2	167,267
2004	40.90	39.21	60.7	174,295
2005	40.90	39.21	62.4	177,696
2006	41.09	39.40	62.9	174,984
2007	41.01	39.45	62.8	179,282
2008	41.35	39.69	61.1	178,995
2009	41.78	40.12	66.7	159,128
2010	41.86	40.21	66.7	177,752
2011	41.74	40.21	67.8	156,596
2012	41.81	40.30	66.9	155,947
2013	42.20	40.67	65.4	159,065
2014	42.80	41.28	67.2	152,742
2015	42.93	41.39	63.3	153,674
2016	N.A.	38.24	65.8	155,890
2017	N.A.	38.24	66.0	155,770
2018	N.A.	38.06	62.1	164,820
2019	N.A.	37.90	60.7	164,610
2020	N.A.	38.60	59.5	166,450
2021	N.A.	38.48	61.4	164,600
2022	N.A.	37.93	59.8	166,080

出所：電気事業連合会「電気事業便覧」、経済産業省「電力調査統計月報」、
　　　電力広域的運営推進機関「電力需給及び電力系統に関する概況」
　注：(1)1986年度以前は、沖縄電力を除く9電力会社。
　　　　1987年度から2015年度までは10電力会社。2016年度以降は全電気事業者を表す。
　　　(2)負荷率は2015年度までの値は送電端の平均電力/最大3日平均電力、
　　　　最大電力は発受電端の合計(合成)。2016年度以降の負荷率は、
　　　　年間電力量/(年間最大電力×暦時間数(24時間×年間日数))により算定。
　　　(3)2016年度以降の送電端の熱効率は、EDMC推計。
　　　(4)2015年度以前は、旧一般電気事業者の値。

4．電力需給
(10)全国主要原子力発電所

(2023年11月10日現在)

発電所名		最大出力 (1,000kW)	運転 開始	型式	県名	所属
泊	#1	579	1989/6	PWR	北海道	北海道電力
	#2	579	1991/4	〃	〃	〃
	#3	912	2009/12	〃	〃	〃
女　川	#2	825	1995/7	BWR	宮城	東北電力
	#3	825	2002/1	〃		
東　通	#1	1,100	2005/12	BWR	青森	東北電力
柏崎刈羽	#1	1,100	1985/9	BWR	新潟	東京電力
	#2	1,100	1990/9	〃	〃	〃
	#3	1,100	1993/8	〃	〃	〃
	#4	1,100	1994/8	〃	〃	〃
	#5	1,100	1990/4	〃	〃	〃
	#6	1,356	1996/11	ABWR	〃	〃
	#7	1,356	1997/7	〃	〃	〃
浜　岡	#3	1,100	1987/8	BWR	静岡	中部電力
	#4	1,137	1993/9	〃	〃	〃
	#5	1,380	2005/1	ABWR	〃	〃
志　賀	#1	540	1993/7	BWR	石川	北陸電力
	#2	1,206	2006/3	ABWR	〃	〃
美　浜	#3	826	1976/12	PWR	福井	関西電力
高　浜	#1	826	1974/11	PWR	福井	関西電力
	#2	826	1975/11	〃	〃	〃
	#3	870	1985/1	〃	〃	〃
	#4	870	1985/6	〃	〃	〃
大　飯	#3	1,180	1991/12	PWR	福井	関西電力
	#4	1,180	1993/2	〃	〃	〃
島　根	#2	820	1989/2	BWR	島根	中国電力
伊　方	#3	890	1994/12	PWR	愛媛	四国電力
玄　海	#3	1,180	1994/3	PWR	佐賀	九州電力
	#4	1,180	1997/7	〃	〃	〃
川　内	#1	890	1984/7	PWR	鹿児島	九州電力
	#2	890	1985/11	〃	〃	〃
東 海 第 二		1,100	1978/11	BWR	茨城	日本原子力発電
敦　賀	#2	1,160	1987/2	PWR	福井	日本原子力発電
合　計 33		33,083				

4．電力需給
(11)全国主要原子力発電所（廃炉）

(2023年11月10日現在)

発電所名		最大出力 (1,000kW)	運転開始	運転終了 又は廃止	型式	県名	所属
女　川	#1	524	1984/6	2018/12	BWR	宮城	東北電力
福島第一	#1	460	1971/3	2012/4	BWR	福島	東京電力
	#2	784	1974/7	2012/4	〃	〃	〃
	#3	784	1976/3	2012/4	〃	〃	〃
	#4	784	1978/10	2012/4	〃	〃	〃
	#5	784	1978/4	2014/1	〃	〃	〃
	#6	1,100	1979/10	2014/1	〃	〃	〃
福島第二	#1	1,100	1982/4	2019/9	BWR	福島	東京電力
	#2	1,100	1984/2	2019/9	〃	〃	〃
	#3	1,100	1985/6	2019/9	〃	〃	〃
	#4	1,100	1987/8	2019/9	〃	〃	〃
浜　岡	#1	540	1976/3	2009/1	BWR	静岡	中部電力
	#2	840	1978/11	2009/1	〃	〃	〃
大　飯	#1	1,175	1979/3	2018/3	PWR	福井	関西電力
	#2	1,175	1979/12	2018/3	〃	〃	〃
美　浜	#1	340	1970/11	2015/4	PWR	福井	関西電力
	#2	500	1972/7	2015/4	〃	〃	〃
島　根	#1	460	1974/3	2015/4	BWR	島根	中国電力
伊　方	#1	566	1977/3	2016/5	PWR	愛媛	四国電力
	#2	566	1982/3	2018/5	〃	〃	〃
玄　海	#1	559	1975/10	2015/4	PWR	佐賀	九州電力
	#2	559	1981/3	2019/4	〃	〃	〃
東　海		166	1966/7	1998/3	GCR	茨城	日本原子力発電
敦　賀	#1	357	1970/3	2015/4	BWR	福井	日本原子力発電
合　計	24	17,423					

出所：一般社団法人日本原子力産業協会「原子力発電所の運転・建設状況」
注：BWRは沸騰水型軽水炉、ABWRは改良型BWR、PWRは加圧水型軽水炉、
GCRは黒鉛減速炭酸ガス冷却型原子炉。

Ⅲ.4.(1)-(8) 共通注記

注: (1) 1965年度以降の「電気事業用」は、一般電気事業者及び卸電気事業者である。
1995〜2009年度の「電気事業用」には、公営・共火等卸供給事業者を含む。
1998年度以降の「電気事業用」には、特定電気事業者を含む。
2000年度以降の「電気事業用」には、特定規模電気事業者を含む。
(2) 自家用発電設備は、1965〜1995年度：1発電所最大出力500kW以上、1996年度以降：1発電所最大出力1,000kW以上を計上。
(3) 自家発自家消費電力量は、2002年度までは自家発電設備500kW以上、2003年度以降は1,000kW以上を計上。
(4) 「電気事業用」のうち「その他電気事業者」は、平成22年3月末で卸電気事業とみなす期限が切れた為、2010年度から「自家用」として計上。
(5) 平成28年4月1日改正電気事業法(第2弾改正)に伴い統計が改訂され、2016年度以降は調査対象が変更されている。
(6) 発電量は2015年度以前は発電端、2016年度以降は送電端ベース。

5. 新エネルギー等

5．新エネルギー等
(1)新エネルギー供給量

年度	供給量 (10^10kcal)			対前年伸び率 (%)		
	太陽熱	地熱	ごみ発電	太陽熱	地熱	ごみ発電
1965	-	-	5	-	-	-
1970		66	10		20.0	11.1
1973	-	66	20	-	1.5	81.8
1975	136	96	34		29.7	17.2
1980	370	290	107	73.7	3.9	40.8
1985	878	398	227	8.5	6.4	8.1
1990	1,167	465	407	13.3	26.4	19.0
1991	1,129	506	437	-3.3	8.8	7.4
1992	1,077	510	465	-4.6	0.8	6.4
1993	1,051	504	491	-2.4	-1.2	5.6
1994	1,031	589	516	-1.9	16.9	5.1
1995	1,006	922	631	-2.4	56.5	22.3
1996	958	1,071	756	-4.8	16.2	19.8
1997	958	1,097	896	0.0	2.4	18.5
1998	845	1,031	1,007	-11.8	-6.0	12.4
1999	768	1,008	1,047	-9.1	-2.2	4.0
2000	808	964	1,012	5.2	-4.4	-3.3
2001	747	999	1,148	-7.5	3.6	13.4
2002	684	990	1,303	-8.4	-0.9	13.5
2003	635	1,017	1,482	-7.2	2.7	13.7
2004	600	984	1,470	-5.5	-3.2	-0.8
2005	569	943	1,431	-5.2	-4.2	-2.7
2006	540	899	1,451	-5.1	-4.7	1.4
2007	513	889	1,440	-5.0	-1.1	-0.8
2008	489	802	1,400	-4.7	-9.8	-2.8
2009	444	843	1,388	-9.2	5.1	-0.9
2010	411	769	1,455	-7.4	-8.8	4.8
2011	376	783	1,511	-8.5	1.8	3.8
2012	348	764	1,564	-7.4	-2.4	3.5
2013	317	759	1,585	-8.9	-0.7	1.3
2014	290	753	1,583	-8.5	-0.8	-0.1
2015	267	706	1,626	-7.9	-6.2	2.7
2016	238	685	1,743	-10.9	-3.0	7.2
2017	219	671	1,832	-8.0	-2.0	5.1
2018	202	666	1,874	-7.8	-0.7	2.3
2019	185	709	1,960	-8.4	6.5	4.6
2020	169	734	1,992	-8.6	3.5	1.6
2021	154	740	2,050	-8.9	0.8	2.9
2022	142	729	2,285	-7.8	-1.5	11.5

出所: 経済産業省/EDMC「総合エネルギー統計」、EDMC推計

5．新エネルギー等
(2)コージェネレーション設備の導入実績

年度	民生用										合計	
	ガスタービン		ガスエンジン		ディーゼルエンジン		蒸気タービン・燃料電池					
	台数	発電容量	台数	発電容量	台数	発電容量	台数	発電容量			台数	発電容量
1970	-	-	-	-	-	-	-	-			-	-
1973	-	-	-	-	2	300	-	-			2	300
1975	-	-	-	-	2	300	-	-			2	300
1980	-	-	-	-	9	12,796	-	-			9	12,796
1985	8	4,580	66	14,149	43	21,064	-	-			117	39,793
1990	24	25,900	427	92,481	642	186,528	1	200			1,094	305,109
1991	35	39,980	512	109,065	796	239,045	1	200			1,344	388,290
1992	42	50,860	589	131,097	913	270,425	28	2,658			1,572	455,040
1993	54	105,610	688	154,698	990	293,048	44	4,878			1,776	558,234
1994	61	118,280	770	178,010	1,093	319,360	57	7,552			1,981	623,202
1995	67	124,300	842	194,532	1,198	353,453	60	8,002			2,167	680,287
1996	79	160,970	968	218,948	1,337	399,756	63	8,452			2,447	788,126
1997	87	179,870	1,137	266,829	1,444	435,935	64	8,552			2,732	891,186
1998	107	222,492	1,300	305,038	1,536	467,753	76	10,602			3,019	1,005,885
1999	124	263,754	1,527	348,024	1,632	509,360	83	11,872			3,366	1,133,010
2000	188	295,770	1,790	413,411	1,777	562,633	87	12,472			3,842	1,284,286
2001	267	363,712	2,114	459,890	1,878	594,680	96	14,381			4,355	1,432,663
2002	370	391,732	2,627	510,885	1,964	634,701	98	14,681			5,059	1,551,999
2003	460	418,401	3,196	564,013	2,026	668,556	103	15,181			5,785	1,648,151
2004	534	438,081	3,903	608,988	2,067	683,816	107	15,981			6,611	1,746,866
2005	552	469,511	4,674	660,024	2,093	699,409	114	17,331			7,433	1,846,275
2006	567	493,012	5,449	733,606	2,102	703,484	114	17,331			8,232	1,947,433
2007	575	505,028	6,019	789,343	2,107	707,784	117	17,831			8,818	2,019,986
2008	579	512,939	6,543	859,844	2,107	707,784	120	18,041			9,349	2,098,608
2009	579	512,939	6,875	886,071	2,109	709,704	122	18,261			9,685	2,126,975
2010	581	524,199	7,097	902,952	2,109	709,704	123	18,361			9,910	2,155,216
2011	582	527,399	7,508	925,060	2,109	709,704	127	18,761			10,326	2,180,924
2012	583	528,899	8,228	967,227	2,111	710,804	130	19,061			11,052	2,230,781
2013	585	528,999	8,884	1,006,550	2,112	711,304	132	19,311			11,713	2,266,164
2014	585	528,999	9,526	1,058,028	2,112	711,304	145	20,611			12,368	2,318,942
2015	586	529,999	10,159	1,109,325	2,114	712,504	154	22,076			13,013	2,373,904
2016	592	531,505	10,694	1,168,676	2,114	712,504	163	22,931			13,563	2,435,615
2017	593	533,020	11,137	1,226,505	2,115	712,529	182	23,186			14,027	2,495,239
2018	593	533,020	11,596	1,303,686	2,117	713,689	193	23,219			14,499	2,573,613
2019	594	535,145	12,104	1,396,203	2,117	713,689	205	23,453			15,020	2,668,490
2020	594	535,145	12,482	1,421,898	2,117	713,689	207	23,460			15,400	2,694,192
2021	596	555,145	12,795	1,449,104	2,119	715,689	209	23,468			15,719	2,743,406
2022	600	567,345	13,102	1,497,374	2,121	715,713	214	23,678			16,037	2,804,110

出所: コージェネレーション・エネルギー高度利用センター
「コージェネレーションシステム導入実績表」、「コージェネ導入実績報告」

(台、kW)

産業用								合計		年度
ガスタービン		ガスエンジン		ディーゼルエンジン		蒸気タービン・燃料電池				
台数	発電容量	台数	発電容量	台数	発電容量	台数	発電容量	台数	発電容量	
1	7,260	-	-	11	60,500			12	67,760	1970
1	7,260	-	-	13	71,500	1	8,500	15	87,260	1973
2	32,260	-	-	13	71,500	1	8,500	16	112,260	1975
3	36,110	-	-	15	81,500	1	8,500	19	126,110	1980
12	96,720	16	1,129	24	94,854	1	8,500	53	201,203	1985
123	814,117	164	51,798	532	863,710	2	17,900	821	1,747,525	1990
161	993,117	194	61,432	629	938,592	2	17,900	986	2,011,041	1991
183	1,084,897	218	72,721	703	999,660	3	18,100	1,107	2,175,378	1992
209	1,234,725	237	95,384	747	1,044,221	9	19,100	1,202	2,393,430	1993
232	1,359,805	260	115,556	808	1,105,149	13	19,920	1,313	2,600,430	1994
264	1,529,020	295	127,858	901	1,195,650	18	21,800	1,478	2,874,328	1995
309	1,825,985	326	141,069	1,002	1,294,140	21	31,050	1,658	3,292,244	1996
353	2,036,045	355	165,357	1,082	1,369,067	23	31,450	1,813	3,601,919	1997
391	2,219,085	375	172,818	1,172	1,452,654	28	37,050	1,966	3,881,607	1998
434	2,417,606	404	184,312	1,277	1,552,768	30	37,650	2,145	4,192,336	1999
567	2,542,748	460	221,374	1,424	1,710,676	31	47,200	2,482	4,521,998	2000
627	2,788,285	508	244,140	1,545	1,815,013	33	53,700	2,713	4,901,138	2001
684	2,946,301	570	315,316	1,745	1,957,463	34	53,950	3,033	5,273,030	2002
749	3,111,245	692	440,913	1,988	2,135,246	42	65,420	3,471	5,752,824	2003
788	3,437,644	840	692,397	2,302	2,399,987	43	72,450	3,973	6,602,478	2004
819	3,641,279	1,002	1,006,197	2,380	2,503,811	45	82,960	4,246	7,234,247	2005
838	3,756,869	1,171	1,333,167	2,391	2,518,911	52	93,210	4,452	7,702,157	2006
856	3,960,240	1,254	1,521,094	2,391	2,518,911	52	93,210	4,553	8,093,455	2007
873	4,071,955	1,294	1,575,274	2,398	2,536,951	52	93,210	4,617	8,277,390	2008
892	4,157,515	1,322	1,590,959	2,398	2,536,951	54	116,210	4,666	8,401,635	2009
899	4,224,810	1,335	1,603,005	2,398	2,536,951	54	116,210	4,686	8,480,976	2010
906	4,244,620	1,397	1,642,235	2,401	2,543,791	56	116,410	4,760	8,547,056	2011
922	4,319,995	1,584	1,800,873	2,401	2,543,791	65	198,485	4,972	8,863,144	2012
934	4,414,730	1,715	1,904,624	2,401	2,543,791	72	366,845	5,122	9,229,990	2013
945	4,483,787	1,824	1,981,594	2,401	2,543,791	84	389,456	5,254	9,398,628	2014
959	4,558,937	1,914	2,063,029	2,401	2,543,791	87	391,981	5,361	9,557,738	2015
973	4,638,297	2,009	2,154,857	2,401	2,543,791	89	392,481	5,472	9,729,426	2016
983	4,675,472	2,072	2,255,843	2,402	2,543,971	93	394,651	5,550	9,869,937	2017
1,002	4,776,407	2,158	2,433,077	2,405	2,546,971	93	394,651	5,658	10,151,106	2018
1,014	4,815,234	2,279	2,549,646	2,405	2,546,971	97	394,663	5,795	10,306,514	2019
1,024	4,974,274	2,433	2,697,045	2,405	2,546,971	99	407,703	5,961	10,625,993	2020
1,028	5,057,304	2,498	2,749,120	2,405	2,546,971	103	417,807	6,034	10,771,203	2021
1,032	5,087,714	2,579	2,810,723	2,405	2,546,971	103	417,807	6,119	10,863,216	2022

注:民生用に個別設置型の家庭用燃料電池(エネファーム)、ガスエンジン(エコウィル)等は含まない。

5. 新エネルギー等
(3)ソーラーシステム販売・施工実績

(件)

年	戸建住宅	共同住宅	業務用	(公共用)	産業用	計	給湯	その他
1975-1991	378,376	666	6,293	2,223	304	385,639	N.A.	N.A.
1992	16,300	5	42	21	3	16,350	N.A.	N.A.
1993	19,540	4	48	25	3	19,595	N.A.	N.A.
1994	23,141	5	88	57	2	23,236	N.A.	N.A.
1995	24,142	3	62	40	66	24,273	N.A.	N.A.
1996	24,341	5	87	47	62	24,495	N.A.	N.A.
1997	22,171	6	108	70	3	22,288	N.A.	N.A.
1998	15,971	8	124	72	-	16,103	N.A.	N.A.
1999	17,168	-	125	82	1	17,294	N.A.	N.A.
2000	14,957	10	131	76	2	15,100	N.A.	N.A.
2001	12,739	12	104	72	5	12,860	N.A.	N.A.
2002	14,538	-	92	53	-	14,630	N.A.	N.A.
2003	10,940	2	110	54	1	11,053	N.A.	N.A.
2004	9,554	2	110	61	-	9,666	N.A.	N.A.
2005	10,158	-	88	40	1	10,247	N.A.	N.A.
2006	6,618	-	56	24	-	6,674	5,447	1,227
2007	4,193	-	69	26	2	4,264	3,304	960
2008	4,605	-	52	20	9	4,666	3,752	914
2009	3,481	-	65	26	7	3,553	2,800	753
2010	5,670	10	68	39	1	5,749	4,980	769
2011	4,652	1	87	34	5	4,745	3,783	962
2012	4,632	390	98	27	18	5,138	4,477	661
2013	4,517	80	85	23	9	4,691	4,007	684
2014	3,781	197	70	24	5	4,053	3,525	528
2015	3,353	40	78	30	3	3,474	3,008	466
2016	2,586	44	65	22	3	2,698	2,257	441
2017	2,226	3	50	18	7	2,286	1,897	389
2018	1,931	3	45	19	-	1,979	1,544	435
2019	1,653	-	26	20	35	1,714	1,210	504
2020	1,480	-	35	6	3	1,518	1,039	479
2021	1,607	-	12	4	2	1,621	892	729
2022	1,780	-	18	6	1	1,799	1,040	759
累積	672,801	1,496	8,591	3,361	563	683,451	659,026	24,425

出所: ソーラーシステム振興協会資料
注: (1)年次は暦年である。
　　(2)公共用の数字は、業務用の内数である。

(4)家庭用コージェネレーション設備の導入実績

(千台)

年度	燃料電池コジェネ			家庭用ガスエンジンコジェネ
	都市ガス	LPガス	合計	
2005	N.A.	N.A.	N.A.	29
2006	N.A.	N.A.	N.A.	48
2007	N.A.	N.A.	N.A.	67
2008	N.A.	N.A.	N.A.	87
2009	N.A.	N.A.	5.0	98
2010	N.A.	N.A.	11.5	108
2011	11.7	1.8	24.9	117
2012	32.2	5.7	49.4	126
2013	60.0	11.5	83.0	134
2014	93.3	16.2	121.0	138
2015	129.8	20.2	161.4	141
2016	173.6	23.4	208.5	142
2017	219.2	26.6	257.3	N.A.
2018	262.7	29.8	303.9	N.A.
2019	300.4	33.0	344.9	N.A.
2020	344.8	36.7	392.9	N.A.
2021	382.1	39.7	433.2	N.A.
2022	425.9	43.1	480.4	N.A.

出所: 日本ガス協会、コージェネレーション・エネルギー高度利用センター
注: 年度末値。エコウィルは2017年9月で販売終了。
　　2017年10月まで注文受け付け。

5．新エネルギー等
(5)固定価格買取制度認定設備容量・買取量

①認定設備容量(新規認定分)　　　　　　　　　　　　　　　　　　　　　　(千kW)

年度	太陽光		風力		中小水力		地熱		バイオマス		合計	
	認定	運転	認定	運転	認定	運転	認定	運転	認定	運転	認定	運転
2012	20,022	1,673	798	63	71	2	4	0	194	30	21,089	1,768
2013	65,725	8,716	1,040	110	298	6	14	0	1,565	122	68,642	8,954
2014	82,630	18,108	2,291	331	656	89	71	5	2,027	224	87,676	18,757
2015	79,930	27,268	2,839	479	776	160	76	10	3,700	518	87,322	28,435
2016	84,540	33,499	6,972	789	1,118	239	88	15	12,417	851	105,136	35,392
2017	70,173	38,934	6,532	964	1,168	314	82	21	8,402	1,260	86,358	41,493
2018	76,681	44,569	8,276	1,136	1,228	362	84	30	9,010	1,708	95,279	47,805
2019	74,314	50,208	9,071	1,604	1,293	509	101	78	8,531	2,198	93,311	54,597
2020	75,497	55,952	13,063	1,970	1,560	697	159	91	7,962	2,651	98,242	61,361
2021	77,056	60,536	13,204	2,268	2,415	825	216	93	8,298	3,327	101,188	67,048
2022	74,101	65,132	14,100	2,623	2,583	1,114	216	95	8,414	4,637	99,414	73,602

②認定設備容量(移行認定分)　　　　　　　　　　　　　　　　　　　　　　(千kW)

年度	太陽光		風力		中小水力		地熱		バイオマス		合計	
	認定	運転	認定	運転	認定	運転	認定	運転	認定	運転	認定	運転
2012	N.A.	N.A.	N.A.	N.A.	N.A.	N.A.	N.A.	N.A.	N.A.	N.A.	N.A.	N.A.
2013	N.A.	N.A.	N.A.	N.A.	N.A.	N.A.	N.A.	N.A.	N.A.	N.A.	N.A.	N.A.
2014	N.A.	4,950	N.A.	2,530	N.A.	208	N.A.	1	N.A.	1,133	N.A.	8,822
2015	N.A.	4,965	N.A.	2,529	N.A.	208	N.A.	1	N.A.	1,128	N.A.	8,831
2016	N.A.	4,972	N.A.	2,525	N.A.	208	N.A.	1	N.A.	1,123	N.A.	8,829
2017	N.A.	4,977	N.A.	2,524	N.A.	208	N.A.	1	N.A.	1,102	N.A.	8,812
2018	N.A.	4,980	N.A.	2,517	N.A.	210	N.A.	1	N.A.	1,192	N.A.	8,900
2019	N.A.	4,984	N.A.	2,507	N.A.	212	N.A.	1	N.A.	1,306	N.A.	9,012
2020	N.A.	4,990	N.A.	2,519	N.A.	233	N.A.	1	N.A.	1,420	N.A.	9,163
2021	N.A.	4,991	N.A.	2,503	N.A.	250	N.A.	1	N.A.	1,408	N.A.	9,153
2022	N.A.	4,993	N.A.	2,435	N.A.	256	N.A.	1	N.A.	1,332	N.A.	9,017

③買取実績(買取電力量、買取金額)　　　　　　　　　　　　　　　　　(百万kWh、億円)

年度	太陽光		風力		中小水力		地熱		バイオマス		合計	
	電力量	金額	電力量	金額	電力量	金額	電力量	金額	電力量	金額	電力量	金額
2012	2,510	1,124	2,742	586	120	30	1	1	217	41	5,590	1,782
2013	9,112	3,917	4,896	1,046	936	238	6	2	3,169	588	18,119	5,791
2014	18,957	7,972	4,921	1,087	1,073	282	6	3	3,644	743	28,602	10,087
2015	31,077	12,683	5,233	1,163	1,476	391	59	25	5,390	1,233	43,235	15,495
2016	41,666	16,604	5,862	1,312	2,008	534	76	33	7,365	1,808	56,977	20,291
2017	50,442	19,668	6,167	1,388	2,458	655	101	44	10,248	2,598	69,416	24,352
2018	57,061	21,829	7,081	1,607	2,776	738	148	64	12,517	3,217	80,162	27,654
2019	63,659	23,834	7,272	1,681	3,465	921	496	170	15,473	4,035	90,365	30,659
2020	71,665	26,276	8,611	2,019	3,935	1,043	566	189	18,859	5,016	103,635	34,542
2021	77,686	29,759	9,007	2,121	4,485	1,175	600	194	21,728	5,795	113,506	37,043
2022	82,868	29,080	8,884	2,112	5,488	1,394	616	200	24,283	6,552	122,140	39,338

出所：経済産業省
注：①②は年度末値。②は2013年度以前はデータなし。

5．新エネルギー等
(6)新エネルギーの導入量

(石油換算万kl、万kW)

年度	太陽光発電		風力発電		廃棄物発電 + バイオマス発電		バイオマス熱利用	太陽熱利用	廃棄物熱利用	未利用エネルギー*	黒液・廃材等	合計	一次エネルギー総供給に占める比率
	(万kl)	(万kW)	(万kl)	(万kW)	(万kl)	(万kW)	(万kl)	(万kl)	(万kl)	(万kl)	(万kl)	(万kl)	(%)
1990	0.3	N.A.	0.0	0.1	44.0	N.A.	N.A.	132.0	2.7	0.8	477.0	657.0	1.2
1991	0.4	N.A.	0.1	0.3	47.0	N.A.	N.A.	135.0	3.2	1.1	490.0	677.0	1.3
1992	0.5	1.9	0.1	0.3	50.0	N.A.	N.A.	136.0	3.6	1.3	478.0	670.0	1.2
1993	0.6	2.4	0.2	0.5	53.0	N.A.	N.A.	137.0	3.6	1.4	462.0	658.0	1.2
1994	0.8	3.1	0.3	0.6	66.0	54.0	N.A.	138.0	3.5	2.4	449.0	660.0	1.1
1995	1.1	4.3	0.4	1.0	81.0	65.0	N.A.	135.0	3.8	3.0	472.0	696.0	1.2
1996	1.5	6.0	0.6	1.4	91.0	76.0	N.A.	130.0	4.4	3.3	477.0	708.0	1.2
1997	2.3	9.1	0.9	2.2	101.0	82.0	N.A.	122.0	4.6	3.7	493.0	728.0	1.2
1998	3.4	13.3	1.6	3.8	114.0	93.0	N.A.	110.0	4.4	4.1	457.0	695.0	1.2
1999	5.3	20.9	3.5	8.3	120.0	98.0	N.A.	98.0	4.4	4.1	457.0	693.0	1.2
2000	8.1	33.0	5.9	14.4	120.0	110.0	N.A.	89.0	4.5	4.5	490.0	722.0	1.2
2001	11.0	45.2	12.7	31.2	135.0	118.0	N.A.	82.0	4.5	4.4	446.0	690.0	1.2
2002	15.6	63.7	18.9	46.3	174.6	161.8	68.0	74.0	164.0	4.6	471.0	991.0	1.7
2003	21.0	86.0	27.6	67.8	213.7	173.9	79.0	69.0	161.0	4.2	478.0	1,054.0	1.8
2004	27.7	113.2	37.8	92.7	227.0	201.0	122.0	65.0	165.0	4.6	470.0	1,119.0	N.A.
2005	34.7	142.2	44.2	108.5	252.0	214.7	142.0	61.4	149.0	4.9	470.0	1,159.0	N.A.
2006	41.8	170.9	60.7	149.1	290.5	210.4	156.3	58.4	150.1	4.7	499.0	1,262.0	N.A.
2007	46.9	191.9	68.2	167.5	269.1	215.8	197.8	55.4	151.8	4.6	499.0	1,293.0	N.A.
2008	52.4	214.4	75.3	185.0	314.3	237.0	175.3	51.3	148.1	4.6	486.0	1,307.0	N.A.
2009	64.2	262.7	89.0	218.6	312.1	236.6	170.9	47.9	146.9	4.5	447.0	1,282.0	N.A.
2010	88.4	361.8	99.4	244.2	327.2	240.4	173.7	44.4	137.8	4.7	492.0	1,368.0	N.A.
2011	120.0	491.0	104.1	255.5	332.6	242.6	178.5	40.8	136.4	4.2	464.3	1,380.9	N.A.
2012	168.3	688.5	106.7	261.8	334.6	244.0	N.A.	37.1	N.A.	N.A.	N.A.	N.A.	N.A.
2013	340.4	1,392.8	108.6	266.5	347.2	253.2	N.A.	33.6	N.A.	N.A.	N.A.	N.A.	N.A.
2014	569.9	2,332.0	117.6	288.6	361.1	263.4	N.A.	30.5	N.A.	N.A.	N.A.	N.A.	N.A.
2015	793.8	3,248.0	123.6	303.4	401.4	292.8	N.A.	27.8	N.A.	N.A.	N.A.	N.A.	N.A.
2016	946.1	3,871.1	136.2	334.4	447.1	326.1	N.A.	25.7	N.A.	N.A.	N.A.	N.A.	N.A.
2017	1,078.9	4,414.6	143.4	351.9	503.2	367.0	N.A.	23.7	N.A.	N.A.	N.A.	N.A.	N.A.
2018	1,216.6	4,978.1	150.4	369.1	564.6	411.8	N.A.	21.8	N.A.	N.A.	N.A.	N.A.	N.A.
2019	1,354.5	5,542.0	169.4	415.9	631.8	460.8	N.A.	20.0	N.A.	N.A.	N.A.	N.A.	N.A.
2020	1,494.8	6,116.4	184.4	452.5	693.9	506.1	N.A.	18.2	N.A.	N.A.	N.A.	N.A.	N.A.
2021	1,606.9	6,574.8	196.5	482.3	786.5	573.7	N.A.	16.7	N.A.	N.A.	N.A.	N.A.	N.A.
2022	1,719.2	7,034.4	211.0	517.8	966.2	704.7	N.A.	16.4	N.A.	N.A.	N.A.	N.A.	N.A.

出所：IEA「Trends in PV Applications」、経済産業省、新エネルギー部会資料他
注：2012年度以降はEDMC推計。
　　*雪氷熱利用も含む。

IV. 世界のエネルギー・経済指標

(1) 世界のGDP・人口・エネルギー消費・CO₂排出量の概要

	1973年				2021年			
	実質GDP 十億ドル	人口 百万人	一次消費 Mtoe	CO₂ Mt-CO₂	実質GDP 十億ドル	人口 百万人	一次消費 Mtoe	CO₂ Mt-CO₂
北　米	6,483	234	1,889	4,935	22,210	370	2,429	5,055
アメリカ	5,958	212	1,730	4,580	20,529	332	2,139	4,549
カ ナ ダ	525	22.5	159	356	1,680	38.2	290	506
中南米	1,577	304	257	513	5,348	652	774	1,368
メキシコ	330	55.2	52.6	122	1,207	127	178	375
ブラジル	487	104	82.0	116	1,830	214	299	439
チ　リ	41.8	10.3	8.50	20.6	275	19.5	39.6	85.0
欧　州	8,755	756	2,319	6,339	22,297	924	2,924	5,594
欧州OECD	7,676	456	1,376	3,759	19,669	582	1,698	3,010
イギリス	1,265	56.2	218	644	3,037	67.3	159	321
ド イ ツ	1,577	78.9	335	1,037	3,555	83.2	288	624
フランス	1,066	53.1	180	480	2,578	67.7	235	242
イタリア	958	54.8	119	316	1,862	59.1	150	310
欧州非OECD	1,079	300	943	2,580	2,628	342	1,225	2,584
ロ シ ア	682	133	N.A.	N.A.	1,490	143	833	1,678
ウクライナ	97.9	48.3	N.A.	N.A.	101	43.8	88.2	169
アフリカ	575	384	209	283	2,663	1,346	853	1,218
南アフリカ	127	24.4	49.2	178	353	59.4	124	392
中　東	661	73.5	58.5	149	2,664	270	829	1,855
イ ラ ン	211	31.0	20.6	52.3	480	87.9	294	643
サウジアラビア	229	7.09	7.23	21.0	672	36.0	232	497
アジア	2,843	2,148	1,088	2,327	29,673	4,284	6,439	16,787
中　国	278	882	427	914	15,802	1,412	3,738	10,649
日　本	1,790	109	320	900	4,435	126	400	998
香　港	35.8	4.24	3.14	9.20	330	7.41	12.5	34.3
台　湾	39.4	15.5	13.2	43.8	658	23.5	123	273
韓　国	86.8	34.1	21.6	58.8	1,694	51.7	292	559
シンガポール	20.5	2.19	3.75	10.1	361	5.45	35.2	45.5
ブルネイ	2.73	0.149	0.345	0.766	13.2	0.445	4.05	9.91
インドネシア	95.6	125	38.2	31.7	1,066	274	235	557
マレーシア	25.4	11.1	5.77	11.8	355	33.6	95.2	226
フィリピン	61.3	40.4	16.8	27.3	379	114	61.2	132
タ　イ	42.0	38.9	15.7	20.5	438	71.6	130	235
イ ン ド	215	596	141	184	2,782	1,408	944	2,279
ベトナム	18.6	44.9	14.0	16.5	332	97.5	95.2	285
オセアニア	399	16.3	64.9	187	1,583	30.8	150	392
オーストラリア	337	13.4	57.1	170	1,376	25.7	130	361
ニュージーランド	61.9	2.96	7.88	17.3	207	5.12	19.8	31.4
OECD 38	16,862	919	3,756	9,983	51,456	1,316	5,262	10,474
非OECD	4,432	2,999	2,144	4,751	34,982	6,561	9,188	21,795
EU 27	5,900	386	N.A.	N.A.	14,681	447	1,388	2,579
旧ソ連 15	949	247	849	2,305	2,255	299	1,145	2,392
APEC 20	10,484	1,770	N.A.	N.A.	52,846	2,941	8,875	21,639
ASEAN 10	276	301	N.A.	N.A.	3,054	692	1,523	1,530
バンカー	-	-	184	577	-	-	315	985
世　界	21,294	3,917	6,084	15,311	86,438	7,877	14,759	33,255

出所: 表Ⅳ-(22)、(21)、(2)、(20)と同じ。　注: 実質GDPは2015年価格。地域定義はP.280参照。

(2)世界の一次エネルギー消費

年	1971	1973	1975	1980	1985	1990	1995	2000	2005
北 米	1,729	1,889	1,820	1,997	1,967	2,126	2,301	2,525	2,588
アメリカ	1,588	1,730	1,654	1,805	1,774	1,914	2,067	2,273	2,318
カナダ	141	159	166	192	193	212	234	252	270
中南米	227	257	277	363	392	441	494	581	665
メキシコ	43.0	52.6	59.1	95.1	109	124	132	151	181
ブラジル	69.8	82.0	91.1	114	130	141	162	188	217
チ リ	8.70	8.50	7.63	9.48	9.58	14.0	18.3	25.2	28.4
欧 州	2,097	2,319	2,369	2,734	2,917	3,158	2,736	2,747	2,927
欧州OECD	1,243	1,376	1,326	1,494	1,530	1,644	1,679	1,759	1,867
イギリス	209	218	199	198	201	206	216	223	223
ドイツ	305	335	314	357	357	351	337	337	339
フランス	159	180	165	192	204	224	237	252	273
イタリア	105	119	117	131	129	147	159	172	186
欧州非OECD	854	943	1,043	1,240	1,387	1,514	1,058	988	1,060
ロシア	N.A.	N.A.	N.A.	N.A.	N.A.	879	637	619	652
ウクライナ	N.A.	N.A.	N.A.	N.A.	N.A.	252	164	134	141
アフリカ	193	209	225	279	343	390	443	495	587
南アフリカ	45.4	49.2	54.3	68.0	88.4	89.7	104	109	118
中 東	47.4	58.5	68.2	121	176	223	321	381	495
イラン	16.6	20.6	26.6	38.1	53.8	69.3	101	123	173
サウジアラビア	5.78	7.23	8.77	31.1	46.0	58.0	83.9	107	129
アジア	971	1,088	1,157	1,413	1,632	2,088	2,539	2,867	3,746
中 国	391	427	483	598	691	874	1,044	1,133	1,781
日 本	268	320	305	345	363	437	491	516	520
香 港	2.97	3.14	3.60	4.61	6.91	9.38	11.0	14.1	12.7
台 湾	10.0	13.2	14.4	27.9	34.9	50.6	67.9	89.8	109
韓 国	17.0	21.6	24.5	41.3	53.1	92.9	145	187	210
シンガポール	2.73	3.75	3.71	5.13	6.77	11.5	18.8	18.7	21.0
ブルネイ	0.177	0.345	0.741	1.35	1.78	1.73	2.25	2.39	2.22
インドネシア	35.1	38.2	41.1	55.7	65.8	98.7	131	156	179
マレーシア	6.04	5.77	6.87	11.5	15.0	21.2	33.9	48.3	65.0
フィリピン	15.2	16.8	17.9	21.7	23.1	26.7	32.4	38.8	38.2
タ イ	13.7	15.7	17.4	22.1	24.8	42.4	62.2	72.7	99.6
インド	133	141	152	175	221	280	347	418	491
ベトナム	13.2	14.0	13.9	14.4	16.0	17.9	21.9	28.7	41.3
オセアニア	58.4	64.9	68.9	78.6	84.1	98.9	107	125	130
オーストラリア	51.6	57.1	60.4	69.6	72.9	86.1	92.5	108	113
ニュージーランド	6.83	7.88	8.55	8.99	11.2	12.8	14.9	16.9	16.7
OECD 38	3,388	3,756	3,635	4,088	4,146	4,576	4,921	5,337	5,578
非OECD	1,950	2,144	2,366	2,918	3,389	3,977	4,052	4,416	5,595
EU 27	N.A.	N.A.	N.A.	N.A.	N.A.	1,441	1,431	1,471	1,573
旧ソ連 15	768	849	940	1,110	1,248	1,415	978	914	978
APEC 20	N.A.	N.A.	N.A.	N.A.	N.A.	4,935	5,268	5,764	6,672
ASEAN 10	N.A.	N.A.	N.A.	N.A.	N.A.	N.A.	N.A.	383	469
バンカー	167	184	164	179	171	203	231	275	321
世 界	5,504	6,084	6,165	7,184	7,704	8,754	9,202	10,026	11,490

出所: IEA「World Energy Balances」より集計

(石油換算百万トン)

2010	2011	2012	2013	2014	2015	2016	2017	2018	2019	2020	2021
2,473	2,449	2,408	2,452	2,485	2,459	2,447	2,450	2,515	2,517	2,319	2,429
2,216	2,186	2,144	2,182	2,208	2,184	2,161	2,152	2,213	2,212	2,035	2,139
257	263	265	270	277	275	287	298	303	305	284	290
753	769	793	815	813	806	794	791	782	786	736	774
179	187	192	192	188	185	185	181	185	183	171	178
268	271	281	294	304	298	287	292	289	293	287	299
30.9	33.6	37.2	38.5	34.8	35.5	37.8	38.3	39.1	41.4	37.7	39.6
2,946	2,918	2,909	2,866	2,773	2,760	2,810	2,859	2,912	2,879	2,742	2,924
1,833	1,771	1,766	1,753	1,689	1,712	1,730	1,762	1,745	1,716	1,607	1,698
203	188	193	190	179	181	178	176	174	167	153	159
330	312	315	321	307	309	310	311	303	297	279	288
263	258	258	259	249	252	248	247	246	242	218	235
174	168	161	155	147	153	151	153	151	149	137	150
1,112	1,148	1,142	1,113	1,084	1,048	1,079	1,097	1,167	1,162	1,136	1,225
693	716	725	704	706	692	713	726	772	773	761	833
132	127	123	116	106	92.8	91.6	89.4	93.5	89.4	86.4	88.2
685	711	727	741	772	773	797	810	814	838	818	853
133	135	129	128	136	128	133	133	129	129	125	124
649	664	697	700	743	760	778	801	793	819	810	829
204	208	217	222	238	238	245	267	260	277	287	294
194	203	210	207	229	234	236	240	232	232	232	232
4,803	4,996	5,139	5,277	5,425	5,454	5,497	5,684	5,911	6,078	6,082	6,439
2,536	2,722	2,820	2,911	2,985	2,998	2,981	3,093	3,241	3,389	3,501	3,738
500	463	451	455	439	432	429	431	424	414	385	400
13.5	14.4	13.9	13.7	13.8	14.8	15.3	13.8	14.3	14.1	12.6	12.5
119	118	117	119	122	120	121	121	122	120	118	123
250	261	263	264	268	273	282	282	282	280	276	292
24.2	21.5	24.9	28.0	30.7	32.3	33.4	35.4	32.7	35.0	34.9	35.2
3.24	3.87	3.83	3.04	3.55	2.72	3.00	3.63	3.64	4.08	4.10	4.05
204	208	207	201	208	204	209	217	235	244	233	235
72.5	75.6	76.8	86.6	88.4	84.5	87.7	84.7	93.4	96.3	92.0	95.2
41.6	42.1	43.8	45.2	48.3	52.6	55.6	58.9	60.7	61.1	57.9	61.2
118	118	126	136	135	136	139	139	136	139	132	130
667	694	732	753	804	824	840	883	929	929	874	944
58.6	58.7	59.5	61.1	68.4	63.1	69.5	72.1	85.2	95.9	97.2	95.2
144	145	144	146	147	147	146	151	152	155	154	150
126	127	126	127	127	127	126	131	132	134	134	130
17.9	17.8	18.8	19.1	20.0	20.2	21.2	20.0	19.7	20.3	19.5	19.8
5,473	5,372	5,327	5,371	5,322	5,316	5,332	5,367	5,413	5,380	5,022	5,262
7,020	7,320	7,532	7,676	7,886	7,894	7,989	8,230	8,515	8,743	8,689	9,188
1,527	1,479	1,460	1,445	1,392	1,409	1,419	1,443	1,432	1,407	1,310	1,388
1,034	1,065	1,065	1,040	1,013	973	1,005	1,020	1,090	1,085	1,060	1,145
7,478	7,656	7,736	7,876	7,992	7,955	7,979	8,122	8,418	8,586	8,408	8,875
543	549	565	584	608	603	629	646	682	712	687	692
361	366	353	356	368	386	399	417	427	425	298	315
12,850	13,054	13,207	13,398	13,570	13,591	13,715	14,010	14,350	14,544	14,004	14,759

注: (1) 地域定義はP.280参照。
(2) 出所がIEA (国際エネルギー機関) の表 (IEA資料) については巻頭解説10を参照。

(3)世界の一次エネルギー消費（石炭）

(石油換算百万トン)

年	1971	1973	1980	1990	2000	2010	2015	2020	2021
北 米	295	326	397	484	565	525	393	232	264
アメリカ	279	311	376	460	533	501	374	222	254
カ ナ ダ	15.9	15.3	20.6	24.3	31.7	23.1	18.5	9.96	10.2
中南米	6.25	6.59	11.0	18.1	24.7	35.5	40.2	33.9	35.9
メキシコ	1.50	1.82	2.37	4.13	6.88	13.3	11.4	8.81	7.62
ブラジル	2.21	2.31	5.93	9.67	13.0	14.5	17.7	14.0	17.0
チ リ	1.32	1.20	1.22	2.50	3.07	4.46	6.57	6.73	6.32
欧 州	767	773	826	815	540	512	491	382	416
欧州OECD	436	425	464	450	331	301	286	183	204
イギリス	84.0	76.4	68.8	63.1	36.5	31.0	23.9	5.43	5.63
ド イ ツ	142	139	141	129	84.8	78.9	79.4	44.6	53.2
フランス	33.5	29.3	32.9	20.1	14.9	12.0	9.33	5.30	8.50
イタリア	8.55	8.10	11.7	14.6	12.6	13.7	12.3	5.10	5.54
欧州非OECD	331	348	362	365	209	211	205	199	212
ロ シ ア	N.A.	N.A.	N.A.	191	120	106	116	115	128
ウクライナ	N.A.	N.A.	N.A.	83.0	38.5	38.1	30.1	22.8	20.9
アフリカ	36.0	37.9	51.7	74.3	90.4	109	107	107	105
南アフリカ	32.1	33.8	47.7	66.5	81.8	101	94.7	91.7	87.3
中 東	0.239	0.610	1.20	3.00	8.07	9.81	9.90	8.51	8.14
イ ラ ン	0.227	0.596	1.20	0.710	1.46	1.49	1.14	1.48	1.38
サウジアラビア	-	-	-	-	-	-	-	-	-
ア ジ ア	309	326	466	789	1,038	2,416	2,756	2,951	3,142
中 国	192	205	313	531	668	1,790	1,999	2,125	2,266
日 本	56.0	57.9	59.6	76.7	97.0	115	119	102	109
香 港	0.025	0.010	0.026	6.31	4.33	6.22	6.69	3.28	3.65
台 湾	2.54	2.84	3.85	11.5	29.9	41.5	41.7	39.9	42.9
韓 国	6.27	8.15	13.5	25.4	40.4	73.5	80.8	74.3	75.0
シンガポール	0.004	0.004	0.003	0.021	-	0.007	0.406	0.433	0.464
ブルネイ	-	-	-	-	-	-	-	0.691	0.695
インドネシア	0.133	0.084	0.157	3.55	12.0	31.8	39.7	68.3	71.3
マレーシア	0.009	0.007	0.053	1.36	2.31	14.6	17.5	24.8	22.8
フィリピン	0.012	0.012	0.285	1.26	4.63	7.03	11.6	17.3	18.9
タ イ	0.114	0.096	0.471	3.82	7.67	16.4	16.9	17.1	15.8
イ ン ド	30.9	31.5	44.3	92.7	146	279	377	379	421
ベトナム	1.43	1.55	2.27	2.22	4.37	14.7	24.4	50.8	46.7
オセアニア	22.1	23.7	28.3	36.1	49.3	51.8	44.3	44.0	41.7
オーストラリア	21.1	22.6	27.3	34.9	48.1	50.5	42.9	42.6	40.2
ニュージーランド	1.00	1.13	1.02	1.18	1.11	1.29	1.36	1.40	1.51
OECD 38	820	846	967	1,084	1,102	1,095	952	659	715
非OECD	617	650	815	1,138	1,216	2,567	2,894	3,103	3,301
EU 27	N.A.	N.A.	N.A.	393	285	252	239	144	166
旧ソ連 15	306	321	328	335	184	185	181	179	191
APEC 20	N.A.	N.A.	N.A.	1,380	1,615	2,812	2,929	2,930	3,122
ASEAN 10	N.A.	N.A.	N.A.	N.A.	31.3	85.1	113	185	182
バンカー	0.025	-	-	-	-	-	-	-	-
世 界	1,437	1,496	1,783	2,223	2,318	3,662	3,846	3,762	4,016

出所: 表IV-(2)と同じ。注: 表IV-(2)と同じ。

(4)世界の一次エネルギー消費（石油）

(石油換算百万トン)

年	1971	1973	1980	1990	2000	2010	2015	2020	2021
北 米	794	897	885	833	958	901	891	795	859
アメリカ	722	817	797	757	871	807	790	702	764
カ ナ ダ	71.9	79.4	88.5	76.5	87.1	94.4	102	92.8	95.0
中 南 米	125	147	214	230	300	351	355	286	311
メキシコ	25.5	32.5	64.4	80.8	89.3	94.4	90.3	72.3	78.2
ブラジル	28.2	37.9	55.6	58.9	88.3	105	115	98.8	107
チ リ	4.94	4.97	5.07	6.47	10.5	15.0	15.3	15.2	16.4
欧 州	926	1,068	1,153	1,077	854	821	772	739	780
欧州OECD	640	732	688	617	654	605	553	508	530
イギリス	101	109	79.3	76.4	73.2	63.6	60.2	49.3	52.0
ド イ ツ	141	159	144	121	125	105	101	94.4	91.1
フランス	99.3	120	106	84.0	82.2	77.0	75.4	62.0	66.0
イタリア	79.1	90.3	88.2	83.3	86.9	65.3	53.6	43.3	49.3
欧州非OECD	285	336	464	459	199	216	219	231	251
ロ シ ア	N.A.	N.A.	N.A.	264	126	139	139	150	161
ウクライナ	N.A.	N.A.	N.A.	58.5	11.9	13.2	10.5	14.1	15.0
アフリカ	34.6	40.9	64.5	84.9	100	161	184	178	195
南アフリカ	8.62	10.1	13.2	9.08	10.7	17.7	19.9	18.9	22.5
中 東	35.4	42.8	89.7	146	226	324	354	325	331
イ ラ ン	13.6	16.4	32.6	50.4	68.5	79.5	78.8	79.5	81.9
サウジアラビア	4.63	5.70	22.0	38.5	76.0	134	163	148	150
ア ジ ア	321	400	477	618	918	1,172	1,353	1,442	1,491
中 国	39.1	51.9	88.6	119	221	428	539	661	678
日 本	199	249	234	249	253	201	184	148	151
香 港	2.93	3.11	4.60	3.21	6.57	3.36	4.45	3.80	3.42
台 湾	6.34	9.39	20.1	28.4	42.2	49.4	47.6	43.0	43.7
韓 国	10.6	13.3	26.6	49.7	99.0	95.1	103	101	112
シンガポール	2.72	3.75	5.13	11.4	17.3	17.1	22.6	24.6	24.6
ブルネイ	0.064	0.064	0.177	0.049	0.535	0.564	0.580	1.08	1.02
インドネシア	8.27	10.7	20.2	33.3	57.9	67.4	71.2	67.7	68.1
マレーシア	4.47	4.40	7.88	11.5	19.4	25.3	27.6	27.0	25.7
フィリピン	7.90	9.13	10.4	9.72	15.9	13.6	17.7	16.5	18.3
タ イ	5.85	7.51	10.8	18.2	32.2	45.0	54.1	55.4	55.5
イ ン ド	21.8	24.3	33.2	61.1	112	162	206	207	223
ベトナム	3.48	3.71	1.85	2.71	7.81	18.3	17.3	24.2	22.9
オセアニア	27.7	30.8	34.1	34.7	39.9	47.8	49.2	50.5	49.2
オーストラリア	24.1	26.6	30.1	31.2	34.2	41.6	42.4	44.4	42.5
ニュージーランド	3.51	4.17	4.01	3.51	5.71	6.18	6.78	6.16	6.77
OECD 38	1,714	1,975	1,955	1,892	2,130	1,986	1,915	1,718	1,827
非OECD	557	659	972	1,144	1,280	1,810	2,064	2,116	2,214
EU 27	N.A.	N.A.	N.A.	531	550	506	456	418	437
旧 ソ 連 15	254	299	414	429	178	193	196	208	226
APEC 20	N.A.	N.A.	N.A.	1,761	2,004	2,167	2,283	2,265	2,376
ASEAN 10	N.A.	N.A.	N.A.	N.A.	154	191	217	227	226
バンカー	167	184	179	203	275	361	385	297	314
世 界	2,437	2,818	3,105	3,237	3,684	4,155	4,362	4,129	4,352

出所: 表Ⅳ-(2)と同じ。注: 表Ⅳ-(2)と同じ。

(5)世界の一次エネルギー消費（天然ガス）

（石油換算百万トン）

年	1971	1973	1980	1990	2000	2010	2015	2020	2021
北 米	548	552	522	493	622	632	732	831	840
アメリカ	517	515	477	438	548	556	647	719	723
カナダ	31.2	37.3	45.6	54.7	74.3	75.7	85.4	112	117
中南米	23.8	28.7	45.0	67.6	112	170	201	184	198
メキシコ	8.78	10.5	19.1	23.1	35.5	54.2	64.7	70.3	72.5
ブラジル	0.115	0.174	0.869	3.43	8.36	24.3	37.2	30.1	36.7
チ リ	0.639	0.526	0.720	1.14	5.21	4.47	3.98	4.83	5.28
欧 州	293	357	561	863	878	1,039	888	983	1,058
欧州OECD	92.9	135	206	267	396	473	393	421	447
イギリス	16.4	25.1	40.3	47.2	87.4	84.8	61.9	62.0	65.8
ドイツ	16.8	28.7	51.2	55.0	71.9	75.9	65.2	74.6	78.1
フランス	9.74	13.5	21.6	26.0	35.8	42.6	35.0	34.9	37.0
イタリア	10.9	14.2	22.7	39.0	57.9	68.1	55.3	58.3	62.4
欧州非OECD	200	222	355	596	481	566	496	562	611
ロシア	N.A.	N.A.	N.A.	367	319	384	364	412	457
ウクライナ	N.A.	N.A.	N.A.	91.9	62.3	55.2	26.1	23.8	23.9
アフリカ	2.33	3.44	11.8	29.5	47.2	88.2	114	130	141
南アフリカ	-	-	-	1.50	1.40	3.87	4.29	4.21	3.66
中 東	11.1	14.4	29.4	71.6	145	311	391	467	478
イラン	2.35	3.22	3.66	17.5	52.6	122	155	203	208
サウジアラビア	1.15	1.54	9.15	19.5	30.8	59.9	71.3	80.7	82.4
アジア	11.3	16.2	51.0	116	233	455	552	676	722
中 国	3.13	5.01	12.0	12.8	20.8	89.4	159	265	299
日 本	3.32	5.07	21.4	44.1	65.6	86.0	100	92.2	86.7
香 港	-	-	-	-	2.45	3.13	2.65	4.31	4.20
台 湾	0.908	1.22	1.59	1.57	6.23	14.7	19.2	23.7	25.8
韓 国	-	-	-	2.73	17.0	38.6	39.3	49.5	54.4
シンガポール	-	-	-	-	1.12	6.49	8.55	9.23	9.56
ブルネイ	0.097	0.266	1.16	1.68	1.85	2.68	2.14	2.33	2.33
インドネシア	0.242	0.332	4.95	15.8	26.6	38.8	37.9	34.1	33.9
マレーシア	0.071	0.100	2.24	6.80	24.7	31.2	37.5	36.6	42.6
フィリピン	-	-	-	-	0.009	3.05	2.88	3.31	2.84
タ イ	-	-	-	4.99	17.4	33.0	37.8	33.3	33.5
インド	0.595	0.631	1.26	10.6	23.1	54.4	45.1	52.6	55.1
ベトナム	-	-	-	0.003	1.12	8.12	7.90	7.40	6.31
オセアニア	1.90	3.66	8.26	18.7	24.3	31.1	37.1	41.1	39.9
オーストラリア	1.79	3.38	7.47	14.8	19.3	27.4	33.1	37.2	36.5
ニュージーランド	0.105	0.283	0.791	3.87	5.06	3.73	4.09	3.88	3.32
OECD 38	657	708	781	853	1,172	1,332	1,386	1,530	1,566
非OECD	236	269	451	809	896	1,402	1,539	1,792	1,921
EU 27	N.A.	N.A.	N.A.	250	309	363	296	327	340
旧ソ連 15	177	196	316	564	465	553	484	548	596
APEC 20	N.A.	N.A.	N.A.	994	1,191	1,466	1,665	1,927	2,024
ASEAN 10	N.A.	N.A.	N.A.	N.A.	74.0	125	138	129	135
バンカー	-	-	-	-	-	-	0.040	0.252	0.337
世 界	893	977	1,231	1,662	2,068	2,734	2,926	3,322	3,487

出所：表Ⅳ-(2)と同じ。注：表Ⅳ-(2)と同じ。

(6)世界の一次エネルギー消費（原子力）

(石油換算百万トン)

年	1971	1973	1980	1990	2000	2010	2015	2020	2021
北 米	11.7	27.3	79.8	179	227	242	243	240	236
アメリカ	10.6	23.2	69.4	159	208	219	216	214	211
カ ナ ダ	1.11	4.07	10.4	19.4	19.0	23.6	26.5	25.6	24.1
中南米	-	-	0.610	3.25	5.33	7.18	8.69	9.39	9.77
メキシコ	-	-	-	0.765	2.14	1.53	3.02	2.93	3.11
ブラジル	-	-	-	0.583	1.58	3.78	3.84	3.66	3.83
チ リ	-	-	-	-	-	-	-	-	-
欧 州	14.8	22.5	79.6	265	308	315	304	275	291
欧州OECD	13.3	19.4	60.0	210	247	239	222	190	201
イギリス	7.18	7.29	9.65	17.1	22.2	16.2	18.3	13.1	12.0
ド イ ツ	1.62	3.15	14.5	39.8	44.2	36.6	23.9	16.8	18.0
フランス	2.43	3.84	16.0	81.8	108	112	114	92.2	98.8
イタリア	0.877	0.819	0.575	-	-	-	-	-	-
欧州非OECD	1.59	3.13	19.6	55.0	61.3	75.7	82.0	84.7	90.4
ロ シ ア	N.A.	N.A.	N.A.	31.3	34.4	44.8	51.3	56.6	58.6
ウクライナ	N.A.	N.A.	N.A.	19.8	20.2	23.4	23.0	20.0	22.6
アフリカ	-	-	-	2.20	3.39	3.15	3.19	2.58	3.22
南アフリカ	-	-	-	2.20	3.39	3.15	3.19	2.58	3.22
中 東	-	-	-	-	-	-	0.759	1.91	3.43
イ ラ ン	-	-	-	-	-	-	0.759	1.44	0.806
サウジアラビア	-	-	-	-	-	-	-	-	-
ア ジ ア	2.42	3.23	25.3	76.7	132	152	110	169	189
中 国	-	-	-	-	4.36	19.3	44.5	95.4	106
日 本	2.08	2.53	21.5	52.7	83.9	75.1	2.46	10.1	18.4
香 港	-	-	-	-	-	-	-	-	-
台 湾	-	-	2.14	8.56	10.0	10.8	9.50	8.19	7.24
韓 国	-	-	0.906	13.8	28.4	38.7	42.9	41.7	41.2
シンガポール	-	-	-	-	-	-	-	-	-
ブルネイ									
インドネシア									
マレーシア									
フィリピン	-	-	-	-	-	-	-	-	-
タ イ									
イ ン ド	0.310	0.624	0.782	1.60	4.40	6.84	9.75	11.2	12.3
ベトナム									
オセアニア	-	-	-	-	-	-	-	-	-
オーストラリア									
ニュージーランド									
OECD 38	27.0	49.2	162	456	588	596	514	485	499
非OECD	1.93	3.83	23.1	69.9	87.1	122	157	213	233
EU 27	N.A.	N.A.	N.A.	190	224	223	205	178	191
旧ソ連 15	1.59	3.13	19.0	55.6	57.3	68.8	75.1	77.4	83.2
APEC 20	N.A.	N.A.	N.A.	286	390	432	397	455	470
ASEAN 10	N.A.	N.A.	N.A.	N.A.	-	-	-	-	-
バンカー	-	-	-	-	-	-	-	-	-
世 界	28.9	53.0	185	526	675	719	670	698	732

出所: 表Ⅳ-(2)と同じ。注: 表Ⅳ-(2)と同じ。

(7)世界の一次エネルギー消費（水力）

(石油換算百万トン)

年	1971	1973	1980	1990	2000	2010	2015	2020	2021
北 米	36.6	39.6	45.6	49.0	52.6	52.8	54.4	57.9	54.7
アメリカ	22.7	22.8	24.0	23.5	21.8	22.6	21.6	24.7	21.8
カナダ	14.0	16.7	21.6	25.5	30.8	30.2	32.9	33.2	32.9
中南米	6.88	8.63	17.4	30.5	47.0	58.8	55.1	56.9	54.2
メキシコ	1.24	1.39	1.45	2.02	2.85	3.19	2.65	2.31	2.83
ブラジル	3.71	4.98	11.1	17.8	26.2	34.7	30.9	34.1	31.2
チ リ	0.414	0.481	0.677	0.768	1.59	1.87	2.05	1.88	1.66
欧 州	40.6	42.3	55.7	61.0	70.0	74.3	73.4	79.6	79.1
欧州OECD	27.8	29.4	35.7	38.7	47.1	48.0	49.0	51.7	49.4
イギリス	0.289	0.332	0.335	0.448	0.437	0.309	0.541	0.590	0.473
ドイツ	1.16	1.31	1.64	1.50	1.87	1.80	1.63	1.61	1.69
フランス	4.20	4.10	5.98	4.53	5.57	5.26	4.78	5.38	5.13
イタリア	3.36	3.23	3.89	2.72	3.80	4.40	3.92	4.09	3.90
欧州非OECD	12.8	12.9	20.0	22.3	23.0	26.3	24.4	27.9	29.7
ロシア	N.A.	N.A.	N.A.	14.3	14.1	14.3	14.4	18.3	18.4
ウクライナ	N.A.	N.A.	N.A.	0.904	0.969	1.13	0.464	0.650	0.888
アフリカ	2.02	2.59	4.08	4.82	6.44	9.43	10.4	12.6	13.0
南アフリカ	0.010	0.085	0.085	0.087	0.095	0.182	0.070	0.125	0.175
中 東	0.324	0.312	0.836	1.03	0.690	1.53	1.51	1.95	1.90
イラン	0.230	0.244	0.483	0.523	0.315	0.819	1.21	1.37	1.37
サウジアラビア	-	-	-	-	-	-	-	-	-
アジア	14.3	13.9	19.9	31.7	41.1	92.2	132	156	157
中 国	2.58	3.27	5.01	10.9	19.1	61.2	95.8	114	112
日 本	7.24	5.74	7.59	7.56	7.23	7.21	7.49	6.78	6.77
香 港	-	-	-	-	-	-	-	-	-
台 湾	0.266	0.292	0.252	0.531	0.399	0.331	0.355	0.229	0.268
韓 国	0.114	0.110	0.171	0.547	0.345	0.317	0.185	0.333	0.263
シンガポール	-	-	-	-	-	-	-	-	-
ブルネイ	-	-	-	-	-	-	-	-	-
インドネシア	0.066	0.089	0.116	0.491	0.861	1.50	1.18	2.09	2.12
マレーシア	0.090	0.095	0.120	0.343	0.599	0.556	1.20	2.35	2.67
フィリピン	-	0.161	0.303	0.521	0.671	0.671	0.745	0.618	0.790
タ イ	0.176	0.162	0.109	0.428	0.518	0.478	0.333	0.402	0.403
イ ン ド	2.41	2.49	4.00	6.16	6.40	10.7	11.7	13.8	14.0
ベトナム	0.053	0.036	0.128	0.462	1.25	4.24	4.83	6.27	6.75
オセアニア	2.12	2.21	2.74	3.21	3.51	3.29	3.25	3.36	3.35
オーストラリア	0.996	0.981	1.11	1.22	1.41	1.16	1.15	1.27	1.27
ニュージーランド	1.13	1.23	1.63	1.99	2.10	2.13	2.11	2.09	2.08
OECD 38	76.3	79.8	95.5	105	119	121	125	130	126
非OECD	27.3	30.6	52.3	79.4	106	176	211	244	244
EU 27	N.A.	N.A.	N.A.	24.4	30.1	32.0	28.9	29.9	30.0
旧ソ連 15	10.8	10.5	15.9	20.0	19.4	20.9	20.0	24.2	24.8
APEC 20	N.A.	N.A.	N.A.	91.9	107	152	191	219	216
ASEAN 10	N.A.	N.A.	N.A.	N.A.	4.36	6.84	10.5	15.3	16.8
バンカー	-	-	-	-	-	-	-	-	-
世 界	104	110	148	184	225	296	335	374	369

出所: 表Ⅳ-(2)と同じ。注: 表Ⅳ-(2)と同じ。

(8)世界の一次エネルギー消費（可燃再生・廃棄物）

(石油換算百万トン)

年	1971	1973	1980	1990	2000	2010	2015	2020	2021
北　米	42.7	45.3	62.1	73.4	85.7	101	112	108	115
アメリカ	35.1	37.5	54.5	62.3	73.2	89.3	99.2	96.8	103
カ ナ ダ	7.63	7.82	7.65	11.1	12.5	11.7	12.6	11.6	12.0
中 南 米	64.4	65.7	73.5	86.7	86.0	124	136	147	144
メキシコ	5.97	6.21	6.88	8.55	8.94	8.12	8.63	8.77	8.60
ブラジル	35.6	36.6	40.6	47.9	46.8	81.8	87.7	97.7	92.7
チ　リ	1.40	1.33	1.79	3.13	4.72	4.93	7.30	7.65	7.98
欧　州	53.1	53.3	56.3	72.4	87.3	156	172	196	208
欧州OECD	29.3	31.0	35.7	55.6	72.3	137	151	167	178
イギリス	-	-	-	0.627	1.92	5.97	9.82	13.7	14.1
ド イ ツ	2.54	2.50	4.35	4.80	7.88	28.0	30.5	31.4	32.2
フランス	9.42	9.79	8.64	11.0	10.8	15.7	16.4	18.2	18.5
イタリア	0.218	0.244	0.917	0.941	2.25	12.7	14.6	14.6	15.2
欧州非OECD	23.8	22.3	20.6	16.8	15.0	19.5	21.5	29.2	30.5
ロ シ ア	N.A.	N.A.	N.A.	12.2	6.90	6.94	7.66	10.3	11.0
ウクライナ	N.A.	N.A.	N.A.	0.360	0.262	1.60	2.10	4.24	4.24
アフリカ	118	124	147	194	245	312	349	380	387
南アフリカ	4.70	5.14	6.31	10.4	10.8	7.60	5.89	6.12	5.94
中　東	0.334	0.352	0.343	0.453	0.437	1.01	0.943	1.14	1.14
イ ラ ン	0.147	0.147	0.138	0.218	0.153	0.622	0.510	0.509	0.516
サウジアラビア	0.001	0.001	0.001	0.012	0.004	0.007	0.007	0.008	0.008
ア ジ ア	313	328	371	448	480	469	462	512	530
中　国	154	162	180	200	198	133	114	134	144
日　本	-	-	-	4.22	5.05	11.2	12.6	15.3	16.8
香　港	0.015	0.012	0.015	0.011	0.004	0.068	0.100	0.115	0.120
台　湾	-	-	-	0.050	0.944	1.76	1.78	1.68	1.68
韓　国	-	-	-	0.731	1.38	3.48	5.82	6.49	6.32
シンガポール	0.010	0.004	0.005	0.070	0.202	0.587	0.678	0.628	0.605
ブルネイ	0.016	0.014	0.009	0.002	-	-	-	-	-
インドネシア	26.3	26.9	30.3	43.5	50.0	48.5	37.1	33.5	32.6
マレーシア	1.39	1.17	1.16	1.23	1.25	0.817	0.667	1.23	1.23
フィリピン	7.31	7.52	8.97	10.5	7.61	8.67	10.1	10.7	10.9
タ　イ	7.60	7.91	10.6	14.9	14.6	22.6	25.3	23.0	21.1
イ ン ド	76.9	81.4	91.3	108	126	167	169	198	204
ベトナム	8.26	8.66	10.1	12.5	14.2	14.7	8.50	7.49	9.72
オセアニア	3.56	3.53	4.13	4.67	5.97	5.92	6.11	5.67	5.77
オーストラリア	3.56	3.53	3.61	3.96	5.04	4.90	5.18	4.72	4.80
ニュージーランド	-	-	0.519	0.708	0.931	1.02	1.04	0.945	0.975
OECD 38	87.9	91.3	116	157	188	277	310	326	345
非OECD	512	532	603	729	806	897	935	1,032	1,052
EU 27	N.A.	N.A.	N.A.	46.9	65.1	128	140	153	163
旧ソ連 15	20.2	19.5	18.4	14.6	11.0	14.1	16.2	21.8	22.8
APEC 20	N.A.	N.A.	N.A.	393	409	376	361	378	397
ASEAN 10	N.A.	N.A.	N.A.	N.A.	101	111	97.6	92.2	91.8
バンカー	-	-	-	-	-	-	0.175	0.604	0.294
世　界	600	623	719	885	994	1,173	1,244	1,358	1,397

出所: 表Ⅳ-(2)と同じ。注: 表Ⅳ-(2)と同じ。

(9)世界の一次エネルギー自給率

(%)

年	1971	1973	1980	1990	2000	2010	2015	2020	2021
北 米	92.1	87.6	88.2	90.7	80.8	85.7	101	115	113
アメリカ	90.5	84.2	86.1	86.3	73.3	77.8	92.4	106	104
カ ナ ダ	110	124	108	131	148	154	171	183	186
中 南 米	163	150	126	130	134	121	110	103	97.6
メキシコ	101	89.9	155	158	152	125	103	89.4	86.2
ブラジル	70.6	62.7	56.9	74.9	79.6	94.8	93.3	112	105
チ リ	61.4	59.8	61.2	56.6	34.1	29.9	34.0	33.2	32.8
欧 州	75.3	73.2	84.0	88.4	90.9	95.7	101	103	100
欧州OECD	49.0	46.3	57.3	64.0	67.0	57.8	57.6	56.9	54.5
イギリス	52.6	49.8	99.7	101	122	72.8	64.8	76.1	63.1
ド イ ツ	57.4	51.5	52.0	53.0	40.2	39.9	38.8	34.7	35.3
フランス	30.0	24.5	27.4	50.0	51.9	51.6	55.1	55.0	54.0
イタリア	18.5	17.1	15.2	17.3	16.4	19.0	23.7	25.5	22.9
欧州非OECD	114	112	116	115	133	158	172	167	164
ロ シ ア	N.A.	N.A.	N.A.	147	158	185	193	188	184
ウクライナ	N.A.	N.A.	N.A.	53.9	57.1	59.8	69.5	66.0	62.0
アフリカ	230	225	197	176	178	170	143	131	131
南アフリカ	83.1	82.1	108	128	131	118	121	121	113
中 東	1,778	1,888	821	422	349	252	250	234	233
イ ラ ン	1,438	1,501	212	271	206	168	136	124	131
サウジアラビア	4,223	5,372	1,716	635	446	274	277	265	259
ア ジ ア	74.5	73.3	78.4	78.8	75.5	77.5	73.6	72.4	72.1
中 国	101	101	103	101	99.2	88.6	83.5	79.9	79.8
日 本	13.4	9.21	12.6	17.0	20.3	20.2	7.28	11.3	13.4
香 港	-	-	-	-	-	0.486	0.651	0.916	0.993
台 湾	38.5	28.5	20.5	21.3	14.2	12.4	10.2	9.79	8.91
韓 国	37.6	31.3	22.5	24.3	18.5	18.0	18.8	19.1	18.0
シンガポール	-	-	-	1.12	1.98	5.91	1.92	1.72	1.66
ブルネイ	3,751	3,819	1,566	906	825	573	593	353	333
インドネシア	205	224	217	171	153	184	199	192	190
マレーシア	81.5	100	150	225	159	123	113	97.8	98.1
フィリピン	48.6	45.8	53.9	62.8	48.9	60.9	52.8	53.9	51.7
タ イ	57.5	52.0	50.7	63.2	61.1	61.8	55.4	49.0	47.2
イ ン ド	88.9	88.9	89.2	91.0	78.6	72.0	63.9	65.2	64.5
ベトナム	75.5	74.3	91.6	102	139	112	96.9	57.4	65.3
オセアニア	97.8	111	116	171	198	236	272	304	294
オーストラリア	104	119	123	183	216	256	303	338	327
ニュージーランド	48.8	49.6	60.9	89.8	83.4	91.5	79.6	74.9	71.5
OECD 38	70.1	69.9	71.7	76.5	73.4	73.4	81.0	88.3	85.8
非OECD	167	174	149	133	138	125	119	112	111
EU 27	N.A.	N.A.	N.A.	51.6	46.1	45.7	46.4	43.0	42.4
旧ソ連 15	118	117	122	118	139	165	180	174	171
APEC 20	N.A.	N.A.	N.A.	99.0	90.7	94.3	97.2	99.6	98.3
ASEAN 10	N.A.	N.A.	N.A.	N.A.	119	125	119	108	108
バンカー	-	-	-	-	-	-	-	-	-
世 界	102	102	101	100	99.9	99.8	101	101	99.4

出所:表Ⅳ-(2)と同じ。

注:自給率は国内生産/一次エネルギー消費で算出、在庫変動により世界計は100%にならない。

(10)世界の総発電量

(TWh)

年	1971	1973	1980	1990	2000	2010	2015	2020	2021
北 米	1,925	2,236	2,801	3,685	4,632	4,957	4,955	4,890	4,997
アメリカ	1,703	1,966	2,427	3,203	4,026	4,354	4,297	4,239	4,354
カ ナ ダ	222	270	373	482	606	603	658	651	643
中 南 米	164	197	357	584	959	1,335	1,521	1,517	1,629
メキシコ	31.0	37.1	67.0	116	206	276	311	318	380
ブラジル	51.6	64.7	139	223	349	516	587	629	656
チ リ	8.52	8.77	11.8	18.4	40.1	60.4	75.4	84.0	88.0
欧 州	2,295	2,640	3,510	4,551	4,651	5,312	5,292	5,256	5,503
欧州OECD	1,403	1,618	2,049	2,695	3,236	3,623	3,573	3,503	3,637
イギリス	256	281	284	318	374	380	335	309	305
ド イ ツ	327	374	466	548	572	627	642	569	583
フランス	156	183	257	416	534	563	575	528	551
イタリア	124	144	183	213	270	299	282	279	287
欧州非OECD	893	1,021	1,461	1,856	1,415	1,689	1,719	1,752	1,867
ロ シ ア	N.A.	N.A.	N.A.	1,082	876	1,036	1,066	1,088	1,158
ウクライナ	N.A.	N.A.	N.A.	299	171	189	162	148	158
アフリカ	91.8	111	184	309	439	686	789	836	885
南アフリカ	54.6	64.4	99.0	165	240	257	247	235	240
中 東	27.4	36.4	95.1	244	472	888	1,134	1,277	1,316
イ ラ ン	8.11	12.1	22.4	59.1	121	233	281	336	344
サウジアラビア	2.08	2.95	20.5	69.2	126	240	360	394	409
ア ジ ア	673	816	1,195	2,237	3,971	7,992	10,222	12,582	13,664
中 国	139	169	301	621	1,356	4,197	5,838	7,732	8,560
日 本	383	465	573	862	1,055	1,164	1,054	1,009	1,040
香 港	5.57	6.80	12.6	28.9	31.3	38.3	38.0	35.3	37.2
台 湾	15.8	20.7	42.6	87.3	181	244	255	276	287
韓 国	10.5	14.8	37.2	105	289	497	549	575	608
シンガポール	2.59	3.72	6.99	15.7	31.7	46.4	50.4	53.4	56.4
ブルネイ	0.250	0.246	0.343	1.17	2.54	3.79	4.20	5.74	5.70
インドネシア	1.76	2.37	7.50	32.7	93.3	170	234	292	309
マレーシア	3.80	4.77	10.0	23.0	69.3	125	150	174	180
フィリピン	9.15	13.2	18.0	26.3	45.3	67.7	82.4	102	106
タ イ	5.08	6.97	14.4	44.2	96.0	159	177	179	177
イ ン ド	66.4	72.8	119	289	561	972	1,358	1,537	1,635
ベトナム	2.30	2.35	3.56	8.68	26.6	94.9	162	240	253
オセアニア	68.5	82.9	118	187	249	298	296	309	310
オーストラリア	53.0	64.4	95.2	154	210	253	251	265	265
ニュージーランド	15.5	18.5	22.6	32.6	39.4	45.0	44.7	44.5	44.6
OECD 38	3,849	4,486	5,693	7,732	9,806	11,013	10,978	10,864	11,243
非OECD	1,409	1,646	2,592	4,108	5,624	10,535	13,330	15,906	17,172
EU 27	N.A.	N.A.	N.A.	2,256	2,630	2,955	2,879	2,761	2,885
旧ソ連 15	800	915	1,294	1,727	1,271	1,506	1,533	1,578	1,674
APEC 20	N.A.	N.A.	N.A.	6,958	9,300	13,470	15,346	17,416	18,608
ASEAN 10	N.A.	N.A.	N.A.	N.A.	374	685	897	1,114	1,162
バンカー	-	-	-	-	-	-	-	-	-
世 界	5,257	6,131	8,282	11,837	15,423	21,538	24,297	26,759	28,402

出所: 表Ⅳ-(2)と同じ。

注: (1) 1kWh=860kcal。(2) 揚水分を除く。他、表Ⅳ-(2)と同じ。

(11)世界の電源構成（2021年、発電量ベース）

(TWh)

	発電量							合計
	石炭	石油	天然ガス	原子力	水力	太陽光・風力他	バイオマス・廃棄物	
北 米	1,026	40.4	1,711	904	636	599	79.6	4,997
アメリカ	992	36.1	1,634	812	253	558	69.4	4,354
カナダ	34.4	4.28	77.3	92.6	383	41.2	10.3	643
中南米	79.9	140	478	37.5	630	183	79.7	1,629
メキシコ	17.2	51.8	223	11.9	32.9	40.4	2.79	380
ブラジル	24.1	20.4	87.0	14.7	363	89.3	57.9	656
チ リ	26.1	3.06	15.9	-	19.3	18.5	5.12	88.0
欧 州	907	65.7	1,505	1,114	920	740	252	5,503
欧州OECD	535	43.4	769	769	575	704	241	3,637
イギリス	7.46	1.51	123	45.9	5.50	76.8	44.8	305
ドイツ	175	4.58	95.1	69.1	19.7	166	53.6	583
フランス	7.34	5.73	33.4	379	59.6	53.7	11.8	551
イタリア	15.9	7.75	144	-	45.4	52.5	21.5	287
欧州非OECD	372	22.3	735	345	345	36.5	10.3	1,867
ロ シ ア	187	8.53	514	223	214	5.97	3.97	1,158
ウクライナ	36.5	0.198	14.3	86.2	10.3	9.54	0.758	158
アフリカ	246	55.2	371	12.4	151	47.2	2.17	885
南アフリカ	210	0.327	-	12.4	2.04	15.0	0.350	240
中 東	20.8	283	956	13.2	22.0	20.8	0.026	1,316
イラン	0.840	28.0	295	3.09	15.9	1.38	0.024	344
サウジアラビア	-	169	239	-	-	1.21	-	409
アジア	7,824	130	1,466	727	1,825	1,377	315	13,664
中 国	5,417	11.4	268	408	1,300	985	170	8,560
日 本	322	39.5	359	70.8	78.8	117	53.0	1,040
香 港	14.1	0.204	22.7	-	-	0.093	0.141	37.2
台 湾	129	5.33	108	27.8	3.11	10.2	3.77	287
韓 国	208	8.17	190	158	3.05	31.7	8.59	608
シンガポール	0.669	0.558	52.9	-	-	0.735	1.47	56.4
ブルネイ	1.24	0.036	4.42	-	-	0.004	-	5.70
インドネシア	190	8.68	51.6	-	24.7	16.5	17.5	309
マレーシア	86.2	1.01	58.4	-	31.1	2.03	1.23	180
フィリピン	62.1	1.62	18.7	-	9.19	13.4	1.16	106
タ イ	35.2	0.657	110	-	4.68	8.57	17.8	177
インド	1,170	4.51	61.7	47.1	162	153	37.0	1,635
ベトナム	115	0.298	26.3	-	78.6	31.1	2.09	253
オセアニア	144	4.69	54.8	-	39.0	63.6	4.15	310
オーストラリア	140	4.66	49.8	-	14.8	52.3	3.35	265
ニュージーランド	3.23	0.027	4.98	-	24.2	11.3	0.801	44.6
OECD 38	2,299	194	3,388	1,914	1,464	1,586	397	11,243
非OECD	7,953	529	3,168	894	2,839	1,452	338	17,172
EU 27	453	46.7	552	732	348	563	191	2,885
旧ソ連15	302	16.7	718	317	288	22.8	9.15	1,674
APEC 20	7,981	186	3,811	1,804	2,507	1,946	373	18,608
ASEAN 10	508	13.5	330	-	196	73.1	41.3	1,162
バンカー	-	-	-	-	-	-	-	-
世 界	10,252	723	6,556	2,808	4,293	3,034	735	28,402

出所: 表Ⅳ-(2)と同じ。

（12）世界の電源構成（2021年、投入ベース）

(石油換算百万トン)

	燃料投入量							合計	発電量
	石炭	石油	天然ガス	原子力	水力	太陽光・風力他	バイオマス・廃棄物		
北　米	238	9.94	297	236	54.7	58.9	21.2	916	430
アメリカ	230	8.65	280	211	21.8	55.4	18.8	826	374
カナダ	7.56	1.29	17.7	24.1	32.9	3.51	2.41	89.5	55.3
中南米	20.3	30.3	91.7	9.77	54.2	20.1	22.8	249	140
メキシコ	4.46	10.6	42.7	3.11	2.83	5.30	1.61	70.6	32.6
ブラジル	6.01	4.33	17.5	3.83	31.2	7.66	10.2	80.8	56.4
チ　リ	6.04	0.654	2.87	-	1.66	1.87	5.05	18.1	7.57
欧　州	227	18.2	350	291	79.1	81.4	70.5	1,117	473
欧州OECD	125	12.0	128	200	49.4	78.1	65.7	660	313
イギリス	1.98	0.340	19.6	12.0	0.473	6.60	9.36	50.4	26.3
ドイツ	38.8	0.921	41.8	-	1.69	14.3	13.0	105	50.1
フランス	1.94	1.44	5.48	98.8	5.13	4.65	4.53	122	47.4
イタリア	3.87	3.88	25.6	-	3.90	9.04	6.04	52.3	24.7
欧州非OECD	101	6.17	222	90.4	29.7	3.23	4.85	458	161
ロシア	53.0	3.02	168	58.6	18.4	0.580	2.65	304	99.5
ウクライナ	10.7	0.066	4.30	22.6	0.888	0.808	0.252	39.6	13.6
アフリカ	64.2	14.0	74.0	3.22	13.0	8.34	0.949	178	76.0
南アフリカ	54.1	0.087	-	3.22	0.176	1.58	0.110	59.3	20.6
中　東	4.74	69.9	203	3.43	1.90	1.98	0.028	285	113
イラン	0.281	8.03	58.8	0.806	1.37	0.119	0.007	69.5	29.6
サウジアラビア	-	39.1	54.1	-	-	0.104	-	93.3	35.2
アジア	1,968	35.1	272	189	157	154	111	2,888	1,175
中　国	1,389	2.80	58.4	106	112	85.2	58.6	1,812	736
日　本	65.8	10.1	59.1	18.4	6.77	10.8	10.3	181	89.4
香　港	3.65	0.065	3.84	-	-	0.008	0.105	7.67	3.20
台　湾	28.9	1.55	20.3	7.24	0.268	0.883	1.23	60.4	24.7
韓　国	47.5	2.12	31.5	41.2	0.263	2.72	2.19	127	52.3
シンガポール	0.280	0.194	8.02	-	-	0.063	0.605	9.16	4.85
ブルネイ	0.389	0.009	1.22	-	-	3.9E-04	-	1.62	0.490
インドネシア	50.3	3.46	11.5	-	2.12	27.4	6.95	102	56.4
マレーシア	21.4	0.272	10.9	-	2.67	0.10	0.398	35.8	15.5
フィリピン	16.8	0.402	2.72	-	0.790	9.42	0.464	30.5	9.12
タ　イ	7.96	0.151	21.0	-	0.403	0.738	9.43	39.7	15.2
インド	284	1.76	13.1	12.3	14.0	13.1	19.5	358	141
ベトナム	32.1	0.052	4.48	-	6.75	2.68	1.18	47.2	21.8
オセアニア	35.8	1.08	12.1	-	3.35	9.46	1.52	63.4	26.6
オーストラリア	35.0	1.07	11.2	-	1.27	4.49	1.04	54.2	22.8
ニュージーランド	0.756	0.007	0.922	-	2.08	4.96	0.479	9.21	3.84
OECD 38	528	47.2	584	499	126	171	108	2,063	967
非OECD	2,031	132	719	233	244	167	121	3,647	1,476
EU 27	107	12.7	95.7	191	30.0	55.1	54.2	545	248
旧ソ連15	82.9	4.96	218	83.2	24.8	2.60	4.78	421	144
APEC 20	2,002	46.6	760	470	216	216	124	3,834	1,600
ASEAN 10	134	4.71	62.4	-	16.8	40.5	19.1	278	100
バンカー	-	-	-	-	-	-	-	-	-
世　界	2,559	179	1,303	732	369	336	229	5,707	2,442

出所：表Ⅳ-(2)と同じ。

注：表Ⅳ-(2)と同じ。原子力と水力の変換係数はそれぞれ2,606 kcal/kWhと860 kcal/kWh。

(13)世界の最終エネルギー消費（合計）

(石油換算百万トン)

年	1971	1973	1980	1990	2000	2010	2015	2020	2021
北 米	1,345	1,447	1,466	1,452	1,728	1,697	1,701	1,643	1,731
アメリカ	1,229	1,315	1,311	1,294	1,546	1,513	1,508	1,458	1,540
カナダ	117	131	155	158	182	184	193	185	191
中南米	177	199	271	323	419	544	573	519	539
メキシコ	34.3	39.7	65.9	83.3	95.3	117	120	102	98.6
ブラジル	62.5	72.7	95.9	112	154	212	228	223	232
チ リ	6.54	6.52	7.30	11.1	20.4	23.9	25.0	27.0	27.5
欧 州	1,487	1,655	1,950	2,200	1,882	2,000	1,898	1,938	2,057
欧州OECD	919	1,022	1,081	1,142	1,235	1,289	1,213	1,182	1,255
イギリス	134	143	131	138	151	137	125	114	119
ドイツ	218	242	249	241	231	232	221	215	224
フランス	126	142	141	142	161	160	154	138	151
イタリア	86.3	96.6	102	115	129	134	119	107	118
欧州非OECD	568	633	869	1,057	647	711	685	755	802
ロシア	N.A.	N.A.	N.A.	625	418	447	453	509	545
ウクライナ	N.A.	N.A.	N.A.	150	72.4	73.9	50.8	47.8	49.0
アフリカ	159	172	218	286	366	495	561	589	614
南アフリカ	33.2	37.1	43.7	51.0	54.7	61.1	64.1	59.3	61.6
中 東	29.4	37.0	84.1	157	261	451	527	552	568
イラン	12.4	16.6	27.6	54.7	94.8	158	182	216	223
サウジアラビア	2.08	3.07	21.1	39.5	72.3	140	172	153	155
アジア	808	888	1,105	1,534	1,976	3,166	3,637	3,935	4,131
中 国	337	364	487	658	781	1,645	1,972	2,180	2,317
日 本	199	234	236	290	336	314	293	264	267
香 港	2.08	2.03	2.89	5.19	9.34	7.20	7.64	7.89	7.64
台 湾	7.32	9.43	18.5	32.1	53.6	74.8	76.0	75.5	79.1
韓 国	13.6	17.5	31.3	64.9	127	158	173	175	182
シンガポール	1.09	1.40	2.13	5.01	8.31	15.3	18.8	17.9	18.8
ブルネイ	0.097	0.097	0.212	0.351	0.575	1.31	1.30	1.51	1.39
インドネシア	32.1	34.1	49.6	79.2	120	148	149	152	152
マレーシア	7.52	4.50	6.90	13.4	29.1	41.7	50.6	56.0	56.1
フィリピン	12.8	14.0	15.8	19.0	23.2	25.1	31.0	32.4	35.1
タ イ	9.62	11.0	15.3	29.2	51.1	84.4	98.1	97.0	94.4
インド	117	123	147	215	290	443	546	596	632
ベトナム	12.4	13.0	13.0	15.9	24.9	48.4	46.8	68.0	69.5
オセアニア	41.2	45.4	53.7	66.1	82.1	89.6	94.2	92.1	92.4
オーストラリア	36.1	39.6	46.8	56.7	69.6	77.0	80.4	78.7	79.0
ニュージーランド	5.09	5.83	6.91	9.46	12.5	12.6	13.9	13.4	13.4
OECD 38	2,576	2,828	2,962	3,139	3,661	3,731	3,671	3,535	3,707
非OECD	1,484	1,626	2,204	2,901	3,079	4,740	5,357	5,769	6,064
EU 27	N.A.	N.A.	N.A.	995	1,027	1,070	993	963	1,023
旧ソ連 15	502	563	768	990	602	663	638	706	749
APEC 20	N.A.	N.A.	N.A.	3,458	3,919	4,953	5,328	5,517	5,793
ASEAN 10	N.A.	N.A.	N.A.	N.A.	273	384	420	454	457
バンカー	167	184	179	203	275	361	386	298	315
世 界	4,226	4,638	5,343	6,242	7,012	8,829	9,410	9,598	10,082

出所: 表IV-(2)と同じ。注: 表IV-(2)と同じ。

(14)世界の最終エネルギー消費（産業）

(石油換算百万トン)

年	1971	1973	1980	1990	2000	2010	2015	2020	2021
北　米	406	440	437	331	386	313	308	308	324
アメリカ	369	394	387	284	332	270	263	265	278
カナダ	37.8	45.7	50.1	47.2	54.1	42.6	44.2	43.5	45.8
中南米	57.7	65.8	94.1	108	136	173	173	162	161
メキシコ	12.1	14.1	22.2	25.8	27.8	32.8	35.4	33.6	30.6
ブラジル	17.8	21.8	35.1	40.0	56.6	80.5	78.9	77.6	79.5
チ　リ	2.28	2.31	2.78	3.41	6.64	8.71	10.5	10.3	9.92
欧　州	607	665	751	721	530	501	486	487	517
欧州OECD	344	373	356	330	325	296	285	286	305
イギリス	49.8	52.5	39.3	32.1	33.9	25.9	23.2	20.6	21.5
ドイツ	79.2	88.2	78.8	66.2	51.3	56.7	56.1	54.8	56.2
フランス	44.1	41.7	41.2	31.5	33.0	28.6	28.4	25.5	29.0
イタリア	35.5	39.1	35.8	34.1	38.3	30.1	25.0	23.9	29.0
欧州非OECD	263	292	395	391	205	205	201	201	211
ロシア	N.A.	N.A.	N.A.	209	128	126	139	143	151
ウクライナ	N.A.	N.A.	N.A.	79.2	32.8	24.9	16.4	16.0	15.7
アフリカ	28.6	32.6	46.1	53.1	57.5	83.8	86.6	84.1	90.4
南アフリカ	13.9	16.2	22.8	21.7	20.5	24.5	23.6	22.7	23.1
中　東	9.41	12.1	30.2	46.9	70.6	134	154	159	160
イラン	3.57	4.67	6.78	14.2	18.6	38.5	40.8	56.5	58.0
サウジアラビア	0.717	1.28	12.5	10.9	20.2	43.4	48.1	36.5	36.1
アジア	271	299	378	508	654	1,405	1,548	1,655	1,750
中　国	107	118	181	234	302	924	1,021	1,068	1,129
日　本	91.2	105	91.2	108	103	91.7	84.7	76.1	79.9
香　港	1.01	0.893	1.06	1.56	1.81	0.882	0.963	1.04	0.931
台　湾	4.26	5.40	10.1	12.9	20.9	24.5	24.2	24.8	26.6
韓　国	5.34	6.42	10.3	19.3	38.5	45.0	48.1	45.6	47.4
シンガポール	0.211	0.233	0.470	0.605	2.18	5.11	6.47	6.45	6.86
ブルネイ	0.026	0.022	0.046	0.061	0.070	0.164	0.151	0.237	0.246
インドネシア	1.63	1.88	6.75	17.4	30.0	49.1	45.4	55.7	56.4
マレーシア	5.17	1.89	3.06	5.55	11.7	14.9	15.1	17.4	18.7
フィリピン	1.97	2.51	3.03	4.15	4.56	5.95	6.75	6.18	6.82
タ　イ	2.93	3.21	3.98	8.68	16.7	26.5	32.2	30.9	29.9
インド	31.1	33.3	37.6	59.0	84.7	158	203	227	247
ベトナム	1.87	1.96	3.81	4.54	7.86	17.4	18.6	37.3	39.9
オセアニア	16.3	17.2	20.0	22.6	27.6	26.3	26.5	26.0	26.5
オーストラリア	14.7	15.3	17.6	19.3	23.8	22.6	22.5	22.2	22.8
ニュージーランド	1.58	1.94	2.41	3.31	3.81	3.70	4.01	3.80	3.67
OECD 38	883	962	946	848	925	823	810	797	836
非OECD	518	573	816	949	945	1,820	1,981	2,093	2,202
EU 27	N.A.	N.A.	N.A.	313	274	247	235	232	246
旧ソ連 15	234	264	343	355	189	192	189	189	199
APEC 20	N.A.	N.A.	N.A.	1,010	1,119	1,717	1,828	1,895	1,989
ASEAN 10	N.A.	N.A.	N.A.	N.A.	75.0	121	129	160	165
バンカー	-	-	-	-	-	-	-	-	-
世　界	1,400	1,534	1,762	1,797	1,869	2,643	2,790	2,889	3,037

出所: 表Ⅳ-(2)と同じ。注: 表Ⅳ-(2)と同じ。

(15)世界の最終エネルギー消費（運輸）

(石油換算百万トン)

年	1971	1973	1980	1990	2000	2010	2015	2020	2021
北 米	402	448	470	531	640	655	672	599	660
アメリカ	374	414	425	488	588	596	612	546	604
カナダ	28.7	33.6	44.3	43.1	52.1	58.9	60.7	53.3	56.4
中南米	46.5	55.6	80.5	97.4	133	188	211	176	191
メキシコ	10.3	12.4	22.8	28.3	35.8	51.1	51.1	36.6	36.1
ブラジル	14.4	19.1	25.7	33.0	47.4	70.1	85.0	80.6	86.2
チ リ	2.01	1.84	2.09	3.05	5.67	7.14	8.46	8.53	9.32
欧 州	229	256	315	439	428	480	479	453	494
欧州OECD	154	174	209	269	318	335	337	309	338
イギリス	25.0	27.6	30.4	39.2	41.9	40.2	40.5	33.1	36.2
ドイツ	33.6	36.1	44.2	54.5	59.5	53.1	55.7	51.4	52.7
フランス	20.9	24.7	30.3	38.4	44.8	43.6	45.5	38.1	42.7
イタリア	16.6	19.0	24.4	32.7	39.7	38.6	36.4	29.0	35.0
欧州非OECD	74.3	82.1	107	170	110	145	142	144	156
ロ シ ア	N.A.	N.A.	N.A.	116	74.5	96.5	93.9	90.4	97.7
ウクライナ	N.A.	N.A.	N.A.	19.4	10.4	12.9	8.72	8.01	9.45
アフリカ	18.1	20.6	27.7	38.1	54.4	87.1	112	113	122
南アフリカ	8.87	9.53	8.55	10.3	12.3	15.9	18.1	14.9	16.2
中 東	7.76	10.0	26.4	50.8	75.2	121	144	131	140
イラン	2.50	3.44	7.12	13.0	25.5	40.1	47.6	44.6	46.6
サウジアラビア	1.11	1.45	6.59	16.4	20.4	35.2	49.1	40.8	42.8
アジア	79.0	89.4	124	189	323	493	641	680	719
中 国	13.3	16.2	21.7	30.2	83.5	195	288	321	346
日 本	35.5	40.8	54.0	72.3	89.1	78.6	72.8	62.7	63.3
香 港	0.423	0.504	0.819	1.50	3.76	2.19	2.43	2.60	2.30
台 湾	0.787	1.21	2.85	7.35	12.5	13.1	13.4	13.5	12.8
韓 国	2.12	2.46	4.78	14.6	26.3	29.9	33.9	34.2	35.7
シンガポール	0.507	0.595	0.945	1.36	1.75	2.43	2.59	2.29	2.28
ブルネイ	0.028	0.029	0.112	0.188	0.274	0.395	0.457	0.406	0.389
インドネシア	2.69	3.08	5.95	10.7	20.8	30.1	44.8	48.1	51.4
マレーシア	1.36	1.56	2.14	4.88	10.8	14.9	21.0	17.7	17.3
フィリピン	3.28	3.48	3.31	4.53	8.30	8.04	10.6	9.87	11.0
タ イ	1.95	2.47	3.48	9.23	15.0	19.4	22.8	26.7	24.9
イ ン ド	12.6	12.5	16.8	20.7	31.9	65.0	87.3	92.1	102
ベトナム	0.968	0.966	0.649	1.38	3.50	10.3	11.1	12.3	10.7
オセアニア	13.0	14.9	19.1	24.1	29.7	34.6	36.4	35.5	34.7
オーストラリア	11.3	12.9	16.8	21.1	25.7	30.0	31.6	30.8	29.9
ニュージーランド	1.72	1.94	2.29	2.96	4.06	4.57	4.82	4.62	4.89
OECD 38	624	699	787	951	1,158	1,207	1,232	1,104	1,199
非OECD	175	199	281	425	534	863	1,078	1,097	1,178
EU 27	N.A.	N.A.	N.A.	220	262	279	273	252	274
旧ソ連 15	65.5	73.2	97.7	163	102	133	129	130	140
APEC 20	N.A.	N.A.	N.A.	863	1,065	1,254	1,393	1,329	1,424
ASEAN 10	N.A.	N.A.	N.A.	N.A.	62.3	88.0	117	122	123
バンカー	167	184	179	203	275	361	386	298	315
世 界	965	1,081	1,246	1,578	1,966	2,430	2,693	2,497	2,690

出所: 表IV-(2)と同じ。注: 表IV-(2)と同じ。

(16)世界の最終エネルギー消費（民生・農業・他）

(石油換算百万トン)

年	1971	1973	1980	1990	2000	2010	2015	2020	2021
北 米	457	463	446	456	528	572	564	572	570
アメリカ	412	419	397	403	473	511	499	505	504
カナダ	44.2	44.8	49.0	53.1	55.2	60.1	65.1	66.7	65.9
中南米	66.0	69.5	81.3	91.9	114	139	151	150	155
メキシコ	9.96	10.9	15.9	20.2	24.3	26.1	28.0	27.5	27.9
ブラジル	29.0	29.5	29.7	29.1	36.3	44.3	49.6	53.3	54.2
チ リ	2.23	2.36	2.42	3.73	5.68	6.98	5.84	7.15	7.35
欧 州	550	609	727	873	763	825	759	794	836
欧州OECD	354	394	425	442	477	544	487	484	506
イギリス	49.0	51.0	54.5	56.0	63.4	63.3	53.9	53.9	56.4
ドイツ	90.7	100	103	97.2	95.5	99.5	87.9	87.1	89.7
フランス	49.0	61.2	56.4	58.4	67.5	73.6	65.7	61.5	65.9
イタリア	26.9	30.3	33.3	37.7	42.5	55.5	50.9	47.7	48.0
欧州非OECD	195	214	301	431	285	281	272	310	331
ロシア	N.A.	N.A.	N.A.	260	179	157	160	189	205
ウクライナ	N.A.	N.A.	N.A.	45.1	22.5	30.5	22.4	20.1	20.1
アフリカ	110	116	139	184	239	306	344	373	380
南アフリカ	9.49	10.4	10.8	14.8	16.3	16.4	18.5	17.2	17.6
中 東	9.16	11.3	21.8	39.9	73.6	118	134	154	160
イラン	4.20	5.65	11.0	21.2	43.0	64.4	69.4	84.8	87.5
サウジアラビア	0.254	0.334	1.84	4.94	8.67	16.6	24.5	23.7	24.9
アジア	418	451	545	721	818	977	1,076	1,182	1,222
中 国	214	227	274	351	339	413	499	593	629
日 本	41.6	51.5	58.3	77.5	108	108	99.9	95.2	93.7
香 港	0.585	0.546	0.929	1.98	3.45	4.03	4.17	4.18	4.31
台 湾	1.64	2.09	3.53	6.91	10.8	12.5	12.5	12.8	12.9
韓 国	5.51	7.44	13.1	24.3	37.3	44.4	43.9	45.3	45.5
シンガポール	0.224	0.232	0.387	1.13	1.65	2.26	2.50	2.68	2.83
ブルネイ	0.037	0.035	0.039	0.085	0.209	0.276	0.322	0.343	0.329
インドネシア	27.7	29.1	35.7	43.7	59.4	59.0	51.4	39.7	37.6
マレーシア	0.990	1.04	1.43	2.12	4.30	8.19	8.53	8.99	9.13
フィリピン	7.33	7.73	9.19	9.97	9.92	10.9	12.5	15.1	15.6
タ イ	4.43	4.98	7.77	10.8	13.6	20.4	20.5	16.4	15.9
インド	69.4	72.4	87.2	122	147	187	209	223	228
ベトナム	9.51	10.1	8.46	10.0	13.5	18.4	15.1	15.9	15.9
オセアニア	9.30	10.5	11.5	14.8	18.7	22.8	24.3	24.0	24.7
オーストラリア	7.72	8.84	9.50	12.3	15.7	19.4	20.7	20.4	21.0
ニュージーランド	1.58	1.71	1.99	2.57	3.01	3.39	3.62	3.67	3.69
OECD 38	887	947	980	1,050	1,211	1,340	1,271	1,272	1,292
非OECD	738	789	998	1,341	1,351	1,629	1,795	1,989	2,069
EU 27	N.A.	N.A.	N.A.	374	391	447	397	390	408
旧ソ連 15	169	185	265	410	267	260	252	288	307
APEC 20	N.A.	N.A.	N.A.	1,299	1,361	1,492	1,558	1,674	1,724
ASEAN 10	N.A.	N.A.	N.A.	N.A.	115	134	127	118	115
バンカー	-	-	-	-	-	-	-	-	-
世 界	1,625	1,736	1,978	2,390	2,561	2,968	3,064	3,260	3,360

出所：表Ⅳ-(2)と同じ。注：表Ⅳ-(2)と同じ。

(17)世界の最終エネルギー消費（非エネルギー消費）

（石油換算百万トン）

年	1971	1973	1980	1990	2000	2010	2015	2020	2021
北 米	80.0	96.0	114	134	173	158	157	164	177
アメリカ	74.2	88.7	102	119	153	135	134	143	154
カナダ	5.85	7.31	11.7	15.0	20.0	22.5	22.9	21.7	23.0
中南米	6.63	8.06	15.4	25.8	36.0	43.8	37.4	31.2	32.8
メキシコ	1.97	2.35	4.99	9.10	7.32	7.34	5.32	4.37	4.03
ブラジル	1.26	2.31	5.43	9.51	13.6	16.8	14.6	11.8	12.5
チ リ	0.025	0.010	0.009	0.917	2.40	1.02	0.226	1.01	0.907
欧 州	102	125	157	167	161	193	174	204	210
欧州OECD	66.2	81.2	90.2	101	114	113	103	104	106
イギリス	10.6	12.1	7.10	10.8	11.5	7.93	7.29	6.53	5.28
ドイツ	14.7	17.2	23.0	22.9	25.1	22.6	21.3	21.6	25.9
フランス	11.5	14.6	13.4	13.4	16.2	13.9	14.0	12.7	13.4
イタリア	7.38	8.28	8.70	10.4	8.43	9.56	6.61	6.77	5.85
欧州非OECD	35.4	44.1	66.7	65.2	46.9	80.3	70.5	100	104
ロシア	N.A.	N.A.	N.A.	40.2	36.3	66.4	59.2	87.5	91.0
ウクライナ	N.A.	N.A.	N.A.	6.47	1.21	5.56	3.32	3.68	3.67
アフリカ	2.17	2.52	5.30	10.9	15.1	18.8	18.1	19.3	20.9
南アフリカ	0.932	0.926	1.57	4.22	5.45	4.34	3.80	4.43	4.69
中 東	3.02	3.63	5.63	19.5	41.3	76.5	95.5	108	108
イラン	2.16	2.85	2.63	6.34	7.67	14.6	23.7	30.1	31.4
サウジアラビア	-	-	0.240	7.24	23.1	45.2	50.2	52.3	51.0
アジア	39.8	48.0	57.5	115	181	291	372	417	439
中 国	2.42	2.72	10.5	42.9	57.6	113	165	198	212
日 本	30.9	36.9	32.2	32.4	35.6	34.9	35.4	29.8	30.4
香 港	0.069	0.083	0.082	0.152	0.315	0.095	0.072	0.063	0.092
台 湾	0.637	0.727	2.00	4.92	9.53	24.8	25.9	24.4	26.8
韓 国	0.630	1.13	3.06	6.73	25.0	38.4	47.3	49.6	53.1
シンガポール	0.152	0.337	0.325	1.91	2.72	5.48	7.24	6.46	6.78
ブルネイ	0.007	0.011	0.015	0.017	0.022	0.477	0.367	0.524	0.429
インドネシア	0.100	0.107	1.21	7.36	9.81	10.1	7.09	7.92	7.03
マレーシア	0.001	0.001	0.269	0.838	2.25	3.70	5.93	11.8	10.9
フィリピン	0.238	0.330	0.258	0.399	0.413	0.220	1.18	1.30	1.64
タ イ	0.311	0.311	0.228	0.429	5.75	18.1	22.6	22.9	23.8
インド	3.63	4.44	5.68	13.3	26.8	34.1	46.5	54.8	55.5
ベトナム	0.024	0.010	0.043	0.028	0.132	2.26	2.22	2.50	2.94
オセアニア	2.50	2.78	3.10	4.57	6.07	5.91	6.98	6.62	6.43
オーストラリア	2.28	2.54	2.88	3.95	4.43	4.94	5.56	5.32	5.31
ニュージーランド	0.213	0.241	0.216	0.617	1.64	0.967	1.42	1.31	1.12
OECD 38	183	221	248	290	367	361	359	362	381
非OECD	53.1	65.6	110	187	249	427	504	589	614
EU 27	N.A.	N.A.	N.A.	88.4	100	97.6	88.4	90.1	94.5
旧ソ連 15	32.5	40.5	62.0	62.4	43.7	77.4	68.6	98.3	102
APEC 20	N.A.	N.A.	N.A.	287	374	490	549	619	655
ASEAN 10	N.A.	N.A.	N.A.	N.A.	21.2	40.5	46.8	54.0	54.0
バンカー	-	-	-	-	-	-	-	-	-
世 界	236	286	358	477	616	788	862	952	995

出所: 表Ⅳ-(2)と同じ。注: 非エネルギーは潤滑油、アスファルトなどを指す。他、表Ⅳ-(2)と同じ。

(18)世界の最終エネルギー消費（電力）

(石油換算百万トン)

年	1971	1973	1980	1990	2000	2010	2015	2020	2021
北 米	140	162	200	262	338	367	368	369	375
アメリカ	124	143	174	226	301	326	325	325	330
カ ナ ダ	16.6	18.9	26.1	35.9	37.1	41.1	43.1	44.6	45.1
中南米	11.6	14.1	25.7	41.8	65.1	92.0	106	108	111
メキシコ	2.23	2.71	4.91	8.62	12.5	18.5	22.1	25.8	25.4
ブラジル	3.65	4.66	10.2	18.1	27.6	37.6	42.4	43.9	45.8
チ リ	0.609	0.628	0.840	1.33	3.16	4.71	5.76	6.41	6.56
欧 州	161	185	242	318	320	370	368	367	387
欧州OECD	99.8	115	147	193	234	267	263	260	271
イギリス	18.0	20.0	20.1	23.6	28.3	28.2	26.0	24.1	24.6
ド イ ツ	23.3	26.9	33.7	39.1	41.6	45.7	44.3	41.5	42.5
フランス	10.9	12.8	18.0	26.0	33.1	38.2	37.4	35.4	37.2
イタリア	9.23	10.6	13.7	18.5	23.5	25.7	24.7	23.7	25.1
欧州非OECD	60.8	69.7	94.6	125	86.1	103	105	107	116
ロ シ ア	N.A.	N.A.	N.A.	71.1	52.3	62.5	63.0	64.3	69.4
ウクライナ	N.A.	N.A.	N.A.	17.7	9.76	11.5	10.2	9.76	10.2
アフリカ	6.93	8.17	13.8	22.0	31.0	46.7	53.3	57.7	59.8
南アフリカ	4.01	4.74	7.96	11.9	15.0	17.4	16.5	16.3	16.6
中 東	2.01	2.66	6.45	17.1	32.4	61.8	78.8	87.7	91.7
イ ラ ン	0.613	0.908	1.67	4.24	8.12	16.0	18.1	23.5	24.6
サウジアラビア	0.166	0.234	1.09	4.72	8.51	17.4	26.2	26.0	26.9
ア ジ ア	49.6	60.0	87.8	157	279	574	739	945	1,023
中 国	9.82	11.8	21.3	39.0	89.1	297	419	587	652
日 本	29.3	35.7	44.1	65.8	83.6	89.0	81.6	78.5	80.1
香 港	0.451	0.517	0.939	2.05	3.12	3.60	3.78	3.80	3.94
台 湾	1.15	1.50	3.17	6.59	13.8	18.8	19.9	21.7	22.7
韓 国	0.792	1.10	2.81	8.12	22.6	38.6	42.6	44.1	46.1
シンガポール	0.180	0.252	0.473	1.11	2.35	3.63	4.09	4.37	4.60
ブルネイ	0.018	0.018	0.026	0.087	0.211	0.251	0.292	0.407	0.412
インドネシア	0.145	0.169	0.562	2.43	5.26	12.7	17.5	23.7	24.6
マレーシア	0.283	0.354	0.747	1.71	5.26	9.53	11.4	13.1	13.4
フィリピン	0.712	1.03	1.46	1.82	3.14	4.75	5.83	7.16	7.52
タ イ	0.373	0.527	1.12	3.30	7.56	12.8	15.0	16.1	16.4
イ ン ド	4.45	4.77	7.70	18.2	31.6	61.7	87.5	100	104
ベトナム	0.154	0.158	0.232	0.532	1.93	7.47	12.3	18.7	19.2
オセアニア	5.02	5.88	8.49	13.6	17.8	21.7	21.8	22.0	21.9
オーストラリア	3.89	4.51	6.81	11.1	14.9	18.2	18.3	18.6	18.6
ニュージーランド	1.13	1.37	1.68	2.45	2.94	3.44	3.44	3.33	3.34
OECD 38	280	325	411	558	718	816	817	818	839
非OECD	97.5	114	175	277	369	722	925	1,146	1,239
EU 27	N.A.	N.A.	N.A.	162	189	216	211	205	214
旧ソ連 15	54.7	62.4	82.8	114	77.1	91.6	93.6	96.3	104
APEC 20	N.A.	N.A.	N.A.	491	665	975	1,117	1,311	1,394
ASEAN 10	N.A.	N.A.	N.A.	N.A.	27.6	52.1	68.3	86.9	89.4
バンカー	-	-	-	-	-	-	-	-	-
世 界	377	439	586	834	1,087	1,538	1,741	1,963	2,077

出所: 表Ⅳ-(2)と同じ。注: 表Ⅳ-(2)と同じ。

(19)世界の最終エネルギー消費における電力化率

(%)

年	1971	1973	1980	1990	2000	2010	2015	2020	2021
北 米	10.4	11.2	13.7	18.1	19.6	21.6	21.6	22.5	21.7
アメリカ	10.1	10.9	13.3	17.5	19.5	21.5	21.6	22.3	21.4
カ ナ ダ	14.2	14.4	16.8	22.7	20.4	22.3	22.3	24.0	23.6
中南米	6.58	7.08	9.46	12.9	15.5	16.9	18.5	20.8	20.7
メキシコ	6.49	6.83	7.45	10.3	13.1	15.8	18.5	25.3	25.7
ブラジル	5.84	6.40	10.6	16.3	17.9	17.8	18.6	19.6	19.7
チ リ	9.30	9.62	11.5	12.0	15.5	19.7	23.0	23.7	23.9
欧 州	10.8	11.2	12.4	14.5	17.0	18.5	19.4	18.9	18.8
欧州OECD	10.9	11.3	13.6	16.9	18.9	20.7	21.7	22.0	21.6
イギリス	13.4	14.0	15.3	17.1	18.8	20.5	20.8	21.1	20.6
ド イ ツ	10.7	11.1	13.6	16.3	18.0	19.7	20.0	19.3	18.9
フランス	8.64	8.99	12.7	18.4	20.5	23.9	24.4	25.7	24.7
イタリア	10.7	11.0	13.4	16.1	18.2	19.2	20.8	22.0	21.3
欧州非OECD	10.7	11.0	10.9	11.8	13.3	14.4	15.3	14.2	14.5
ロ シ ア	N.A.	N.A.	N.A.	11.4	12.5	14.0	13.9	12.6	12.8
ウクライナ	N.A.	N.A.	N.A.	11.8	13.5	15.6	20.1	20.4	20.8
アフリカ	4.37	4.76	6.32	7.69	8.48	9.42	9.50	9.79	9.75
南アフリカ	12.1	12.8	18.2	23.3	27.4	28.5	25.7	27.4	27.0
中 東	6.86	7.19	7.67	10.9	12.4	13.7	14.9	15.9	16.1
イ ラ ン	4.94	5.47	6.04	7.75	8.57	10.2	10.9	10.9	11.0
サウジアラビア	7.97	7.60	5.17	12.0	11.8	12.4	15.2	16.9	17.4
ア ジ ア	6.13	6.76	7.94	10.2	14.1	18.1	20.3	24.0	24.8
中 国	2.92	3.25	4.38	5.93	11.4	18.0	21.2	26.9	28.1
日 本	14.7	15.3	18.7	22.6	24.9	28.4	27.9	29.8	30.0
香 港	21.7	25.5	32.5	39.5	33.4	50.0	49.5	48.1	51.6
台 湾	15.7	15.9	17.1	20.6	25.7	25.1	26.1	28.7	28.7
韓 国	5.82	6.31	9.00	12.5	17.8	24.5	24.6	25.2	25.4
シンガポール	16.4	18.0	22.2	22.3	28.3	23.8	21.7	24.4	24.5
ブルネイ	19.0	18.8	12.0	24.8	36.7	19.1	22.5	26.9	29.6
インドネシア	0.454	0.495	1.13	3.07	5.67	8.54	11.7	15.6	16.1
マレーシア	3.76	7.88	10.8	12.8	18.1	22.8	22.5	23.4	23.8
フィリピン	5.56	7.33	9.28	9.58	13.6	18.9	18.8	22.1	21.4
タ イ	3.88	4.81	7.34	11.3	14.8	15.2	15.3	16.6	17.4
イ ン ド	3.81	3.89	5.23	8.47	10.9	13.9	16.0	16.8	16.4
ベトナム	1.25	1.21	1.79	3.34	7.72	15.5	26.2	27.5	27.7
オセアニア	12.2	12.9	15.8	20.5	21.7	24.2	23.1	23.8	23.8
オーストラリア	10.8	11.4	14.6	19.6	21.3	23.7	22.8	23.7	23.6
ニュージーランド	22.1	23.5	24.3	25.9	23.5	27.3	24.9	24.9	25.0
OECD 38	10.9	11.5	13.9	17.8	19.6	21.9	22.2	23.1	22.6
非OECD	6.57	7.00	7.93	9.54	12.0	15.2	17.3	19.9	20.4
EU 27	N.A.	N.A.	N.A.	16.3	18.4	20.2	21.2	21.3	20.9
旧ソ連 15	10.9	11.1	10.8	11.5	12.8	13.8	14.7	13.6	13.9
APEC 20	N.A.	N.A.	N.A.	14.2	17.0	19.7	21.0	23.8	24.1
ASEAN 10	N.A.	N.A.	N.A.	N.A.	10.1	13.6	16.3	19.1	19.6
バンカー	-	-	-	-	-	-	-	-	-
世 界	8.92	9.47	11.0	13.4	15.5	17.4	18.5	20.5	20.6

出所: 表Ⅳ-(13)、表Ⅳ-(18)より算出。注: 表Ⅳ-(2)と同じ。

(20)世界のCO₂排出量

(二酸化炭素百万トン)

年	1971	1973	1980	1990	2000	2010	2015	2020	2021
北 米	4,507	4,935	4,939	5,126	6,085	5,698	5,403	4,733	5,055
アメリカ	4,189	4,580	4,539	4,740	5,611	5,204	4,887	4,244	4,549
カ ナ ダ	319	356	400	386	474	494	517	489	506
中南米	435	513	719	822	1,143	1,461	1,598	1,257	1,368
メキシコ	99.1	122	213	269	361	454	459	355	375
ブラジル	89.1	116	174	194	299	375	456	387	439
チ リ	21.1	20.6	21.5	29.4	49.6	70.6	81.1	82.5	85.0
欧 州	5,822	6,339	7,223	7,618	6,007	6,076	5,632	5,219	5,594
欧州OECD	3,503	3,759	3,903	3,743	3,670	3,572	3,262	2,795	3,010
イギリス	636	644	563	543	526	477	391	300	321
ド イ ツ	967	1,037	1,048	934	805	753	723	589	624
フランス	437	480	464	350	366	345	308	260	292
イタリア	279	316	345	375	425	392	331	275	310
欧州非OECD	2,319	2,580	3,320	3,875	2,337	2,504	2,370	2,423	2,584
ロ シ ア	N.A.	N.A.	N.A.	2,175	1,419	1,487	1,508	1,557	1,678
ウクライナ	N.A.	N.A.	N.A.	688	318	273	194	174	169
アフリカ	247	283	388	526	654	1,011	1,157	1,138	1,218
南アフリカ	158	178	208	244	282	421	421	386	392
中 東	121	149	311	567	944	1,546	1,795	1,811	1,855
イ ラ ン	38.8	52.3	88.8	177	315	497	552	624	643
サウジアラビア	16.8	21.0	91.1	141	237	421	532	483	497
アジア	2,048	2,327	3,137	4,702	6,835	13,047	15,105	15,941	16,787
中 国	825	914	1,430	2,195	3,209	8,110	9,406	10,068	10,649
日 本	748	900	907	1,056	1,161	1,137	1,152	991	998
香 港	8.80	9.20	14.0	34.0	40.5	41.5	43.2	34.3	34.3
台 湾	33.4	43.8	83.8	124	237	270	279	273	279
韓 国	46.9	58.8	108	208	399	528	569	542	559
シンガポール	7.63	10.1	14.1	28.7	43.8	51.2	50.9	44.9	45.5
ブルネイ	0.392	0.766	3.15	4.23	5.68	6.87	6.76	9.97	9.91
インドネシア	24.7	31.7	64.3	131	255	397	458	533	557
マレーシア	23.7	11.8	25.6	50.3	108	185	211	222	226
フィリピン	24.1	27.3	39.0	35.4	64.8	74.8	101	124	132
タ イ	16.1	20.5	32.5	80.3	151	223	252	242	235
イ ン ド	176	184	259	531	892	1,588	2,055	2,076	2,279
ベトナム	15.3	16.5	14.2	16.4	41.6	122	162	297	285
オセアニア	169	187	227	279	359	421	410	399	392
オーストラリア	155	170	210	256	331	390	379	369	361
ニュージーランド	14.2	17.2	17.2	22.9	28.6	30.2	31.2	30.4	31.0
OECD 38	9,094	9,983	10,318	10,710	12,085	11,881	11,337	9,897	10,474
非OECD	4,255	4,751	6,626	8,930	9,943	17,379	19,764	20,601	21,795
EU 27	N.A.	N.A.	N.A.	3,464	3,265	3,135	2,842	2,396	2,579
旧ソ連 15	2,071	2,305	2,956	3,582	2,142	2,307	2,181	2,241	2,392
APEC 20	N.A.	N.A.	N.A.	11,859	14,016	19,319	20,603	20,548	21,639
ASEAN 10	N.A.	N.A.	N.A.	N.A.	682	1,074	1,268	1,516	1,530
バンカー	522	577	561	636	863	1,134	1,209	931	985
世 界	13,872	15,311	17,504	20,275	22,891	30,393	32,310	31,429	33,255

出所:IEA「World Energy Balances」、Greenhouse Gas Emissions from Energy」よりEDMC推計。
　注:(1)一次エネルギー消費から非エネルギー分を差し引き、最新年の各国のエネルギー源別CO₂
　　　排出量原単位（巻頭解説8参照）を乗じて算出。
　　(2)出所がIEA（国際エネルギー機関）の表（IEA資料）については巻頭解説10を参照。

(21)世界の人口

年	1971	1973	1975	1980	1985	1990	1995	2000	2005
北 米	230	234	239	252	264	277	296	313	328
アメリカ	208	212	216	227	238	250	266	282	296
カ ナ ダ	22.0	22.5	23.1	24.5	25.8	27.7	29.3	30.7	32.2
中南米	290	304	319	358	398	438	479	518	553
メキシコ	51.9	55.2	58.7	67.7	74.9	81.7	90.0	97.9	105
ブラジル	98.8	104	109	122	137	151	164	176	187
チ リ	9.98	10.3	10.6	11.5	12.3	13.3	14.4	15.4	16.2
欧 州	744	756	768	795	819	842	856	863	873
欧州OECD	449	456	462	475	485	505	518	528	542
イギリス	55.9	56.2	56.2	56.3	56.6	57.2	58.0	58.9	60.4
ド イ ツ	78.3	78.9	78.7	78.3	77.7	79.4	81.7	82.2	82.5
フランス	52.2	53.1	53.7	55.1	56.6	58.0	59.5	60.9	63.2
イタリア	54.1	54.8	55.4	56.4	56.6	56.7	56.8	56.9	58.0
欧州非OECD	295	300	306	320	334	337	338	335	330
ロ シ ア	131	133	134	139	144	148	148	147	144
ウクライナ	47.6	48.3	48.9	50.0	50.9	51.5	51.5	49.2	47.1
アフリカ	364	384	406	468	540	620	703	794	899
南アフリカ	23.0	24.4	25.8	29.5	33.8	39.9	44.0	46.8	49.0
中 東	68.8	73.5	78.7	93.7	113	133	152	171	191
イ ラ ン	29.3	31.0	32.9	38.5	47.3	55.8	60.8	65.5	70.2
サウジアラビア	6.40	7.09	7.90	10.2	12.9	16.0	18.9	21.5	24.4
ア ジ ア	2,052	2,148	2,240	2,455	2,694	2,955	3,211	3,454	3,675
中 国	841	882	916	981	1,051	1,135	1,205	1,263	1,304
日 本	106	109	112	117	121	123	125	127	128
香 港	4.05	4.24	4.46	5.06	5.46	5.70	6.16	6.67	6.81
台 湾	14.9	15.5	16.1	17.7	19.2	20.3	21.3	22.2	22.7
韓 国	32.9	34.1	35.3	38.1	40.8	42.9	45.1	47.0	48.2
シンガポール	2.11	2.19	2.26	2.41	2.74	3.05	3.52	4.03	4.27
ブルネイ	0.139	0.149	0.160	0.188	0.222	0.262	0.299	0.334	0.367
インドネシア	118	125	131	148	166	182	198	214	229
マレーシア	10.6	11.1	11.6	13.2	15.1	17.5	20.1	22.9	25.9
フィリピン	38.4	40.4	42.4	48.4	54.8	61.6	69.3	78.0	86.3
タ イ	36.8	38.9	40.9	45.7	50.6	55.2	59.4	63.1	65.8
イ ン ド	570	596	624	697	780	870	964	1,060	1,155
ベトナム	42.9	44.9	47.0	53.0	59.8	66.9	73.8	79.0	83.1
オセアニア	15.8	16.3	17.0	17.8	19.0	20.4	21.7	22.9	24.3
オーストラリア	12.9	13.4	13.9	14.7	15.8	17.1	18.0	19.0	20.2
ニュージーランド	2.85	2.96	3.08	3.11	3.25	3.33	3.67	3.86	4.13
OECD 38	898	919	938	982	1,021	1,069	1,116	1,157	1,199
非OECD	2,867	2,999	3,130	3,457	3,826	4,217	4,603	4,978	5,344
EU 27	381	386	391	400	406	420	426	429	436
旧ソ連 15	243	247	251	263	275	287	290	287	284
APEC 20	1,700	1,770	1,834	1,975	2,120	2,277	2,422	2,549	2,649
ASEAN 10	287	301	316	354	397	440	483	524	561
バンカー	-	-	-	-	-	-	-	-	-
世 界	3,765	3,917	4,067	4,439	4,847	5,286	5,719	6,135	6,543

出所: World Bank「World Development Indicators」等よりEDMC推計。

(百万人)

2010	2011	2012	2013	2014	2015	2016	2017	2018	2019	2020	2021
343	346	349	351	354	356	359	362	364	366	370	370
309	312	314	316	318	321	323	325	327	328	332	332
34.0	34.3	34.7	35.1	35.4	35.7	36.1	36.5	37.1	37.6	38.0	38.2
586	592	599	606	612	619	625	631	637	643	648	652
113	114	116	117	119	120	122	123	124	125	126	127
196	198	200	202	203	205	207	209	210	212	213	214
17.0	17.2	17.3	17.5	17.7	17.9	18.1	18.4	18.7	19.0	19.3	19.5
889	891	895	899	903	908	912	916	919	921	923	924
557	558	561	564	567	570	573	576	578	580	581	582
62.8	63.3	63.7	64.1	64.6	65.1	65.6	66.1	66.5	66.8	67.1	67.3
81.8	80.3	80.4	80.6	81.0	81.7	82.3	82.7	82.9	83.1	83.2	83.2
65.0	65.3	65.7	66.0	66.3	66.5	66.7	66.9	67.2	67.4	67.6	67.7
59.3	59.4	59.5	60.2	60.8	60.7	60.6	60.5	60.4	59.7	59.4	59.1
332	333	334	335	336	338	339	340	341	341	342	342
143	143	143	144	144	144	144	144	144	144	144	143
45.9	45.7	45.6	45.5	45.3	45.2	45.0	44.8	44.6	44.4	44.1	43.8
1,021	1,048	1,075	1,103	1,132	1,162	1,192	1,221	1,252	1,283	1,314	1,346
51.8	52.4	53.1	53.9	54.7	55.9	56.4	56.6	57.3	58.1	58.8	59.4
220	225	230	235	240	245	250	254	259	264	267	270
75.4	76.3	77.3	78.5	80.0	81.8	83.3	84.5	85.6	86.6	87.3	87.9
29.4	30.2	30.8	31.5	32.1	32.7	33.4	34.2	35.0	35.8	36.0	36.0
3,874	3,915	3,957	3,998	4,038	4,076	4,115	4,154	4,191	4,225	4,257	4,284
1,338	1,345	1,354	1,363	1,372	1,380	1,388	1,396	1,403	1,408	1,411	1,412
128	128	127	127	127	127	127	127	127	127	126	126
7.02	7.07	7.15	7.18	7.23	7.29	7.34	7.39	7.45	7.51	7.48	7.41
23.1	23.2	23.3	23.3	23.4	23.5	23.5	23.6	23.6	23.6	23.6	23.5
49.6	49.9	50.2	50.4	50.7	51.0	51.2	51.4	51.6	51.8	51.8	51.7
5.08	5.18	5.31	5.40	5.47	5.54	5.61	5.61	5.64	5.70	5.69	5.45
0.396	0.402	0.407	0.412	0.417	0.421	0.426	0.430	0.434	0.438	0.442	0.445
244	247	250	253	256	259	262	264	267	270	272	274
28.7	29.2	29.7	30.1	30.6	31.1	31.5	32.0	32.4	32.8	33.2	33.6
94.6	96.3	98.0	99.7	101	103	105	107	109	110	112	114
68.3	68.7	69.2	69.6	70.0	70.3	70.6	70.9	71.1	71.1	71.4	71.6
1,241	1,258	1,274	1,291	1,307	1,323	1,339	1,354	1,369	1,383	1,396	1,408
87.4	88.3	89.3	90.3	91.2	92.2	93.1	94.0	94.9	95.8	96.6	97.5
26.4	26.7	27.1	27.6	28.0	28.4	28.9	29.4	29.9	30.3	30.7	30.8
22.0	22.3	22.7	23.1	23.5	23.8	24.2	24.6	25.0	25.3	25.7	25.7
4.35	4.38	4.41	4.44	4.52	4.61	4.71	4.81	4.90	4.98	5.09	5.12
1,242	1,248	1,255	1,263	1,271	1,280	1,288	1,295	1,302	1,308	1,314	1,316
5,718	5,796	5,876	5,956	6,036	6,115	6,193	6,272	6,349	6,424	6,496	6,561
442	441	442	442	444	445	446	446	447	447	448	447
287	288	289	290	292	293	294	296	297	298	298	299
2,745	2,765	2,786	2,807	2,828	2,848	2,868	2,888	2,906	2,921	2,935	2,941
599	606	614	621	628	635	642	649	656	662	669	674
-	-	-	-	-	-	-	-	-	-	-	-
6,960	7,043	7,131	7,219	7,307	7,394	7,481	7,568	7,651	7,732	7,810	7,877

(22)世界の実質GDP

年	1971	1973	1975	1980	1985	1990	1995	2000	2005
北 米	5,821	6,483	6,454	7,716	9,045	10,626	12,024	14,918	16,922
アメリカ	5,358	5,958	5,913	7,081	8,329	9,811	11,136	13,754	15,600
カナダ	464	525	540	635	716	815	888	1,164	1,322
中南米	1,372	1,577	1,741	2,274	2,378	2,597	3,039	3,524	4,007
メキシコ	283	330	369	520	573	626	677	876	941
ブラジル	382	487	554	785	836	917	1,067	1,186	1,368
チ リ	44.4	41.8	37.2	53.8	52.5	71.8	105	131	165
欧 州	7,884	8,755	9,008	10,618	11,661	13,514	13,780	15,897	17,794
欧州OECD	6,934	7,676	7,803	9,106	9,901	11,682	12,620	14,633	16,071
イギリス	1,138	1,265	1,215	1,357	1,524	1,810	1,962	2,308	2,600
ドイツ	1,443	1,577	1,577	1,861	1,991	2,342	2,583	2,835	2,912
フランス	959	1,066	1,101	1,300	1,407	1,661	1,771	2,046	2,225
イタリア	862	958	989	1,230	1,337	1,559	1,664	1,842	1,928
スペイン	405	472	501	552	592	737	795	971	1,141
欧州非OECD	950	1,079	1,205	1,512	1,761	1,832	1,160	1,264	1,723
ロシア	600	682	759	939	1,090	1,161	721	780	1,051
ウクライナ	86.9	97.9	105	125	151	161	77.2	69.8	101
アフリカ	532	575	618	747	789	920	990	1,208	1,549
南アフリカ	119	127	137	159	170	185	193	222	267
中 東	522	661	695	834	743	910	1,110	1,377	1,684
イラン	172	211	223	154	188	190	221	263	341
サウジアラビア	150	229	242	343	200	283	337	366	445
アジア	2,476	2,843	2,994	3,854	4,997	6,690	8,560	10,397	13,362
中 国	248	278	309	423	701	1,027	1,831	2,770	4,421
日 本	1,528	1,790	1,822	2,258	2,767	3,510	3,786	3,989	4,229
香 港	28.8	35.8	36.8	63.6	84.0	122	158	180	221
台 湾	30.6	39.4	42.9	73.0	103	161	230	307	375
韓 国	70.5	86.8	103	155	243	402	605	799	1,021
シンガポール	16.3	20.5	22.6	33.7	46.9	70.9	107	141	178
ブルネイ	1.55	2.73	6.73	10.9	9.06	9.09	10.6	11.3	12.6
インドネシア	82.6	95.6	108	158	199	270	381	395	498
マレーシア	20.8	25.4	27.7	41.8	53.6	74.6	117	148	187
フィリピン	53.5	61.3	66.9	89.7	84.9	107	119	143	179
タ イ	36.6	42.0	46.1	67.7	88.2	144	214	221	289
イ ン ド	209	215	237	277	356	475	608	817	1,117
ベトナム	18.5	18.6	19.6	25.9	35.7	45.1	66.8	93.5	131
オセアニア	376	399	420	481	554	658	743	908	1,072
オーストラリア	316	337	355	408	469	570	640	789	928
ニュージーランド	60.4	61.9	64.3	72.8	84.8	87.9	103	119	145
OECD 38	15,104	16,862	17,068	20,361	23,218	27,677	30,704	36,437	40,626
非OECD	3,879	4,432	4,861	6,164	6,950	8,239	9,543	11,792	15,765
EU 27	5,315	5,900	6,089	7,221	7,769	9,107	9,772	11,262	12,276
旧ソ連 15	838	949	1,054	1,302	1,522	1,627	978	1,069	1,480
APEC 20	9,309	10,484	10,710	13,176	15,797	19,145	21,974	26,896	32,000
ASEAN 10	240	276	308	438	531	736	1,033	1,177	1,515
バンカー	-	-	-	-	-	-	-	-	-
世 界	18,983	21,294	21,929	26,525	30,168	35,916	40,247	48,229	56,391

出所: World Bank「World Development Indicators」等よりEDMC推計。
注: 米ドル換算に用いる為替レートは2015年平均を採用。

(2015年価格、十億米ドル)

2010	2011	2012	2013	2014	2015	2016	2017	2018	2019	2020	2021
17,783	18,080	18,485	18,833	19,273	19,763	20,082	20,544	21,147	21,625	20,985	22,210
16,383	16,637	17,016	17,330	17,726	18,206	18,510	18,925	19,482	19,929	19,377	20,529
1,399	1,444	1,469	1,503	1,546	1,557	1,572	1,620	1,665	1,696	1,607	1,680
4,830	5,050	5,192	5,338	5,393	5,401	5,334	5,390	5,430	5,413	5,017	5,348
1,013	1,050	1,088	1,103	1,135	1,172	1,203	1,228	1,255	1,253	1,153	1,207
1,703	1,771	1,805	1,859	1,868	1,802	1,743	1,766	1,798	1,820	1,749	1,830
200	213	226	233	237	242	247	250	262	262	246	275
18,983	19,425	19,494	19,659	20,038	20,456	20,851	21,451	21,919	22,312	21,064	22,297
16,894	17,243	17,238	17,355	17,706	18,139	18,509	19,040	19,424	19,741	18,567	19,669
2,660	2,689	2,728	2,777	2,866	2,935	2,998	3,072	3,124	3,174	2,824	3,037
3,088	3,209	3,223	3,237	3,308	3,358	3,432	3,524	3,559	3,597	3,464	3,555
2,318	2,368	2,376	2,389	2,412	2,439	2,466	2,522	2,569	2,617	2,413	2,578
1,900	1,914	1,857	1,823	1,822	1,837	1,860	1,891	1,909	1,918	1,745	1,862
1,197	1,187	1,152	1,136	1,152	1,196	1,232	1,269	1,298	1,324	1,174	1,239
2,089	2,183	2,256	2,305	2,331	2,316	2,342	2,411	2,495	2,571	2,497	2,628
1,251	1,304	1,357	1,381	1,391	1,363	1,366	1,391	1,430	1,462	1,423	1,490
106	112	112	112	101	91.0	93.3	95.5	98.8	102	98.1	101
1,998	2,023	2,113	2,193	2,288	2,355	2,394	2,472	2,548	2,610	2,546	2,663
311	321	329	337	342	346	349	353	358	359	336	353
2,064	2,191	2,256	2,317	2,395	2,449	2,564	2,577	2,614	2,635	2,544	2,664
414	425	409	403	423	417	454	467	456	444	459	480
509	560	590	606	628	654	665	660	679	651	672	
17,895	18,907	19,912	21,009	22,090	23,233	24,428	25,745	27,045	28,147	27,924	29,673
7,554	8,276	8,926	9,620	10,334	11,062	11,819	12,640	13,493	14,296	14,617	15,802
4,219	4,224	4,278	4,364	4,377	4,445	4,478	4,553	4,580	4,569	4,363	4,435
268	280	285	294	302	309	316	328	337	332	310	330
463	480	491	503	527	534	546	564	580	598	618	658
1,261	1,308	1,339	1,382	1,426	1,466	1,509	1,557	1,602	1,638	1,627	1,694
248	263	275	288	299	308	319	334	346	350	335	361
13.0	13.5	13.6	13.3	13.0	12.9	12.6	12.8	12.8	13.3	13.4	13.2
658	698	741	782	821	861	904	950	991	1,049	1,028	1,066
233	245	258	271	287	301	315	333	349	365	344	355
229	237	254	271	288	306	328	351	373	396	359	379
347	350	375	385	389	401	415	432	451	460	432	438
1,567	1,650	1,740	1,851	1,988	2,147	2,324	2,482	2,642	2,741	2,560	2,782
177	189	199	210	224	239	255	273	293	315	324	332
1,220	1,249	1,296	1,329	1,365	1,398	1,438	1,473	1,516	1,549	1,546	1,583
1,066	1,092	1,135	1,164	1,194	1,220	1,253	1,281	1,318	1,347	1,346	1,376
154	157	161	165	172	178	185	191	198	202	200	207
42,843	43,629	44,223	44,883	45,815	46,928	47,782	48,977	50,128	50,996	48,830	51,456
21,931	23,297	24,525	25,795	27,026	28,127	29,308	30,676	32,090	33,295	32,788	34,982
12,897	13,142	13,050	13,039	13,247	13,553	13,820	14,213	14,506	14,768	13,930	14,681
1,801	1,889	1,964	2,014	2,036	2,010	2,026	2,075	2,143	2,204	2,150	2,255
37,286	38,617	40,056	41,440	42,871	44,374	45,750	47,418	49,236	50,747	49,913	52,846
1,970	2,066	2,191	2,301	2,408	2,522	2,650	2,793	2,938	3,070	2,958	3,054
-	-	-	-	-	-	-	-	-	-	-	-
64,773	66,927	68,748	70,679	72,840	75,055	77,091	79,653	82,219	84,291	81,626	86,438

(23)世界の実質GDP（購買力平価ベース）

(2015年価格、十億国際ドル)

年	1971	1973	1980	1990	2000	2010	2015	2020	2021
北 米	5,347	5,955	7,088	9,761	13,703	16,335	18,153	19,276	20,402
アメリカ	4,921	5,473	6,504	9,012	12,634	15,049	16,724	17,799	18,858
カ ナ ダ	426	482	584	749	1,069	1,286	1,430	1,477	1,544
中南米	N.A.	N.A.	N.A.	N.A.	N.A.	N.A.	N.A.	N.A.	N.A.
メキシコ	427	499	787	947	1,325	1,532	1,772	1,743	1,825
ブラジル	545	696	1,121	1,310	1,695	2,433	2,574	2,498	2,614
チ リ	65.5	61.6	79.4	106	194	295	358	364	406
欧 州	N.A.	N.A.	N.A.	N.A.	N.A.	N.A.	N.A.	N.A.	N.A.
欧州OECD	6,738	7,467	8,955	11,495	14,428	16,850	18,208	18,804	19,957
イギリス	887	985	1,057	1,411	1,798	2,073	2,287	2,200	2,366
ド イ ツ	1,406	1,536	1,813	2,282	2,763	3,009	3,271	3,375	3,463
フランス	920	1,023	1,247	1,594	1,963	2,224	2,340	2,315	2,473
イタリア	893	992	1,274	1,615	1,908	1,968	1,902	1,807	1,929
欧州非OECD	N.A.	N.A.	N.A.	N.A.	N.A.	N.A.	N.A.	N.A.	N.A.
ロ シ ア	1,330	1,510	2,080	2,573	1,729	2,771	3,021	3,152	3,301
ウクライナ	302	340	435	560	242	369	316	341	352
アフリカ	N.A.	N.A.	N.A.	N.A.	N.A.	N.A.	N.A.	N.A.	N.A.
南アフリカ	237	252	316	367	440	618	688	668	701
中 東	N.A.	N.A.	N.A.	N.A.	N.A.	N.A.	N.A.	N.A.	N.A.
イ ラ ン	N.A.	N.A.	N.A.	N.A.	N.A.	N.A.	N.A.	N.A.	N.A.
サウジアラビア	393	599	897	741	957	1,332	1,712	1,704	1,759
ア ジ ア	N.A.	N.A.	N.A.	N.A.	N.A.	N.A.	N.A.	N.A.	N.A.
中 国	375	420	638	1,551	4,182	11,405	16,700	22,067	23,857
日 本	1,513	1,772	2,236	3,475	3,947	4,177	4,401	4,320	4,391
香 港	34.6	42.9	76.3	146	215	321	371	372	396
台 湾	N.A.	N.A.	N.A.	N.A.	N.A.	N.A.	N.A.	N.A.	N.A.
韓 国	81.3	100	179	464	922	1,456	1,692	1,877	1,955
シンガポール	20.1	25.2	41.6	87.5	173	305	380	414	445
ブルネイ	2.59	4.58	18.3	15.3	19.0	21.8	21.7	22.5	22.2
インドネシア	226	262	433	740	1,082	1,801	2,357	2,814	2,918
マレーシア	46.3	56.5	93.0	166	330	518	671	767	790
フィリピン	119	136	199	238	317	508	681	797	843
タ イ	89.8	103	166	354	544	852	986	1,061	1,077
イ ン ド	703	723	930	1,598	2,749	5,274	7,224	8,614	9,362
ベトナム	43.6	43.8	61.1	106	221	419	565	765	785
オセアニア	298	316	381	521	719	966	1,106	1,224	1,254
オーストラリア	248	265	321	448	620	839	959	1,059	1,082
ニュージーランド	50.0	51.3	60.3	72.8	98.5	127	147	165	171
OECD 38	14,509	16,215	19,762	26,851	35,388	41,815	45,937	47,894	50,500
非OECD	N.A.	N.A.	N.A.	N.A.	N.A.	N.A.	N.A.	N.A.	N.A.
EU 27	5,519	6,134	7,583	9,513	11,695	13,551	14,258	14,724	15,526
旧ソ連 15	N.A.	N.A.	N.A.	N.A.	N.A.	N.A.	N.A.	N.A.	N.A.
APEC 20	N.A.	N.A.	N.A.	N.A.	N.A.	N.A.	N.A.	N.A.	N.A.
ASEAN 10	N.A.	N.A.	N.A.	N.A.	N.A.	N.A.	N.A.	N.A.	N.A.
バンカー	-	-	-	-	-	-	-	-	-
世 界	N.A.	N.A.	N.A.	N.A.	N.A.	N.A.	N.A.	N.A.	N.A.

出所: World Bank「World Development Indicators」等よりEDMC推計。
注: 為替レートは2015年平均を採用。

(24)世界の名目GDP

(十億米ドル)

年	1971	1973	1980	1990	2000	2010	2015	2020	2021
北　米	1,264	1,557	3,131	6,557	10,996	16,666	19,763	22,706	25,303
アメリカ	1,165	1,425	2,857	5,963	10,251	15,049	18,206	21,060	23,315
カ ナ ダ	99.3	131	274	594	745	1,617	1,557	1,645	1,988
中南米	184	311	850	1,059	2,215	5,251	5,401	4,517	5,614
メキシコ	39.2	55.3	206	261	708	1,058	1,172	1,091	1,273
ブラジル	41.0	70.2	199	391	655	2,209	1,802	1,449	1,609
チ　リ	10.9	16.8	29.0	33.1	78.2	217	242	253	317
欧州	1,594	2,241	4,647	8,876	10,045	20,993	20,456	22,115	25,056
欧州OECD	1,323	1,949	4,114	8,068	9,582	18,551	18,139	19,499	21,953
イギリス	148	193	565	1,093	1,666	2,491	2,935	2,705	3,131
ド イ ツ	250	398	950	1,772	1,948	3,400	3,358	3,890	4,260
フランス	166	264	701	1,269	1,366	2,645	2,439	2,639	2,958
イタリア	125	175	477	1,181	1,147	2,136	1,837	1,897	2,108
欧州非OECD	271	293	533	808	462	2,442	2,316	2,616	3,102
ロ シ ア	145	177	306	517	260	1,525	1,363	1,489	1,779
ウクライナ	25.0	30.9	48.6	81.5	32.4	141	91.0	157	200
アフリカ	100	141	449	565	704	1,996	2,355	3,830	5,850
南アフリカ	23.4	33.3	89.4	126	152	417	346	338	419
中　東	40.2	73.0	381	375	767	2,366	2,449	3,141	4,239
イ ラ ン	13.7	27.1	95.6	96.4	112	491	417	971	1,590
サウジアラビア	7.18	14.9	165	117	190	528	654	703	834
ア ジ ア	582	804	2,048	4,850	8,547	17,852	23,233	29,109	33,245
中　国	99.8	139	306	395	1,211	6,087	11,062	14,688	17,734
日　本	240	432	1,105	3,133	4,968	5,759	4,445	5,040	4,941
香　港	4.46	8.03	28.9	76.9	172	229	309	345	369
台　湾	6.73	10.9	42.3	166	331	444	534	673	776
韓　国	9.90	13.9	65.4	283	576	1,144	1,466	1,644	1,811
シンガポール	2.27	4.23	12.1	38.9	96.1	240	308	345	397
ブルネイ	0.198	0.433	4.93	3.52	6.00	13.7	12.9	12.0	14.0
インドネシア	9.37	16.3	72.5	106	165	755	861	1,059	1,186
マレーシア	4.24	7.66	24.5	44.0	93.8	255	301	337	373
フィリピン	8.38	11.4	36.8	50.5	83.7	208	306	362	394
タ　イ	7.38	10.8	32.4	85.3	126	341	401	500	506
イ ン ド	66.9	86.9	187	329	476	1,670	2,147	2,672	3,201
ベトナム	86.7	22.6	26.0	6.42	31.2	147	239	347	366
オセアニア	53.5	83.2	177	361	438	1,343	1,398	1,574	1,813
オーストラリア	45.7	70.8	153	316	384	1,196	1,220	1,362	1,563
ニュージーランド	7.78	12.5	23.5	45.4	54.4	147	178	212	250
OECD 38	2,948	4,117	8,830	18,722	27,483	44,976	46,928	52,220	57,900
非OECD	871	1,093	2,853	3,920	6,228	21,491	28,126	34,772	43,219
EU 27	1,177	1,695	3,373	6,524	7,269	14,558	13,553	15,369	17,177
旧 ソ 連 15	199	245	422	710	379	2,116	2,010	2,206	2,629
APEC 20	2,000	2,577	5,624	12,148	20,392	36,579	44,374	52,666	59,575
ASEAN 10	121	76.2	217	342	614	2,017	2,522	3,088	3,343
バンカー	-	-	-	-	-	-	-	-	-
世　界	3,819	5,211	11,682	22,642	33,711	66,468	75,055	86,992	101,119

出所: World Bank「World Development Indicators」等よりEDMC推計。
注: 米ドル換算に用いる為替レートは各年値を採用。

(25) 世界のGDPデフレーター

(2015年=100)

年	1971	1973	1980	1990	2000	2010	2015	2020	2021
北 米	21.31	23.54	40.27	61.20	74.51	91.95	100.0	108.6	113.8
アメリカ	21.74	23.92	40.35	60.78	74.53	91.86	100.0	108.7	113.6
カ ナ ダ	16.91	19.56	39.40	66.47	74.33	93.09	100.0	107.4	116.0
中南米	8.34E-7	1.00E-6	1.23E-5	0.1461	25.05	59.97	100.0	213.5	253.3
メキシコ	0.0109	0.0132	0.0572	7.403	48.19	83.26	100.0	128.3	134.9
ブラジル	7.39E-12	1.15E-11	1.74E-10	3.78E-4	30.38	68.58	100.0	128.3	142.6
チ リ	4.57E-4	0.0044	3.215	21.50	49.16	84.60	100.0	124.3	133.7
欧 州	2.900	3.196	4.928	9.749	65.38	89.27	100.0	113.7	119.2
欧州OECD	9.416	10.81	21.82	46.04	73.49	93.11	100.0	111.5	115.7
イギリス	8.170	9.495	27.37	51.96	72.89	92.59	100.0	114.1	114.5
ド イ ツ	34.48	38.31	52.67	69.33	82.53	92.14	100.0	109.1	112.4
フランス	16.22	18.68	38.55	70.37	80.16	95.52	100.0	¹106.2	107.6
イタリア	5.139	6.120	19.04	52.01	74.78	94.08	100.0	105.6	106.2
欧州非OECD	5.37E-4	5.48E-4	6.33E-4	4.67E-4	16.89	63.50	100.0	131.2	149.5
ロ シ ア	6.23E-4	6.13E-4	6.39E-4	9.10E-4	15.36	60.76	100.0	123.9	144.3
ウクライナ	3.79E-5	3.78E-5	3.86E-5	4.73E-5	11.55	48.31	100.0	197.0	246.3
アフリカ	0.0234	0.0288	0.1900	1.302	25.51	68.17	100.0	164.1	187.8
南アフリカ	1.101	1.427	3.426	13.81	37.26	76.89	100.0	129.4	137.5
中 東	0.3069	0.4632	4.247	8.993	36.19	81.03	100.0	126.8	155.1
イ ラ ン	0.0209	0.0304	0.1511	0.6827	8.228	41.89	100.0	306.6	479.2
サウジアラビア	5.728	6.450	42.57	41.46	51.84	103.7	100.0	108.0	124.0
アジア	17.48	22.08	36.56	53.44	71.27	88.61	100.0	110.6	115.1
中 国	15.88	15.92	17.42	29.50	58.13	87.60	100.0	111.4	116.2
日 本	45.53	54.19	91.69	106.8	111.0	98.99	100.0	101.9	101.0
香 港	11.95	14.90	29.15	63.45	96.12	85.65	100.0	111.3	112.3
台 湾	27.52	33.31	65.39	87.35	105.5	95.14	100.0	101.0	103.5
韓 国	4.313	5.629	22.71	44.16	72.12	92.71	100.0	105.5	108.1
シンガポール	30.89	36.97	55.86	72.30	85.73	96.09	100.0	103.3	107.5
ブルネイ	28.36	28.36	70.29	51.03	66.31	104.6	100.0	89.71	103.6
インドネシア	0.3318	0.5274	2.146	5.405	26.28	77.93	100.0	112.2	118.9
マレーシア	15.96	18.88	32.69	40.86	61.55	90.40	100.0	105.4	111.4
フィリピン	2.214	2.763	6.779	25.19	56.91	90.35	100.0	110.0	112.6
タ イ	12.25	15.43	28.59	44.26	66.85	90.96	100.0	105.7	107.7
イ ン ド	3.737	4.881	8.291	18.91	40.83	75.92	100.0	126.0	132.6
ベトナム	6.39E-4	7.04E-4	0.0012	4.291	21.76	71.21	100.0	114.4	117.6
オセアニア	9.311	10.99	24.50	54.27	63.97	91.89	100.0	110.9	114.2
オーストラリア	9.604	11.11	24.76	53.38	63.09	91.86	100.0	110.5	113.6
ニュージーランド	7.918	10.36	23.06	60.39	70.19	92.09	100.0	114.1	119.0
OECD 38	12.55	14.43	26.87	54.64	76.15	92.84	100.0	109.5	113.6
非OECD	0.0013	0.0015	0.0057	0.3063	33.01	74.69	100.0	130.1	142.5
EU 27	9.858	11.21	20.00	46.28	76.54	94.08	100.0	108.1	110.6
旧 ソ 連 15	4.68E-4	4.61E-4	4.82E-4	6.48E-4	15.19	60.13	100.0	133.2	154.0
APEC 20	7.440	8.448	13.16	28.89	70.75	89.89	100.0	109.6	114.4
ASEAN 10	0.9939	1.515	4.488	16.02	43.76	84.55	100.0	109.5	114.1
バンカー	-	-	-	-	-	-	-	-	-
世 界	1.913	2.127	3.757	16.64	62.07	86.25	100.0	117.4	124.6

出所: World Bank「World Development Indicators」等よりEDMC推計。
注: 地域値は実質GDPをウェイトとする加重相乗平均によって算出。

(26)世界の対米ドル為替レート

(自国通貨/米ドル、年平均)

年	1971	1973	1980	1990	2000	2010	2015	2020	2021
北 米	N.A.	N.A.	N.A.	N.A.	N.A.	N.A.	N.A.	N.A.	N.A.
アメリカ	1.000	1.000	1.000	1.000	1.000	1.000	1.000	1.000	1.000
カナダ	1.010	1.000	1.169	1.167	1.485	1.030	1.279	1.341	1.254
中南米	N.A.	N.A.	N.A.	N.A.	N.A.	N.A.	N.A.	N.A.	N.A.
メキシコ	0.0125	0.0125	0.0230	2.813	9.456	12.64	15.85	21.49	20.27
ブラジル	2.29E-12	2.65E-12	2.28E-11	2.96E-5	1.829	1.759	3.327	5.155	5.394
チ リ	0.0122	0.0716	39.00	304.9	539.6	510.2	654.1	792.7	759.0
欧 州	N.A.	N.A.	N.A.	N.A.	N.A.	N.A.	N.A.	N.A.	N.A.
欧州OECD	N.A.	N.A.	N.A.	N.A.	N.A.	N.A.	N.A.	N.A.	N.A.
イギリス	0.4109	0.4082	0.4303	0.5632	0.6609	0.6472	0.6545	0.7800	0.7271
ドイツ	1.793	1.366	0.9294	0.8261	1.083	0.7543	0.9013	0.8755	0.8455
フランス	0.8447	0.6788	0.6442	0.8301	1.083	0.7543	0.9013	0.8755	0.8455
イタリア	0.3204	0.3011	0.4423	0.6188	1.083	0.7543	0.9013	0.8755	0.8455
欧州非OECD	N.A.	N.A.	N.A.	N.A.	N.A.	N.A.	N.A.	N.A.	N.A.
ロ シ ア	N.A.	N.A.	N.A.	N.A.	28.13	30.37	60.94	72.10	73.65
ウクライナ	N.A.	N.A.	N.A.	N.A.	5.440	7.936	21.84	26.96	27.29
アフリカ	N.A.	N.A.	N.A.	N.A.	N.A.	N.A.	N.A.	N.A.	N.A.
南アフリカ	0.7152	0.6940	0.7788	2.587	6.940	7.321	12.76	16.46	14.78
中 東	N.A.	N.A.	N.A.	N.A.	N.A.	N.A.	N.A.	N.A.	N.A.
イラン	75.75	68.89	70.64	394.2	5,627	10,254	29,011	42,000	42,000
サウジアラビア	4.487	3.707	3.327	3.750	3.750	3.750	3.750	3.750	3.750
アジア	N.A.	N.A.	N.A.	N.A.	N.A.	N.A.	N.A.	N.A.	N.A.
中 国	2.462	1.989	1.498	4.783	8.279	6.770	6.227	6.901	6.449
日 本	350.7	271.7	226.7	144.8	107.8	87.78	121.0	106.8	109.8
香 港	5.980	5.147	4.976	7.790	7.791	7.769	7.752	7.757	7.773
台 湾	40.00	38.25	36.00	26.89	31.23	31.65	31.91	29.58	28.02
韓 国	347.1	398.3	607.7	707.8	1,131	1,156	1,131	1,180	1,144
シンガポール	3.051	2.457	2.141	1.813	1.724	1.364	1.375	1.380	1.343
ブルネイ	3.052	2.459	2.141	1.813	1.724	1.364	1.375	1.380	1.344
インドネシア	391.9	415.0	627.0	1,843	8,422	9,090	13,389	14,582	14,308
マレーシア	3.052	2.443	2.177	2.705	3.800	3.221	3.906	4.203	4.143
フィリピン	6.432	6.756	7.511	24.31	44.19	45.11	45.50	49.62	49.25
タ イ	20.80	20.62	20.48	25.59	40.11	31.69	34.25	31.29	31.98
イ ン ド	7.492	7.742	7.863	17.50	44.94	45.73	64.15	74.10	73.92
ベトナム	0.0295	0.1254	0.2565	6,538	14,168	18,613	21,698	23,208	23,160
オセアニア	N.A.	N.A.	N.A.	N.A.	N.A.	N.A.	N.A.	N.A.	N.A.
オーストラリア	0.8827	0.7041	0.8782	1.281	1.725	1.090	1.331	1.453	1.331
ニュージーランド	0.8806	0.7368	1.027	1.676	2.201	1.388	1.434	1.542	1.414
OECD 38	N.A.	N.A.	N.A.	N.A.	N.A.	N.A.	N.A.	N.A.	N.A.
非OECD	N.A.	N.A.	N.A.	N.A.	N.A.	N.A.	N.A.	N.A.	N.A.
EU 27	N.A.	N.A.	N.A.	N.A.	N.A.	N.A.	N.A.	N.A.	N.A.
旧 ソ 連 15	0.7326	0.6655	0.5473	0.5522	N.A.	N.A.	N.A.	N.A.	N.A.
APEC 20	N.A.	N.A.	N.A.	N.A.	N.A.	N.A.	N.A.	N.A.	N.A.
ASEAN 10	N.A.	N.A.	N.A.	N.A.	N.A.	N.A.	N.A.	N.A.	N.A.
バンカー	-	-	-	-	-	-	-	-	-
世 界	N.A.	N.A.	N.A.	N.A.	N.A.	N.A.	N.A.	N.A.	N.A.

出所:World Bank「World Development Indicators」等よりEDMC推計。
注:(1)市場相場。一部、公式相場など。(2)1990年以前のドイツは旧西ドイツを指す。

(27)世界の対国際ドル購買力平価レート

(自国通貨/国際ドル)

年	1971	1973	1980	1990	2000	2010	2015	2020	2021
北 米	N.A.	N.A.	N.A.	N.A.	N.A.	N.A.	N.A.	N.A.	N.A.
アメリカ	N.A.	N.A.	N.A.	1.000	1.000	1.000	1.000	1.000	1.000
カナダ	N.A.	N.A.	N.A.	1.296	1.270	1.296	1.340	1.319	1.327
中南米	N.A.	N.A.	N.A.	N.A.	N.A.	N.A.	N.A.	N.A.	N.A.
メキシコ	N.A.	N.A.	N.A.	1.479	6.751	8.725	9.434	11.51	11.84
ブラジル	N.A.	N.A.	N.A.		1.063	1.597	2.083	2.446	2.531
チ リ	N.A.	N.A.	N.A.	207.5	366.3	375.1	447.3	476.4	496.7
欧州OECD	N.A.	N.A.	N.A.	N.A.	N.A.	N.A.	N.A.	N.A.	N.A.
イギリス	N.A.	N.A.	N.A.	0.7472	0.7777	0.7779	0.8058	0.7817	0.7683
ドイツ	N.A.	N.A.	N.A.	0.9545	0.9424	0.8524	0.8329	0.7756	0.7887
フランス	N.A.	N.A.	N.A.	1.051	0.9355	0.8974	0.8719	0.8193	0.8200
イタリア	N.A.	N.A.	N.A.	0.7113	0.8495	0.8186	0.8286	0.7356	0.7366
欧州非OECD	N.A.	N.A.	N.A.	N.A.	N.A.	N.A.	N.A.	N.A.	N.A.
ロ シ ア	N.A.	N.A.	N.A.	N.A.	7.554	16.71	25.25	26.67	27.17
ウクライナ	N.A.	N.A.	N.A.	1.342	3.040	5.506	8.159	8.523
アフリカ	N.A.	N.A.	N.A.	N.A.	N.A.	N.A.	N.A.	N.A.	N.A.
南アフリカ	N.A.	N.A.	N.A.	2.098	3.749	4.943	5.997	6.967	6.961
中 東	N.A.	N.A.	N.A.	N.A.	N.A.	N.A.	N.A.	N.A.	N.A.
イラン	N.A.	N.A.	N.A.	215.8	1,410	N.A.	N.A.	N.A.	N.A.
サウジアラビア	N.A.	N.A.	N.A.	1.731	1.444	1.487	N.A.	N.A.	N.A.
アジア	N.A.	N.A.	N.A.	N.A.	N.A.	N.A.	N.A.	N.A.	N.A.
中 国	N.A.	N.A.	N.A.	2.439	3.705	3.614	4.027	4.225	4.075
日 本	N.A.	N.A.	N.A.	208.9	176.8	121.0	109.0	116.8	116.8
香 港	N.A.	N.A.	N.A.	5.262	6.717	5.532	6.199	6.244	6.058
台 湾	N.A.	N.A.	N.A.	N.A.	N.A.	N.A.	N.A.	N.A.	N.A.
韓 国	N.A.	N.A.	N.A.	519.6	824.6	908.4	959.7	982.1	995.6
シンガポール	N.A.	N.A.	N.A.	1.283	1.155	1.071	1.095	1.032	1.008
ブルネイ	N.A.	N.A.	N.A.	1.116	1.031	0.8570	0.7600	0.6768	0.6576
インドネシア	N.A.	N.A.	N.A.	804.7	2,124	3,811	4,721	5,224	5,067
マレーシア	N.A.	N.A.	N.A.	1.504	1.617	1.586	1.641	1.642	1.607
フィリピン	N.A.	N.A.	N.A.	8.822	14.90	18.49	19.04	20.28	20.13
タ イ	N.A.	N.A.	N.A.	10.53	12.42	12.68	12.98	12.70	12.28
イ ン ド	N.A.	N.A.	N.A.	5.544	9.960	14.48	18.42	21.20	21.28
ベトナム	N.A.	N.A.	N.A.	N.A.	3,985	6,544	7,789	8,124	7,902
オセアニア	N.A.	N.A.	N.A.	N.A.	N.A.	N.A.	N.A.	N.A.	N.A.
オーストラリア	N.A.	N.A.	N.A.	1.386	1.385	1.555	1.545	1.574	1.562
ニュージーランド	N.A.	N.A.	N.A.	1.566	1.509	1.595	1.631	1.563	1.604
OECD 38	N.A.	N.A.	N.A.	N.A.	N.A.	N.A.	N.A.	N.A.	N.A.
非OECD	N.A.	N.A.	N.A.	N.A.	N.A.	N.A.	N.A.	N.A.	N.A.
EU 27	N.A.	N.A.	N.A.	N.A.	N.A.	N.A.	N.A.	N.A.	N.A.
旧ソ連 15	N.A.	N.A.	N.A.	N.A.	N.A.	N.A.	N.A.	N.A.	N.A.
APEC 20	N.A.	N.A.	N.A.	N.A.	N.A.	N.A.	N.A.	N.A.	N.A.
ASEAN 10	N.A.	N.A.	N.A.	N.A.	N.A.	N.A.	N.A.	N.A.	N.A.
バンカー	-	-	-	-	-	-	-	-	-
世 界	N.A.	N.A.	N.A.	N.A.	N.A.	N.A.	N.A.	N.A.	N.A.

出所: World Bank「World Development Indicators」注: 1990年以前のドイツは旧西ドイツを指す。

(28)世界の一人当たり一次エネルギー消費

(石油換算トン/人)

年	1971	1973	1980	1990	2000	2010	2015	2020	2021
北　米	7.53	8.06	7.93	7.67	8.07	7.20	6.90	6.28	6.56
アメリカ	7.65	8.16	7.94	7.67	8.06	7.16	6.81	6.14	6.44
カナダ	6.44	7.09	7.83	7.64	8.22	7.57	7.71	7.47	7.59
中南米	0.782	0.843	1.01	1.01	1.12	1.29	1.30	1.14	1.19
メキシコ	0.828	0.952	1.40	1.51	1.54	1.59	1.54	1.36	1.41
ブラジル	0.707	0.791	0.933	0.933	1.07	1.36	1.45	1.35	1.40
チ　リ	0.872	0.825	0.826	1.05	1.64	1.81	1.99	1.95	2.03
欧　州	2.82	3.07	3.44	3.75	3.18	3.31	3.04	2.97	3.17
欧州OECD	2.77	3.02	3.15	3.25	3.33	3.29	3.00	2.76	2.92
イギリス	3.73	3.88	3.52	3.60	3.79	3.24	2.77	2.28	2.36
ドイツ	3.90	4.24	4.56	4.42	4.09	4.03	3.78	3.35	3.46
フランス	3.04	3.40	3.48	3.85	4.13	4.04	3.79	3.22	3.48
イタリア	1.95	2.18	2.32	2.58	3.01	2.93	2.51	2.31	2.53
欧州非OECD	2.90	3.14	3.88	4.50	2.95	3.35	3.10	3.32	3.59
ロシア	N.A.	N.A.	N.A.	5.94	4.22	4.85	4.80	5.28	5.81
ウクライナ	N.A.	N.A.	N.A.	4.86	2.72	2.89	2.06	1.96	2.01
アフリカ	0.531	0.544	0.597	0.630	0.623	0.671	0.666	0.623	0.634
南アフリカ	1.97	2.02	2.31	2.25	2.33	2.57	2.30	2.12	2.09
中　東	0.689	0.796	1.30	1.67	2.23	2.95	3.10	3.03	3.07
イラン	0.567	0.666	0.988	1.24	1.88	2.71	2.90	3.29	3.34
サウジアラビア	0.904	1.02	3.06	3.62	4.96	6.60	7.15	6.36	6.46
アジア	0.473	0.506	0.575	0.707	0.830	1.24	1.34	1.43	1.50
中　国	0.465	0.484	0.609	0.770	0.897	1.90	2.17	2.48	2.65
日　本	2.53	2.95	2.95	3.54	4.07	3.90	3.40	3.05	3.18
香　港	0.734	0.739	0.911	1.64	2.12	1.92	2.03	1.68	1.68
台　湾	0.674	0.850	1.58	2.50	4.05	5.13	5.13	4.99	5.22
韓　国	0.516	0.632	1.08	2.17	3.97	5.05	5.34	5.34	5.64
シンガポール	1.29	1.71	2.13	3.78	4.63	4.76	5.83	6.14	6.46
ブルネイ	1.28	2.31	7.18	6.59	7.14	8.18	6.45	9.28	9.09
インドネシア	0.296	0.306	0.376	0.542	0.727	0.837	0.789	0.856	0.860
マレーシア	0.572	0.522	0.867	1.21	2.10	2.52	2.72	2.77	2.83
フィリピン	0.396	0.417	0.449	0.433	0.498	0.439	0.510	0.516	0.537
タ　イ	0.373	0.404	0.483	0.768	1.15	1.73	1.93	1.85	1.81
イ　ン　ド	0.233	0.236	0.251	0.322	0.394	0.538	0.623	0.626	0.671
ベトナム	0.308	0.311	0.272	0.267	0.364	0.670	0.684	1.01	0.977
オセアニア	3.70	3.97	4.41	4.85	5.46	5.46	5.16	5.00	4.87
オーストラリア	3.99	4.26	4.74	5.05	5.68	5.73	5.31	5.23	5.07
ニュージーランド	2.39	2.66	2.89	3.85	4.39	4.10	4.39	3.83	3.83
OECD 38	3.77	4.09	4.16	4.28	4.61	4.41	4.15	3.82	4.00
非OECD	0.680	0.715	0.844	0.943	0.887	1.23	1.29	1.34	1.40
EU 27	N.A.	N.A.	N.A.	3.43	3.43	3.46	3.17	2.93	3.10
旧 ソ 連 15	3.17	3.44	4.22	4.93	3.19	3.61	3.32	3.55	3.83
APEC 20	N.A.	N.A.	N.A.	2.17	2.26	2.72	2.79	2.86	3.02
ASEAN 10	N.A.	N.A.	N.A.	N.A.	0.730	0.907	0.950	1.03	1.03
バンカー	-	-	-	-	-	-	-	-	-
世　界	1.46	1.55	1.62	1.66	1.63	1.85	1.84	1.79	1.87

出所: 表Ⅳ-(2)、表Ⅳ-(21)より算出。注: 表Ⅳ-(2)と同じ。

(29)世界の一人当たり実質GDP

(2015年価格米ドル/人)

年	1971	1973	1980	1990	2000	2010	2015	2020	2021
北 米	25,351	27,657	30,652	38,319	47,685	51,794	55,444	56,786	60,004
アメリカ	25,800	28,115	31,162	39,303	48,746	52,963	56,763	58,453	61,856
カナダ	21,109	23,343	25,921	29,443	37,923	41,155	43,596	42,259	43,936
中南米	4,729	5,181	6,347	5,925	6,805	8,247	8,732	7,744	8,197
メキシコ	5,447	5,975	7,684	7,664	8,955	9,002	9,753	9,147	9,525
ブラジル	3,866	4,699	6,416	6,086	6,746	8,674	8,783	8,204	8,538
チ リ	4,450	4,051	4,694	5,381	8,551	11,773	13,570	12,767	14,116
欧 州	10,592	11,574	13,362	16,052	18,428	21,352	22,528	22,820	24,138
欧州OECD	15,427	16,829	19,180	23,121	27,721	30,327	31,806	31,941	33,788
イギリス	20,360	22,505	24,096	31,624	39,188	42,386	45,071	42,099	45,102
ドイツ	18,421	19,972	23,766	29,486	34,490	37,761	41,103	41,650	42,726
フランス	18,378	20,091	23,618	28,617	33,592	35,638	36,653	35,712	38,046
イタリア	15,948	17,495	21,795	27,491	32,351	32,058	30,242	29,354	31,506
欧州非OECD	3,223	3,593	4,727	5,442	3,776	6,292	6,860	7,306	7,693
ロ シ ア	4,578	5,139	6,747	7,850	5,324	8,755	9,462	9,874	10,388
ウクライナ	1,825	2,042	2,510	3,112	1,420	2,315	2,016	2,223	2,317
アフリカ	1,461	1,498	1,597	1,485	1,521	1,956	2,027	1,937	1,979
南アフリカ	5,177	5,199	5,404	4,640	4,733	6,014	6,201	5,723	5,944
中 東	7,591	8,993	8,901	6,830	8,040	9,387	9,993	9,524	9,861
イラン	5,870	6,823	4,000	3,438	4,014	5,497	5,101	5,254	5,463
サウジアラビア	23,461	32,315	33,710	17,703	16,965	17,312	19,978	18,086	18,669
アジア	1,206	1,324	1,570	2,264	3,010	4,619	5,700	6,559	6,926
中 国	295.4	315.1	430.9	905.0	2,194	5,647	8,016	10,358	11,188
日 本	14,457	16,463	19,334	28,422	31,431	32,942	34,961	34,556	35,291
香 港	7,122	8,436	12,553	21,357	26,933	38,090	42,432	41,449	44,482
台 湾	2,055	2,539	4,121	7,916	13,829	20,014	22,780	26,200	28,046
韓 国	2,143	2,546	4,045	9,367	16,996	25,456	28,737	31,378	32,737
シンガポール	7,723	9,326	13,954	23,273	34,890	48,752	55,646	58,981	66,175
ブルネイ	11,149	18,316	58,110	34,723	33,986	32,811	30,681	30,402	29,673
インドネシア	698.3	766.8	1,067	1,484	1,845	2,696	3,323	3,780	3,893
マレーシア	1,969	2,295	3,160	4,260	6,462	8,101	9,700	10,374	10,576
フィリピン	1,392	1,518	1,853	1,740	1,832	2,416	2,974	3,196	3,328
タ イ	993.4	1,081	1,479	2,608	3,511	5,082	5,709	6,042	6,124
インド	366.7	360.2	396.8	545.5	771.0	1,263	1,623	1,833	1,977
ベトナム	430.1	413.3	488.4	673.4	1,184	2,029	2,595	3,352	3,409
オセアニア	23,824	24,397	27,029	32,238	39,657	46,259	49,167	50,281	51,393
オーストラリア	24,411	25,168	27,797	33,378	41,440	48,405	51,206	52,477	53,582
ニュージーランド	21,161	20,915	23,402	26,399	30,863	35,394	38,631	39,216	40,415
OECD 38	16,811	18,357	20,728	25,890	31,493	34,507	36,670	37,162	39,098
非OECD	1,353	1,428	1,783	1,954	2,369	3,835	4,600	5,047	5,332
EU 27	13,939	15,272	18,037	21,668	26,230	29,209	30,485	31,115	32,829
旧ソ連 15	3,454	3,842	4,948	5,671	3,732	6,285	6,860	7,209	7,554
APEC 20	5,475	5,922	6,671	8,408	10,552	13,582	15,580	17,008	17,968
ASEAN 10	839.0	915.9	1,237	1,672	2,245	3,290	3,970	4,424	4,531
バンカー	-	-	-	-	-	-	-	-	-
世 界	5,042	5,436	5,975	6,794	7,861	9,307	10,150	10,451	10,973

出所：表Ⅳ-(21)、表Ⅳ-(22)より算出。注：表Ⅳ-(2)と同じ。

(30)世界の一人当たり名目GDP

(米ドル/人)

年	1971	1973	1980	1990	2000	2010	2015	2020	2021
北 米	5,505	6,641	12,438	23,645	35,147	48,543	55,444	61,444	68,362
アメリカ	5,609	6,726	12,575	23,889	36,330	48,651	56,763	63,531	70,249
カ ナ ダ	4,520	5,839	11,170	21,449	24,266	47,562	43,596	43,258	51,988
中 南 米	633.8	1,023	2,373	2,415	4,277	8,965	8,732	6,972	8,605
メキシコ	755.3	1,001	3,036	3,197	7,233	9,400	9,753	8,655	10,046
ブラジル	415.6	677.3	1,630	2,593	3,727	11,229	8,783	6,795	7,507
チ リ	1,089	1,632	2,532	2,482	5,096	12,768	13,570	13,094	16,265
欧 州	2,142	2,963	5,848	10,543	11,664	23,612	22,528	23,959	27,125
欧州OECD	2,943	4,272	8,666	15,968	18,152	33,302	31,806	33,544	37,712
イギリス	2,650	3,427	10,032	19,096	28,290	39,693	45,071	40,319	46,510
ドイツ	3,192	5,047	12,129	22,304	23,695	41,572	41,103	46,773	51,204
フランス	3,180	4,984	12,739	21,865	22,416	40,676	36,653	39,055	43,659
イタリア	2,306	3,205	8,457	20,827	20,138	36,036	30,242	31,911	35,657
欧州非OECD	920.7	975.1	1,666	2,401	1,381	7,354	6,860	7,654	9,082
ロ シ ア	1,103	1,337	2,199	3,493	1,772	10,675	9,462	10,138	12,400
ウクライナ	525.8	640.0	971.7	1,570	658.3	3,078	2,016	3,549	4,569
アフリカ	275.8	367.9	959.9	911.7	887.1	1,955	2,027	2,914	4,347
南アフリカ	1,016	1,364	3,035	3,161	3,242	8,060	6,201	5,742	7,055
中 東	584.5	993.0	4,062	2,811	4,477	10,760	9,993	11,757	15,695
イ ラ ン	469.1	874.1	2,482	1,727	1,703	6,516	5,101	11,126	18,082
サウジアラビア	1,123	2,109	16,176	7,340	8,795	17,959	19,978	19,540	23,186
ア ジ ア	283.6	374.2	833.9	1,641	2,475	4,608	5,700	6,837	7,759
中 国	118.7	157.1	312.0	347.6	959.4	4,550	8,016	10,409	12,556
日 本	2,272	3,975	9,463	25,371	39,169	44,968	34,961	39,918	39,313
香 港	1,103	1,893	5,700	13,486	25,757	32,550	42,432	46,107	49,800
台 湾	451.1	705.6	2,389	8,205	14,908	19,197	22,780	28,549	33,059
韓 国	301.2	406.9	1,715	6,610	12,263	23,079	28,737	31,721	34,998
シンガポール	1,075	1,929	5,005	12,763	23,853	47,237	55,646	60,728	72,795
ブルネイ	1,424	2,905	26,228	13,441	17,972	34,610	30,681	27,179	31,449
インドネシア	79.18	130.5	489.2	582.7	770.9	3,094	3,323	3,894	4,333
マレーシア	402.2	692.7	1,853	2,513	4,088	8,880	9,700	10,161	11,109
フィリピン	218.0	282.4	761.0	820.5	1,073	2,202	2,974	3,224	3,461
タ イ	200.4	277.1	707.4	1,545	2,004	4,996	5,709	6,991	7,066
イ ン ド	117.4	145.7	268.4	378.1	449.4	1,346	1,623	1,914	2,257
ベトナム	2,020	503.3	491.8	95.91	394.6	1,684	2,595	3,586	3,756
オセアニア	3,390	5,094	9,926	17,717	19,153	50,893	49,167	51,194	58,833
オーストラリア	3,535	5,268	10,432	18,512	20,175	54,293	51,206	53,098	60,837
ニュージーランド	2,728	4,217	7,536	13,639	14,113	33,677	38,631	41,597	48,781
OECD 38	3,281	4,483	8,989	17,513	23,754	36,226	36,670	39,735	43,995
非OECD	303.8	364.6	825.2	929.6	1,251	3,758	4,600	5,353	6,587
EU 27	3,088	4,387	8,425	15,522	16,930	32,970	30,485	34,330	38,411
旧ソ連 15	822.5	991.7	1,603	2,474	1,321	7,385	6,860	7,398	8,806
APEC 20	1,176	1,545	2,847	5,335	8,000	13,324	15,580	17,946	20,254
ASEAN 10	423.3	253.0	611.7	776.9	1,171	3,370	3,970	4,618	4,961
バンカー	-	-	-	-	-	-	-	-	-
世 界	1,014	1,330	2,632	4,283	5,495	9,551	10,150	11,138	12,837

出所: 表Ⅳ-(21)、表Ⅳ-(24)より算出。注: 表Ⅳ-(2)と同じ。

(31)世界の一人当たりCO₂排出量

(二酸化炭素トン/人)

年	1971	1973	1980	1990	2000	2010	2015	2020	2021
北 米	19.6	21.1	19.6	18.5	19.5	16.6	15.2	12.8	13.7
アメリカ	20.2	21.6	20.0	19.0	19.9	16.8	15.3	12.8	13.7
カナダ	14.5	15.8	16.3	13.9	15.5	14.5	14.5	12.8	13.2
中南米	1.50	1.69	2.01	1.87	2.21	2.49	2.58	1.94	2.10
メキシコ	1.91	2.21	3.15	3.29	3.68	4.03	3.82	2.81	2.96
ブラジル	0.902	1.12	1.43	1.29	1.70	1.91	2.22	1.82	2.05
チ リ	2.11	2.00	1.87	2.21	3.23	4.15	4.54	4.27	4.36
欧 州	7.82	8.38	9.09	9.05	6.96	6.83	6.20	5.65	6.06
欧州OECD	7.79	8.24	8.22	7.41	6.95	6.41	5.72	4.81	5.17
イギリス	11.4	11.5	10.0	9.49	8.93	7.60	6.00	4.47	4.76
ドイツ	12.4	13.1	13.4	11.8	9.79	9.21	8.85	7.09	7.50
フランス	8.37	9.04	8.43	6.03	6.01	5.30	4.63	3.85	4.31
イタリア	5.17	5.78	6.11	6.60	7.47	6.61	5.45	4.63	5.24
欧州非OECD	7.87	8.59	10.4	11.5	6.98	7.54	7.02	7.09	7.57
ロシア	N.A.	N.A.	N.A.	14.7	9.68	10.4	10.5	10.8	11.7
ウクライナ	N.A.	N.A.	N.A.	13.3	6.47	5.94	4.29	3.94	3.86
アフリカ	0.679	0.737	0.830	0.849	0.824	0.989	0.996	0.866	0.905
南アフリカ	6.84	7.32	7.07	6.13	6.02	8.13	7.53	6.56	6.60
中 東	1.76	2.03	3.32	4.25	5.51	7.03	7.32	6.78	6.87
イラン	1.33	1.69	2.30	3.16	4.81	6.60	6.75	7.14	7.31
サウジアラビア	2.62	2.96	8.96	9.09	11.0	14.3	16.2	13.4	13.8
アジア	0.998	1.08	1.28	1.59	1.98	3.37	3.71	3.74	3.92
中 国	0.981	1.04	1.46	1.93	2.54	6.06	6.82	7.13	7.54
日 本	7.08	8.28	7.77	8.56	9.15	8.88	9.06	7.84	7.94
香 港	2.18	2.17	2.76	5.97	6.07	5.91	5.92	4.59	4.63
台 湾	2.24	2.83	4.73	6.09	10.7	11.7	11.9	11.6	11.9
韓 国	1.43	1.72	2.83	4.84	8.49	10.6	11.2	10.5	10.8
シンガポール	3.61	4.60	5.86	9.41	10.9	10.1	9.20	7.89	8.35
ブルネイ	2.82	5.14	16.8	16.1	17.0	17.3	16.0	22.6	22.2
インドネシア	0.209	0.255	0.434	0.717	1.19	1.63	1.77	1.96	2.03
マレーシア	2.25	1.07	1.94	2.87	4.72	6.45	6.80	6.68	6.73
フィリピン	0.626	0.675	0.638	0.575	0.831	0.790	0.980	1.10	1.16
タ イ	0.437	0.528	0.712	1.45	2.40	3.27	3.58	3.39	3.28
インド	0.309	0.309	0.371	0.610	0.842	1.28	1.55	1.49	1.62
ベトナム	0.357	0.368	0.268	0.246	0.526	1.40	1.76	3.07	2.92
オセアニア	10.7	11.5	12.8	13.7	15.7	15.9	14.4	13.0	12.7
オーストラリア	12.0	12.7	14.3	15.0	17.4	17.7	15.9	14.4	14.1
ニュージーランド	4.96	5.86	5.53	6.87	7.42	6.94	6.77	5.98	6.05
OECD 38	10.1	10.9	10.5	10.0	10.4	9.57	8.86	7.53	7.96
非OECD	1.48	1.58	1.92	2.12	2.00	3.04	3.23	3.17	3.32
EU 27	N.A.	N.A.	N.A.	8.24	7.60	7.10	6.35	5.35	5.77
旧 ソ 連 15	8.54	9.33	11.2	12.5	7.48	8.05	7.44	7.52	8.01
APEC 20	N.A.	N.A.	5.05	5.50	7.04	7.23	7.00	7.36	
ASEAN 10	N.A.	N.A.	N.A.	N.A.	1.30	1.79	2.00	2.27	2.27
バンカー	-	-	-	-	-	-	-	-	-
世 界	3.68	3.91	3.94	3.84	3.73	4.37	4.37	4.02	4.22

出所: 表Ⅳ-(20)、表Ⅳ-(21)より算出。注: 表Ⅳ-(2)と同じ。

(32)世界の実質GDP当たり一次エネルギー消費

(石油換算トン/2015年価格百万米ドル)

年	1971	1973	1980	1990	2000	2010	2015	2020	2021
北 米	297.0	291.5	258.8	200.1	169.3	139.1	124.6	110.5	109.4
アメリカ	296.3	290.4	254.9	195.1	165.2	135.0	120.0	105.0	104.2
カナダ	304.9	303.5	302.1	259.5	216.8	183.9	176.7	176.7	172.8
中南米	165.4	162.8	159.4	169.8	164.9	155.8	149.3	146.6	144.7
メキシコ	152.0	159.3	182.8	197.5	172.1	176.3	157.8	148.5	147.8
ブラジル	182.8	168.3	145.4	153.2	158.6	157.1	165.4	164.1	163.4
チ リ	195.9	203.6	176.0	195.1	191.7	154.1	146.5	153.0	143.7
欧 州	266.0	264.8	257.5	233.7	172.8	155.2	134.9	130.2	131.1
欧州OECD	179.3	179.2	164.1	140.8	120.2	108.5	94.40	86.54	86.35
イギリス	183.4	172.4	146.2	113.8	96.62	76.33	61.56	54.27	52.27
ドイツ	211.5	212.3	192.0	150.0	118.7	106.7	91.98	80.41	81.00
フランス	165.3	169.0	147.5	134.7	122.9	113.4	103.5	90.30	91.34
イタリア	122.2	124.4	106.4	94.00	93.12	91.42	83.07	78.80	80.28
欧州非OECD	898.8	874.1	820.0	826.3	781.8	532.5	452.2	454.9	466.2
ロシア	N.A.	N.A.	N.A.	757.1	793.6	554.3	507.6	535.0	559.1
ウクライナ	N.A.	N.A.	N.A.	1,561	1,916	1,246	1,020	880.2	869.1
アフリカ	363.3	362.9	374.0	424.0	409.7	342.9	328.3	321.5	320.3
南アフリカ	381.0	388.0	427.2	484.8	493.3	426.9	370.8	370.7	351.9
中 東	90.71	88.47	145.6	244.6	276.8	314.2	310.2	318.3	311.1
イラン	96.57	97.61	246.9	361.4	467.6	493.1	569.3	626.1	611.4
サウジアラビア	38.52	31.58	90.71	204.7	292.1	381.3	357.8	351.7	345.6
アジア	392.2	382.5	366.6	312.2	275.8	268.4	234.8	217.8	217.0
中 国	1,574	1,535	1,415	850.4	409.1	335.7	271.1	239.5	236.6
日 本	175.1	179.0	152.6	124.4	129.4	118.4	97.86	88.27	90.10
香 港	103.0	87.65	72.54	76.97	78.76	50.48	47.85	40.65	37.84
台 湾	327.9	334.7	382.6	315.2	292.6	256.5	225.4	190.4	186.2
韓 国	240.8	248.4	266.8	231.4	233.5	198.2	186.0	169.7	172.2
シンガポール	167.3	183.6	152.4	162.5	132.8	97.70	104.8	104.2	97.67
ブルネイ	114.7	126.2	123.6	189.9	210.2	249.4	210.2	305.4	306.3
インドネシア	424.1	399.0	352.3	365.1	394.1	310.3	237.4	226.4	221.0
マレーシア	290.6	227.4	274.5	284.1	325.7	311.6	280.5	267.1	268.0
フィリピン	284.6	274.5	242.3	248.8	271.8	181.8	171.5	161.4	161.4
タ イ	375.6	373.3	326.3	294.3	328.1	337.9	306.0	306.9	295.9
インド	636.0	656.3	632.4	590.2	511.5	425.7	383.7	341.5	339.3
ベトナム	716.4	752.3	556.4	396.6	307.3	330.5	263.6	300.1	286.5
オセアニア	155.4	162.9	163.3	150.5	137.8	118.1	105.0	99.38	94.76
オーストラリア	163.4	169.4	170.4	151.2	137.1	118.4	103.7	99.62	94.63
ニュージーランド	113.1	127.3	123.3	145.7	142.1	116.0	113.7	97.76	95.67
OECD 38	224.3	222.8	200.8	165.3	146.5	127.7	113.3	102.8	102.3
非OECD	502.8	483.7	473.4	482.7	374.5	320.1	280.7	265.0	262.6
EU 27	N.A.	N.A.	N.A.	158.2	130.6	118.4	103.9	94.08	94.51
旧ソ連 15	917.4	894.4	852.2	870.0	854.8	573.8	484.0	492.8	507.6
APEC 20	N.A.	N.A.	N.A.	257.8	244.3	197.9	179.3	168.5	167.9
ASEAN 10	N.A.	N.A.	N.A.	N.A.	325.3	275.7	239.2	232.3	226.5
バンカー	-	-	-	-	-	-	-	-	-
世 界	289.9	285.7	270.8	243.7	207.9	198.4	181.1	171.6	170.8

出所: 表Ⅳ-(2)、表Ⅳ-(22)より算出。注: 表Ⅳ-(2)と同じ。

(33)世界の名目GDP当たり一次エネルギー消費

(石油換算トン/百万米ドル)

年	1971	1973	1980	1990	2000	2010	2015	2020	2021
北 米	1,368	1,214	637.7	324.2	229.6	148.4	124.4	102.1	96.01
アメリカ	1,363	1,214	631.6	321.1	221.7	147.2	120.0	96.63	91.74
カナダ	1,424	1,213	701.0	356.2	338.8	159.1	176.7	172.7	146.0
中南米	1,234	824.8	426.3	416.6	262.4	143.4	149.3	162.9	137.8
メキシコ	1,096	950.8	462.7	473.4	213.1	168.8	157.8	157.0	140.2
ブラジル	1,701	1,168	572.2	359.7	287.1	121.1	165.4	198.2	185.8
チ リ	800.3	505.2	326.4	423.1	321.7	142.1	146.5	149.2	124.8
欧 州	1,315	1,034	588.4	355.8	273.5	140.3	134.9	124.0	116.7
欧州OECD	939.6	705.9	363.2	203.8	183.5	98.83	94.40	82.40	77.36
イギリス	1,409	1,133	351.3	188.4	133.8	81.51	61.56	56.67	50.69
ドイツ	1,220	840.2	375.9	198.3	172.8	96.94	91.98	71.61	67.59
フランス	955.4	681.3	273.5	176.3	184.2	99.33	103.5	82.57	79.59
イタリア	845.4	678.8	274.2	124.1	149.6	81.33	83.07	72.49	70.94
欧州非OECD	3,146	3,220	2,327	1,873	2,138	455.5	452.2	434.2	395.0
ロシア	N.A.	N.A.	N.A.	1,701	2,385	454.6	507.6	511.0	468.4
ウクライナ	N.A.	N.A.	N.A.	3,094	4,133	937.2	1,020	551.4	440.7
アフリカ	1,924	1,478	622.3	690.6	702.7	343.1	328.3	213.7	145.8
南アフリカ	1,941	1,479	761.0	711.8	720.2	318.6	370.8	369.4	296.5
中 東	1,178	801.2	319.2	594.3	497.2	274.2	310.2	257.9	195.5
イラン	1,208	761.9	398.0	719.4	1,102	416.0	569.3	295.7	184.6
サウジアラビア	804.7	483.9	189.0	493.8	563.5	367.5	357.8	325.6	278.7
アジア	1,668	1,353	690.1	430.6	335.5	269.1	234.8	208.9	193.7
中 国	3,919	3,079	1,953	2,214	935.5	416.6	271.1	238.4	210.8
日 本	1,114	741.5	311.7	139.5	103.8	86.74	97.26	76.41	80.88
香 港	665.3	390.5	159.7	121.9	82.36	59.07	47.85	36.54	33.80
台 湾	1,494	1,205	660.1	304.1	271.4	267.4	225.4	174.7	158.0
韓 国	1,714	1,554	631.2	327.9	323.6	218.6	186.0	167.9	161.1
シンガポール	1,202	887.4	424.8	294.6	194.3	100.8	104.8	101.2	88.79
ブルネイ	897.6	795.5	273.9	490.7	397.4	236.5	210.2	341.6	289.0
インドネシア	3,741	2,345	768.6	929.5	943.4	270.3	237.4	219.8	198.5
マレーシア	1,423	753.4	468.0	481.6	514.8	284.2	280.5	272.7	255.1
フィリピン	1,817	1,475	590.0	527.7	463.8	199.5	171.5	160.0	155.2
タ イ	1,862	1,425	682.3	496.8	574.8	345.5	337.9	264.5	256.5
インド	1,987	1,623	935.0	851.4	877.6	399.6	383.7	327.1	294.9
ベトナム	152.5	617.8	552.5	2,784	921.9	398.1	263.6	280.5	260.0
オセアニア	1,092	780.1	444.7	273.8	285.2	107.3	105.0	97.61	82.78
オーストラリア	1,128	806.4	454.1	272.7	281.6	105.5	103.7	98.46	83.34
ニュージーランド	877.1	631.3	383.0	282.0	310.7	121.9	113.7	92.17	79.27
OECD 38	1,149	912.4	465.0	244.4	194.2	121.7	113.3	96.17	90.89
非OECD	2,240	1,961	1,023	1,015	709.1	326.7	280.7	249.9	212.6
EU 27	N.A.	N.A.	N.A.	220.9	202.4	104.9	103.9	85.26	80.78
旧ソ連 15	3,852	3,465	2,630	1,994	2,414	488.4	484.0	480.3	435.4
APEC 20	N.A.	N.A.	N.A.	406.3	282.6	204.4	179.3	159.6	149.0
ASEAN 10	N.A.	N.A.	N.A.	N.A.	623.6	269.3	239.2	222.5	206.9
バンカー	-	-	-	-	-	-	-	-	-
世 界	1,441	1,167	614.9	386.6	297.4	193.3	181.1	161.0	146.0

出所: 表Ⅳ-(2)、表Ⅳ-(24)より算出。注: 表Ⅳ-(2)と同じ。

(34)世界の実質GDP当たりCO₂排出量

(二酸化炭素トン/2015年価格百万米ドル)

年	1971	1973	1980	1990	2000	2010	2015	2020	2021
北 米	774.3	761.3	640.0	482.4	407.9	320.5	273.4	225.5	227.6
アメリカ	781.8	768.7	641.0	483.1	408.0	317.7	268.4	219.0	221.6
カ ナ ダ	687.9	677.3	629.0	473.8	407.4	353.1	331.8	303.9	300.9
中南米	317.5	325.5	316.0	316.4	324.2	302.4	295.9	250.5	255.9
メキシコ	350.6	369.9	409.7	429.2	411.4	448.2	391.5	307.7	311.1
ブラジル	233.3	237.3	222.1	211.6	251.6	220.3	253.2	226.1	240.0
チ リ	475.1	492.5	398.5	410.1	377.5	352.6	334.4	334.8	308.8
欧 州	738.4	724.0	680.2	563.7	377.9	320.1	275.3	247.7	250.9
欧州OECD	505.1	489.7	428.6	320.4	250.8	211.4	179.8	150.6	153.0
イギリス	558.5	509.1	414.7	300.0	227.8	179.3	133.1	106.1	105.6
ド イ ツ	670.5	657.5	563.0	398.9	283.9	244.0	215.3	170.1	175.6
フランス	455.6	450.0	357.1	210.7	178.8	148.8	126.4	107.8	113.2
イタリア	324.0	330.4	280.5	240.2	230.8	206.1	180.2	157.8	166.3
欧州非OECD	2,441	2,391	2,195	2,115	1,849	1,199	1,023	970.5	983.5
ロ シ ア	N.A.	N.A.	N.A.	1,872	1,818	1,189	1,106	1,094	1,126
ウクライナ	N.A.	N.A.	N.A.	4,262	4,557	2,567	2,126	1,774	1,665
アフリカ	465.1	491.7	519.9	572.0	541.7	505.9	491.2	447.1	457.6
南アフリカ	1,321	1,408	1,307	1,320	1,273	1,351	1,214	1,147	1,110
中 東	231.5	225.5	373.2	622.8	685.8	748.7	732.7	711.9	696.4
イラン	226.0	247.6	576.1	920.4	1,198	1,200	1,324	1,360	1,338
サウジアラビア	111.7	91.58	265.7	513.3	648.7	826.1	812.9	741.9	739.8
アジア	827.1	818.5	813.9	702.9	657.4	729.1	632.5	570.9	565.7
中 国	3,322	3,287	3,383	2,137	1,158	1,074	850.3	688.8	673.9
日 本	489.5	503.0	401.7	301.0	291.2	269.5	259.2	227.0	225.0
香 港	305.6	257.2	219.8	279.5	225.4	155.1	139.6	110.7	104.0
台 湾	1,089	1,113	1,148	769.7	771.2	582.3	521.9	442.5	423.5
韓 国	666.1	677.3	697.5	517.1	499.5	418.4	388.4	333.4	329.8
シンガポール	467.7	493.4	419.7	404.5	311.7	207.0	165.3	133.8	126.2
ブルネイ	253.3	280.7	288.4	464.9	500.2	528.3	522.4	742.8	749.7
インドネシア	298.9	331.9	406.4	483.6	646.8	603.9	532.0	518.5	522.3
マレーシア	1,141	466.2	614.1	674.3	649.4	796.6	701.0	643.8	636.1
フィリピン	450.0	444.7	344.1	330.4	453.8	327.2	329.4	344.9	348.8
タ イ	439.6	488.1	481.0	557.2	682.6	643.5	627.5	561.3	535.2
イ ン ド	843.6	857.0	935.4	1,119	1,092	1,013	957.3	811.0	819.1
ベトナム	830.6	889.4	549.6	364.6	444.5	689.3	677.1	916.5	857.0
オセアニア	448.8	470.0	472.0	424.3	396.0	344.6	293.4	258.1	247.5
オーストラリア	489.7	504.9	514.1	449.6	419.5	366.0	310.6	273.7	262.2
ニュージーランド	234.6	280.1	236.2	260.4	240.3	196.2	175.2	152.5	149.8
OECD 38	602.1	592.1	506.8	387.0	331.7	277.3	241.6	202.7	203.6
非OECD	1,097	1,072	1,075	1,084	843.2	792.5	702.7	628.3	623.0
EU 27	N.A.	N.A.	N.A.	380.3	289.9	243.1	208.4	172.0	175.7
旧 ソ 連 15	2,472	2,429	2,270	2,202	2,004	1,281	1,085	1,042	1,061
APEC 20	N.A.	N.A.	N.A.	619.4	521.5	518.1	464.3	411.7	409.5
ASEAN 10	N.A.	N.A.	N.A.	N.A.	579.4	545.2	502.9	512.6	501.1
バンカー	-	-	-	-	-	-	-	-	-
世 界	730.7	719.1	659.9	564.5	474.6	469.2	430.5	385.0	384.7

出所: 表Ⅳ-(20)、表Ⅳ-(22)より算出。注: 表Ⅳ-(2)と同じ。

(35)世界の一次エネルギー消費当たりCO₂排出量

(二酸化炭素トン/石油換算トン)

年	1971	1973	1980	1990	2000	2010	2015	2020	2021
北 米	2.61	2.61	2.47	2.41	2.41	2.30	2.20	2.04	2.08
アメリカ	2.64	2.65	2.51	2.48	2.47	2.35	2.24	2.09	2.13
カナダ	2.26	2.23	2.08	1.83	1.88	1.92	1.88	1.72	1.74
中南米	1.92	2.00	1.98	1.86	1.97	1.94	1.98	1.71	1.77
メキシコ	2.31	2.32	2.24	2.17	2.39	2.54	2.48	2.07	2.10
ブラジル	1.28	1.41	1.53	1.38	1.59	1.40	1.53	1.35	1.47
チ リ	2.43	2.42	2.26	2.10	1.97	2.29	2.28	2.19	2.15
欧 州	2.78	2.73	2.64	2.41	2.19	2.06	2.04	1.90	1.91
欧州OECD	2.82	2.73	2.61	2.28	2.09	1.95	1.91	1.74	1.77
イギリス	3.05	2.95	2.84	2.64	2.36	2.35	2.16	1.95	2.02
ドイツ	3.17	3.10	2.93	2.66	2.39	2.29	2.34	2.12	2.17
フランス	2.76	2.66	2.42	1.56	1.45	1.31	1.22	1.19	1.24
イタリア	2.65	2.66	2.64	2.56	2.48	2.25	2.17	2.00	2.07
欧州非OECD	2.72	2.74	2.68	2.56	2.37	2.25	2.26	2.13	2.11
ロシア	N.A.	N.A.	N.A.	2.47	2.29	2.14	2.18	2.05	2.01
ウクライナ	N.A.	N.A.	N.A.	2.73	2.38	2.06	2.09	2.02	1.92
アフリカ	1.28	1.35	1.39	1.35	1.32	1.48	1.50	1.39	1.43
南アフリカ	3.47	3.63	3.06	2.72	2.58	3.17	3.27	3.09	3.15
中 東	2.55	2.55	2.56	2.55	2.48	2.36	2.32	2.24	2.24
イラン	2.34	2.34	2.33	2.35	2.56	2.43	2.33	2.17	2.19
サウジアラビア	2.90	2.90	2.93	2.51	2.22	2.17	2.27	2.11	2.14
アジア	2.11	2.14	2.22	2.25	2.38	2.72	2.77	2.62	2.61
中 国	2.11	2.14	2.39	2.51	2.83	3.20	3.14	2.88	2.85
日 本	2.80	2.81	2.63	2.42	2.25	2.28	2.67	2.57	2.50
香 港	2.97	2.93	3.03	3.63	2.86	3.07	2.92	2.72	2.75
台 湾	3.32	3.32	3.00	2.44	2.64	2.27	2.32	2.32	2.27
韓 国	2.77	2.73	2.61	2.23	2.14	2.11	2.09	1.96	1.91
シンガポール	2.79	2.69	2.75	2.49	2.35	2.12	1.58	1.28	1.29
ブルネイ	2.21	2.22	2.33	2.45	2.38	2.12	2.49	2.43	2.45
インドネシア	0.705	0.832	1.15	1.32	1.64	1.95	2.24	2.29	2.36
マレーシア	3.93	2.05	2.24	2.37	2.24	2.56	2.50	2.41	2.37
フィリピン	1.58	1.62	1.42	1.33	1.67	1.80	1.92	2.14	2.16
タ イ	1.17	1.31	1.47	1.89	2.08	1.89	1.86	1.83	1.81
インド	1.33	1.31	1.48	1.90	2.14	2.38	2.49	2.38	2.41
ベトナム	1.16	1.18	0.988	0.919	1.45	2.09	2.57	3.05	2.99
オセアニア	2.89	2.89	2.89	2.82	2.87	2.92	2.79	2.60	2.61
オーストラリア	3.00	2.98	3.02	2.97	3.06	3.09	2.99	2.75	2.77
ニュージーランド	2.07	2.20	1.91	1.79	1.69	1.69	1.54	1.56	1.57
OECD 38	2.68	2.66	2.52	2.34	2.26	2.17	2.13	1.97	1.99
非OECD	2.18	2.22	2.27	2.25	2.25	2.48	2.50	2.37	2.37
EU 27	N.A.	N.A.	N.A.	2.40	2.22	2.05	2.00	1.83	1.89
旧ソ連 15	2.69	2.72	2.66	2.53	2.34	2.23	2.24	2.12	2.09
APEC 20	N.A.	N.A.	N.A.	2.40	2.43	2.58	2.59	2.44	2.44
ASEAN 10	N.A.	N.A.	N.A.	N.A.	1.78	1.98	2.10	2.21	2.21
バンカー	3.14	3.14	3.14	3.14	3.14	3.14	3.13	3.13	3.13
世 界	2.52	2.52	2.44	2.32	2.28	2.37	2.38	2.24	2.25

出所: 表IV-(2)、表IV-(20)より算出。注: 表IV-(2)と同じ。

(36)世界の自動車保有台数

(千台)

年	1971	1973	1980	1990	2000	2010	2015	2020	2021
北 米	121,810	135,525	169,007	205,351	239,046	269,432	278,224	292,584	297,881
アメリカ	112,986	125,654	155,796	188,798	221,475	248,231	255,009	267,589	272,474
カ ナ ダ	8,823	9,871	13,211	16,553	17,571	21,201	23,215	24,995	25,407
中 南 米	15,711	17,853	28,281	38,207	55,319	94,276	123,452	145,453	148,378
メキシコ	1,937	3,189	5,481	9,614	15,318	30,481	37,339	45,931	47,176
ブラジル	3,300	3,964	11,078	13,070	18,275	30,763	40,837	45,722	45,968
チ リ	362	371	613	957	1,959	3,053	4,298	5,379	5,551
欧 州	91,406	104,856	146,683	210,781	279,881	355,671	383,612	277,514	281,178
欧州OECD	81,091	92,014	125,326	177,735	238,364	281,509	296,037	179,575	180,923
イギリス	14,127	15,690	17,351	26,142	31,463	35,479	38,220	42,404	42,874
ドイツ	16,759	18,384	24,853	32,684	47,306	49,265	49,603	52,276	52,727
フランス	15,151	16,800	21,721	28,460	33,813	37,744	38,539	39,867	40,119
イタリア	12,300	14,508	19,115	29,910	36,165	41,650	42,242	45,028	45,202
欧州非OECD	5,639	6,620	5,212	10,567	9,325	14,164	15,953	19,331	19,683
ロシア	3,224	4,289	11,130	15,497	25,394	40,661	48,882	53,380	53,880
ウクライナ	N.A.	N.A.	N.A.	N.A.	N.A.	9,418	9,501	10,545	10,646
アフリカ	4,421	5,104	9,772	14,485	19,646	27,199	39,173	49,097	50,926
南アフリカ	2,251	2,637	3,466	5,200	6,046	7,890	9,951	10,900	11,127
中 東	1,365	1,915	5,780	10,221	14,229	27,935	40,616	51,290	52,938
イラン	430	680	1,485	2,110	2,156	9,181	14,130	15,963	16,341
サウジアラビア	114	244	1,711	3,004	4,135	5,425	6,770	8,789	9,260
アジア	25,551	30,884	47,965	84,769	137,897	246,650	370,933	519,185	545,198
中 国	494	673	1,783	5,514	16,089	78,018	162,745	273,409	294,186
日 本	20,435	25,166	37,915	57,669	72,370	74,997	77,138	78,129	78,119
香 港	164	203	274	375	540	602	721	811	817
台 湾	112	174	482	2,883	5,536	6,826	7,677	8,126	8,262
韓 国	132	139	519	3,395	12,059	17,941	20,990	24,366	24,911
シンガポール	180	205	248	428	561	772	782	814	829
ブルネイ	13.4	20.1	50.5	120	202	216	262	277	272
インドネシア	302	367	945	1,879	3,898	11,237	16,646	21,114	22,588
マレーシア	389	434	897	2,124	4,927	10,150	13,137	16,630	17,235
フィリピン	475	571	853	1,219	2,434	3,119	4,120	4,782	4,924
タ イ	398	437	881	2,814	6,120	10,750	15,919	19,177	19,595
イ ン ド	1,119	1,112	1,667	4,320	9,420	25,157	39,900	55,130	56,225
ベトナム	126	129	139	155	201	1,207	2,009	4,035	4,610
オセアニア	6,166	6,827	8,819	11,569	14,883	18,612	20,748	23,044	23,514
オーストラリア	5,037	5,573	7,263	9,777	12,288	15,352	17,119	18,827	19,204
ニュージーランド	1,129	1,254	1,556	1,792	2,595	3,260	3,629	4,217	4,310
OECD 38	239,102	270,498	359,638	481,688	606,286	716,002	761,890	665,811	675,127
非OECD	27,328	32,465	56,669	93,694	154,615	323,774	494,869	692,356	724,885
EU 27	69,427	79,824	111,113	159,027	210,891	257,430	270,219	295,493	299,741
旧ソ連 15	5,400	7,000	19,112	31,452	34,695	62,347	74,318	83,997	83,865
APEC 20	156,944	178,974	240,523	322,168	422,699	580,258	715,530	871,987	904,348
ASEAN 10	2,014	2,296	4,176	8,956	18,801	38,379	54,073	67,783	71,033
バンカー									
世 界	266,430	302,963	416,307	575,382	760,902	1,039,776	1,256,759	1,358,168	1,400,013

出所:日本自動車工業会「世界自動車統計年報」、Wards Intelligence「Ward's World Motor Vehicle Data」等
よりEDMC推計。

(37)世界の千人当たり自動車保有台数

(台/千人)

年	1971	1973	1980	1990	2000	2010	2015	2020	2021
北 米	530	578	671	741	764	785	781	792	805
アメリカ	544	593	686	756	785	802	795	807	821
カ ナ ダ	402	439	539	598	573	623	650	657	664
中 南 米	54.2	58.6	78.9	87.2	107	161	200	224	227
メキシコ	37.3	57.7	81.0	118	157	271	311	365	372
ブラジル	33.4	38.2	90.6	86.7	104	157	199	214	214
チ リ	36.3	36.0	53.4	71.7	128	180	241	279	285
欧 州	123	139	185	250	324	400	422	301	304
欧州OECD	180	202	264	352	452	505	519	309	311
イギリス	253	279	308	461	534	565	587	632	637
ドイツ	214	233	317	411	575	602	607	629	634
フランス	290	317	395	490	555	580	579	590	592
イタリア	227	265	339	527	635	703	696	758	765
欧州非OECD	19.1	22.0	16.3	31.4	27.9	42.7	47.2	56.6	57.6
ロシア	24.6	32.3	80.1	105	173	285	339	371	376
ウクライナ	N.A.	N.A.	N.A.	N.A.	N.A.	205	210	239	243
アフリカ	12.1	13.3	20.9	23.4	24.8	26.6	33.7	37.4	37.8
南アフリカ	97.7	108	118	130	129	152	178	185	187
中 東	19.8	26.0	61.7	76.7	83.1	127	166	192	196
イラン	14.7	22.0	38.6	37.8	32.9	122	173	183	186
サウジアラビア	17.7	34.4	168	188	192	184	207	244	258
アジア	12.4	14.4	19.5	28.7	39.9	63.7	91.0	122	127
中 国	0.588	0.763	1.82	4.86	12.7	58.3	118	194	208
日 本	193	231	325	467	571	586	607	619	622
香 港	40.4	47.7	54.1	65.8	81.1	85.7	98.9	108	110
台 湾	7.48	11.2	27.2	142	250	295	327	345	352
韓 国	4.02	4.08	13.6	79.2	257	362	411	470	481
シンガポール	85.2	93.5	103	140	139	152	141	143	152
ブルネイ	96.7	135	269	459	604	545	623	627	611
インドネシア	2.55	2.94	6.38	10.3	18.2	46.1	64.2	77.7	82.5
マレーシア	36.8	39.3	67.9	121	215	353	423	501	513
フィリピン	12.4	14.1	17.6	19.8	31.2	33.0	40.0	42.6	43.2
タ イ	10.8	11.2	19.3	50.9	97.0	157	226	268	274
インド	1.96	1.86	2.39	4.96	8.89	20.3	30.2	39.5	39.9
ベトナム	2.94	2.88	2.63	2.32	2.54	13.8	21.8	41.8	47.3
オセアニア	390	418	495	567	650	705	730	750	763
オーストラリア	389	417	494	573	646	697	719	734	748
ニュージーランド	396	423	500	538	673	749	787	828	841
OECD 38	266	294	366	451	524	577	595	507	513
非OECD	9.53	10.8	16.4	22.2	31.1	56.6	80.9	107	110
EU 27	182	207	278	378	491	583	608	660	670
旧ソ連 15	22.3	28.3	65.2	83.6	121	221	254	274	281
APEC 20	92.3	101	122	141	166	211	251	297	307
ASEAN 10	7.03	7.62	11.8	20.4	35.8	64.1	85.1	101	105
バンカー	-	-	-	-	-	-	-	-	-
世 界	70.8	77.3	93.8	109	124	149	170	174	178

出所：表Ⅳ-(21)、表Ⅳ-(36)より算出。

(38)一次エネルギー消費に関するEI統計・国連統計・IEA統計の比較

(2021年、石油換算百万トン)

		石炭	石油	天然ガス	水力・原子力	水力	原子力	合計
ア メ リ カ	EI統計	252.5 (99.4)	848.2 (111.1)	718.7 (99.4)	233.4 (100.0)	56.1 (257.5)	177.2 (83.8)	2,052.8 (104.0)
	国連統計	254.8 (100.3)	764.4 (100.1)	723.1 (100.0)	235.0 (100.8)	23.6 (108.1)	211.5 (100.0)	1,977.4 (100.2)
	IEA統計	254.0 (100.0)	763.6 (100.0)	723.1 (100.0)	233.3 (100.0)	21.8 (100.0)	211.5 (100.0)	1,973.9 (100.0)
日 本	EI統計	117.8 (107.9)	157.9 (104.8)	89.1 (102.7)	31.1 (123.1)	17.9 (264.4)	13.1 (71.2)	395.8 (106.5)
	国連統計	109.1 (100.0)	151.7 (100.7)	86.7 (100.0)	26.1 (103.4)	7.6 (112.7)	18.4 (100.0)	373.6 (100.5)
	IEA統計	109.1 (100.0)	150.7 (100.0)	86.7 (100.0)	25.2 (100.0)	6.8 (100.0)	18.4 (100.0)	371.7 (100.0)
世 界	EI統計	3,832.0 (95.5)	4,415.5 (101.4)	3,497.1 (100.3)	1,570.0 (142.5)	965.0 (261.4)	605.0 (82.6)	13,314.7 (102.8)
	国連統計	3,951.3 (98.5)	4,391.5 (100.8)	3,575.3 (102.5)	1,108.3 (100.6)	379.0 (102.7)	729.3 (99.6)	13,026.4 (100.5)
	IEA統計	4,013.3 (100.0)	4,355.2 (100.0)	3,486.9 (100.0)	1,101.5 (100.0)	369.2 (100.0)	732.3 (100.0)	12,956.8 (100.0)

出所：Energy Institute「Statistical Review of World Energy 2023」、
United Nations「2021 Energy Statistics Yearbook」、「2021 Energy Balances」
IEA「World Energy Balances 2023 Edition」

注：(1)Energy Institute統計の水力、原子力は発電効率40.6％換算。
(2)国連統計は世界の石油、天然ガスは生産量；水力は100％、原子力は33％換算。
(3)下段( )内はIEA統計を100とする場合の比率である。
(4)合計は石炭、石油、天然ガス、水力・原子力の合計値。
(5)出所がIEA (国際エネルギー機関) の表(IEA資料)については巻頭解説10を参照。

(39)世界の原油生産量（2018年〜2022年）

	年間生産量 (1,000 b/d)					2022	
	2018	2019	2020	2021	2022	伸び率 (%)	シェア (%)
北　米	22,638	24,432	23,534	24,020	25,290	5.3	26.9
アメリカ	15,323	17,139	16,492	16,679	17,770	6.5	18.9
カナダ	5,244	5,372	5,130	5,414	5,576	3.0	5.9
メキシコ	2,072	1,921	1,912	1,928	1,944	0.9	2.1
中南米	6,660	6,313	5,946	5,933	6,361	7.2	6.8
アルゼンチン	591	620	601	628	706	12.4	0.8
ブラジル	2,691	2,890	3,030	2,990	3,107	3.9	3.3
コロンビア	865	886	781	736	754	2.4	0.8
エクアドル	517	531	479	473	481	1.7	0.5
ペルー	139	144	131	128	128	0.5	0.1
トリニダード・トバゴ	87	82	76	77	74	-3.6	0.1
ベネズエラ	1,641	1,037	660	676	731	8.1	0.8
その他	128	122	187	226	381	68.5	0.4
欧　州	3,539	3,450	3,601	3,427	3,131	-8.6	3.3
デンマーク	116	103	72	66	65	-1.6	0.1
イタリア	97	89	112	100	92	-7.9	0.1
ノルウェー	1,851	1,763	2,006	2,028	1,901	-6.3	2.0
ルーマニア	75	75	72	70	65	-6.2	0.1
イギリス	1,092	1,118	1,049	874	778	-11.0	0.8
その他	309	303	290	289	230	-20.5	0.2
CIS	14,618	14,717	13,496	13,877	14,006	0.9	14.9
アゼルバイジャン	796	775	714	726	685	-5.6	0.7
カザフスタン	1,900	1,903	1,796	1,805	1,769	-2.0	1.9
ロシア	11,562	11,679	10,666	11,000	11,202	1.8	11.9
トルクメニスタン	259	254	219	242	244	1.0	0.3
ウズベキスタン	64	67	61	63	63	-0.9	0.1
その他	38	39	39	41	43	4.4	+
中　東	31,558	30,029	27,661	28,147	30,743	9.2	32.8
イラン	4,620	3,407	3,120	3,653	3,822	4.6	4.1
イラク	4,632	4,779	4,114	4,102	4,520	10.2	4.8
クウェート	3,050	2,976	2,721	2,704	3,028	12.0	3.2
オマーン	978	971	951	971	1,064	9.6	1.1
カタール	1,798	1,737	1,703	1,736	1,768	1.8	1.9
サウジアラビア	12,261	11,832	11,039	10,954	12,136	10.8	12.9
シリア	24	34	43	96	93	-2.7	0.1
UAE	3,894	3,984	3,679	3,640	4,020	10.4	4.3
イエメン	94	95	88	83	81	-2.4	0.1
その他	207	214	202	208	210	1.2	0.2

	年間生産量 (1,000 b/d)					2022	
	2018	2019	2020	2021	2022	伸び率 (%)	シェア (%)
アフリカ	8,267	8,361	6,937	7,298	7,043	-3.5	7.5
アルジェリア	1,511	1,487	1,332	1,353	1,474	8.9	1.6
アンゴラ	1,519	1,420	1,325	1,177	1,190	1.1	1.3
チャド	116	127	126	116	124	6.2	0.1
コンゴ共和国	330	336	307	274	269	-1.7	0.3
エジプト	674	653	632	608	613	0.8	0.7
赤道ギニア	176	160	158	131	119	-9.2	0.1
ガボン	193	218	207	181	191	5.4	0.2
リビア	1,165	1,228	425	1,269	1,088	-14.3	1.2
ナイジェリア	2,004	2,100	1,827	1,634	1,450	-11.2	1.5
南スーダン	144	172	165	153	141	-7.6	0.1
スーダン	74	72	63	64	62	-3.3	0.1
チュニジア	44	41	37	45	40	-12.9	+
その他	315	348	331	293	283	-3.4	0.3
アジア・オセアニア	7,632	7,669	7,456	7,373	7,273	-1.4	7.7
オーストラリア	343	458	454	444	420	-5.2	0.4
ブルネイ	112	121	110	107	92	-13.8	0.1
中国	3,802	3,848	3,901	3,994	4,111	2.9	4.4
インド	893	851	794	766	737	-3.8	0.8
インドネシア	808	781	742	692	644	-6.9	0.7
マレーシア	713	672	622	577	567	-1.7	0.6
タイ	475	475	421	401	331	-17.5	0.4
ベトナム	257	236	207	196	194	-1.2	0.2
その他	230	227	204	198	177	-10.6	0.2
世界	94,914	94,972	88,630	90,076	93,848	4.2	100.0
OECD	27,247	29,084	28,235	28,493	29,514	3.6	31.4
OPEC	36,997	34,965	30,915	31,748	34,038	7.2	36.3
非OPEC	57,917	60,007	57,715	58,328	59,809	2.5	63.7

出所：Energy Institute「Statistical Review of World Energy 2023」
注：(1)生産量は原油、シェールオイル、オイルサンド、コンデンセート、天然ガス液を含む。
(2)伸び率は対前年伸び率である。
(3)シェアは世界計に対する比率である。
(4)+は0.05未満を表す。
(5)地域区分は出所に従う。

(40)世界の天然ガス生産量（2018年〜2022年）

	年間生産量（十億立方メートル）					2022	
	2018	2019	2020	2021	2022	伸び率 (%)	シェア (%)
北　米	1,055.6	1,134.4	1,117.2	1,154.9	1,203.9	4.2	29.8
アメリカ	840.9	928.1	916.1	944.1	978.6	3.6	24.2
カ ナ ダ	176.8	169.6	165.6	172.3	185.0	7.4	4.6
メキシコ	37.9	36.7	35.5	38.4	40.4	5.2	1.0
中 南 米	175.7	171.9	155.5	157.5	162.0	2.9	4.0
アルゼンチン	39.4	41.6	38.3	38.6	41.6	7.7	1.0
ボリビア	17.3	15.1	14.7	15.1	13.4	-11.5	0.3
ブラジル	25.2	25.7	24.2	24.3	23.0	-5.6	0.6
コロンビア	12.4	12.6	12.5	12.6	12.4	-1.1	0.3
ペルー	12.8	13.5	12.2	11.5	13.8	20.5	0.3
トリニダード・トバゴ	34.0	34.6	29.5	24.7	26.0	5.1	0.6
ベネズエラ	31.6	25.6	21.6	28.1	29.2	4.0	0.7
その他	3.0	3.2	2.7	2.6	2.6	3.2	0.1
欧　州	251.5	234.8	218.9	211.0	220.4	4.5	5.4
デンマーク	4.3	3.2	1.4	1.5	1.5	0.2	+
ドイツ	5.5	5.3	4.5	4.5	4.3	-6.2	0.1
イタリア	5.2	4.6	3.9	3.2	3.2	-0.8	0.1
オランダ	32.5	27.7	20.1	18.0	15.1	-16.5	0.4
ノルウェー	121.3	114.3	111.5	114.3	122.8	7.5	3.0
ポーランド	4.0	4.0	3.9	3.9	4.0	3.0	0.1
ルーマニア	10.0	9.6	8.6	8.6	8.8	2.3	0.2
ウクライナ	19.7	19.4	19.1	18.7	17.5	-6.6	0.4
イギリス	40.6	39.3	39.6	32.8	38.2	16.4	0.9
その他	8.4	7.4	6.3	5.4	5.1	-5.5	0.1
CIS	847.2	857.4	808.4	891.2	805.9	-9.6	19.9
アゼルバイジャン	18.8	23.9	25.9	34.3	34.1	7.3	0.8
カザフスタン	39.2	33.5	30.6	26.7	26.0	-2.8	0.6
ロシア	669.1	679.0	638.4	702.1	618.4	-11.9	15.3
トルクメニスタン	61.5	63.2	66.0	79.3	78.3	-1.3	1.9
ウズベキスタン	58.3	57.5	47.1	50.9	48.9	-4.0	1.2
その他	0.3	0.3	0.3	0.3	0.3	-10.7	+
中　東	657.2	668.3	678.8	706.2	721.3	2.1	17.8
バーレーン	14.6	16.3	16.4	17.2	17.1	-0.7	0.4
イラン	224.9	232.9	249.5	256.7	259.4	1.1	6.4
イラク	10.6	11.0	7.0	9.1	9.4	3.5	0.2
クウェート	16.9	13.3	12.2	12.1	13.4	10.4	0.3
オマーン	36.3	36.7	36.9	40.2	42.1	4.6	1.0
カタール	175.2	177.2	174.9	177.0	178.4	0.8	4.4
サウジアラビア	112.1	111.2	113.1	114.5	120.4	5.2	3.0
シリア	3.5	3.3	2.9	3.1	3.1	-0.2	0.1
UAE	52.9	56.2	50.6	58.3	58.0	-0.6	1.4
イエメン	0.1	0.1	0.1	0.1	0.1	+	+
その他	10.1	10.3	15.0	17.9	20.0	11.4	0.5

	年間生産量 (十億立方メートル)					2022	
	2018	2019	2020	2021	2022	伸び率 (%)	シェア (%)
アフリカ	241.8	243.0	231.4	259.0	249.0	-3.9	6.2
アルジェリア	93.8	87.0	81.4	101.1	98.2	-2.9	2.4
エジプト	58.6	64.9	58.5	67.8	64.5	-4.9	1.6
リビア	13.2	13.5	12.4	14.5	14.8	2.4	0.4
ナイジェリア	48.3	49.3	49.4	45.2	40.4	-10.6	1.0
そ の 他	27.9	28.4	29.8	30.4	31.1	2.1	0.8
アジア・オセアニア	626.8	658.5	650.4	673.8	681.3	1.1	16.8
オーストラリア	127.4	146.1	145.9	148.2	152.8	3.1	3.8
バングラデシュ	26.6	25.3	23.7	23.6	23.3	-1.5	0.6
ブルネイ	12.6	13.0	12.6	11.5	10.6	-8.2	0.3
中 国	161.4	176.7	194.0	209.2	221.8	6.0	5.5
イ ン ド	27.5	26.9	23.8	28.5	29.8	4.4	0.7
インドネシア	72.8	67.6	59.5	59.3	57.7	-2.7	1.4
マレーシア	76.1	77.5	72.2	78.0	82.4	5.7	2.0
ミャンマー	17.0	18.5	17.5	17.2	16.9	-1.7	0.4
パキスタン	34.2	32.7	30.6	32.7	28.7	-12.2	0.7
タ イ	34.7	35.8	32.7	31.5	25.6	-18.7	0.6
ベトナム	9.7	9.8	8.8	7.2	7.8	8.3	0.2
そ の 他	26.9	28.7	29.0	26.8	23.8	-11.0	0.6
世 界	3,855.8	3,968.4	3,860.6	4,053.4	4,043.8	-0.2	100.0
OECD	1,434.5	1,516.9	1,488.7	1,523.5	1,589.1	4.3	39.3
EU	69.0	61.0	47.8	44.3	41.1	-7.2	1.0

出所:Energy Institute「Statistical Review of World Energy 2023」
　注:(1)伸び率は対前年伸び率である。
　　　(2)シェアは世界計に対する比率である。
　　　(3)+は0.05未満を表す。
　　　(4)地域区分は出所に従う。

(41)世界の石炭生産量（2018年〜2022年）

	年間生産量(百万トン)					2022	
	2018	2019	2020	2021	2022	伸び率 (%)	シェア (%)
北 米	752.9	703.7	539.6	577.0	590.0	2.3	6.7
アメリカ	686.0	640.8	485.7	523.8	539.4	3.0	6.1
カナダ	55.0	53.2	46.1	47.6	45.1	-5.3	0.5
メキシコ	11.9	9.8	7.7	5.5	5.5	0.1	0.1
中南米	95.1	92.8	61.4	67.4	65.4	-3.0	0.7
ブラジル	6.4	5.8	7.1	8.0	7.5	-6.8	0.1
コロンビア	86.4	85.4	53.6	59.0	57.5	-2.5	0.7
ベネズエラ	0.7	0.4	0.3	0.2	0.2	-12.0	+
その他	1.6	1.1	0.4	0.2	0.3	32.0	+
欧 州	679.4	580.5	488.3	525.5	545.9	3.9	6.2
ブルガリア	30.6	28.3	22.6	28.4	35.6	25.2	0.4
チェコ	43.8	41.0	31.6	31.5	35.2	11.7	0.4
ドイツ	168.8	131.3	107.4	126.3	132.5	4.9	1.5
ギリシャ	36.5	27.4	14.1	12.4	14.0	13.3	0.2
ハンガリー	7.9	6.8	6.1	5.0	4.9	-1.2	0.1
ポーランド	122.4	112.4	100.7	107.6	107.5	-0.2	1.2
ルーマニア	23.7	21.7	15.0	17.7	18.2	2.4	0.2
セルビア	37.6	38.9	39.7	36.4	35.1	-3.5	0.4
スペイン	2.4	0.1	0.1	0.1	0.1	+	+
トルコ	83.9	87.1	74.7	86.5	96.1	11.1	1.1
ウクライナ	26.8	26.1	24.4	24.9	16.5	-33.7	0.2
イギリス	2.8	2.6	1.7	1.1	0.7	-38.2	+
その他	92.2	56.8	50.2	47.6	49.5	4.1	0.6
CIS	571.6	567.6	523.5	561.9	570.7	1.6	6.5
カザフスタン	118.5	115.0	113.4	116.2	118.0	1.5	1.3
ロシア	441.3	440.7	399.8	434.1	439.0	1.1	5.0
ウズベキスタン	4.2	4.0	4.1	5.1	5.4	5.9	0.1
その他	7.7	7.9	6.2	6.6	8.4	27.4	0.1
中 東	2.2	2.0	2.1	2.2	4.4	98.2	0.1

	年間生産量 (百万トン)					2022	
	2018	2019	2020	2021	2022	伸び率 (%)	シェア (%)
アフリカ	273.4	271.7	261.2	248.7	251.1	1.0	2.9
南アフリカ	250.0	254.4	246.2	229.8	225.9	-1.7	2.6
ジンバブエ	3.3	2.6	2.7	3.2	3.9	21.7	+
その他	20.0	14.6	12.3	15.7	21.2	35.3	0.2
アジア・オセアニア	5,692.3	5,891.0	5,864.6	6,176.8	6,775.8	9.7	77.0
オーストラリア	502.2	505.6	470.0	460.3	443.4	-3.7	5.0
中国	3,697.7	3,846.3	3,901.6	4,125.8	4,560.0	10.5	51.8
インド	760.4	753.9	760.2	812.3	910.9	12.1	10.3
インドネシア	557.8	616.2	563.7	614.0	687.4	12.0	7.8
日本	1.0	0.8	0.8	0.7	0.7	3.3	+
モンゴル	54.6	57.1	43.1	32.3	39.3	21.7	0.4
ニュージーランド	3.2	3.0	2.8	2.9	2.6	-8.0	+
パキスタン	4.4	7.1	9.5	10.2	9.9	-3.0	0.1
韓国	1.2	1.1	1.0	0.9	0.8	-8.7	+
タイ	14.9	14.1	13.3	14.2	13.6	-4.1	0.2
ベトナム	42.4	46.4	44.6	48.3	49.8	3.2	0.6
その他	52.6	39.5	54.1	54.8	57.2	4.3	0.6
世界	8,066.9	8,109.2	7,740.8	8,159.5	8,803.4	7.9	100.0
OECD	1,854.7	1,737.9	1,426.2	1,491.6	1,507.2	1.0	17.1
EU	473.4	397.3	318.8	348.9	368.6	5.6	4.2

出所：Energy Institute「Statistical Review of World Energy 2023」
注：(1)伸び率は対前年伸び率である。
(2)シェアは世界計に対する比率である。
(3)+は0.05未満を表す。
(4)地域区分は出所に従う。

(42)世界のウラン生産量（2018年〜2022年）

	年間生産量(ウラニウムトン)					2022	
	2018	2019	2020	2021	2022	伸び率 (%)	シェア (%)
北　米	7,583	6,996	3,891	4,701	7,426	58.0	15.0
アメリカ	582	58	6	8	75	837.5	0.2
カ ナ ダ	7,001	6,938	3,885	4,693	7,351	56.6	14.9
中 南 米	-	-	15	29	43	48.3	0.1
ブラジル	-	-	15	29	43	48.3	0.1
欧　州・ユーラシア	28,849	30,019	26,567	28,429	27,135	-4.6	55.0
カザフスタン	21,705	22,808	19,477	21,819	21,227	-2.7	43.0
ロ シ ア	2,904	2,911	2,846	2,635	2,508	-4.8	5.1
ウズベキスタン	3,450	3,500	3,500	3,520	3,300	-6.3	6.7
ウクライナ	790	800	744	455	100	-78.0	0.2

	年間生産量 (ウラニウムトン)					2022	
	2018	2019	2020	2021	2022	伸び率 (%)	シェア (%)
アフリカ	8,782	8,805	8,654	8,193	7,833	-4.4	15.9
南アフリカ	346	346	250	192	200	4.2	0.4
ナミビア	5,525	5,476	5,413	5,753	5,613	-2.4	11.4
ニジェール	2,911	2,983	2,991	2,248	2,020	-10.1	4.1
アジア・オセアニア	8,941	8,922	8,604	6,458	6,918	7.1	14.0
オーストラリア	6,517	6,613	6,203	4,192	4,553	8.6	9.2
中　国	1,885	1,885	1,885	1,600	1,700	6.3	3.4
インド	423	308	400	600	600	0.0	1.2
パキスタン	45	45	45	45	45	0.0	0.1
イラン	71	71	71	21	20	-4.8	0.0
世　界	54,154	54,742	47,731	47,808	49,355	3.2	100.0

出所：World Nuclear Association「World Uranium Mining Production」(Updated August 2023)
　注：(1) ウズベキスタン、南アフリカ、中国、インド、パキスタン、イランは推計値を含む。
　　　(2) 伸び率は対前年伸び率である。
　　　(3) シェアは世界計に対する比率である。

(43)世界の石油確認可採埋蔵量 (2020年末)

	確認可採埋蔵量			シェア (%)	可採年数 (年)
	十億トン	十億バレル	十億kL		
北　米	36.1	242.9	38.6	14.0	28.2
アメリカ	8.2	68.8	10.9	4.0	11.4
カナダ	27.1	168.1	26.7	9.7	89.4
メキシコ	0.9	6.1	1.0	0.4	8.7
中 南 米	50.8	323.4	51.4	18.7	151.3
アルゼンチン	0.3	2.5	0.4	0.1	11.3
ブラジル	1.7	11.9	1.9	0.7	10.8
コロンビア	0.3	2.0	0.3	0.1	7.1
エクアドル	0.2	1.3	0.2	0.1	7.4
ペルー	0.1	0.7	0.1	+	15.5
トリニダード・トバゴ	+	0.2	+	+	8.7
ベネズエラ	48.0	303.8	48.3	17.5	1,537.8
その他	0.1	0.8	0.1	+	10.9
欧　州	1.8	13.6	2.2	0.8	10.4
デンマーク	0.1	0.4	0.1	+	16.2
イタリア	0.1	0.6	0.1	+	14.7
ノルウェー	1.0	7.9	1.3	0.5	10.8
ルーマニア	0.1	0.6	0.1	+	22.7
イギリス	0.3	2.5	0.4	0.1	6.6
その他	0.2	1.6	0.3	0.1	14.9
CIS	19.9	146.2	23.3	8.4	29.6
アゼルバイジャン	1.0	7.0	1.1	0.4	26.7
カザフスタン	3.9	30.0	4.8	1.7	45.3
ロシア	14.8	107.8	17.1	6.2	27.6
トルクメニスタン	0.1	0.6	0.1	+	7.6
ウズベキスタン	0.1	0.6	0.1	+	34.7
その他	+	0.3	+	+	17.3
中　東	113.2	835.9	132.9	48.3	82.6
イラン	21.7	157.8	25.1	9.1	139.8
イラク	19.6	145.0	23.1	8.4	96.3
クウェート	14.0	101.5	16.1	5.9	103.2
オマーン	0.7	5.4	0.9	0.3	15.4
カタール	2.6	25.2	4.0	1.5	38.1
サウジアラビア	40.9	297.5	47.3	17.2	73.6
シリア	0.3	2.5	0.4	0.1	158.8
UAE	13.0	97.8	15.6	5.6	73.1
イエメン	0.4	3.0	0.5	0.2	86.7
その他	+	0.2	+	+	2.6

	確認可採埋蔵量			シェア (%)	可採年数 (年)
	十億トン	十億バレル	十億kL		
アフリカ	16.6	125.1	19.9	7.2	49.8
アルジェリア	1.5	12.2	1.9	0.7	25.0
アンゴラ	1.1	7.8	1.2	0.4	16.1
チャド	0.2	1.5	0.2	0.1	32.5
コンゴ共和国	0.4	2.9	0.5	0.2	25.7
エジプト	0.4	3.1	0.5	0.2	14.0
赤道ギニア	0.1	1.1	0.2	0.1	18.7
ガボン	0.3	2.0	0.3	0.1	26.4
リビア	6.3	48.4	7.7	2.8	339.2
ナイジェリア	5.0	36.9	5.9	2.1	56.1
南スーダン	0.5	3.5	0.6	0.2	56.4
スーダン	0.2	1.5	0.2	0.1	47.9
チュニジア	0.1	0.4	0.1	+	32.7
その他	0.5	3.8	0.6	0.2	33.2
アジア・オセアニア	6.1	45.2	7.2	2.6	16.6
オーストラリア	0.3	2.4	0.4	0.1	13.9
ブルネイ	0.1	1.1	0.2	0.1	27.3
中 国	3.5	26.0	4.1	1.5	18.2
インド	0.6	4.5	0.7	0.2	16.1
インドネシア	0.3	2.4	0.4	0.1	9.0
マレーシア	0.4	2.7	0.4	0.2	12.5
タ イ	+	0.3	+	+	1.7
ベトナム	0.6	4.4	0.7	0.3	58.1
その他	0.2	1.3	0.2	0.1	17.4
世 界	244.8	1,732.4	275.4	100.0	53.5
OECD	38.3	260.0	41.3	15.0	25.2
OPEC	171.8	1,214.7	193.1	70.1	108.3
非OPEC	72.6	517.7	82.3	29.9	24.5

出所：Energy Institute「Statistical Review of World Energy 2023」
注：(1)kL表示は0.159 kL/バレルでバレル表示から換算。
(2)＋は0.05未満を表す。
(3)確認可採埋蔵量は、存在が確認され、経済的にも生産され得ると推定されるもの。
(4)可採年数は、ある年の年末における確認可採埋蔵量をその年の生産量で割って得られる。
可採埋蔵量に追加がないとした場合、当該年の生産量を何年維持できるかを表す。
(5)地域区分は出所に従う。

(44)世界の天然ガス確認可採埋蔵量（2020年末）

	確認可採埋蔵量			シェア (%)	可採年数 (年)
	兆 立方フィート	兆 立方メートル	石油換算 十億トン		
北 米	535.0	15.2	13.6	8.1	13.7
アメリカ	445.6	12.6	11.4	6.7	13.8
カナダ	83.1	2.4	2.1	1.3	14.2
メキシコ	6.3	0.2	0.2	0.1	5.9
中南米	278.9	7.9	7.1	4.2	51.7
アルゼンチン	13.6	0.4	0.3	0.2	10.1
ボリビア	7.5	0.2	0.2	0.1	14.8
ブラジル	12.3	0.3	0.3	0.2	14.6
コロンビア	3.0	0.1	0.1	+	6.5
ペルー	9.2	0.3	0.2	0.1	21.6
トリニダード・トバゴ	10.2	0.3	0.3	0.1	9.8
ベネズエラ	221.1	6.3	5.6	3.3	333.9
その他	1.9	0.1	+	+	19.7
欧 州・ユーラシア	111.9	3.2	2.9	1.7	14.5
デンマーク	1.0	+	+	+	20.3
ドイツ	0.7	+	+	+	4.4
イタリア	1.5	+	+	+	10.9
オランダ	4.6	0.1	0.1	0.1	6.5
ノルウェー	50.5	1.4	1.3	0.8	12.8
ポーランド	2.6	0.1	0.1	+	18.4
ルーマニア	2.8	0.1	0.1	+	9.1
ウクライナ	38.5	1.1	1.0	0.6	57.5
イギリス	6.6	0.2	0.2	0.1	4.7
その他	3.2	0.1	0.1	+	14.3
CIS	1,998.9	56.6	51.0	30.1	70.5
アゼルバイジャン	88.4	2.5	2.3	1.3	96.9
カザフスタン	79.7	2.3	2.0	1.2	71.2
ロシア	1,320.5	37.4	33.7	19.9	58.6
トルクメニスタン	480.3	13.6	12.2	7.2	230.7
ウズベキスタン	29.9	0.8	0.8	0.4	18.0
その他	0.1	+	+	+	9.1

出所：Energy Institute「Statistical Review of World Energy 2023」

注：(1)石油換算トン表示は0.0000255トン/立方フィートで換算。

(2)表Ⅳ-(43)注(2)～(5)参照。

	確認可採埋蔵量			シェア (%)	可採年数 (年)
	兆 立方フィート	兆 立方メートル	石油換算 十億トン		
中　東	2,677.1	75.8	68.3	40.3	110.4
バーレーン	2.3	0.1	0.1	+	3.9
イラン	1,133.6	32.1	28.9	17.1	128.0
イラク	124.6	3.5	3.2	1.9	336.3
イスラエル	20.8	0.6	0.5	0.3	39.7
クウェート	59.9	1.7	1.5	0.9	113.2
オマーン	23.5	0.7	0.6	0.4	18.0
カタール	871.1	24.7	22.2	13.1	144.0
サウジアラビア	212.6	6.0	5.4	3.2	53.7
シリア	9.5	0.3	0.2	0.1	89.6
UAE	209.7	5.9	5.3	3.2	107.1
イエメン	9.4	0.3	0.2	0.1	2,618.8
その他	0.2	+	+	+	24.7
アフリカ	455.2	12.9	11.6	6.9	55.7
アルジェリア	80.5	2.3	2.1	1.2	28.0
エジプト	75.5	2.1	1.9	1.1	36.6
リビア	50.5	1.4	1.3	0.8	107.4
ナイジェリア	193.3	5.5	4.9	2.9	110.7
その他	55.4	1.6	1.4	0.8	54.8
アジア・オセアニア	584.8	16.6	14.9	8.8	25.4
オーストラリア	84.4	2.4	2.2	1.3	16.8
バングラデシュ	3.9	0.1	0.1	0.1	4.5
ブルネイ	7.9	0.2	0.2	0.1	17.6
中　国	296.6	8.4	7.6	4.5	43.3
インド	46.6	1.3	1.2	0.7	55.6
インドネシア	44.2	1.3	1.1	0.7	19.8
マレーシア	32.1	0.9	0.8	0.5	12.4
ミャンマー	15.3	0.4	0.4	0.2	24.4
パキスタン	13.6	0.4	0.3	0.2	12.6
パプアニューギニア	5.8	0.2	0.1	0.1	13.7
タ　イ	5.1	0.1	0.1	0.1	4.4
ベトナム	22.8	0.6	0.6	0.3	74.1
その他	6.7	0.2	0.2	0.1	11.5
世　　界	6,641.8	188.1	169.4	100.0	48.8
OECD	716.2	20.3	18.3	10.8	13.7
EU	15.6	0.4	0.4	0.2	9.2

(45)世界の石炭確認可採埋蔵量（2020年末）

	確認可採埋蔵量(百万トン)			シェア (%)	可採年数 (年)
	無煙炭 瀝青炭	亜瀝青炭 褐炭	合計		
北　米	224,444	32,290	256,734	23.9	484
アメリカ	218,938	30,003	248,941	23.2	514
カ ナ ダ	4,346	2,236	6,582	0.6	166
メキシコ	1,160	51	1,211	0.1	185
中 南 米	8,616	5,073	13,689	1.3	240
ブラジル	1,547	5,049	6,596	0.6	1,396
コロンビア	4,554	-	4,554	0.4	90
ベネズエラ	731	-	731	0.1	1,049
そ の 他	1,784	24	1,808	0.2	1,764
欧　州・ユーラシア	59,084	78,156	137,240	12.8	299
ブルガリア	192	2,174	2,366	0.2	192
チ ェ コ	1,081	2,514	3,595	0.3	113
ド イ ツ	-	35,900	35,900	3.3	334
ギリシャ	-	2,876	2,876	0.3	205
ハンガリー	276	2,633	2,909	0.3	475
ポーランド	22,530	5,865	28,395	2.6	282
ルーマニア	11	280	291	+	19
セルビア	402	7,112	7,514	0.7	189
スペイン	868	319	1,187	0.1	282
トルコ	550	10,975	11,525	1.1	168
ウクライナ	32,039	2,336	34,375	3.2	1,429
イギリス	26	-	26	+	16
そ の 他	1,109	5,172	6,281	0.6	189
CIS	100,208	90,447	190,655	17.8	367
カザフスタン	25,605	-	25,605	2.4	226
ロ シ ア	71,719	90,447	162,166	15.1	407
ウズベキスタン	1,375	-	1,375	0.1	333
そ の 他	1,509	-	1,509	0.1	336
アフリカ・中東	15,974	66	16,040	1.5	60
南アフリカ	9,893	-	9,893	0.9	40
ジンバブエ	502	-	502	+	153
その他アフリカ	4,376	66	4,442	0.4	280
中　東	1,203	-	1,203	0.1	703

	確認可採埋蔵量(百万トン)			シェア (%)	可採年数 (年)
	無煙炭 瀝青炭	亜瀝青炭 褐炭	合計		
アジア・オセアニア	345,313	114,437	459,750	42.8	78
オーストラリア	73,719	76,508	150,227	14.0	315
中　国	135,069	8,128	143,197	13.3	37
インド	105,979	5,073	111,052	10.3	147
インドネシア	23,141	11,728	34,869	3.2	62
日　本	340	10	350	+	453
モンゴル	1,170	1,350	2,520	0.2	58
ニュージーランド	825	6,750	7,575	0.7	2,687
パキスタン	207	2,857	3,064	0.3	396
韓　国	326	-	326	+	320
タ　イ	-	1,063	1,063	0.1	80
ベトナム	3,116	244	3,360	0.3	69
その他	1,421	726	2,147	0.2	33
世　界	753,639	320,469	1,074,108	100.0	139
OECD	331,303	177,130	508,433	47.3	363
EU	25,539	53,051	78,590	7.3	266

出所：Energy Institute「Statistical Review of World Energy 2023」
　注：表Ⅳ-(43)注(2)～(5)参照。

(46)世界のウラン確認埋蔵量（2020年末）

	生産コスト別確認埋蔵量			
	40ドル/kg未満	80ドル/kg未満	130ドル/kg未満	260ドル/kg未満
北　米	-	291,300	550,900	763,000
アメリカ	-	9,000	59,400	112,200
カ ナ ダ	-	282,300	489,700	649,000
メキシコ	-	-	1,800	1,800
中 南 米	138,100	176,900	183,400	186,400
アルゼンチン	-	7,000	10,500	10,500
ブラジル	138,100	155,900	155,900	155,900
チ　リ	-	-	-	600
ガイアナ	-	-	-	2,400
ペルー	-	14,000	14,000	14,000
パラグアイ	-	-	3,000	3,000
欧州・ユーラシア	287,300	447,400	748,800	966,600
チ ェ コ	-	-	800	50,800
フィンランド	-	-	1,200	1,200
ド イ ツ	-	-	-	3,000
ギリシャ	-	-	-	1,000
デンマーク/グリーンランド	-	-	-	51,400
イタリア	-	4,800	4,800	4,800
カザフスタン	252,000	316,400	367,800	387,400
ポルトガル	-	3,600	4,800	4,800
ルーマニア	-	-	3,000	3,000
ロ シ ア	-	20,600	206,400	251,900
スロバキア	-	8,800	8,800	8,800
スロベニア	-	1,700	1,700	1,700
スペイン	8,100	19,100	19,100	19,100
スウェーデン	-	-	4,900	4,900
ト ル コ	-	-	3,000	3,000
ウクライナ	-	45,200	73,300	120,600
ウズベキスタン	27,200	27,200	49,200	49,200
中　東	-	-	9,200	9,200
イ ラ ン	-	-	3,200	3,200
ヨルダン	-	-	6,000	6,000

（ウラニウムトン）

	生産コスト別確認埋蔵量			
	40ドル/kg未満	80ドル/kg未満	130ドル/kg未満	260ドル/kg未満
アフリカ	-	231,000	897,600	1,042,000
アルジェリア	-	-	-	19,500
ボツワナ	-	-	20,400	20,400
コ ン ゴ	-	-	-	1,400
ガ ボ ン	-	-	4,800	4,800
マラウィ	-	-	7,700	12,000
マ リ	-	-	5,000	5,000
モーリタニア	-	-	6,500	6,700
ナミビア	-	11,800	307,200	322,800
ニジェール	-	14,600	257,500	334,800
ソマリア	-	-	-	5,000
南アフリカ	-	166,300	236,000	255,700
タンザニア	-	38,300	39,700	39,700
ザンビア	-	-	12,800	12,800
ジンバブエ	-	-	-	1,400
アジア・オセアニア	31,800	64,700	1,424,600	1,721,100
オーストラリア	N.A.	N.A.	1,238,700	1,317,800
中 国	31,800	55,600	107,600	111,100
イ ン ド	N.A.	N.A.	N.A.	213,000
インドネシア	-	1,500	5,500	5,500
日 本	-	-	6,600	6,600
モンゴル	-	7,600	66,200	66,200
ベトナム	-	-	-	900
世界計*	457,200	1,211,300	3,814,500	4,688,300

出所：NEA/IAEA「Uranium 2022: Resources, Production and Demand」
　注：世界計は、データが存在する国のみの単純合計値。

(47)主要原油価格

年	スポット価格(EI)		スポット価格(IEA)				
	WTI	ブレント	WTS	ドバイ	ウラル	ミナス	タピス
1983	N.A.	N.A.	N.A.	30.1	N.A.	N.A.	N.A.
1984	29.4	N.A.	N.A.	28.1	N.A.	N.A.	N.A.
1985	28.0	N.A.	N.A.	27.5	N.A.	N.A.	N.A.
1990	24.5	23.7	N.A.	20.9	22.7	23.5	N.A.
1991	21.5	20.1	N.A.	17.5	19.1	19.5	N.A.
1992	20.6	19.3	N.A.	17.9	18.1	19.3	N.A.
1993	18.4	17.0	N.A.	15.7	15.4	17.8	N.A.
1994	17.2	15.8	N.A.	15.4	15.3	16.3	N.A.
1995	18.4	17.0	N.A.	16.8	16.6	17.6	N.A.
1996	22.2	20.6	N.A.	19.8	20.0	20.5	N.A.
1997	20.6	19.2	N.A.	18.8	18.4	19.1	N.A.
1998	14.4	12.8	N.A.	12.3	11.9	12.4	N.A.
1999	19.3	17.9	N.A.	17.4	17.2	15.8	N.A.
2000	30.4	28.6	N.A.	26.8	26.7	28.9	N.A.
2001	25.9	24.4	N.A.	23.1	22.9	24.2	N.A.
2002	26.2	25.0	N.A.	24.2	23.7	25.4	N.A.
2003	31.1	28.8	N.A.	27.2	27.3	29.4	N.A.
2004	41.5	38.3	N.A.	33.7	34.7	37.0	N.A.
2005	56.6	54.6	54.7	49.6	50.7	54.3	N.A.
2006	66.0	65.1	61.0	61.6	61.0	65.0	N.A.
2007	72.2	72.3	67.2	68.3	69.4	72.5	N.A.
2008	100.1	97.1	95.9	94.2	94.1	99.6	N.A.
2009	61.9	61.7	60.4	61.9	61.0	64.7	N.A.
2010	79.4	79.5	77.3	78.1	78.2	82.2	N.A.
2011	95.0	111.2	93.0	106.3	109.6	114.4	119.3
2012	94.1	111.7	88.7	109.0	110.9	116.3	117.0
2013	98.0	108.7	95.4	105.4	108.4	110.1	115.1
2014	93.3	98.9	87.3	96.5	98.0	100.3	102.8
2015	48.7	52.4	49.0	50.8	51.5	52.5	54.5
2016	43.3	43.7	42.5	41.5	42.1	41.2	45.8
2017	50.8	54.2	49.8	53.2	53.3	49.1	56.4
2018	65.2	71.3	57.4	69.6	70.2	65.4	73.7
2019	57.0	64.1	56.3	63.5	64.3	60.3	69.2
2020	39.2	41.8	39.3	42.4	41.9	41.1	43.3
2021	68.1	70.8	68.3	69.4	69.5	68.7	72.8
2022	94.6	101.1	94.3	96.3	78.6	96.9	111.5

出所：Energy Institute「Statistical Review of World Energy 2023」、IEA「Energy Prices and Taxes」
OPEC「Annual Statistical Bulletin」
注：出所がIEA (国際エネルギー機関) の表(IEA資料)については巻頭解説10を参照。

(米ドル/バレル)

スポット価格(OPEC)							年
アラビアン・ライト	アラビアン・ヘビー	イラニアン・ライト	イラニアン・ヘビー	マーバン	ボニーライト	サハラブレンド	
28.8	26.6	28.1	27.2	29.3	29.9	29.9	1983
28.1	26.7	26.8	26.2	28.3	28.9	28.7	1984
27.5	25.8	26.0	25.6	27.4	27.8	27.6	1985
20.8	18.8	20.6	19.9	21.7	24.2	24.3	1990
17.4	14.0	17.3	16.3	18.2	20.6	21.0	1991
17.9	15.2	17.8	16.7	18.9	20.0	20.0	1992
15.7	13.0	15.1	14.1	16.9	17.6	17.5	1993
15.4	13.7	14.8	14.6	16.2	16.2	16.2	1994
16.7	15.6	16.2	16.3	17.2	17.3	17.4	1995
19.9	18.4	19.0	18.5	20.3	21.2	21.3	1996
18.7	17.2	18.2	18.0	19.6	19.4	19.6	1997
12.2	10.9	12.0	11.5	12.7	12.8	13.0	1998
17.5	16.4	17.3	16.9	17.9	18.1	18.1	1999
26.8	25.2	26.7	26.0	27.8	28.5	28.8	2000
23.1	21.9	22.9	21.7	24.0	24.5	24.7	2001
24.3	23.4	23.5	23.1	24.9	25.2	24.9	2002
27.7	26.4	26.9	26.3	28.2	28.8	28.7	2003
34.5	31.1	34.6	33.1	36.7	38.3	38.3	2004
50.2	45.3	50.7	48.0	54.1	55.7	54.6	2005
61.1	56.8	61.1	59.3	66.1	66.8	66.1	2006
68.8	64.2	69.3	67.1	72.9	75.1	74.7	2007
95.2	88.1	94.7	91.5	99.0	100.6	99.0	2008
61.4	60.3	61.3	60.6	63.8	63.3	62.4	2009
77.8	75.6	78.2	76.7	79.9	81.1	80.4	2010
107.8	104.1	108.3	106.1	109.8	114.2	112.9	2011
110.2	108.3	109.8	109.1	111.8	113.7	111.5	2012
106.5	103.9	107.2	105.7	108.2	111.4	109.4	2013
97.2	93.7	97.3	96.2	99.5	100.9	99.7	2014
49.9	47.0	51.4	48.8	53.9	53.0	52.8	2015
41.0	38.5	41.7	39.6	44.8	44.0	44.3	2016
52.6	51.0	52.4	51.7	54.8	54.6	54.1	2017
70.6	68.8	69.1	68.0	72.2	72.1	71.4	2018
65.0	63.9	62.7	61.9	64.7	65.6	64.5	2019
41.9	41.5	40.4	40.8	43.0	41.5	42.1	2020
70.7	70.0	67.9	69.8	70.1	70.6	70.9	2021
101.6	99.8	96.3	99.9	98.9	103.6	104.2	2022

(48)主要国の原油輸入CIF価格

(米ドル/バレル)

年	日本	韓国	アメリカ	イギリス	フランス	ドイツ	イタリア
1965	1.98	N.A.	N.A.	N.A.	N.A.	N.A.	N.A.
1970	1.80	1.72	N.A.	N.A.	N.A.	N.A.	N.A.
1973	3.31	2.95	6.41	3.84	3.68	4.20	3.80
1975	11.86	11.28	12.70	11.77	12.17	12.42	11.61
1980	33.11	30.64	33.39	31.22	32.98	33.96	31.84
1985	27.90	27.73	26.78	27.63	28.02	27.93	27.38
1990	22.64	20.96	21.07	22.92	22.55	23.17	23.23
1991	20.14	19.62	18.23	20.06	19.71	20.36	19.14
1992	19.30	18.54	17.73	19.07	18.94	19.13	18.30
1993	17.47	16.59	15.87	16.58	16.05	16.88	15.87
1994	16.48	15.55	15.06	15.83	15.76	15.81	15.49
1995	18.02	17.32	16.74	17.29	17.14	17.07	16.90
1996	20.55	20.11	20.16	21.08	20.82	20.68	20.53
1997	20.55	20.34	18.34	19.32	18.99	19.01	18.88
1998	13.68	13.72	12.02	12.64	12.43	12.48	12.21
1999	17.38	16.91	17.06	18.01	17.45	17.51	17.10
2000	28.72	28.22	27.54	28.45	28.18	28.09	27.77
2001	25.01	24.87	22.07	24.45	24.13	24.15	23.87
2002	24.96	24.12	23.52	24.63	24.63	24.40	24.34
2003	29.26	28.80	27.66	29.13	28.87	28.44	28.58
2004	36.59	36.15	35.86	37.75	37.61	36.65	36.60
2005	51.57	50.19	48.82	53.79	52.74	52.30	51.33
2006	64.03	62.82	59.17	65.00	63.69	63.29	62.50
2007	70.09	70.01	66.77	73.80	72.22	71.60	70.20
2008	100.98	98.11	94.97	99.34	97.63	96.70	96.67
2009	61.29	61.12	58.83	62.39	61.64	61.18	60.69
2010	79.43	78.72	76.02	80.60	79.78	78.49	79.29
2011	109.30	108.63	102.43	113.49	111.78	110.63	110.23
2012	114.75	113.24	101.16	112.62	112.01	112.21	112.18
2013	110.61	108.59	97.26	110.27	109.56	109.62	109.98
2014	104.16	101.24	89.43	100.07	99.40	99.76	99.09
2015	54.20	53.32	45.81	53.81	53.14	52.65	52.06
2016	41.79	41.00	37.94	44.62	43.48	42.80	42.33
2017	54.42	53.47	48.12	54.69	54.47	54.02	53.17
2018	72.85	71.56	59.19	72.65	71.59	70.50	70.88
2019	66.78	65.42	56.33	65.58	64.98	64.43	64.70
2020	46.85	45.23	36.57	44.62	44.04	43.05	43.24
2021	70.25	70.24	64.43	71.20	71.70	71.19	71.45
2022	102.11	102.53	89.71	104.66	105.06	97.99	99.91

出所: 1975年までのデータ:
 米「Monthly Energy Review」、英「Digest of United Kingdom Energy Statistics」
 独「MWV/Mineralol-Zahlen」、伊「Unione Petrolifera」
 日本 財務省「日本貿易月表」よりEDMCが作成
 1976年以降のデータ:「Energy Prices and Taxes」(IEA)
 ただし、仏データの1991年までは「CPDP/ Bulletin Mensuel」、
 韓国データの1994年までは「KEEI/Yearbook of Energy Statistics」
注: 出所がIEA (国際エネルギー機関) の表(IEA資料)については巻頭解説10を参照。

(49)世界主要国のガソリン価格

(USセント/L)

年	日本	アメリカ	イギリス	フランス	ドイツ	イタリア	スウェーデン	カナダ	オーストラリア
1980	64.8	32.9	65.8	79.9	64.0	81.7	69.7	22.3	34.7
1985	58.7	31.8	55.3	62.2	48.9	69.2	54.2	38.4	36.7
1990	86.3	30.7	79.8	98.1	79.3	123.1	109.3	49.3	51.1
1991	91.5	30.1	83.3	92.0	86.7	118.9	112.4	50.7	51.8
1992	94.5	29.8	84.8	95.8	98.0	119.7	113.7	45.6	49.8
1993	110.0	29.3	79.3	92.4	86.6	97.3	102.4	41.5	45.8
1994	115.2	28.4	85.7	96.8	99.6	97.8	101.7	38.4	48.7
1995	117.1	29.3	92.5	113.3	114.1	105.7	109.7	40.4	51.4
1996	96.2	32.3	99.4	117.4	111.1	116.1	122.5	42.6	56.0
1997	86.2	31.7	116.8	106.9	98.1	107.2	112.3	42.9	54.2
1998	74.6	27.2	128.9	103.2	92.1	101.4	106.4	36.5	43.0
1999	86.3	30.0	134.1	102.6	94.8	102.0	105.8	40.1	45.6
2000	96.9	39.2	132.2	102.5	95.9	99.8	108.3	48.2	51.3
2001	86.3	37.5	119.3	94.7	95.4	94.2	94.2	44.4	45.1
2002	83.2	35.5	119.7	97.7	102.5	98.6	99.6	43.8	46.5
2003	91.7	41.2	132.9	117.2	127.9	119.5	121.1	62.5	58.0
2004	103.9	48.9	157.2	134.7	146.0	139.8	140.3	62.5	71.7
2005	113.0	60.0	169.8	149.3	157.9	151.6	151.7	76.2	85.3
2006	118.2	67.9	180.4	160.0	169.4	161.3	161.3	86.1	93.5
2007	118.7	73.9	200.9	179.0	192.1	178.0	176.3	94.8	101.8
2008	151.8	85.9	208.0	203.4	214.8	201.9	197.4	106.9	117.6
2009	128.5	62.2	164.8	172.9	189.4	171.4	159.4	82.8	100.2
2010	151.5	73.5	191.3	183.0	196.1	180.7	180.9	100.5	115.5
2011	182.9	93.2	225.3	213.7	223.2	216.3	215.4	125.2	147.5
2012	184.0	95.8	226.4	208.0	215.9	229.6	219.3	127.6	148.2
2013	159.8	92.6	221.6	211.7	216.6	232.1	220.5	124.4	140.3
2014	153.9	88.9	222.4	204.8	207.6	227.2	206.9	116.1	132.3
2015	113.7	64.0	181.8	157.0	158.8	170.6	156.9	85.1	96.4
2016	110.8	56.8	159.0	150.7	150.1	159.1	152.0	77.6	86.9
2017	119.0	63.9	163.5	162.7	162.6	172.3	163.4	88.3	98.6
2018	135.6	72.0	180.3	185.5	181.4	188.8	177.0	99.4	107.0
2019	133.9	68.6	173.8	175.7	169.7	176.2	167.2	91.1	98.8
2020	127.5	57.3	163.5	161.7	163.2	163.1	153.6	76.9	85.0
2021	141.1	79.3	199.3	190.7	204.1	192.3	190.0	107.7	111.5
2022	129.7	104.5	217.4	196.0	218.4	190.5	204.1	132.8	129.2

出所：IEA「Energy Prices and Taxes」
注：(1) 有鉛プレミアムガソリン価格（日本、アメリカ、カナダは 無鉛レギュラーガソリン価格。
オーストラリアは1991年から無鉛レギュラーガソリン価格。
イギリス、フランス、イタリアは1991年から、ドイツは1993年から 無鉛プレミアムガソリン価格。
イタリアはオクタン価95、その他の国はオクタン価98。
スウェーデンは、1993年からオクタン価98の無鉛プレミアムガソリン価格、
2009年からオクタン価95の無鉛プレミアムガソリン価格を表記。）
(2) 出所がIEA (国際エネルギー機関) の表(IEA資料)については巻頭解説10を参照。

(50)世界主要国の電力料金

年	産業用								
	日本	アメリカ	イギリス	フランス	ドイツ	イタリア	スウェーデン	カナダ	オーストラリア
1980	8.6	3.7	6.3	4.8	5.8	6.5	4.0	2.0	3.1
1985	9.5	5.2	4.6	3.4	4.7	6.2	2.8	2.6	3.4
1990	11.9	4.8	7.1	5.6	9.1	9.8	5.0	3.8	4.6
1991	12.9	4.9	7.3	5.4	8.8	10.5	5.3	4.2	4.7
1992	13.8	4.8	7.6	5.7	9.3	11.3	5.5	4.2	4.6
1993	15.8	4.9	6.8	5.5	8.9	9.1	3.5	4.0	4.2
1994	16.7	4.7	6.7	5.3	8.9	9.1	3.6	4.0	4.5
1995	18.0	4.7	6.8	6.0	10.0	9.3	3.9	3.9	6.1
1996	15.3	4.6	6.5	5.7	8.6	10.1	4.5	4.0	6.3
1997	13.9	4.5	6.5	4.9	7.2	9.4	3.4	3.9	5.7
1998	12.2	4.5	6.5	4.7	6.7	9.5	N.A.	3.8	4.7
1999	13.6	3.9	6.4	4.4	5.7	8.6	N.A.	3.8	5.0
2000	13.7	4.6	5.5	3.6	4.1	8.9	N.A.	3.8	4.5
2001	12.1	5.0	5.1	3.5	4.4	10.7	N.A.	4.1	4.4
2002	11.0	4.8	5.2	3.7	4.9	11.3	N.A.	3.9	4.9
2003	12.2	5.1	5.5	4.5	6.5	14.7	N.A.	4.7	5.4
2004	12.7	5.3	6.7	5.0	7.7	16.1	N.A.	4.9	6.1
2005	12.3	5.7	8.7	5.0	8.4	17.4	N.A.	5.5	N.A.
2006	11.7	6.2	11.7	5.1	9.4	21.0	N.A.	6.0	N.A.
2007	11.6	6.4	13.0	9.3	10.9	23.7	7.6	6.5	N.A.
2008	13.9	6.8	14.6	10.6	12.9	21.2	9.5	7.1	N.A.
2009	15.8	6.8	13.4	10.7	14.0	20.3	8.3	6.1	N.A.
2010	15.4	6.8	12.1	10.7	13.6	20.1	9.6	7.3	N.A.
2011	17.9	6.8	13.0	12.2	15.7	21.9	10.4	8.1	N.A.
2012	19.4	6.7	13.4	11.7	14.9	22.5	8.9	8.5	N.A.
2013	17.4	6.8	13.9	12.9	16.9	23.8	9.0	9.6	N.A.
2014	17.5	7.1	15.4	13.2	17.5	23.6	8.2	8.0	N.A.
2015	15.0	6.9	14.5	11.4	14.5	18.8	5.9	6.4	N.A.
2016	15.1	6.8	12.5	10.6	14.1	18.5	6.0	7.9	N.A.
2017	15.0	6.9	12.6	11.0	14.3	17.7	6.3	8.4	N.A.
2018	16.1	6.9	13.9	11.6	14.5	17.4	7.0	8.4	N.A.
2019	16.4	6.8	15.0	11.8	14.9	18.5	7.0	9.0	N.A.
2020	16.2	6.7	15.6	11.3	17.3	17.2	6.3	9.0	N.A.
2021	15.2	7.3	18.8	12.5	18.6	20.4	8.8	9.3	N.A.
2022	17.8	8.5	22.9	13.7	20.4	31.5	12.3	9.4	N.A.

出所：IEA「Energy Prices and Taxes」

注：出所がIEA (国際エネルギー機関) の表(IEA資料)については巻頭解説10を参照。

(USセント/kWh)

家庭用									年
日本	アメリカ	イギリス	フランス	ドイツ	イタリア	スウェーデン	カナダ	オーストラリア	
11.7	5.4	8.7	11.4	10.1	7.7	5.9	2.8	4.3	1980
12.6	7.8	6.9	8.7	8.2	8.8	3.9	3.7	4.9	1985
17.7	7.9	11.8	15.0	16.4	15.7	8.8	5.3	7.2	1990
19.1	8.1	12.9	14.1	15.9	17.3	9.7	6.1	7.5	1991
20.3	8.3	13.6	15.3	17.2	18.2	10.5	6.2	7.4	1992
23.0	8.3	11.6	14.6	16.9	14.6	8.2	6.1	7.1	1993
24.9	8.4	12.2	15.0	17.8	16.4	8.5	5.8	7.8	1994
26.9	8.4	12.7	16.7	20.3	16.9	9.4	5.7	7.9	1995
23.0	8.4	12.5	16.4	18.0	17.8	11.0	5.8	8.3	1996
20.7	8.4	12.5	13.4	15.9	15.9	10.1	5.8	8.0	1997
18.7	8.3	12.1	12.9	15.9	15.9	N.A.	5.5	6.9	1998
21.3	8.2	11.6	12.1	15.1	14.7	N.A.	5.5	7.0	1999
21.4	8.2	10.7	10.2	12.1	13.5	N.A.	5.3	6.3	2000
18.8	8.5	10.1	9.8	12.4	14.8	N.A.	5.3	6.3	2001
17.4	8.5	10.5	10.5	13.6	15.6	N.A.	5.4	6.7	2002
19.5	8.7	11.6	12.7	17.6	18.6	N.A.	6.1	8.2	2003
20.6	9.0	13.8	14.2	19.8	19.1	N.A.	6.8	9.8	2004
19.8	9.4	15.0	14.2	21.2	19.8	N.A.	7.6	N.A.	2005
18.7	10.4	17.9	14.4	22.2	22.6	N.A.	8.3	N.A.	2006
18.5	10.7	20.4	15.6	28.9	25.8	19.6	8.8	N.A.	2007
21.6	11.3	21.8	16.4	32.3	30.0	21.8	9.0	N.A.	2008
23.9	11.5	19.1	16.0	31.8	29.1	19.4	8.3	N.A.	2009
24.4	11.6	18.4	16.5	31.9	26.4	21.8	9.3	N.A.	2010
27.4	11.7	20.9	18.7	35.2	28.2	24.8	10.5	N.A.	2011
29.1	11.9	21.8	17.8	33.9	29.0	22.4	10.4	29.5	2012
25.4	12.1	23.0	19.5	38.8	31.2	23.4	10.4	28.8	2013
25.3	12.5	25.3	20.4	39.5	32.4	21.4	9.9	28.3	2014
22.5	12.7	23.0	18.0	32.7	27.4	17.1	9.3	21.2	2015
22.3	12.5	20.3	18.2	32.9	26.9	17.4	10.6	20.2	2016
22.7	12.9	20.5	18.7	34.4	26.3	17.8	10.9	23.7	2017
23.9	12.9	22.9	20.2	35.3	28.0	19.6	11.3	24.8	2018
25.4	13.0	23.9	19.9	33.4	28.9	19.5	11.2	23.2	2019
25.5	13.2	24.3	21.5	34.5	28.7	17.4	10.9	20.8	2020
24.7	13.7	28.3	22.8	38.0	30.7	22.5	12.4	22.7	2021
26.3	15.1	37.9	21.7	34.9	38.3	21.3	12.5	N.A.	2022

(51)世界の新エネルギー供給

年	風力発電 (年末累積設備容量、万kW)					太陽光発電 (年末累積設備容量、万kW)				
	2000	2010	2015	2020	2022	2000	2010	2015	2020	2022
北 米	248.6	4,383.6	8,725.2	13,879.5	16,346.9	19.7	366.1	2,704.3	8,649.2	12,644.2
カナダ	9.2	396.7	1,121.6	1,362.7	1,529.5	0.7	24.9	251.6	334.2	440.1
メキシコ	1.7	51.9	327.1	650.4	731.2	1.4	3.0	28.7	670.9	902.6
アメリカ	237.7	3,935.0	7,276.7	11,866.4	14,086.2	17.6	338.2	2,423.7	7,644.1	11,301.5
中南米	9.1	148.6	1,122.4	2,600.0	3,550.7	0.5	11.5	195.2	1,596.3	3,676.0
ブラジル	2.2	92.7	763.2	1,719.8	2,416.3	-	0.1	4.6	829.1	2,407.9
チリ	-	16.3	91.0	214.9	383.0	-	-	57.6	320.5	625.0
その他	6.9	39.6	268.1	665.3	751.4	0.5	11.4	133.1	446.7	643.0
欧 州	1,275.0	8,623.8	14,749.5	21,661.1	25,183.6	20.0	3,086.4	9,984.7	16,930.5	23,695.7
デンマーク	239.0	380.2	507.7	626.7	708.8	0.1	0.7	78.2	130.4	249.0
フランス	3.8	591.2	1,029.8	1,751.4	2,112.0	0.7	104.4	713.8	1,206.5	1,741.9
ドイツ	609.5	2,690.3	4,458.0	6,220.1	6,631.5	11.4	1,800.6	3,922.4	5,367.1	6,655.4
イタリア	36.3	579.4	913.7	1,087.1	1,178.0	1.9	359.7	1,890.7	2,165.6	2,508.3
オランダ	44.7	223.7	339.1	664.8	930.9	1.3	9.0	152.6	1,110.8	2,259.0
スペイン	220.6	2,069.3	2,294.3	2,681.9	2,930.8	1.0	460.5	700.8	1,244.0	2,051.8
スウェーデン	20.9	201.7	581.9	997.6	1,455.7	0.3	1.1	10.4	110.7	260.6
トルコ	1.9	132.0	450.3	883.2	1,139.6	0.0	0.6	25.0	666.8	942.6
ウクライナ	0.5	8.8	51.4	140.2	176.1	-	0.3	84.1	733.1	806.2
イギリス	41.2	542.1	1,430.6	2,448.5	2,853.7	0.2	9.5	960.1	1,346.2	1,441.2
その他	56.6	1,205.1	2,692.8	4,159.6	5,066.4	3.1	340.1	1,446.6	2,849.1	4,779.7
CIS	0.3	1.7	4.5	116.8	250.1	-	0.0	7.4	173.7	271.3
ロシア	0.3	1.0	1.1	94.5	221.8	-	0.0	6.1	142.8	181.6
その他	0.0	0.7	3.4	22.3	28.3	-	0.0	1.3	31.0	89.7
アフリカ	13.9	86.5	332.0	651.5	768.5	1.1	23.3	224.2	1,081.9	1,264.1
中 東	1.2	10.4	28.6	92.3	105.3	0.0	9.1	110.3	743.3	1,288.2
アジア・オセアニア	145.2	4,853.7	16,672.5	34,164.4	43,677.4	39.6	663.0	9,665.8	42,868.0	62,472.0
オーストラリア	3.3	186.4	418.1	860.3	1,013.4	2.5	109.1	594.6	1,798.6	2,679.2
中 国	34.1	2,963.3	13,104.8	28,211.3	36,596.5	3.4	102.2	4,354.9	25,405.5	39,312.7
インド	94.1	1,318.4	2,508.8	3,855.9	4,193.0	0.1	6.5	569.3	3,938.5	6,314.6
インドネシア	N.A.	N.A.	N.A.	N.A.	N.A.	-	0.1	4.2	17.2	20.9
日 本	8.4	229.4	280.8	436.7	457.7	33.0	361.8	3,415.0	6,976.4	7,883.3
マレーシア	N.A.	N.A.	N.A.	N.A.	N.A.	-	0.1	26.6	148.3	193.3
ニュージーランド	3.6	53.9	68.8	68.9	91.2	N.A.	N.A.	N.A.	N.A.	N.A.
フィリピン	-	3.3	42.7	44.3	44.3	-	0.2	17.3	105.8	162.5
韓 国	0.7	38.2	84.7	163.6	189.3	0.4	65.0	361.5	1,457.5	2,097.5
タ イ	-	0.6	23.4	150.7	154.5	-	4.9	142.5	298.8	306.5
ベトナム	N.A.	1.0	6.0	404.0	372.8	0.0	0.5	0.5	1,666.0	1,847.4
その他	1.0	60.2	140.4	372.8	937.5	0.2	12.8	183.6	1,072.6	1,675.0
世 界	1,693.2	18,108.3	41,634.7	73,165.6	89,882.4	80.9	4,159.3	22,892.0	72,042.9	105,312

出所：Energy Institute「Statistical Review of World Energy 2023」より集計

地熱・バイオマス他 (年間発電量、十億kWh)					バイオ燃料 (一日あたり生産量、石油換算千バレル)				
2000	2010	2015	2020	2022	2000	2010	2015	2020	2022
81.9	92.8	101.4	90.8	89.3	63.0	497.0	645.0	650.0	742.0
8.9	10.3	10.0	9.5	8.5	2.0	17.0	34.0	37.0	38.0
6.4	7.4	7.6	6.9	6.6	1.0	2.0	3.0	5.0	4.0
66.6	75.1	83.7	74.3	74.2	59.0	478.0	608.0	608.0	699.0
14.6	46.7	71.8	86.2	79.6	137.0	302.0	411.0	442.0	447.0
7.9	31.9	49.9	58.7	52.8	121.0	273.0	357.0	396.0	390.0
1.4	3.4	5.6	7.2	6.2	N.A.	N.A.	N.A.	N.A.	N.A.
5.3	11.4	16.3	20.3	20.6	16.0	29.0	54.0	46.0	57.0
41.1	137.1	197.5	232.9	239.2	13.0	241.0	270.0	340.0	383.0
1.3	4.6	4.2	5.9	7.5	N.A.	N.A.	N.A.	N.A.	N.A.
3.0	4.9	7.3	8.9	9.5	6.0	44.0	53.0	50.0	67.0
3.4	34.0	50.5	51.2	50.4	4.0	51.0	50.0	63.0	56.0
6.1	14.8	25.6	25.7	23.8	-	26.0	25.0	21.0	20.0
2.0	7.1	4.9	8.8	9.5	-	4.0	6.0	15.0	16.0
1.5	3.8	5.8	6.1	6.8	1.0	27.0	18.0	26.0	25.0
4.1	12.2	10.8	11.2	13.3	-	9.0	19.0	25.0	33.0
0.2	1.0	4.7	15.8	20.3	N.A.	N.A.	N.A.	N.A.	N.A.
-	0.2	0.1	0.8	0.5	N.A.	N.A.	N.A.	N.A.	N.A.
3.9	12.3	29.3	39.4	35.5	-	21.0	17.0	29.0	33.0
15.6	42.2	54.3	59.1	61.8	2.0	59.0	82.0	111.0	133.0
0.1	0.6	0.7	1.2	1.3	-	1.0	0.0	3.0	6.0
0.1	0.5	0.5	0.8	0.8	N.A.	N.A.	N.A.	N.A.	N.A.
0.0	0.1	0.2	0.4	0.5	N.A.	N.A.	N.A.	N.A.	N.A.
2.3	3.8	7.2	8.1	8.7	-	0.0	1.0	1.0	2.0
0.0	0.1	0.2	0.3	0.3	-	0.0	0.0	1.0	1.0
45.0	97.7	165.4	283.4	358.5	-	87.0	144.0	287.0	353.0
0.9	2.4	3.7	3.4	3.2	-	4.0	4.0	2.0	2.0
2.5	24.9	54.1	135.6	176.6	-	32.0	42.0	37.0	45.0
1.7	14.3	30.6	32.9	40.7	-	18.0	23.0	36.0	58.0
4.9	9.4	10.5	27.9	37.3	-	5.0	15.0	125.0	156.0
16.1	21.8	28.5	34.8	41.5	N.A.	N.A.	N.A.	N.A.	N.A.
0.6	1.3	0.8	1.1	1.2	N.A.	N.A.	N.A.	N.A.	N.A.
3.7	6.6	9.0	9.0	9.2	N.A.	N.A.	N.A.	N.A.	N.A.
11.6	10.0	11.4	12.0	12.6	N.A.	N.A.	N.A.	N.A.	N.A.
0.1	0.4	5.9	10.0	17.3	-	7.0	8.0	13.0	14.0
0.5	3.4	7.3	12.3	13.6	-	14.0	30.0	42.0	34.0
N.A.	N.A.	N.A.	N.A.	N.A.	N.A.	N.A.	N.A.	N.A.	N.A.
2.4	3.2	3.6	4.4	5.3	N.A.	7.0	22.0	32.0	44.0
184.9	378.8	544.1	703.0	776.9	214.0	1,128.0	1,472.0	1,726.0	1,933.0

注:(1)地域区分は出所に従う。
　　(2)バイオ燃料にはバイオガソリンとバイオディーゼル、バイオジェット燃料が含まれる。

この章では**IEA定義**を基本として**EDMC**で以下の通りの地域分類をしている。

北米：アメリカ合衆国,カナダ。

中南米：アルゼンチン,ボリビア,ブラジル,チリ,コロンビア,コスタリカ,キューバ,キュラソー,ドミニカ共和国,エクアドル,エルサルバドル,グアテマラ,ガイアナ,ハイチ,ホンジュラス,ジャマイカ,メキシコ,ニカラグア,パナマ,パラグアイ,ペルー,スリナム,トリニダード・トバゴ,ウルグアイ,ベネズエラ,IEA定義によるその他中南米。

その他中南米：アンギラ,アンティグア・バーブーダ,アルバ,バハマ,バルバドス,ベリーズ,バミューダ,英領ヴァージン諸島,ケイマン諸島,ドミニカ,フォークランド諸島,仏領ギアナ,グレナダ,グアドループ(エネルギーデータのみ),マルティニク,モントセラト(エネルギーデータのみ),プエルトリコ(天然ガス、電力),サバ,シント・ユースタティウス,セントキッツ・ネイビス,セントルシア,サンピエール・エ・ミクロン,セントビンセント・グレナディーン,シント・マールテン,スリナム,タークス・カイコス諸島。

欧州OECD：オーストリア,ベルギー,チェコ,デンマーク,エストニア(1990年以降),フィンランド,フランス,ドイツ(1990年以前の為替は旧西ドイツ),ギリシャ,ハンガリー,アイスランド,アイルランド,イタリア,ラトビア(1990年以降),リトアニア(1990年以降),ルクセンブルク,オランダ,ノルウェー,ポーランド,ポルトガル,スロバキア,スロベニア(1990年以降),スペイン,スウェーデン,スイス,トルコ,イギリス。

欧州非OECD：アルバニア,アルメニア,アゼルバイジャン,ベラルーシ,ボスニア・ヘルツェゴビナ,ブルガリア,クロアチア,キプロス,北マケドニア,ジョージア,ジブラルタル(エネルギーデータのみ),カザフスタン,コソボ,キルギスタン,マルタ,モルドバ,モンテネグロ,ルーマニア,ロシア,セルビア,タジキスタン,トルクメニスタン,ウクライナ,ウズベキスタン,旧ソ連(1989年以前),旧ユーゴスラビア(1989年以前)。

アフリカ：アルジェリア,アンゴラ,ベナン,ボツワナ,ブルキナファソ,カメルーン,チャド,コンゴ共和国,コンゴ民主共和国,コートジボワール,エジプト,エリトリア,赤道ギニア,エスワティニ,エチオピア,ガボン,ガーナ,ケニア,リビア,モーリシャス,マダガスカル,モロッコ,モザンビーク,ナミビア(1991年以降),ニジェール,ナイジェリア,セネガル,ルワンダ,南アフリカ,スーダン,南スーダン,タンザニア,トーゴ,チュニジア,ウガンダ,ザンビア,ジンバブエ,IEA定義によるその他アフリカ。

その他アフリカ：ブルンジ,カーボベルデ,中央アフリカ,コモロ,ジブチ,ガンビア,ギニア,ギニアビサウ,レソト,リベリア,マラウイ,マリ,モーリタニア,ナミビア(1990年以前),レユニオン,ルワンダ,サントメ・プリンシペ,セーシェル,シエラレオネ,ソマリア。

中東：バーレーン,イラン,イラク,イスラエル,ヨルダン,クウェート,レバノン,オマーン,カタール,サウジアラビア,シリア,UAE,イエメン。

アジア：バングラデシュ,ブルネイ,カンボジア(1995年以降),中国,香港,インド,インドネシア,日本,韓国,北朝鮮,マレーシア,モンゴル(1985年以降),ミャンマー,ネパール,パキスタン,フィリピン,シンガポール,スリランカ,台湾,タイ,ベトナム,IEA定義によるその他アジア・オセアニア。

オセアニア：オーストラリア,ニュージーランド。

その他アジア・オセアニア：アフガニスタン,ブータン,カンボジア(1994年以前),クック諸島,東ティモール,フィジー,仏領ポリネシア,キリバス,ラオス(1999年以前),マカオ,モルディブ,モンゴル(1984年以前),ニューカレドニア,パラオ,パプアニューギニア,サモア,ソロモン諸島,トンガ,バヌアツ。

旧ソ連：アルメニア,アゼルバイジャン,ベラルーシ,エストニア,ジョージア,カザフスタン,キルギスタン,ラトビア,リトアニア,モルドバ,ロシア,タジキスタン,トルクメニスタン,ウクライナ,ウズベキスタン。

APEC 20：オーストラリア,ブルネイ,カナダ,チリ,中国,香港,インドネシア,日本,韓国,マレーシア,メキシコ,ニュージーランド,ペルー,フィリピン,ロシア,シンガポール,台湾,タイ,アメリカ,ベトナム。

V. 超長期統計

超長期統計

(1)GNPと一次エネルギー消費の推移

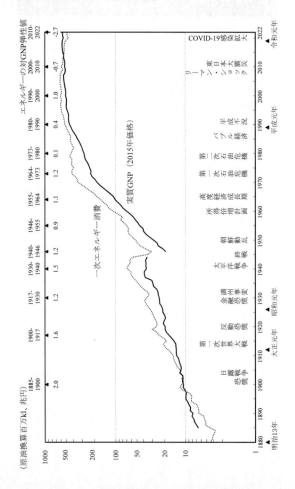

(2)一次エネルギー消費のGNP弾性値

期間	1890-1900	1900-1910	1910-1920	1920-1930	1930-1940	1940-1944	1946-1955	1955-1964	1964-1973	1973-1980	1980-1990	1990-2000	2000-2010	2010-2022
年平均伸び率(%) 一次エネルギー総供給	5.8	2.8	5.8	3.1	6.7	-4.4	9.5	10.0	11.0	0.4	2.0	1.4	-0.2	-1.6
年平均伸び率(%) 実質GNP(2015年価格)	3.1	2.3	3.8	2.0	4.4	-0.6	10.0	9.4	9.2	3.2	4.8	1.3	0.3	0.6
対GNP弾性値	1.86	1.20	1.51	1.60	1.54	6.99	0.95	1.05	1.19	0.14	0.43	1.04	-0.69	-2.66
（事象）						終戦（1945）	朝鮮特需（1950～1955）	高度経済成長期（1955～1973）	第一次石油危機（1973）	第二次石油危機（1979）	バブル経済	平成不況	リーマン・ショック（2008）	東日本大震災（2011）COVID-19感染拡大（2020）

出所：表V-(3)、V-(5)をもとにEDMCで算出した。

(3)GNPと一次エネルギー消費 (1885年〜2022年) <その1>

年号			名目GNP (十億円)	伸び率 (%)	実質GNP (十億円 2015年価格)	伸び率 (%)	GNP デフレータ (2015年=100)	伸び率 (%)
1885	明治 18	年	0.871	-	6,588	-	0.0132	-
1886	19		0.864	-0.7	6,980	5.9	0.0124	-6.3
1887	20		0.884	2.3	7,427	6.4	0.0119	-3.9
1888	21		0.935	5.9	7,610	2.5	0.0123	3.3
1889	22		1.032	10.3	8,077	6.1	0.0128	3.9
1890	23		1.141	10.6	7,839	-2.9	0.0146	13.9
1891	24		1.230	7.9	8,608	9.8	0.0143	-1.8
1892	25		1.215	-1.2	8,465	-1.7	0.0144	0.4
1893	26		1.293	6.4	8,940	5.6	0.0145	0.7
1894	27		1.445	11.8	9,337	4.4	0.0155	7.0
1895	28		1.676	16.0	9,917	6.2	0.0169	9.2
1896	29		1.800	7.3	9,874	-0.4	0.0182	7.8
1897	30		2.114	17.5	9,751	-1.2	0.0217	19.0
1898	31		2.370	12.1	10,103	3.6	0.0235	8.2
1899	32		2.499	5.5	10,806	7.0	0.0231	-1.4
1900	33		2.607	4.3	10,659	-1.4	0.0245	5.8
1901	34		2.683	2.9	11,065	3.8	0.0242	-0.9
1902	35		2.740	2.1	10,875	-1.7	0.0252	3.9
1903	36		3.207	17.0	10,930	0.5	0.0293	16.4
1904	37		3.271	2.0	12,117	10.9	0.0270	-8.0
1905	38		3.331	1.8	11,578	-4.4	0.0288	6.6
1906	39		3.567	7.1	11,516	-0.5	0.0310	7.6
1907	40		4.043	13.4	11,957	3.8	0.0338	9.2
1908	41		4.068	0.6	12,293	2.8	0.0331	-2.1
1909	42		4.083	0.4	12,583	2.4	0.0324	-1.9
1910	43		4.240	3.8	13,399	6.5	0.0316	-2.5
1911	44		4.821	13.7	13,550	1.1	0.0356	12.4
1912	大正 元	年	5.157	7.0	13,558	0.1	0.0380	6.9
1913	2		5.415	5.0	13,685	0.9	0.0396	4.0
1914	3		5.118	-5.5	13,788	0.7	0.0371	-6.2
1915	4		5.391	5.3	14,585	5.8	0.0370	-0.4
1916	5		6.641	23.2	15,792	8.3	0.0421	13.8
1917	6		9.281	39.8	17,208	9.0	0.0539	28.3
1918	7		12.788	37.8	18,693	8.6	0.0684	26.8
1919	8		16.691	30.5	19,627	5.0	0.0850	24.3

一人当たり 実質GNP (千円/人)	エネルギー /GNP (kcal/円)	一人当たり エネルギー消費 (千kcal/人)	年号	
172	6.22	1,070	1885	明治 18 年
181	6.88	1,246	1886	19
192	6.37	1,223	1887	20
195	6.55	1,276	1888	21
205	6.26	1,281	1889	22
196	7.62	1,498	1890	23
214	6.92	1,480	1891	24
209	7.24	1,514	1892	25
219	7.15	1,564	1893	26
227	8.15	1,849	1894	27
239	7.71	1,839	1895	28
235	7.55	1,777	1896	29
230	8.42	1,937	1897	30
236	10.12	2,385	1898	31
249	10.26	2,554	1899	32
243	9.85	2,395	1900	33
249	8.95	2,232	1901	34
242	9.63	2,328	1902	35
240	9.18	2,204	1903	36
263	9.05	2,376	1904	37
248	9.50	2,360	1905	38
245	10.53	2,578	1906	39
252	10.54	2,657	1907	40
256	10.81	2,772	1908	41
259	10.90	2,825	1909	42
272	10.31	2,808	1910	43
272	11.06	3,006	1911	44
268	12.14	3,254	1912	大正 元 年
267	13.43	3,581	1913	2
265	13.80	3,656	1914	3
276	11.87	3,282	1915	4
295	12.06	3,559	1916	5
318	12.89	4,096	1917	6
341	12.55	4,285	1918	7
357	14.11	5,032	1919	8

(3)GNPと一次エネルギー消費（1885年～2022年）＜その2＞

年号		名目GNP (十億円)	伸び率 (%)	実質GNP (十億円 2015年価格)	伸び率 (%)	GNP デフレータ (2015年=100)	伸び率 (%)
1920	大正 9 年	17.170	2.9	19,536	-0.5	0.0879	3.3
1921	10	16.079	-6.4	20,787	6.4	0.0774	-12.0
1922	11	16.821	4.6	20,236	-2.6	0.0831	7.5
1923	12	16.120	-4.2	19,314	-4.6	0.0835	0.4
1924	13	16.824	4.4	19,938	3.2	0.0844	1.1
1925	14	17.568	4.4	21,093	5.8	0.0833	-1.3
1926	昭和 元 年	17.255	-1.8	21,250	0.7	0.0812	-2.5
1927	2	17.599	2.0	21,967	3.4	0.0801	-1.3
1928	3	17.829	1.3	23,386	6.5	0.0762	-4.8
1929	4	17.591	-1.3	23,492	0.5	0.0749	-1.8
1930	5	14.960	-15.0	23,744	1.1	0.0630	-15.9
1931	6	13.523	-9.6	24,481	3.1	0.0552	-12.3
1932	7	14.088	4.2	24,809	1.3	0.0568	2.8
1933	8	15.483	9.9	25,847	4.2	0.0599	5.5
1934	9	16.928	9.3	28,636	10.8	0.0591	-1.3
1935	10	18.075	6.8	29,306	2.3	0.0617	4.3
1936	11	19.226	6.4	30,229	3.2	0.0636	3.1
1937	12	25.303	31.6	37,561	24.3	0.0674	5.9
1938	13	28.940	14.4	38,726	3.1	0.0747	10.9
1939	14	35.734	23.5	38,947	0.6	0.0918	22.8
1940	15	42.553	19.1	36,364	-6.6	0.117	27.5
1941	16	48.494	14.0	36,858	1.4	0.132	12.4
1942	17	58.742	21.1	36,703	-0.4	0.160	21.6
1943	18	67.858	15.5	37,170	1.3	0.183	14.1
1944	19	80.473	18.6	35,456	-4.6	0.227	24.3
1945	20	N.A.	N.A.	N.A.	N.A.	N.A.	N.A.
1946	21	495	N.A.	19,169	N.A.	2.58	N.A.
1947	22	1,366	176.2	21,094	10.0	6.47	151.0
1948	23	2,782	103.7	24,541	16.3	11.3	75.1
1949	24	3,521	26.6	25,507	3.9	13.8	21.8
1950	25	4,118	16.9	28,629	12.2	14.4	4.2
1951	26	5,680	37.9	32,489	13.5	17.5	21.5
1952	27	6,535	15.0	36,718	13.0	17.8	1.8
1953	28	7,361	12.6	39,634	7.9	18.6	4.4
1954	29	8,170	11.0	40,557	2.3	20.1	8.5

一人当たり実質GNP（千円/人）	エネルギー/GNP（kcal/円）	一人当たりエネルギー消費（千kcal/人）	年号	
349	12.41	4,333	1920	大正 9 年
367	11.30	4,146	1921	10
353	12.09	4,263	1922	11
332	13.29	4,416	1923	12
339	13.38	4,533	1924	13
353	13.26	4,681	1925	14
350	13.91	4,865	1926	昭和 元 年
356	14.65	5,218	1927	2
374	14.52	5,425	1928	3
370	15.15	5,609	1929	4
368	13.93	5,130	1930	5
374	12.57	4,700	1931	6
373	12.99	4,851	1932	7
383	14.21	5,448	1933	8
419	14.20	5,954	1934	9
423	15.05	6,367	1935	10
431	15.76	6,795	1936	11
532	13.88	7,379	1937	12
545	14.44	7,872	1938	13
546	14.34	7,825	1939	14
506	17.43	8,813	1940	15
510	16.83	8,589	1941	16
504	15.62	7,867	1942	17
503	15.59	7,843	1943	18
476	14.93	7,113	1944	19
N.A.	N.A.	4,362	1945	20
253	14.79	3,744	1946	21
270	16.40	4,430	1947	22
307	16.83	5,163	1948	23
312	17.75	5,537	1949	24
344	16.69	5,744	1950	25
384	16.41	6,308	1951	26
428	16.13	6,902	1952	27
456	15.54	7,080	1953	28
460	14.95	6,871	1954	29

(3) GNPと一次エネルギー消費（1885年～2022年）＜その3＞

年号		名目GNP (十億円)	伸び率 (%)	実質GNP (十億円 2015年価格)	伸び率 (%)	GNP デフレータ (2015年=100)	伸び率 (%)
1955	昭和 30 　年	8,998	10.1	45,179	11.4	19.9	-1.1
1956	31	10,148	12.8	48,009	6.3	21.1	6.1
1957	32	11,560	13.9	52,277	8.9	22.1	4.6
1958	33	12,022	4.0	55,873	6.9	21.5	-2.7
1959	34	13,486	12.2	62,104	11.2	21.7	0.9
1960	35	16,171	19.9	69,870	12.5	23.1	6.6
1961	36	19,955	23.4	78,126	11.8	25.5	10.4
1962	37	22,118	10.8	84,136	7.7	26.3	2.9
1963	38	25,525	15.4	92,609	10.1	27.6	4.8
1964	39	30,175	18.2	101,822	9.9	29.6	7.5
1965	40	35,358	17.2	107,111	5.2	33.0	11.4
1966	41	41,634	17.7	118,785	10.9	35.0	6.2
1967	42	48,836	17.3	133,341	12.3	36.6	4.5
1968	43	57,849	18.5	149,599	12.2	38.7	5.6
1969	44	68,875	19.1	168,046	12.3	41.0	6.0
1970	45	80,003	16.2	182,887	8.8	43.7	6.7
1971	46	88,079	10.1	194,706	6.5	45.2	3.4
1972	47	102,674	16.6	215,245	10.5	47.7	5.4
1973	48	124,606	21.4	225,075	4.6	55.4	16.1
1974	49	147,723	18.6	222,707	-1.1	66.3	19.8
1975	50	162,567	10.0	233,035	4.6	69.8	5.2
1976	51 　年度	182,154	12.0	240,421	3.2	75.8	8.6
1977	52	201,813	10.8	253,307	5.4	79.7	5.2
1978	53	221,375	9.7	269,747	6.5	82.1	3.0
1979	54	239,462	8.2	275,801	2.2	86.8	5.8
1980	55	261,758	9.3	280,450	1.7	93.3	7.5
1981	56	278,316	6.3	291,987	4.1	95.3	2.1
1982	57	291,914	4.9	300,976	3.1	97.0	1.8
1983	58	306,332	4.9	313,401	4.1	97.7	0.8
1984	59	325,474	6.2	328,234	4.7	99.2	1.4
1985	60	347,406	6.7	346,713	5.6	100.2	1.0
1986	61	361,700	4.1	363,240	4.8	99.6	-0.6
1987	62	384,013	6.2	384,684	5.9	99.8	0.3
1988	63	410,276	6.8	410,089	6.6	100.0	0.2

一人当たり 実質GNP （千円/人）	エネルギー /GNP （kcal/円）	一人当たり エネルギー消費 （千kcal/人）	年号	
506	14.19	7,183	1955	昭和 30 年
532	14.81	7,885	1956	31
575	15.07	8,664	1957	32
609	13.23	8,053	1958	33
670	13.83	9,268	1959	34
748	14.43	10,791	1960	35
829	14.84	12,297	1961	36
884	14.38	12,712	1962	37
963	14.75	14,202	1963	38
1,048	14.79	15,498	1964	39
1,090	15.77	17,187	1965	40
1,199	15.59	18,696	1966	41
1,331	15.93	21,197	1967	42
1,476	16.26	24,000	1968	43
1,639	16.51	27,066	1969	44
1,763	17.48	30,824	1970	45
1,852	16.68	30,890	1971	46
2,001	16.12	32,254	1972	47
2,063	17.12	35,325	1973	48
2,014	17.27	34,790	1974	49
2,082	15.72	32,716	1975	50
2,126	16.11	34,249	1976	51 年度
2,219	15.29	33,922	1977	52
2,342	14.33	33,549	1978	53
2,374	14.91	35,395	1979	54
2,396	14.16	33,931	1980	55
2,477	13.09	32,414	1981	56
2,535	12.10	30,683	1982	57
2,622	12.24	32,086	1983	58
2,728	12.28	33,504	1984	59
2,864	11.69	33,484	1985	60
2,986	11.07	33,061	1986	61
3,147	10.98	34,553	1987	62
3,341	10.86	36,284	1988	63

(3) GNPと一次エネルギー消費（1885年〜2022年）＜その4＞

年号			名目GNP	伸び率	実質GNP	伸び率	GNP デフレータ	伸び率
			（十億円）	（%）	（十億円） 2015年価格)	（%）	(2015年=100)	（%）
1989	平成 元	年度	438,784	6.9	427,442	4.2	102.7	2.6
1990		2	474,185	8.1	448,590	4.9	105.7	3.0
1991		3	499,391	5.3	461,498	2.9	108.2	2.4
1992		4	510,424	2.2	465,509	0.9	109.6	1.3
1993		5	508,677	-0.3	462,590	-0.6	110.0	0.3
1994		6	516,158	1.5	470,407	1.7	109.7	-0.2
1995		7	530,239	2.7	487,403	3.6	108.8	-0.9
1996		8	545,465	2.9	500,903	2.8	108.9	0.1
1997		9	549,674	0.8	500,634	-0.1	109.8	0.8
1998		10	540,741	-1.6	495,879	-0.9	109.0	-0.7
1999		11	537,145	-0.7	499,093	0.6	107.6	-1.3
2000		12	545,845	1.6	512,516	2.7	106.5	-1.0
2001		13	535,637	-1.9	508,311	-0.8	105.4	-1.1
2002		14	531,006	-0.9	512,425	0.8	103.6	-1.7
2003		15	535,128	0.8	522,928	2.0	102.3	-1.2
2004		16	540,195	0.9	531,544	1.6	101.6	-0.7
2005		17	546,986	1.3	539,856	1.6	101.3	-0.3
2006		18	552,343	1.0	545,372	1.0	101.3	0.0
2007		19	555,059	0.5	547,515	0.4	101.4	0.1
2008		20	528,857	-4.7	520,483	-4.9	101.6	0.2
2009		21	510,168	-3.5	513,890	-1.3	99.3	-2.3
2010		22	518,661	1.7	527,439	2.6	98.3	-0.9
2011		23	514,194	-0.9	524,113	-0.6	98.1	-0.2
2012		24	513,710	-0.1	527,433	0.6	97.4	-0.7
2013		25	530,801	3.3	543,800	3.1	97.6	0.2
2014		26	543,356	2.4	544,479	0.1	99.8	2.2
2015		27	561,902	3.4	562,494	3.3	99.9	0.1
2016		28	563,984	0.4	566,919	0.8	99.5	-0.4
2017		29	576,033	2.1	574,462	1.3	100.3	0.8
2018		30	578,282	0.4	573,065	-0.2	100.9	0.6
2019	令和 元	年度	578,735	0.1	569,961	-0.5	101.5	0.6
2020		2	558,812	-3.4	551,958	-3.2	101.2	-0.3
2021		3	582,625	4.3	564,992	2.4	103.1	1.9
2022		4	600,558	3.1	567,147	0.4	105.9	2.7

出所：大川一司他編「長期経済統計 1：国民所得」（東洋経済新報社）
　　　P.200 第8表 粗国民生産（当年価格、1885〜1940年）
　　　P.213 第18表 粗国民支出（1934〜1936年価格、1885〜1940年）、
　　　P.201 第8-A表 粗国民生産（当年価格、1930〜1971年）、
　　　経済企画庁「昭和40年基準改訂国民所得統計（昭和26年度〜昭和42年度）」、
　　　内閣府「国民経済計算年報」等を用い、EDMCで推計を行った。

一人当たり 実質GNP (千円/人)	エネルギー /GNP (kcal/円)	一人当たり エネルギー消費 (千kcal/人)	年号			
3,469	10.80	37,475	1989	平成	元	年度
3,629	10.84	39,342	1990		2	
3,719	10.64	39,562	1991		3	
3,737	10.76	40,201	1992		4	
3,703	10.95	40,561	1993		5	
3,755	11.35	42,628	1994		6	
3,882	11.16	43,315	1995		7	
3,980	11.03	43,879	1996		8	
3,968	11.16	44,295	1997		9	
3,921	10.99	43,086	1998		10	
3,940	11.01	43,379	1999		11	
4,038	10.90	44,014	2000		12	
3,993	10.63	42,455	2001		13	
4,019	10.71	43,035	2002		14	
4,095	10.53	43,141	2003		15	
4,160	10.66	44,323	2004		16	
4,225	10.49	44,337	2005		17	
4,264	10.34	44,093	2006		18	
4,276	10.32	44,115	2007		19	
4,064	10.61	43,115	2008		20	
4,014	10.08	40,439	2009		21	
4,119	10.38	42,764	2010		22	
4,100	9.90	40,595	2011		23	
4,134	9.74	40,269	2012		24	
4,268	9.52	40,615	2013		25	
4,279	9.20	39,386	2014		26	
4,426	8.86	39,204	2015		27	
4,462	8.69	38,799	2016		28	
4,526	8.65	39,138	2017		29	
4,521	8.54	38,616	2018		30	
4,504	8.38	37,744	2019	令和	元	年度
4,376	7.83	34,248	2020		2	
4,502	8.02	36,112	2021		3	
4,539	7.94	36,057	2022		4	

(4)各種経済指標（1871年～2022年）＜その１＞

年号		人口・主要物資生産							
		人口	世帯総数	鉱工業生産指数(昭和35年基準)	パルプ生産量	紙生産量	粗鋼生産量	セメント生産量	乗用車保有台数年末
		(千人)	(千世帯)		(千トン)	(千トン)	(千トン)	(千トン)	(千台)
1871	明治 4 年	34,269	N.A.	N.A.	N.A.	N.A.	N.A.	N.A.	N.A.
1872	5	34,806	N.A.	N.A.	N.A.	N.A.	N.A.	N.A.	N.A.
1873	6	34,985	N.A.	N.A.	N.A.	N.A.	N.A.	N.A.	N.A.
1874	7	35,154	N.A.	1.7	N.A.	0.016	0.928	N.A.	N.A.
1875	8	35,316	N.A.	1.8	N.A.	0.081	0.696	N.A.	N.A.
1876	9	35,555	N.A.	1.8	N.A.	0.384	1.09	N.A.	N.A.
1877	10	35,870	N.A.	1.9	N.A.	0.547	1.70	0.5	N.A.
1878	11	36,166	N.A.	2.0	N.A.	0.639	1.59	1.0	N.A.
1879	12	36,464	N.A.	2.1	N.A.	0.770	2.47	1.2	N.A.
1880	13	36,649	N.A.	2.2	N.A.	1.40	2.41	1.3	N.A.
1881	14	36,965	N.A.	2.2	N.A.	1.80	2.33	1.5	N.A.
1882	15	37,259	N.A.	2.2	N.A.	1.93	2.21	1.7	N.A.
1883	16	37,569	N.A.	2.2	N.A.	2.09	1.93	1.9	N.A.
1884	17	37,962	N.A.	2.4	N.A.	2.39	1.41	3.0	N.A.
1885	18	38,313	N.A.	2.2	N.A.	2.28	0.73	4.8	N.A.
1886	19	38,541	N.A.	2.5	N.A.	2.92	1.96	7.7	N.A.
1887	20	38,703	N.A.	2.8	N.A.	3.06	2.38	12	N.A.
1888	21	39,029	N.A.	2.9	N.A.	2.92	2.34	20	N.A.
1889	22	39,473	N.A.	3.2	N.A.	3.07	2.42	32	N.A.
1890	23	39,902	N.A.	3.3	N.A.	6.76	2.29	51	N.A.
1891	24	40,251	N.A.	3.4	N.A.	8.25	1.75	65	N.A.
1892	25	40,508	N.A.	3.7	N.A.	11.3	2.06	83	N.A.
1893	26	40,860	N.A.	4.0	N.A.	14.1	1.44	106	N.A.
1894	27	41,142	N.A.	4.3	N.A.	19.2	1.77	134	N.A.
1895	28	41,557	N.A.	4.5	N.A.	20.8	1.67	171	N.A.
1896	29	41,992	N.A.	4.6	N.A.	21.8	1.60	172	N.A.
1897	30	42,400	N.A.	4.8	N.A.	21.0	1.81	173	N.A.
1898	31	42,886	N.A.	5.2	N.A.	22.7	1.92	173	N.A.
1899	32	43,404	N.A.	5.2	N.A.	36.7	1.38	174	N.A.
1900	33	43,847	N.A.	5.1	N.A.	43.5	1.13	174	N.A.
1901	34	44,359	N.A.	5.4	N.A.	51.4	9.05	175	N.A.
1902	35	44,964	N.A.	5.1	N.A.	46.3	46.55	175	N.A.
1903	36	45,546	N.A.	5.3	N.A.	50.8	59.68	176	N.A.
1904	37	46,135	N.A.	5.1	N.A.	68.4	89.92	177	N.A.
1905	38	46,620	N.A.	5.3	N.A.	77.3	106.69	177	N.A.
1906	39	47,038	N.A.	6.0	N.A.	97.3	104.06	253	N.A.
1907	40	47,416	N.A.	6.5	N.A.	89.6	135.90	300	N.A.
1908	41	47,965	N.A.	6.4	N.A.	103	148.88	308	N.A.
1909	42	48,554	N.A.	6.8	N.A.	112	154.47	400	N.A.
1910	43	49,184	N.A.	7.3	N.A.	123	251.95	452	N.A.

出所：人口:1920年以前は東洋経済新報社「長期経済統計 2:労働力」 暦年値、
　　　1920年より総務省統計局「我が国の推計人口(大正9年～平成12年)」、「人口推計」10月1日値
　　　世帯数:厚生労働省「国民生活基礎調査の概況」 暦年値

物価								年号	
卸売物価指数		消費者物価指数		原油輸入価格	電力価格				
					総合単価				
(昭和9～11年基準)	伸び率(%)	(昭和9～11年基準)	伸び率(%)	(ドル/バレル)	(円/kWh)	電灯	電力		
N.A.	N.A.	N.A.	N.A.	N.A.	N.A.	N.A.	N.A.	1871	明治4 年
N.A.	N.A.	N.A.	N.A.	N.A.	N.A.	N.A.	N.A.	1872	5
N.A.	N.A.	N.A.	N.A.	N.A.	N.A.	N.A.	N.A.	1873	6
N.A.	N.A.	N.A.	N.A.	N.A.	N.A.	N.A.	N.A.	1874	7
N.A.	N.A.	N.A.	N.A.	N.A.	N.A.	N.A.	N.A.	1875	8
N.A.	N.A.	N.A.	N.A.	N.A.	N.A.	N.A.	N.A.	1876	9
N.A.	N.A.	N.A.	N.A.	N.A.	N.A.	N.A.	N.A.	1877	10
N.A.	N.A.	N.A.	N.A.	N.A.	N.A.	N.A.	N.A.	1878	11
N.A.	N.A.	N.A.	N.A.	N.A.	N.A.	N.A.	N.A.	1879	12
N.A.	N.A.	0.4	N.A.	0.95	N.A.	N.A.	N.A.	1880	13
N.A.	N.A.	0.4	10.2	0.86	N.A.	N.A.	N.A.	1881	14
N.A.	N.A.	0.4	-6.9	0.78	N.A.	N.A.	N.A.	1882	15
N.A.	N.A.	0.3	-14.1	1.00	N.A.	N.A.	N.A.	1883	16
N.A.	N.A.	0.3	-3.3	0.84	N.A.	N.A.	N.A.	1884	17
N.A.	N.A.	0.3	0.0	0.88	N.A.	N.A.	N.A.	1885	18
N.A.	N.A.	0.3	-11.8	0.71	N.A.	N.A.	N.A.	1886	19
N.A.	N.A.	0.3	6.3	0.67	N.A.	N.A.	N.A.	1887	20
N.A.	N.A.	0.3	-1.7	0.88	N.A.	N.A.	N.A.	1888	21
N.A.	N.A.	0.3	5.9	0.94	N.A.	N.A.	N.A.	1889	22
N.A.	N.A.	0.3	6.6	0.87	N.A.	N.A.	N.A.	1890	23
N.A.	N.A.	0.3	-4.2	0.67	N.A.	N.A.	N.A.	1891	24
N.A.	N.A.	0.3	-6.8	0.56	N.A.	N.A.	N.A.	1892	25
N.A.	N.A.	0.3	1.2	0.64	N.A.	N.A.	N.A.	1893	26
N.A.	N.A.	0.3	3.2	0.84	N.A.	N.A.	N.A.	1894	27
N.A.	N.A.	0.3	9.5	1.46	N.A.	N.A.	N.A.	1895	28
N.A.	N.A.	0.4	10.0	1.18	N.A.	N.A.	N.A.	1896	29
N.A.	N.A.	0.4	11.4	0.79	N.A.	N.A.	N.A.	1897	30
N.A.	N.A.	0.5	8.5	0.91	N.A.	N.A.	N.A.	1898	31
N.A.	N.A.	0.4	-5.6	1.29	N.A.	N.A.	N.A.	1899	32
0.489	N.A.	0.5	12.4	1.19	N.A.	N.A.	N.A.	1900	33
0.469	-4.1	0.5	-2.2	0.96	N.A.	N.A.	N.A.	1901	34
0.474	1.1	0.5	3.9	0.80	N.A.	N.A.	N.A.	1902	35
0.504	6.3	0.5	5.0	0.94	N.A.	N.A.	N.A.	1903	36
0.530	5.2	0.5	2.3	0.86	N.A.	N.A.	N.A.	1904	37
0.569	7.4	0.5	3.9	0.62	N.A.	N.A.	N.A.	1905	38
0.586	3.0	0.6	2.0	0.73	N.A.	N.A.	N.A.	1906	39
0.632	7.8	0.6	10.5	0.72	N.A.	N.A.	N.A.	1907	40
0.609	-3.6	0.6	-3.4	0.72	N.A.	N.A.	N.A.	1908	41
0.581	-4.6	0.6	-3.9	0.70	N.A.	N.A.	N.A.	1909	42
0.588	1.2	0.6	3.9	0.62	N.A.	N.A.	N.A.	1910	43

鉱工業生産指数:東洋経済新報社「長期経済統計10:鉱工業」、
経済企画庁通商産業省編「通商産業政策史第16巻 統計・年表編」、
経済産業省「経済産業統計」 暦年値

(4)各種経済指標（1871年〜2022年）＜その2＞

年号		人口・主要物資生産							
		人口	世帯総数	鉱工業生産指数(昭和35年基準)	パルプ生産量	紙生産量	粗鋼生産量	セメント生産量	乗用車保有台数年末
		(千人)	(千世帯)		(千トン)	(千トン)	(千トン)	(千トン)	(千台)
1911	明治44年	49,852	N.A.	7.6	N.A.	139	288	536	N.A.
1912	大正元年	50,577	N.A.	8.2	N.A.	147	330	655	N.A.
1913	2	51,305	N.A.	9.1	N.A.	170	382	782	N.A.
1914	3	52,039	N.A.	8.7	N.A.	195	424	749	N.A.
1915	4	52,752	N.A.	9.9	N.A.	226	514	702	N.A.
1916	5	53,496	N.A.	11.6	N.A.	253	572	818	N.A.
1917	6	54,134	N.A.	13.2	N.A.	279	773	798	N.A.
1918	7	54,739	N.A.	14.3	N.A.	398	813	1,057	N.A.
1919	8	55,033	N.A.	15.0	N.A.	328	813	1,127	N.A.
1920	9	55,963	11,101	13.9	N.A.	351	811	1,217	N.A.
1921	10	56,666	N.A.	14.9	N.A.	349	832	1,284	N.A.
1922	11	57,390	N.A.	15.7	N.A.	376	909	1,581	N.A.
1923	12	58,119	N.A.	15.7	N.A.	361	959	1,900	N.A.
1924	13	58,876	N.A.	16.3	N.A.	409	1,100	1,976	N.A.
1925	14	59,737	11,879	17.3	N.A.	484	1,300	2,292	N.A.
1926	昭和元年	60,741	N.A.	19.1	508	478	1,506	3,058	N.A.
1927	2	61,659	N.A.	20.3	555	506	1,685	3,295	N.A.
1928	3	62,595	N.A.	20.8	577	569	1,906	3,321	N.A.
1929	4	63,461	N.A.	22.7	629	618	2,294	3,863	N.A.
1930	5	64,450	11,582	22.7	636	592	2,289	3,081	N.A.
1931	6	65,457	N.A.	20.5	576	573	1,883	3,237	N.A.
1932	7	66,434	N.A.	21.6	560	571	2,398	3,430	N.A.
1933	8	67,432	N.A.	26.4	630	624	3,198	4,322	N.A.
1934	9	68,309	N.A.	28.2	720	691	3,844	4,488	N.A.
1935	10	69,254	13,378	29.9	770	747	4,704	5,538	N.A.
1936	11	70,114	N.A.	33.7	815	821	5,223	5,683	52.4
1937	12	70,630	N.A.	39.5	901	967	5,801	6,116	60.1
1938	13	71,013	N.A.	40.7	791	896	6,472	5,925	59.3
1939	14	71,380	N.A.	45.0	1,071	932	6,696	6,210	55.0
1940	15	71,933	14,219	47.1	1,155	932	6,856	6,085	52.1
1941	16	72,218	N.A.	48.6	1,277	936	6,844	8,848	N.A.
1942	17	72,880	N.A.	47.2	1,097	770	7,044	4,364	N.A.
1943	18	73,903	N.A.	47.8	893	699	7,650	3,776	N.A.
1944	19	74,433	N.A.	48.6	595	414	6,729	2,962	N.A.
1945	20	72,147	N.A.	21.0	243	233	1,963	1,176	31
1946	21	75,750	14,786	8.5	206	182	557	929	26
1947	22	78,101	15,871	10.6	284	253	952	1,237	26
1948	23	80,002	16,089	14.0	410	361	1,715	1,859	29
1949	24	81,773	N.A.	18.2	541	513	3,111	3,278	31

出所：パルプ:経済企画庁統計課監修「日本の経済統計」(昭和39年)、通商産業省編
「通商産業政策史 第16巻 統計年表編」、経済産業省「紙パルプ統計年報」暦年値
紙:東洋経済新報社「長期経済統計 10:鉱工業」、経済企画庁統計課監修
「日本の経済統計 上」(昭和39年)、通商産業省編「通商産業政策史 第16巻 統計・年表編」、

物価								年号	
卸売物価指数		消費者物価指数		原油輸入価格	電力価格				
					総合単価	電灯	電力		
(昭和9〜11年基準)	伸び率(%)	(昭和9〜11年基準)	伸び率(%)	(ドル/バレル)	(円/kWh)				
0.610	3.7	0.6	7.4	0.61	N.A.	N.A.	N.A.	1911	明治 44 年
0.646	5.9	0.7	5.5	0.74	N.A.	N.A.	N.A.	1912	大正 元 年
0.647	0.2	0.7	3.0	0.95	N.A.	N.A.	N.A.	1913	2
0.618	-4.5	0.6	-7.9	0.81	N.A.	N.A.	N.A.	1914	3
0.625	1.1	0.6	-6.4	0.64	N.A.	N.A.	N.A.	1915	4
0.756	21.0	0.6	8.0	1.10	N.A.	N.A.	N.A.	1916	5
0.951	25.8	0.8	22.7	1.56	N.A.	N.A.	N.A.	1917	6
1.246	31.0	1.0	34.6	1.98	N.A.	N.A.	N.A.	1918	7
1.526	22.5	1.4	33.0	2.01	N.A.	N.A.	N.A.	1919	8
1.678	10.0	1.4	4.6	3.07	N.A.	N.A.	N.A.	1920	9
1.296	-22.8	1.3	-8.4	1.73	N.A.	N.A.	N.A.	1921	10
1.267	-2.2	1.3	-1.5	1.61	N.A.	N.A.	N.A.	1922	11
1.289	1.7	1.3	-0.9	1.34	N.A.	N.A.	N.A.	1923	12
1.336	3.6	1.3	0.9	1.43	N.A.	N.A.	N.A.	1924	13
1.305	-2.3	1.3	1.2	1.68	N.A.	N.A.	N.A.	1925	14
1.156	-11.4	1.3	-4.5	1.88	N.A.	N.A.	N.A.	1926	昭和 元 年
1.099	-4.9	1.2	-1.5	1.30	N.A.	N.A.	N.A.	1927	2
1.106	0.6	1.2	-3.8	1.17	N.A.	N.A.	N.A.	1928	3
1.075	-2.8	1.2	-2.3	1.27	N.A.	N.A.	N.A.	1929	4
0.885	-17.7	1.0	-10.2	1.19	N.A.	N.A.	N.A.	1930	5
0.748	-15.5	0.9	-11.5	0.65	N.A.	N.A.	N.A.	1931	6
0.830	11.0	0.9	1.1	0.87	N.A.	N.A.	N.A.	1932	7
0.951	14.6	1.0	3.1	0.67	0.05	0.11	0.03	1933	8
0.970	2.0	1.0	1.4	1.00	0.04	0.10	0.03	1934	9
0.994	2.5	1.0	2.5	0.97	0.04	0.11	0.04	1935	10
1.036	4.2	1.0	2.3	1.09	0.04	0.11	0.03	1936	11
1.258	21.4	1.1	7.8	1.18	0.04	0.11	0.03	1937	12
1.327	5.5	1.2	9.6	1.13	0.04	0.11	0.03	1938	13
1.466	10.5	N.A.	N.A.	1.02	0.04	0.11	0.03	1939	14
1.641	30.4	N.A.	N.A.	1.02	N.A.	N.A.	N.A.	1940	15
1.758	7.1	N.A.	N.A.	1.14	0.04	N.A.	N.A.	1941	16
1.912	8.8	N.A.	N.A.	1.19	0.04	N.A.	N.A.	1942	17
2.0	7.0	N.A.	N.A.	1.20	0.04	N.A.	N.A.	1943	18
2.3	13.3	N.A.	N.A.	1.21	0.04	N.A.	N.A.	1944	19
3.5	51.1	N.A.	N.A.	1.05	0.07	N.A.	N.A.	1945	20
16.3	364.5	48.2	N.A.	1.21	0.13	N.A.	N.A.	1946	21
48.2	195.9	108.6	125.3	2.20	0.56	N.A.	N.A.	1947	22
127.9	165.6	191.1	75.9	1.99	1.68	N.A.	N.A.	1948	23
208.8	63.3	240.1	25.6	1.71	2.33	N.A.	N.A.	1949	24

経済産業省「紙・パルプ統計年報」暦年値、製紙連合会「パルプ統計」
粗鋼:東洋経済新報社「長期経済統計10:鉱工業」,経済企画庁統計課監修「日本の経済統計 上」
(付和39年)、通商産業省編「通商産業政策史 第16巻 統計・年表編」、
経済産業省「鉄鋼・非鉄金属・金属製品統計年報」暦年値

(4) 各種経済指標（1871年～2022年）＜その3＞

年号		人口・主要物資生産							
		人口	世帯総数	鉱工業生産指数(昭和35年基準)	パルプ生産量	紙生産量	粗鋼生産量	セメント生産量	乗用車保有台数年末
		(千人)	(千世帯)		(千トン)	(千トン)	(千トン)	(千トン)	(千台)
1950	昭和25年	83,200	16,580	22.3	749	687	4,839	4,462	37
1951	26	84,541	N.A.	30.8	1,083	890	6,502	6,548	45
1952	27	85,808	N.A.	33.0	1,240	1,020	6,988	7,118	59
1953	28	86,981	17,180	40.3	1,508	1,308	7,662	8,768	90
1954	29	88,239	17,337	43.7	1,632	1,422	7,750	10,675	125
1955	30	89,276	18,963	47.0	1,908	1,613	9,408	10,563	141
1956	31	90,172	19,823	57.5	2,202	1,823	11,106	13,024	162
1957	32	90,928	20,704	67.9	2,471	2,041	12,570	15,176	200
1958	33	91,767	21,310	66.7	2,372	2,050	12,118	14,984	255
1959	34	92,641	21,724	80.1	3,007	2,520	16,629	17,220	617
1960	35	93,419	22,476	100.0	3,532	2,868	22,138	22,537	569
1961	36	94,287	23,509	119.6	4,127	3,319	28,268	24,632	473
1962	37	95,181	23,850	129.7	4,205	3,445	27,546	28,787	700
1963	38	96,156	25,002	144.3	4,577	3,770	31,501	29,948	951
1964	39	97,182	25,104	167.1	5,024	4,204	39,799	32,981	1,672
1965	40	98,275	25,940	173.4	5,164	4,219	41,161	32,689	2,181
1966	41	99,036	26,765	196.2	5,692	4,616	47,784	37,564	2,833
1967	42	100,196	28,144	234.8	6,232	5,059	62,154	42,494	3,836
1968	43	101,331	28,694	270.9	6,861	5,489	66,893	47,677	5,209
1969	44	102,536	29,009	313.9	7,685	6,147	82,166	51,387	6,934
1970	45	103,720	29,887	357.0	8,801	7,135	93,322	57,189	8,779
1971	46	105,145	30,861	366.5	9,039	7,129	88,557	59,434	10,572
1972	47	107,595	31,925	393.0	9,458	7,471	96,900	66,292	12,531
1973	48	109,104	32,314	451.9	10,123	8,222	119,322	78,118	14,474
1974	49	110,573	32,731	434.2	10,039	8,444	117,131	73,108	15,854
1975	50	111,940	32,877	386.1	8,630	7,711	102,313	65,517	17,236
1976	51	113,094	34,275	429.1	9,439	8,631	107,399	68,712	18,476
1977	52	114,165	34,414	446.8	9,437	8,759	102,405	73,138	19,826
1978	53	115,190	34,466	479.9	9,392	9,364	102,105	84,882	21,280
1979	54	116,155	34,869	515.4	9,993	9,981	111,748	87,804	22,667
1980	55	117,060	35,338	540.2	9,788	10,536	111,395	87,957	23,660
1981	56	117,902	36,121	545.5	8,612	9,943	101,676	84,828	24,612
1982	57	118,728	36,248	546.9	8,627	10,353	99,548	80,686	25,539
1983	58	119,536	36,497	563.6	8,860	10,932	97,179	80,891	26,385
1984	59	120,305	37,338	617.1	9,127	11,429	105,586	78,860	27,144
1985	60	121,049	37,226	639.9	9,279	11,790	105,279	72,847	27,844
1986	61	121,660	37,544	638.6	9,240	12,272	98,275	71,264	28,654
1987	62	122,239	38,064	660.0	9,733	12,807	98,513	71,551	29,478
1988	63	122,745	39,028	723.6	10,415	14,343	105,681	77,554	30,776
1989	平成元年	123,205	39,417	765.7	10,987	15,726	107,908	79,717	32,621

出所：セメント:東洋経済新報社「長期経済統計10:鉱工業」、
　　　経済企画庁統計課監修「日本の経済統計 上」(昭和39年)、通商産業省編「通商産業政策史
　　　第16巻統計・年表編」、経済産業省「窯業・建材統計年報」暦年値

物価									年号	
卸売物価指数		消費者物価指数		原油輸入価格	電力価格					
					総合単価					
(昭和9〜11年基準)	伸び率(%)	(昭和9〜11年基準)	伸び率(%)	(ドル/バレル)	(円/kWh)	電灯	電力			
246.8	18.2	230.5	-4.0	1.71	3.00	N.A.	N.A.	1950	昭和 25	年
342.5	38.8	265.1	15.0	1.71	3.59	7.30	2.66	1951	26	
349.2	2.0	277.8	4.8	1.71	4.70	9.69	3.50	1952	27	
351.6	0.7	297.3	7.0	1.93	4.83	10.07	3.64	1953	28	
349.2	-0.7	314.9	5.9	1.93	4.88	10.25	3.65	1954	29	
343.0	-1.8	315.2	0.1	1.93	5.22	10.99	4.02	1955	30	
358.0	4.4	317.6	0.7	1.93	5.14	11.03	3.99	1956	31	
368.8	3.0	326.5	2.8	2.08	5.21	11.33	4.07	1957	32	
344.8	-6.5	328.2	0.5	2.08	5.33	11.49	4.14	1958	33	
348.3	1.0	332.7	1.4	1.90	5.29	11.56	4.14	1959	34	
352.1	1.1	342.9	3.1	1.80	5.31	11.60	4.16	1960	35	
355.7	1.0	360.0	5.0	1.80	5.55	11.85	4.37	1961	36	
349.7	-1.7	383.7	6.6	1.80	5.90	11.95	4.59	1962	37	
356.0	1.8	411.7	7.3	1.80	6.00	12.05	4.64	1963	38	
356.7	0.2	428.9	4.2	1.80	6.06	12.06	4.68	1964	39	
359.4	0.8	462.4	7.8	1.97	6.25	12.09	4.82	1965	40	
368.1	2.4	486.2	5.2	1.89	6.26	12.08	4.83	1966	41	
374.7	1.8	506.1	4.1	1.94	6.24	12.03	4.84	1967	42	
377.9	0.9	533.2	5.4	1.87	6.29	12.00	4.90	1968	43	
385.9	2.1	563.9	5.8	1.79	6.29	11.91	4.92	1969	44	
399.9	3.6	623.6	10.6	1.83	6.35	11.85	4.98	1970	45	
396.7	-0.8	665.1	6.7	2.29	6.52	11.80	5.10	1971	46	
399.9	0.8	695.9	4.6	2.57	6.57	11.76	5.16	1972	47	
463.3	15.9	777.2	11.7	4.85	6.76	11.82	5.37	1973	48	
608.7	31.4	958.0	23.3	11.53	10.62	14.89	9.37	1974	49	
626.8	2.9	1,070.0	11.7	12.05	11.61	15.65	10.33	1975	50	
658.3	5.0	1,171.2	9.5	12.69	13.20	17.71	11.84	1976	51	
670.7	1.9	1,267.0	8.2	13.65	14.51	19.18	13.06	1977	52	
653.8	-2.5	1,321.3	4.3	13.87	14.02	17.64	12.53	1978	53	
701.5	7.3	1,370.1	3.7	23.37	14.69	19.40	13.21	1979	54	
826.2	17.8	1,476.7	7.8	34.63	22.49	27.54	20.87	1980	55	
837.7	1.4	1,547.2	4.8	36.89	23.14	28.26	21.46	1981	56	
852.7	1.8	1,590.6	2.8	34.09	23.44	28.42	21.79	1982	57	
833.7	-2.2	1,619.5	1.8	29.63	23.53	28.65	21.78	1983	58	
831.5	-0.3	1,657.4	2.3	29.17	23.53	28.77	21.75	1984	59	
822.4	-1.1	1,690.0	2.0	27.21	23.74	28.89	21.94	1985	60	
747.3	-9.1	1,700.8	0.6	13.81	21.93	26.87	20.17	1986	61	
719.3	-3.7	1,702.6	0.1	18.09	20.61	25.80	18.72	1987	62	
712.1	-1.0	1,715.3	0.7	14.79	19.75	25.24	18.72	1988	63	
730.4	2.6	1,753.2	2.2	17.92	19.78	25.57	17.68	1989	平成 元	年

乗用車保有台数:総務庁統計局監修「日本長期統計総覧 第2巻」、
通商産業省編「通商産業政策史 第16巻 統計・年表編」、日産自動車「自動車交通」
自動車工業会「自動車統計月報」、自動車検査登録協力会「自動車保有車両数」暦年値

(4)各種経済指標（1871年～2022年）＜その4＞

年号		人口・主要物資生産							
		人口 （千人）	世帯 総数 （千世帯）	鉱工業 生産指数 (昭和35 年基準)	パルプ 生産量 （千トン）	紙 生産量 （千トン）	粗鋼 生産量 （千トン）	セメント 生産量 （千トン）	乗用車 保有台数 年末 （千台）
1990	平成 2 年	123,611	40,273	796.5	11,328	16,429	110,339	84,445	34,924
1991	3	124,101	40,506	810.6	11,729	17,048	109,649	89,564	37,076
1992	4	124,567	41,210	760.4	11,200	16,592	98,132	88,253	38,964
1993	5	124,938	41,826	731.6	10,593	16,207	99,623	88,046	40,772
1994	6	125,265	42,069	738.3	10,579	16,603	98,295	91,624	42,679
1995	7	125,570	40,770	762.4	11,120	17,466	101,640	90,474	44,680
1996	8	125,859	43,807	779.1	11,190	17,767	98,801	94,492	46,869
1997	9	126,157	44,669	807.9	11,491	18,268	104,545	91,938	48,611
1998	10	126,472	44,496	752.4	10,919	17,855	93,548	81,328	49,896
1999	11	126,667	44,923	754.4	10,990	18,394	94,192	80,120	51,165
2000	12	126,926	45,545	797.2	11,399	19,037	106,444	81,097	52,437
2001	13	127,316	45,664	743.0	10,813	18,385	102,866	76,550	53,541
2002	14	127,486	46,005	734.3	10,666	18,528	107,745	71,828	54,541
2003	15	127,694	45,800	756.4	10,520	18,396	110,511	68,766	55,213
2004	16	127,787	46,323	792.5	10,653	18,788	112,718	67,376	55,995
2005	17	127,768	47,043	803.9	10,756	18,901	112,471	69,629	57,091
2006	18	127,901	47,531	839.4	10,798	19,066	116,226	69,942	57,521
2007	19	128,033	48,023	862.8	10,807	19,192	120,203	67,685	57,624
2008	20	128,084	47,957	833.3	10,664	18,828	118,739	62,810	57,866
2009	21	128,032	48,013	651.9	8,501	15,832	87,534	54,800	58,020
2010	22	128,057	48,638	753.0	9,392	16,387	109,599	51,526	58,348
2011	23	127,834	46,684	731.6	9,004	15,446	107,601	51,291	58,671
2012	24	127,593	48,170	736.3	8,641	15,067	107,232	54,737	59,422
2013	25	127,414	50,112	734.3	8,766	15,181	110,595	57,962	60,036
2014	26	127,237	50,431	748.3	8,952	15,118	110,666	57,913	60,668
2015	27	127,095	50,361	740.3	8,727	14,830	105,134	54,827	60,988
2016	28	127,042	49,945	739.6	8,637	14,706	104,775	53,255	61,404
2017	29	126,919	50,425	762.4	8,742	14,581	104,661	55,195	61,804
2018	30	126,749	50,991	767.1	8,627	14,008	104,319	55,307	62,026
2019	令和 元 年	126,555	51,785	747.0	8,374	13,502	99,284	53,462	62,141
2020	2	126,146	N.A.	669.4	7,057	11,212	83,186	50,905	62,195
2021	3	125,502	51,914	705.5	7,613	11,681	96,336	50,083	62,165
2022	4	124,947	54,310	704.8	7,561	11,277	89,238	48,473	62,158

出所: 国内企業物価指数(2001年までは卸売物価指数):日本銀行「国内企業物価指数戦前基準指数」、
　　　消費者物価指数:東洋経済新報社「物価総覧臨時増刊」(昭和36年版)、
　　　同「経済統計年鑑」暦年値、消費者物価指数:総務省統計局「消費者物価指数年報」
　　　原油価格:EDMC「エネルギー統計資料(海外編)」、財務省「日本貿易月表」年度値
　　　電力価格:「電力百年史」、通商産業省資源エネルギー庁公益事業部監修
　　　「電気事業便覧」年度値(但し、1999年度以降はEDMC推計)

物価								年号	
卸売物価指数		消費者物価指数		原油輸入価格	電力価格				
					総合単価				
(昭和9〜11年基準)	伸び率(%)	(昭和9〜11年基準)	伸び率(%)	(ドル/バレル)	(円/kWh)	電灯	電力		
745.4	2.1	1,807.5	3.1	22.76	19.83	25.68	17.67	1990	平成 2 年
741.3	-0.6	1,867.1	3.3	18.83	20.01	25.74	17.86	1991	3
729.3	-1.6	1,897.8	1.6	19.28	20.25	25.80	18.09	1992	4
708.1	-2.9	1,923.1	1.3	16.76	20.24	25.65	18.08	1993	5
693.7	-4.9	1,935.8	0.7	17.26	19.96	25.55	17.66	1994	6
687.2	-0.9	1,934.0	0.0	18.34	19.80	25.34	17.47	1995	7
688.0	-0.8	1,935.9	0.0	21.72	19.35	24.93	17.01	1996	8
698.4	1.6	1,970.7	1.9	18.80	19.99	25.72	17.60	1997	9
687.5	-0.1	1,983.2	2.4	12.76	19.07	24.55	16.71	1998	10
664.3	-3.4	1,976.5	-0.3	20.63	18.66	24.21	16.24	1999	11
664.2	0.0	1,963.0	-0.7	28.37	18.65	24.23	16.22	2000	12
658.0	-0.9	1,949.3	-0.7	23.75	18.61	23.93	16.23	2001	13
645.7	-1.9	1,931.6	-0.9	27.32	17.56	22.93	15.11	2002	14
637.3	-1.3	1,925.7	-0.3	29.34	17.20	22.57	14.78	2003	15
644.7	1.2	1,925.7	0.0	38.69	16.91	22.28	14.44	2004	16
665.0	3.1	1,919.8	-0.3	56.01	16.62	21.83	14.19	2005	17
692.7	4.2	1,925.6	0.3	63.45	16.63	21.76	14.30	2006	18
711.9	2.8	1,925.6	0.0	78.02	16.70	21.82	14.34	2007	19
736.6	3.5	1,952.5	1.4	92.72	18.22	22.98	15.98	2008	20
664.4	-9.8	1,925.6	-1.4	68.99	16.82	21.57	14.46	2009	21
668.5	0.6	1,912.1	-0.7	83.84	16.70	21.39	14.33	2010	22
680.9	1.9	1,906.4	-0.3	114.10	17.67	22.32	15.32	2011	23
674.4	-1.0	1,906.4	0.0	114.19	18.71	23.25	16.41	2012	24
711.1	5.4	1,912.1	0.3	110.11	20.48	25.21	18.09	2013	25
735.4	3.4	1,965.7	2.8	89.21	22.08	26.83	19.71	2014	26
710.0	-3.5	1,981.0	0.8	48.91	20.01	24.63	17.67	2015	27
658.2	-7.3	1,979.0	-0.1	47.69	17.33	22.01	15.11	2016	28
687.8	4.5	1,988.9	0.5	57.01	18.17	22.98	15.81	2017	29
710.6	3.3	2,006.7	0.9	72.24	18.95	24.14	16.44	2018	30
698.7	-1.7	2,016.6	0.5	67.80	18.76	24.03	16.17	2019	令和 元 年
675.5	-3.3	2,016.6	0.0	43.29	17.52	22.55	14.78	2020	2
733.4	8.6	2,022.6	0.3	77.51	18.86	24.33	15.92	2021	3
860.4	17.3	2,073.2	2.5	102.75	26.26	29.67	24.10	2022	4

注：世帯総数では、一部の年で以下の都道府県の値が除かれている。
1995(平成7)年：兵庫県、2011(平成23)年：岩手県・宮城県・福島県、
2012(平成24)年：福島県、2016(平成28)年：熊本県。
また、2020(令和2)年の国民生活基礎調査は、COVID-19対応等の観点から中止。

(5)エネルギー源別一次エネルギー供給（1880年～2022年）＜その1＞

年号		一次エネルギー総供給				
		石炭	石油	天然ガス	水力	原子力
1880	明治 13 年	567	55	-	-	-
1881	14	602	31	-	-	-
1882	15	596	73	-	-	-
1883	16	639	84	-	-	-
1884	17	715	64	-	-	-
1885	18	816	65	-	-	-
1886	19	865	91	-	-	-
1887	20	1,100	76	-	-	-
1888	21	1,267	109	-	-	-
1889	22	1,497	132	-	-	-
1890	23	1,639	153	-	-	-
1891	24	1,996	146	-	-	-
1892	25	1,994	123	-	-	-
1893	26	2,079	184	-	-	-
1894	27	2,694	214	-	-	-
1895	28	3,032	175	-	-	-
1896	29	3,172	222	-	-	-
1897	30	3,291	248	-	-	-
1898	31	4,215	279	-	-	-
1899	32	4,238	262	-	-	-
1900	33	4,713	366	-	-	-
1901	34	5,671	410	-	-	-
1902	35	6,116	412	-	-	-
1903	36	6,390	393	-	21	-
1904	37	7,142	468	-	27	-
1905	38	7,424	411	-	31	-
1906	39	8,128	448	-	42	-
1907	40	8,641	508	-	64	-
1908	41	9,288	536	-	100	-
1909	42	9,487	503	-	122	-
1910	43	9,923	537	-	186	-
1911	44	11,150	552	-	238	-
1912	大正 元 年	12,493	501	-	268	-
1913	2	13,729	506	-	534	-
1914	3	14,608	580	1.4	640	-
1915	4	13,241	628	0.7	747	-

(10^{10} kcal)		合計	伸び率 (%)	CO₂排出量 (二酸化炭素 百万トン)	年号	
薪炭	その他					
3,495	-	4,117	1.1	2.2	1880	明治 13 年
3,235	-	3,868	-6.1	2.3	1881	14
3,115	-	3,784	-2.2	2.4	1882	15
2,878	-	3,601	-4.8	2.6	1883	16
2,710	-	3,490	-3.1	2.8	1884	17
3,218	-	4,099	17.4	3.2	1885	18
3,847	-	4,803	17.2	3.4	1886	19
3,557	-	4,733	-1.5	4.2	1887	20
3,606	-	4,981	5.3	4.9	1888	21
3,427	-	5,055	1.5	5.8	1889	22
4,185	-	5,977	18.2	6.4	1890	23
3,815	-	5,957	-0.3	7.7	1891	24
4,015	-	6,132	2.9	7.6	1892	25
4,127	-	6,390	4.2	8.1	1893	26
4,698	-	7,607	19.0	10.4	1894	27
4,435	-	7,643	0.5	11.5	1895	28
4,066	-	7,460	-2.4	12.2	1896	29
4,675	-	8,214	10.1	12.7	1897	30
5,733	-	10,228	24.5	16.1	1898	31
6,586	-	11,085	8.4	16.2	1899	32
5,424	-	10,504	-5.2	18.2	1900	33
3,822	-	9,903	-5.7	21.8	1901	34
3,940	-	10,468	5.7	23.4	1902	35
3,234	-	10,038	-4.1	24.4	1903	36
3,322	-	10,960	9.2	27.3	1904	37
3,137	-	11,003	0.4	28.2	1905	38
3,508	-	12,125	10.2	30.9	1906	39
3,385	-	12,598	3.9	32.9	1907	40
3,371	-	13,294	5.5	35.3	1908	41
3,604	-	13,715	3.2	36.0	1909	42
3,167	-	13,813	0.7	37.7	1910	43
3,044	-	14,984	8.5	42.2	1911	44
3,194	-	16,456	9.8	47.0	1912	大正 元 年
3,604	-	18,372	11.6	51.5	1913	2
3,194	-	19,024	3.5	54.9	1914	3
2,694	-	17,311	-9.0	50.0	1915	4

(5)エネルギー源別一次エネルギー供給（1880年〜2022年）＜その2＞

年号		一次エネルギー総供給				
		石炭	石油	天然ガス	水力	原子力
1916	大正 5 年	14,706	575	1.4	780	-
1917	6	17,151	550	11.2	847	-
1918	7	17,952	507	20.3	992	-
1919	8	20,042	524	23.8	1,179	-
1920	9	18,845	539	30.1	1,370	-
1921	10	16,941	530	26.6	1,519	-
1922	11	18,145	608	21.0	1,776	-
1923	12	19,292	672	24.5	2,171	-
1924	13	20,228	822	21.0	2,449	-
1925	14	20,900	892	16.1	3,013	-
1926	昭和元 年	21,328	947	17.5	3,654	-
1927	2	23,111	1,117	22.4	4,181	-
1928	3	23,353	2,029	21.7	4,854	-
1929	4	23,931	2,798	23.1	5,186	-
1930	5	21,701	2,116	34.3	5,555	-
1931	6	19,669	2,262	61.6	5,113	-
1932	7	19,791	2,334	40.6	6,268	-
1933	8	23,321	2,758	37.8	6,687	-
1934	9	26,004	3,609	37.8	6,914	-
1935	10	27,368	4,556	32.9	7,930	-
1936	11	30,536	4,661	32.9	8,339	-
1937	12	32,616	5,599	42.0	9,245	-
1938	13	35,208	6,270	40.6	9,852	-
1939	14	37,538	3,687	44.1	9,550	-
1940	15	42,123	4,465	45.5	10,143	-
1941	16	42,002	1,571	43.4	12,180	-
1942	17	39,579	882	43.4	11,716	-
1943	18	39,041	1,397	36.4	12,454	-
1944	19	35,417	428	35.0	12,578	-
1945	20	18,864	254	51.8	8,261	-
1946	21	12,739	622	28.7	11,273	-
1947	22	17,033	1,319	27.3	12,011	-
1948	23	21,719	1,887	30.8	13,078	-
1949	24	25,022	1,401	48.3	14,682	-
1950	25	24,619	3,021	57.4	15,768	-
1951	26	28,424	4,866	68	15,584	-

(10^10 kcal)		合計	伸び率 (%)	CO₂排出量 (二酸化炭素 百万トン)	年号	
薪炭	その他					
2,976	-	19,039	10.0	55.2	1916	大正 5 年
3,617	-	22,176	16.5	64.1	1917	6
3,986	-	23,458	5.8	66.9	1918	7
5,924	-	27,693	18.1	74.6	1919	8
3,467	-	24,251	-12.4	70.3	1920	9
4,477	-	23,493	-3.1	63.3	1921	10
3,917	-	24,467	4.1	67.9	1922	11
3,508	-	25,667	4.9	72.3	1923	12
3,167	-	26,686	4.0	76.1	1924	13
3,140	-	27,960	4.8	78.7	1925	14
3,604	-	29,551	5.7	80.4	1926	昭和元 年
3,741	-	32,172	8.9	87.4	1927	2
3,699	-	33,958	5.5	90.7	1928	3
3,660	-	35,598	4.8	94.9	1929	4
3,658	-	33,064	-7.1	84.9	1930	5
3,660	-	30,764	-7.0	78.0	1931	6
3,795	-	32,228	4.8	78.5	1932	7
3,931	-	36,735	14.0	92.6	1933	8
4,106	-	40,670	10.7	104.6	1934	9
4,204	-	44,091	8.4	112.1	1935	10
4,072	-	47,641	8.1	123.9	1936	11
4,615	-	52,117	9.4	134.0	1937	12
4,534	-	55,904	7.3	145.3	1938	13
5,038	-	55,856	-0.1	147.0	1939	14
6,622	-	63,398	13.5	165.8	1940	15
6,233	-	62,029	-2.2	157.6	1941	16
5,111	-	57,332	-7.6	147.0	1942	17
5,035	-	57,963	1.1	146.4	1943	18
4,488	-	52,946	-8.7	130.5	1944	19
4,037	-	31,467	-40.6	69.7	1945	20
3,696	-	28,357	-9.9	48.2	1946	21
4,207	-	34,597	22.0	65.8	1947	22
4,592	-	41,307	19.4	84.4	1948	23
4,123	-	45,276	9.6	95.2	1949	24
4,323	-	47,788	5.5	98.0	1950	25
4,385	-	53,327	11.6	116.8	1951	26

(5)エネルギー源別一次エネルギー供給（1880年〜2022年）＜その3＞

年号		一次エネルギー総供給				
		石炭	石油	天然ガス	水力	原子力
1952	昭和 27 年	29,447	6,556	76	16,742	-
1953	28 年度	29,363	9,436	115	17,832	-
1954	29	28,173	9,907	142	17,615	-
1955	30	30,286	11,271	244	17,465	-
1956	31	34,155	14,161	294	17,606	-
1957	32	37,575	17,590	425	18,138	-
1958	33	32,611	17,909	536	18,228	-
1959	34	36,207	27,445	700	16,966	-
1960	35	41,522	37,929	939	15,780	-
1961	36	44,954	47,034	1,366	17,999	-
1962	37	41,817	57,078	1,763	15,892	-
1963	38	43,226	71,784	2,054	16,585	-
1964	39	44,450	85,173	2,027	16,194	-
1965	40	45,654	100,678	2,027	17,938	8
1966	41	47,566	114,395	2,112	18,336	134
1967	42	53,322	138,055	2,234	15,947	145
1968	43	57,391	163,121	2,409	17,096	240
1969	44	61,546	192,344	2,847	17,391	249
1970	45	63,571	229,893	3,970	17,894	1,054
1971	46	55,853	240,497	4,002	19,219	1,802
1972	47	55,872	262,014	4,029	19,475	2,133
1973	48	59,587	298,235	5,914	15,772	2,184
1974	49	63,691	286,302	7,684	18,972	4,432
1975	50	59,993	268,642	9,231	19,237	5,653
1976	51	58,642	287,310	10,457	19,514	7,668
1977	52	55,862	289,678	13,860	16,958	7,123
1978	53	51,379	283,405	18,012	16,469	13,346
1979	54	56,677	293,984	21,484	18,878	15,838
1980	55	67,327	262,436	24,164	20,481	18,583
1981	56	70,406	243,452	24,259	20,085	19,760
1982	57	67,538	225,302	25,238	18,686	23,047
1983	58	68,921	235,769	28,924	19,403	25,715
1984	59	75,771	238,560	36,962	16,419	30,209
1985	60	78,810	228,041	38,213	19,081	35,905
1986	61	73,285	227,541	39,592	18,532	37,869
1987	62	76,125	240,318	40,861	17,148	42,246

(10^{10} kcal)		合計	伸び率	CO_2排出量	年号	
薪炭	その他		(%)	(二酸化炭素 百万トン)		
6,404	-	59,226	11.1	125.1	1952	昭和 27 年
4,509	325	61,580	4.0	131.5	1953	28 年度
4,432	359	60,628	-1.5	129.5	1954	29
4,459	406	64,131	5.8	144.3	1955	30
4,425	464	71,105	10.9	161.7	1956	31
4,465	587	78,780	10.8	181.4	1957	32
4,033	586	73,903	-6.2	163.5	1958	33
3,752	791	85,861	16.2	200.4	1959	34
3,625	1,015	100,810	17.4	242.0	1960	35
3,411	1,179	115,943	15.0	270.6	1961	36
3,257	1,185	120,992	4.4	283.6	1962	37
1,560	1,355	136,564	12.9	326.2	1963	38
1,321	1,443	150,608	10.3	361.3	1964	39
1,108	1,497	168,910	12.2	387.0	1965	40
931	1,679	185,153	9.6	422.8	1966	41
788	1,895	212,386	14.7	517.0	1967	42
879	2,054	243,190	14.5	577.0	1968	43
815	2,334	277,526	14.1	662.9	1969	44
661	2,665	319,708	15.2	758.8	1970	45
617	2,800	324,790	1.6	751.1	1971	46
533	2,981	347,037	6.8	805.5	1972	47
481	3,236	385,409	11.1	909.4	1973	48
474	3,124	384,679	-0.2	891.9	1974	49
347	3,121	366,224	-4.8	859.3	1975	50
310	3,432	387,333	5.8	898.8	1976	51
281	3,509	387,271	0.0	905.4	1977	52
216	3,626	386,453	-0.2	899.1	1978	53
200	4,073	411,134	6.4	923.9	1979	54
198	4,009	397,198	-3.4	916.9	1980	55
181	4,025	382,168	-3.8	886.4	1981	56
167	4,318	364,296	-4.7	858.4	1982	57
153	4,655	383,540	5.3	887.9	1983	58
154	4,992	403,067	5.1	902.7	1984	59
139	5,134	405,323	0.6	900.7	1985	60
133	5,265	402,217	-0.8	876.8	1986	61
122	5,557	422,377	5.0	918.4	1987	62

(5)エネルギー源別一次エネルギー供給（1880年〜2022年）＜その4＞

年号			一次エネルギー総供給				
			石炭	石油	天然ガス	水力	原子力
1988	昭和 63 年度		80,539	255,404	42,593	20,709	40,198
1989	平成 元 年度		79,670	267,440	46,158	21,092	41,146
1990		2	80,754	283,558	49,284	20,512	45,511
1991		3	83,188	278,521	52,086	22,400	48,028
1992		4	80,787	291,271	52,941	18,938	50,233
1993		5	81,551	286,590	54,160	22,008	56,083
1994		6	87,474	306,570	57,480	15,403	60,554
1995		7	89,899	303,582	58,927	18,888	65,532
1996		8	90,639	304,784	63,026	18,487	67,995
1997		9	94,329	299,454	64,650	20,948	71,815
1998		10	89,278	285,277	66,995	21,447	74,777
1999		11	95,322	286,036	69,749	19,870	71,239
2000		12	100,222	289,204	73,398	19,253	69,241
2001		13	102,606	271,219	72,002	18,674	68,770
2002		14	109,187	275,748	74,321	18,367	63,445
2003		15	112,926	278,208	78,964	21,248	51,603
2004		16	123,159	275,169	78,427	20,964	60,725
2005		17	116,670	281,184	78,806	16,417	64,139
2006		18	117,358	268,355	86,119	18,858	63,859
2007		19	122,593	268,174	92,968	15,880	55,526
2008		20	120,760	258,710	92,721	16,379	54,326
2009		21	106,364	235,748	90,242	16,605	58,876
2010		22	120,553	242,466	95,511	17,746	60,661
2011		23	113,027	243,550	111,964	18,015	21,417
2012		24	118,544	247,714	116,602	16,277	3,355
2013		25	127,807	240,721	117,297	16,580	1,930
2014		26	123,415	226,191	118,836	17,374	-
2015		27	125,482	223,822	111,645	18,127	1,958
2016		28	123,646	217,141	113,225	16,575	3,746
2017		29	124,081	216,044	112,240	17,488	6,827
2018		30	122,639	207,932	107,954	16,659	13,280
2019	令和 元 年度		121,021	202,628	102,464	16,479	13,045
2020		2	112,020	171,033	102,099	16,219	7,926
2021		3	119,723	183,141	95,671	16,332	14,482
2022		4	116,544	187,098	94,323	15,989	11,468

出所：明治13年〜昭和27年のエネルギー供給は、日本エネルギー経済研究所「エネル
ギー経済」1976年7月号P.36-38掲載の統計ハイライトをもとにEDMCで計算。
昭和28年度以降は経済産業省/EDMC「総合エネルギー統計」、EDMC推計。
注：(1)昭和27年以前のカロリー換算値は、国内炭：毎年の平均品位、
輸入炭：7,700kcal/kg、亜炭：4,100kcal/kg、原油：9,400kcal/L、

(10^{10} kcal)		合計	伸び率	CO$_2$排出量	年号	
薪炭	その他		(%)	(二酸化炭素 百万トン)		
114	5,809	445,366	5.4	976.4	1988	昭和 63 年度
110	6,099	461,715	3.7	1,009.8	1989	平成 元 年度
106	6,585	486,310	5.3	1,046.2	1990	2
102	6,638	490,963	1.0	1,065.7	1991	3
97	6,505	500,772	2.0	1,077.8	1992	4
92	6,280	506,764	1.2	1,056.8	1993	5
88	6,410	533,979	5.4	1,125.1	1994	6
76	7,004	543,908	1.9	1,129.6	1995	7
66	7,255	552,252	1.5	1,144.5	1996	8
57	7,555	558,808	1.2	1,141.6	1997	9
54	7,087	544,915	-2.5	1,100.3	1998	10
62	7,194	549,472	0.8	1,138.1	1999	11
48	7,285	558,651	1.7	1,149.6	2000	12
45	7,206	540,522	-3.2	1,114.6	2001	13
42	7,531	548,641	1.5	1,173.0	2002	14
35	7,902	550,886	0.4	1,199.1	2003	15
29	7,911	566,384	2.8	1,210.1	2004	16
29	9,245	566,481	0.0	1,203.6	2005	17
24	9,386	563,959	-0.4	1,181.9	2006	18
23	9,656	564,820	0.2	1,218.1	2007	19
23	9,312	552,231	-2.2	1,155.5	2008	20
21	9,889	517,745	-6.2	1,076.0	2009	21
24	10,662	547,623	5.8	1,134.4	2010	22
23	10,942	518,938	-5.2	1,169.7	2011	23
17	11,297	513,806	-1.0	1,208.8	2012	24
23	13,138	517,496	0.7	1,237.2	2013	25
23	15,294	501,133	-3.2	1,191.3	2014	26
20	17,211	498,265	-0.6	1,158.4	2015	27
20	18,563	492,916	-1.1	1,144.9	2016	28
20	20,035	496,735	0.8	1,136.4	2017	29
18	20,972	489,454	-1.5	1,092.5	2018	30
17	22,018	477,672	-2.4	1,061.5	2019	令和 元 年度
18	22,715	432,030	-9.6	984.4	2020	2
19	23,846	453,214	4.9	1,017.2	2021	3
19	25,076	450,517	-0.6	990.3	2022	4

石油製品:10,000kcal/L、天然ガス:8,000〜9,800kcal/立方メートル、
水力:4,150kcal/kWh、薪:3,500kcal/kg、木炭:7,000kcal/kgを用いている。
(2)CO$_2$排出量の推計は、昭和28年以前は総供給ベース、以降は国内供給ベースである。
推計方法については、巻頭の「解説」を参照。

エネルギーバランス表／経済産業省

(1)2021年度エネルギーバランス簡約表

	NO.	1 石炭	2 石炭製品	3 原油	4 石油製品	5 天然ガス	6 都市ガス	7 再生可能エネルギー (水力除く)
一次エネルギー供給								
国内産出	1	382		410		2,132		29,133
輸入	2	114,660	1,510	135,584	46,669	93,421		2,508
一次エネルギー総供給	3	115,042	1,510	135,994	46,669	95,552		31,640
輸出	4	-3	-1,581		-22,429			-1
供給在庫変動	5		-41	-86	1,149	-56	23	
一次エネルギー国内供給	6	115,039	-112	135,908	25,389	95,496	23	31,640
エネルギー転換								
石炭製品製造	7	-34,085	31,779		-349			
石油製品製造	8			-134,328	133,888	38		-477
ガス製造	9				-2,105	-39,691	41,745	-1
事業用発電	10	-61,487	-3,073	-223	-6,726	-57,062	-4,806	-10,389
自家用発電	11	-4,162	-2,470		-3,955	-1,091	-2,758	-16,346
自家用蒸気発生	12	-5,240	-1,517		-6,597	-536	-4,787	-4,093
熱供給/他転換・品種振替	13	-162			1,068	4,021	-4,200	-20
純転換部門計	14	-105,136	24,719	-134,550	115,223	-94,321	25,195	-31,326
自家消費・送配損失	15	-295	-2,642	0	-4,953	-287	-480	-7
転換・消費在庫変動	16	775	-94	92	90	1,121		-77
統計誤差	17	1,157	1,710	1,449	-6	639	0	0
最終エネルギー消費計	18	9,225	20,160	0	135,755	1,369	24,738	229
企業・事業所他	19	9,225	20,160	0	62,061	1,369	14,478	92
農林水産鉱建設業	20				8,343	113	67	
製造業	21	9,225	20,008	0	42,511	1,256	6,023	3
食品飲料	22	0			641		670	
繊維	23				109	1	133	
パルプ・紙・紙加工品	24				317	25	108	2
化学工業(含 石油石炭製品)	25	20	1,154	0	37,339	604	592	
窯業・土石製品	26	2,803	312		1,703	102	572	1
鉄鋼	27	6,361	18,349		910	450	1,883	
非鉄金属	28	33	154		342	34	419	
機械	29		39		875	41	1,370	
他製造業	30	7			275		277	
業務他(第三次産業)	31	0	152		11,207		8,388	89
家庭	32				10,840		10,238	137
運輸	33	0			62,854		23	
旅客	34				34,395		1	
貨物	35				28,459		22	
非エネルギー利用	36	0	467	0	33,454	260		

出所:経済産業省「総合エネルギー統計」より作成

(10^{10} kcal)

8 水力発電	9 未活用エネルギー	10 原子力発電	11 電力	12 熱	13 合計	14 エネルギー利用	15 非エネルギー利用
16,082	13,110	14,451			75,699		
					394,351		
16,082	13,110	14,451			470,050	435,609	34,441
					-24,014		
					989		
16,082	13,110	14,451			447,025	412,584	34,441
	-133				-2,788	-2,788	
				-2,511	-3,391	0	-3,391
					-52	-52	
-15,461	-3,142	-14,451	74,144		-102,677	-102,677	
-621	-4,770		14,895		-21,280	-21,280	
	-4,221			21,849	-5,142	-5,142	
-75			-77	667	1,221	-3	1,224
-16,082	-12,342	-14,451	88,961	20,004	-134,108	-131,941	-2,167
			-8,967	-161	-17,792	-17,792	
	1				1,907		1,907
0	0	0	554	-1,238	4,265	4,265	0
	769		79,441	21,081	292,767	258,586	34,181
	769		56,553	21,056	185,762	152,400	33,362
			952	17	9,492	8,418	1,074
	769		27,852	20,062	127,709	95,931	31,779
			2,148	2,545	6,005	6,005	
			657	963	1,863	1,863	
	17		2,384	4,392	7,244	7,244	
	48		4,313	7,242	51,312	19,540	31,772
	644		1,395	382	7,913	7,909	4
	30		5,686	2,210	35,880	35,877	3
	31		1,014	241	2,268	2,268	
			7,826	1,095	11,247	11,247	
			2,427	991	3,977	3,977	
			27,748	977	48,561	48,052	509
			21,466	25	42,707	42,707	
			1,422		64,298	63,479	819
			1,363		35,759	35,150	609
			58		28,539	28,329	210
					34,181		34,181

エネルギーバランス表／経済産業省
(2)2022年度エネルギーバランス簡約表

	NO.	1	2	3	4	5	6	7
		石 炭	石炭製品	原 油	石油製品	天然ガス	都市ガス	再生可能エネルギー(水力除く)
一次エネルギー供給								
国内産出	1	394		362		1,987		29,599
輸入	2	112,359	590	142,435	43,457	92,202		2,920
一次エネルギー総供給	3	112,753	590	142,796	43,457	94,189		32,519
輸出	4	-2	-555	0	-27,373			-1
供給在庫変動	5		-93	-220	-657	-76	-5	
一次エネルギー国内供給	6	112,751	-58	142,576	15,427	94,113	-5	32,518
エネルギー転換								
石炭製品製造	7	-32,119	29,857		-383			
石油製品製造	8			-142,160	141,978	32		-458
ガス製造	9				-2,444	-38,054	40,424	
事業用発電	10	-60,912	-2,427	-174	-6,834	-53,183	-5,092	-10,739
自家用発電	11	-3,510	-2,027		-4,069	-1,058	-2,621	-16,809
自家用蒸気発生	12	-4,801	-1,329		-6,714	-550	-4,909	-4,143
熱供給/他転換・品種振替	13	-147			527	3,092	-3,350	-21
純転換部門計	14	-101,490	24,074	-142,333	122,062	-89,720	24,452	-32,170
自家消費・送配損失	15	-301	-2,510	-16	-4,871	-251	-354	-27
転換・消費在庫変動	16	-1,866	-223	-19	-268	-836		-103
統計誤差	17	998	2,506	208	-10	1,944	0	0
最終エネルギー消費計	18	8,096	18,777		132,359	1,362	24,093	218
企業・事業所他	19	8,096	18,777		56,364	1,362	14,431	92
農林水産鉱建設業	20		0		8,260	110	68	
製造業	21	8,096	18,625		39,024	1,252	5,866	3
食品飲料	22	0			654		679	
繊維	23				107	1	135	
パルプ・紙・紙加工品	24				315	30	109	3
化学工業(含 石油石炭製品)	25	18	1,042		33,838	585	584	
窯業・土石製品	26	2,524	288		1,685	111	556	1
鉄鋼	27	5,522	17,091		928	451	1,734	
非鉄金属	28	23	159		341	31	420	
機械	29		45		881	43	1,368	
他製造業	30	7			276		280	
業務他(第三次産業)	31	0	152		9,080		8,498	88
家庭	32				10,570		9,642	126
運輸	33	0			65,425		20	
旅客	34				37,163		1	
貨物	35				28,262		19	
非エネルギー利用	36	1	419		30,205	272		

出所:経済産業省「総合エネルギー統計」より作成

(10¹⁰ kcal)

8 水力発電	9 未活用エネルギー	10 原子力発電	11 電力	12 熱	13 合計	14 エネルギー利用	15 非エネルギー利用
15,579	12,554	11,310			71,784		
					393,964		
15,579	12,554	11,310			465,748	429,034	36,714
					-27,931		
					-1,051		
15,579	12,554	11,310			436,765	400,051	36,714
	-122				-2,766	-2,766	
				-2,504	-3,112	0	-3,112
					-73	-73	
-14,957	-3,201	-11,310	71,670		-97,157	-97,157	
-622	-4,451		14,848		-20,319	-20,319	
	-3,945			21,498	-4,892	-4,892	
	-75		-77	656	605	0	606
-15,579	-11,793	-11,310	86,442	19,650	-127,714	-125,208	-2,506
	-2		-8,400	-161	-16,893	-16,893	
	5				-3,312		-3,312
0	0	0	63	-1,071	4,638	4,638	0
	765		77,978	20,560	284,208	253,312	30,896
	765		54,007	20,534	174,428	144,398	30,029
			923	17	9,377	8,363	1,015
	765		26,692	19,541	119,864	91,141	28,723
			2,043	2,545	5,921	5,921	
			634	946	1,823	1,823	
	12		2,299	4,246	7,013	7,013	
	49		4,162	7,026	47,305	18,589	28,716
	642		1,338	377	7,522	7,518	4
	28		5,380	2,085	33,220	33,218	3
	33		992	237	2,237	2,237	
			7,536	1,088	10,961	10,961	
			2,307	991	3,861	3,861	
			26,392	977	45,186	44,895	292
			22,550	25	42,913	42,913	
			1,422		66,867	66,000	867
			1,363		38,527	37,874	653
			58		28,339	28,126	214
					30,896		30,896

エネルギーバランス表／経済産業省

(3)一次エネルギー国内供給

年度	石炭	石炭製品	原油	石油製品	天然ガス・都市ガス	再生可能エネルギー（水力除く）
1990	80,198	-940	214,563	48,405	49,123	6,383
1995	88,995	-2,196	242,874	39,236	59,179	6,709
2000	100,410	-91	230,165	36,524	73,073	6,542
2001	103,097	-809	220,807	38,453	73,401	6,138
2002	106,566	-77	221,474	41,013	74,427	7,024
2003	109,861	-163	223,425	37,279	79,111	7,351
2004	119,154	771	219,691	36,770	78,538	7,891
2005	113,849	378	227,364	28,042	78,627	9,098
2006	115,325	404	216,982	26,204	85,914	9,398
2007	120,152	639	223,938	20,083	92,687	10,199
2008	118,291	-288	211,395	11,626	92,593	9,640
2009	105,309	-171	194,189	16,312	90,199	9,348
2010	119,042	337	194,152	17,457	95,442	10,425
2011	111,777	-165	190,263	27,061	111,834	10,606
2012	116,936	-284	191,697	28,548	116,352	10,860
2013	126,007	671	191,972	23,091	117,017	12,801
2014	119,804	1,966	177,894	21,595	118,511	14,673
2015	121,758	1,373	176,928	17,469	111,256	17,355
2016	119,763	656	175,480	12,420	112,980	19,250
2017	120,373	94	169,526	17,408	112,186	22,231
2018	118,112	81	161,034	15,528	107,730	24,424
2019	116,398	-587	157,940	11,456	102,272	26,594
2020	107,217	-1,645	126,467	29,577	102,062	28,334
2021	115,039	-112	135,908	25,389	95,519	31,640
2022	112,751	-58	142,576	15,427	94,108	32,518

出所：経済産業省「総合エネルギー統計」より作成

(4)電源構成

年度	原子力	石炭	天然ガス	石油等	水力
1990	N.A.	N.A.	N.A.	N.A.	N.A.
1995	N.A.	N.A.	N.A.	N.A.	N.A.
2000	N.A.	N.A.	N.A.	N.A.	N.A.
2001	N.A.	N.A.	N.A.	N.A.	N.A.
2002	N.A.	N.A.	N.A.	N.A.	N.A.
2003	N.A.	N.A.	N.A.	N.A.	N.A.
2004	N.A.	N.A.	N.A.	N.A.	N.A.
2005	N.A.	N.A.	N.A.	N.A.	N.A.
2006	N.A.	N.A.	N.A.	N.A.	N.A.
2007	N.A.	N.A.	N.A.	N.A.	N.A.
2008	N.A.	N.A.	N.A.	N.A.	N.A.
2009	N.A.	N.A.	N.A.	N.A.	N.A.
2010	2,882	3,199	3,339	983	838
2011	1,018	3,058	4,113	1,583	849
2012	159	3,340	4,320	1,885	765
2013	93	3,571	4,435	1,567	794
2014	-	3,544	4,552	1,161	835
2015	94	3,560	4,257	1,006	871
2016	181	3,447	4,350	998	795
2017	329	3,472	4,210	888	838
2018	649	3,322	4,027	726	810
2019	638	3,264	3,813	640	796
2020	388	3,101	3,898	635	784
2021	708	3,202	3,558	767	785
2022	561	3,106	3,402	825	769

出所：経済産業省「総合エネルギー統計」より作成

(10^10 kcal)

未活用エネルギー	水力	原子力	国内供給合計	伸び率(%)	エネルギー利用	非エネルギー利用	年度
7,596	19,553	44,995	469,876	-	431,597	38,279	1990
9,088	17,403	64,344	525,632	2.9	482,613	43,019	1995
9,785	17,819	68,277	542,504	1.4	497,723	44,781	2000
9,691	17,106	67,422	535,305	-1.3	491,634	43,671	2001
10,474	16,865	61,541	539,307	0.7	497,284	42,023	2002
10,557	19,732	49,993	537,148	-0.4	491,817	45,331	2003
10,358	19,510	58,983	551,665	2.7	502,659	49,006	2004
10,227	16,041	63,550	547,175	-0.8	500,641	46,534	2005
10,503	18,443	63,184	546,355	-0.1	501,117	45,237	2006
10,514	15,407	55,062	548,681	0.4	502,054	46,627	2007
10,452	15,969	53,412	523,092	-4.7	477,216	45,876	2008
9,669	16,074	57,234	498,163	-4.8	456,238	41,925	2009
12,656	17,101	58,820	525,432	5.5	480,802	44,631	2010
12,275	17,411	20,864	501,924	-4.5	462,297	39,627	2011
12,394	15,690	3,268	495,461	-1.3	456,755	38,706	2012
13,219	16,230	1,902	502,909	1.5	459,863	43,046	2013
12,854	16,761	-	484,058	-3.7	444,449	39,609	2014
12,797	17,342	1,879	478,156	-1.2	435,203	42,954	2015
13,559	16,141	3,668	473,917	-0.9	432,203	41,714	2016
14,044	16,967	6,664	479,493	1.2	434,816	44,678	2017
13,996	16,386	13,140	470,431	-1.9	429,499	40,932	2018
13,753	16,081	12,822	456,729	-2.9	418,888	37,841	2019
12,982	15,832	7,785	428,610	-6.2	394,317	34,293	2020
13,110	16,082	14,451	447,025	4.3	412,584	34,441	2021
12,554	15,579	11,310	436,765	-2.3	400,051	36,714	2022

(億kWh)

太陽光	風力	地熱	バイオマス	合計	ゼロエミッション電源	年度
N.A.	N.A.	N.A.	N.A.	N.A.	N.A.	1990
N.A.	N.A.	N.A.	N.A.	N.A.	N.A.	1995
N.A.	N.A.	N.A.	N.A.	N.A.	N.A.	2000
N.A.	N.A.	N.A.	N.A.	N.A.	N.A.	2001
N.A.	N.A.	N.A.	N.A.	N.A.	N.A.	2002
N.A.	N.A.	N.A.	N.A.	N.A.	N.A.	2003
N.A.	N.A.	N.A.	N.A.	N.A.	N.A.	2004
N.A.	N.A.	N.A.	N.A.	N.A.	N.A.	2005
N.A.	N.A.	N.A.	N.A.	N.A.	N.A.	2006
N.A.	N.A.	N.A.	N.A.	N.A.	N.A.	2007
N.A.	N.A.	N.A.	N.A.	N.A.	N.A.	2008
N.A.	N.A.	N.A.	N.A.	N.A.	N.A.	2009
35	40	26	152	11,494	3,974	2010
48	47	27	159	10,902	2,148	2011
66	48	26	168	10,778	1,233	2012
129	52	26	178	10,845	1,272	2013
230	52	26	182	10,583	1,326	2014
348	56	26	185	10,404	1,581	2015
458	62	25	197	10,512	1,717	2016
551	65	25	219	10,595	2,025	2017
627	75	25	236	10,498	2,422	2018
694	76	28	261	10,210	2,494	2019
791	90	30	288	10,004	2,370	2020
861	94	30	332	10,336	2,810	2021
926	93	30	371	10,082	2,749	2022

エネルギーバランス表／経済産業省

(5)エネルギー源別最終エネルギー消費

年度	石炭	石炭製品	原油	石油製品	天然ガス	都市ガス	再生可能エネルギー（水力除く）
1990	9,583	29,306	-	179,774	1,377	12,205	1,347
1995	10,860	25,228	-	205,189	1,391	16,388	1,356
2000	10,081	25,099	-	208,848	1,204	19,274	1,196
2001	9,941	24,392	-	207,276	1,116	19,355	1,102
2002	9,941	25,336	-	208,109	1,216	20,367	1,060
2003	10,288	25,491	-	205,169	1,350	20,828	913
2004	9,985	25,504	-	204,989	1,507	21,693	670
2005	10,071	24,919	-	201,329	1,545	23,084	640
2006	10,003	25,759	-	196,179	1,544	26,160	605
2007	10,469	26,323	-	188,731	1,650	27,995	585
2008	9,155	24,116	-	173,937	1,530	27,262	570
2009	7,891	22,818	-	173,030	1,443	25,682	546
2010	9,357	25,205	-	173,522	1,615	26,017	508
2011	9,873	23,916	-	168,170	1,618	26,289	476
2012	10,421	23,750	-	166,052	1,670	25,831	432
2013	10,881	24,069	-	164,701	1,655	25,450	407
2014	10,598	23,818	-	158,320	1,522	25,279	387
2015	10,316	22,839	-	157,720	1,477	25,603	362
2016	10,007	22,732	-	154,750	1,496	24,940	335
2017	10,256	22,365	-	155,242	1,492	26,320	315
2018	9,892	22,114	-	151,289	1,479	25,630	292
2019	9,681	21,646	-	147,474	1,405	25,995	271
2020	8,007	18,712	-	136,978	1,316	23,708	246
2021	9,225	20,160	0	135,755	1,369	24,738	229
2022	8,096	18,777	-	132,359	1,362	24,093	218

出所：経済産業省「総合エネルギー統計」より作成

(6)部門別最終エネルギー消費

年度	企業・事業所他 農林水産鉱建設業	製造業	業務他（第三次産業）	家庭	運輸
1990	211,049	16,977	151,966	42,106	39,189	73,536
1995	226,340	15,988	158,260	52,092	47,230	87,795
2000	236,497	14,738	160,754	61,005	50,758	91,492
2001	231,784	14,645	155,850	61,289	49,522	92,990
2002	235,935	13,973	159,524	62,438	51,208	91,758
2003	235,509	13,613	159,880	62,017	49,947	90,362
2004	240,898	13,490	161,852	65,556	50,456	88,287
2005	241,276	12,597	161,664	67,014	52,230	86,358
2006	241,920	12,089	162,331	67,501	50,306	85,381
2007	240,105	11,854	162,172	66,080	50,495	84,434
2008	220,417	9,936	146,850	63,632	48,994	81,732
2009	211,282	11,201	143,242	56,839	48,505	80,583
2010	218,846	10,605	150,619	57,622	51,715	80,907
2011	212,841	10,814	146,151	55,876	49,744	79,187
2012	208,381	10,407	145,198	52,776	50,245	79,524
2013	210,443	9,278	146,454	54,711	48,798	77,296
2014	204,640	9,133	141,845	53,662	46,852	75,599
2015	202,345	9,809	140,322	52,213	45,581	75,209
2016	198,910	10,212	138,662	50,035	45,636	74,642
2017	200,738	10,365	139,626	50,747	47,562	74,045
2018	198,973	9,307	138,719	50,947	43,824	73,249
2019	194,375	9,368	134,800	50,206	43,473	71,838
2020	179,182	9,401	121,845	47,936	45,670	63,875
2021	185,762	9,492	127,709	48,561	42,707	64,298
2022	174,428	9,377	119,864	45,186	42,913	66,867

出所：経済産業省「総合エネルギー統計」より作成

(10^10 kcal)

未活用エネルギー	電力	熱	最終エネルギー消費 合計	伸び率 (%)	エネルギー利用	非エネルギー利用	年度
-	65,774	24,409	323,773	-	286,980	36,793	1990
-	74,967	25,987	361,365	3.5	319,900	41,465	1995
149	83,650	29,245	378,746	1.4	336,487	42,259	2000
142	82,244	28,728	374,296	-1.2	333,616	40,680	2001
124	83,745	29,003	378,901	1.2	336,657	42,244	2002
115	83,213	28,451	375,819	-0.8	332,148	43,671	2003
106	86,092	29,094	379,640	1.0	334,890	44,751	2004
151	88,137	29,988	379,864	0.1	336,263	43,600	2005
127	88,505	28,726	377,608	-0.6	333,243	44,365	2006
116	91,273	27,893	375,034	-0.7	330,778	44,256	2007
101	87,877	26,597	351,144	-6.4	312,723	38,421	2008
80	85,047	23,833	340,370	-3.1	298,947	41,424	2009
172	89,046	26,026	351,468	3.3	310,116	41,352	2010
469	85,707	25,256	341,771	-2.8	303,101	38,671	2011
475	85,264	24,255	338,150	-1.1	299,175	38,976	2012
541	85,102	23,731	336,537	-0.5	296,905	39,632	2013
560	83,735	22,873	327,091	-2.8	289,185	37,907	2014
603	81,656	22,558	323,135	-1.2	282,948	40,186	2015
651	81,760	22,517	319,188	-1.2	279,973	39,215	2016
673	82,957	22,727	322,346	1.0	281,941	40,405	2017
715	81,319	23,315	316,046	-2.0	277,440	38,605	2018
743	79,734	22,736	309,685	-2.0	271,726	37,959	2019
713	78,555	20,492	288,727	-6.8	254,578	34,149	2020
769	79,441	21,081	292,767	1.4	258,586	34,181	2021
765	77,978	20,560	284,208	-2.9	253,312	30,896	2022

(10^10 kcal)

旅客	貨物	最終エネルギー消費 合計	伸び率 (%)	エネルギー利用	非エネルギー利用	年度
37,575	35,961	323,773	-	286,980	36,793	1990
48,162	39,632	361,365	3.5	319,900	41,465	1995
53,839	37,653	378,746	1.4	336,487	42,259	2000
55,463	37,527	374,296	-1.2	333,616	40,680	2001
55,484	36,274	378,901	1.2	336,657	42,244	2002
54,712	35,650	375,819	-0.8	332,148	43,671	2003
52,842	35,444	379,640	1.0	334,890	44,751	2004
51,226	35,132	379,864	0.1	336,263	43,600	2005
50,044	35,337	377,608	-0.6	333,243	44,365	2006
49,711	34,723	375,034	-0.7	330,778	44,256	2007
48,060	33,673	351,144	-6.4	312,723	38,421	2008
48,512	32,072	340,370	-3.1	298,947	41,424	2009
48,402	32,505	351,468	3.3	310,116	41,352	2010
47,815	31,372	341,771	-2.8	303,101	38,671	2011
48,174	31,349	338,150	-1.1	299,175	38,976	2012
46,178	31,117	336,537	-0.5	296,905	39,632	2013
44,484	31,116	327,091	-2.8	289,185	37,907	2014
44,311	30,898	323,135	-1.2	282,948	40,186	2015
44,216	30,426	319,188	-1.2	279,973	39,215	2016
43,929	30,116	322,346	1.0	281,941	40,405	2017
43,409	29,463	316,046	-2.0	277,440	38,605	2018
42,431	29,406	309,685	-2.0	271,726	37,959	2019
36,145	27,730	288,727	-6.8	254,578	34,149	2020
35,759	28,539	292,767	1.4	258,586	34,181	2021
38,527	28,339	284,208	-2.9	253,312	30,896	2022

注：各部門には、非エネルギー利用を含む。

1. エネルギー基本計画 (2021年10月)

2021年10月に閣議決定された第6次エネルギー基本計画は、2050年カーボンニュートラル (2020年10月表明)、2030年度の46%削減、更に50%の高みを目指して挑戦を続ける新たな削減目標 (2021年4月表明) の実現に向けたエネルギー政策の道筋を示すことが重要テーマとなっている。世界的な脱炭素に向けた動きの中で、国際的なルール形成を主導することや、これまで培ってきた脱炭素技術、新たな脱炭素に資するイノベーションにより国際的な競争力を高めることが重要である。同時に、日本のエネルギー需給構造が抱える課題の克服が、もう一つの重要なテーマである。安全性の確保を大前提に、気候変動対策を進める中でも、安定供給の確保やエネルギーコストの低減 (S+3E) に向けた取組を進める。全体は、主として、①福島第一原発の事故後10年の歩み、②2050年カーボンニュートラル実現に向けた課題と対応、③2050年を見据えた2030年に向けた政策対応のパートから構成されている。

第1章. 東京電力福島第一原子力発電所事故後10年の歩み
　東京電力福島第一原子力発電所事故を含む東日本大震災から10年を迎え、東京電力福島第一原子力発電所事故の経験、反省と教訓を肝に銘じて取り組むことが、エネルギー政策の原点である。

第2章. 2050年カーボンニュートラル実現に向けた課題と対応
　2050年に向けては、温室効果ガス排出の8割以上を占めるエネルギー分野の取組が重要である。ものづくり産業がGDPの2割を占める産業構造や自然条件を踏まえても、その実現は容易なものではなく、実現へのハードルを越えるためにも、産業界、消費者、政府など国民各層が総力を挙げた取組が必要である。

　2050年カーボンニュートラルを目指す上でも、安全の確保を大前提に、安定的で安価なエネルギーの供給確保は重要である。この前提に立ち、2050年カーボンニュートラルを実現するために、再エネについては、主力電源として最優先の原則のもとで最大限の導入に取り組み、水素・CCUSについては、社会実装を進めるとともに、原子力については、国民からの信頼確保に努め、安全性の確保を大前提に、必要な規模を持続的に活用していく。こうした取組など、安価で安定したエネルギー供給によって国際競争力の維持や国民負担の抑制を図りつつ、2050年カーボンニュートラルを実現できるよう、あらゆる選択肢を追求する。

　非電力部門については脱炭素された電力による電化を進める。電化が困難な部門 (高温の熱需要等) では、水素や合成メタン、合成燃料の活用などにより脱炭素化する。特に産業部門においては、水素還元製鉄や人工光合成などのイノベーションが不可欠である。脱炭素イノベーションを日本の産業界競争力強化につなげるためにも、「グリーンイノベーション基金」などを活用し、総力を挙げて取り組む。最終的に、CO2の排出が避けられない分野は、DACCSやBECCS、森林吸収源などにより対応する。

第3章. 2050年を見据えた2030年に向けた政策対応

　エネルギー政策の要諦は、安全性を前提とした上で、エネルギーの安定供給を第一とし、経済効率性の向上による低コストでのエネルギー供給を実現し、同時に、環境への適合を図るS+3Eの実現のため、最大限の取組を行うことである。2030年に向けた政策対応のポイントとして、需要サイドの取組、再生可能エネルギー、原子力、火力発電、電力システム改革、水素・アンモニア、資源・燃料がある。

○需要サイドの取組:徹底した省エネの更なる追求、需要サイドにおけるエネルギー転換を後押しするための省エネ法改正を視野に入れた制度的対応の検討、蓄電池等の分散型エネルギーリソースの有効活用など二次エネルギー構造の高度化

○再生可能エネルギー:S+3Eを大前提に、再エネの主力電源化を徹底し、再エネに最優先の原則で取り組み、国民負担の抑制と地域との共生を図りながら最大限の導入を促す。具体的な取組として、地域と共生する形での適地確保、事業規律の強化、コスト低減・市場への統合、系統制約の克服、規制の合理化、技術開発の推進がある。

○原子力:いかなる事情よりも安全性を全てに優先させ、国民の懸念の解消に全力を挙げる前提の下、原子力規制委員会により世界で最も厳しい水準の規制基準に適合すると認められた場合には、その判断を尊重し原子力発電所の再稼働を進める。国も前面に立ち、立地自治体等関係者の理解と協力を得るよう、取り組む。

○火力発電:安定供給を大前提に、再エネの瞬時的・継続的な発電電力量の低下にも対応可能な供給力を持つ形で設備容量を確保しつつ、できる限り電源構成に占める火力発電比率を引き下げる。政府開発援助、輸出金融、投資、金融・貿易促進支援等を通じた、排出削減対策が講じられていない石炭火力発電への政府による新規の国際的な直接支援を2021年末までに終了する。

○電力システム改革:脱炭素化の中での安定供給の実現に向けた電力システムを構築する。

○水素・アンモニア:カーボンニュートラル時代を見据え、水素を新たな資源として位置付け、社会実装を加速する。長期的に安価な水素・アンモニアを安定的かつ大量に供給するため、海外からの安価な水素活用、国内の資源を活用した水素製造基盤を確立する。

○資源・燃料:カーボンニュートラルへの円滑な移行を進めつつ、将来にわたって途切れなく必要な資源・燃料を安定的に確保する。平時のみならず緊急時にも対応できるよう燃料供給体制の強靱化を図るとともに、脱炭素化の取組を促進する。

1. エネルギー基本計画（2021年10月）

　2030年度のエネルギーの需要については、内閣府「中長期の経済財政に関する試算」（2021年7月）における経済再生ケースの経済成長率、国立社会保障・人口問題研究所による最新の人口推計（中位推計）、主要業種の活動量の推計等を踏まえ、追加的な省エネルギー対策を実施する前の需要を推計した上で、産業部門、業務部門、家庭部門、運輸部門において、技術的にも可能で現実的な省エネルギー対策として考えられ得る限りのものをそれぞれ積み上げ、最終エネルギー消費で原油換算6,200万kl程度の省エネルギーを実施することによって、2030年度のエネルギー需要は280百万kl程度を見込む(図1)。

　このエネルギー需要を満たす一次エネルギー供給は、430百万kl程度を見込み、その内訳は、石油等を31%程度、再生可能エネルギーを22～23%程度、天然ガスを18%程度、石炭を19%程度、原子力を9～10%程度、水素・アンモニアを1%程度となる(図2)。

　これらの需給の見通しが実現した場合、エネルギー起源CO_2は、2013年度比で45%程度削減の水準(図3)、エネルギーの安定供給を測る指標としてのエネルギー自給率は、2015年に策定した長期エネルギー需給見通しにおいて想定したおおむね25%程度を上回る30%程度の水準を見込む(図1)。また、経済効率性を測る指標である電力コストについては、コストが低下した再生可能エネルギーの導入が拡大し、燃料費の基となるIEAの見通しどおりに化石燃料の価格低下が実現すれば、平成27年策定時に想定した電力コスト(9.2～9.5兆円)を下回る8.6～8.8兆円程度の水準を見込む(FIT買取費用は3.7～4.0兆円が5.8～6.0兆円程度に上昇、燃料費は5.3兆円が2.5兆円程度に下落、系統安定化費用は0.1兆円が0.3兆円程度に上昇する)。

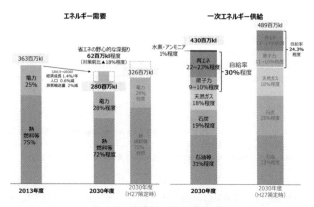

図1 エネルギー需要・一次エネルギー供給

(出所)経済産業省: 2030年度におけるエネルギー需給の見通し(関連資料)

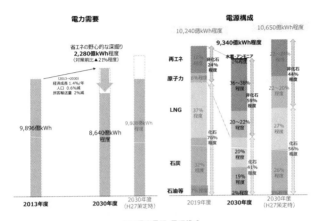

図2 電力需要・電源構成

(出所)経済産業省: 2030年度におけるエネルギー需給の見通し(関連資料)

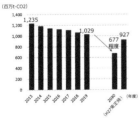

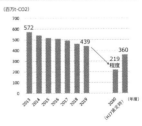

図3 エネルギー起源CO₂排出量

(出所)経済産業省: 2030年度におけるエネルギー需給の見通し(関連資料)

2. 経済・エネルギー需給見通し［基準シナリオ］

マクロ経済 | 経済は緩やかな回復もインフレは定着

日本経済は、2024年度は、実質GDPは4年連続で増加するも、増加ペースは緩やかにとどまる(+1.0%)。消費者物価指数上昇率は3年連続で2%を上回り、インフレが定着。鉱工業生産指数は、生産回復が遅れた自動車を中心に増産が進み3年ぶりに上昇し、2020年度以降最高(+1.2%)。

エネルギー需給 | 小幅な減少が続く。LNG輸入量は2014年度のピーク8,900万tから10年で3,000万t減。CO₂は減少が続くも2030年度目標達成のための進捗は遅れたまま

一次エネルギー国内供給は、2024年度はエチレンの減産、激変緩和補助金終了によるエネルギー卸売・小売価格の上昇が寄与し、3年連続で減少(-0.6%)。省エネルギーが進むことに加え、エネルギー寡消費産業や第3次産業の活動量の増加が相対的に伸びることからGDP原単位は改善し、3年連続で減少(-1.5%)。2013年度の8割を下回る。石炭火力や太陽光発電の運開、原子力の再稼働が進み、LNG輸入量は2005年以来初めて5,000万t台まで減少し、大震災以降大幅に増加した分が概ね解消。

CO₂排出は、3年連続で減少し、2024年度は909Mt(-2.0%)。ただし、2013年度比では26.4%減と2030年度エネルギー起源CO₂削減目標(2013年度比45%削減)への直線で示した2024年度目標値(29.2%減)より多く、削減進捗は遅れた状態が続く。

エネルギー販売量 | 販売電力は、微増にとどまる。都市ガス販売は3年ぶりの増加も、2022年度を下回る。燃料油販売は3年連続の減少となり、ピークだった1999年度の6割を下回る

販売電力量は、2024年度は全体で微増(+0.1%)。電力は、省エネが進むも鉄鋼や自動車の生産増、サービス業の活動量増により増加(+0.3%)。電灯は、冬が寒くなるものの、省エネの進展や電力価格上昇による節電意識の継続に加え、夏が涼しくなり微減(-0.1%)。

都市ガス販売量は、商業用やその他用で減少も、家庭で微増、一般工業用の増により全体で微増(+0.1%)。2022年度よりは価格が下落するにもかかわらず、省エネの進展などにより一般工業用を除く全用途で2022年度を下回る。

燃料油販売量は、補助金終了による価格高騰に伴う燃料転換や省エネに加え、自動車用やエチレン原料用、電力用の減により減少(-1.2%)。乗用車は輸送量回復も、燃費改善やハイブリッド車の増加で、ガソリンは減少。軽油も物流の2024年問題影響が顕在化して貨物車の輸送量が減り、減少。

再生可能エネルギー発電 | FIT電源設備容量は2024年度末には107GWまで拡大

FIT電源の設備容量(卒FIT分を含む)は、2024年度末には107GWに達する。住宅用太陽光とバイオマスが伸びている一方で非住宅用太陽光の伸びは減速しつつある。それでも、非住宅用太陽光は、2024年度末には64.1GWまで拡大する。また、陸上風力は、未稼働案件に対する運転開始期限と認定失効の設定によって、早期の運転開始への圧力が高まり6.8GWまで拡大する。2024年度のFIT電源の発電量は2,121億kWh(うち太陽光:988億kWh、バイオマス:516億kWh、中小水力:445億kWh、風力:133億kWhなど)と総発電量の21.1%を占め、大型水力を含めた再エネ電力全体では24.6%を占める。

		実績			見通し		前年度比増減率		
		FY2013	FY2020	FY2021	FY2022	FY2023	FY2024	FY2022	FY2023	FY2024
エネルギー	一次エネルギー国内供給(Mtoe)[1]	490.5	415.5	430.1	416.5	413.0	410.7	-3.2%	-0.8%	-0.6%
	石油[2](100万kL)	234.5	170.0	175.1	172.8	169.4	166.7	-1.3%	-2.0%	-1.6%
	天然ガス[2](LNG換算100万t)	90.1	78.4	73.9	70.4	66.3	60.7	-4.7%	-5.9%	-8.3%
	石炭[2](100万t)	194.6	174.6	184.6	177.1	172.6	173.7	-4.1%	-2.5%	0.6%
	原子力(10億kWh)	9.3	37.0	67.8	53.5	82.8	113.7	-21.0%	54.6%	37.5%
	再生可能電力[3](10億kWh)	118.5	196.8	208.1	221.2	237.5	247.5	6.3%	7.4%	4.2%
	FIT電源(10億kWh)	76.5	158.1	169.3	185.2	199.2	212.1	9.4%	7.5%	6.5%
	自給率	6.5%	11.3%	13.3%	12.6%	14.8%	15.0%	-0.7p	2.1p	2.2p
	販売電力量[4](10億kWh)	(871.5)	820.9	837.1	822.2	820.6	821.6	-1.8%	-0.2%	0.1%
	都市ガス販売量[5](10億m³)	39.82	39.51	41.15	40.24	39.83	39.86	-2.2%	-1.0%	0.1%
	燃料油販売量(100万kL)	193.6	152.0	153.8	150.8	148.9	147.1	-1.9%	-1.3%	-1.2%
	エネルギー起源CO2排出(Mt)	1,235	967	987	958	928	909	-2.9%	-3.2%	-2.0%
	(FY2013比)	0.0%	-21.7%	-20.1%	-22.5%	-24.9%	-26.4%	-2.4p	-2.5p	-1.5p
輸入価格	原油CIF価格($/bbl)	110	43	78	103	85	91	32.6%	-17.5%	6.9%
	LNG CIF価格($/MBtu)	16.2	7.5	12.1	18.0	12.2	12.2	48.8%	-32.1%	0.1%
	一般炭CIF価格($/t)	108	80	162	361	204	167	122.7%	-43.5%	-18.2%
	原料炭CIF価格($/t)	135	105	195	338	256	211	73.4%	-24.4%	-17.6%
経済	実質GDP(2015年価格兆円)	532.1	528.8	543.6	551.8	560.5	566.2	1.5%	1.6%	1.0%
	鉱工業生産指数(CY2020=100)	111.7	99.7	105.2	104.9	104.2	105.4	-0.3%	-0.7%	1.2%
	貿易収支(兆円)	-13.8	1.0	-5.7	-22.0	-7.7	-5.4	288.7%	-65.1%	-29.4%
	化石燃料輸入額(兆円)	28.4	10.6	19.9	35.3	26.9	25.6	77.1%	-23.7%	-4.9%
	為替レート(¥/$)	100.0	106.0	111.9	135.0	144.8	140.0	20.6%	7.3%	-3.3%
気温	冷房度日	511	442	407	506	614	416	24.4%	21.2%	-32.2%
	暖房度日	1,024	863	966	850	902	971	-12.0%	6.2%	7.6%

出所：（一財）日本エネルギー経済研究所「2024年度の日本の経済・エネルギー需給見通し」

注：1. Mtoeは石油換算100万t（= 10^{13} kcal）。
　　2. 2013年度からは石油は9,145 kcal/L換算、LNGは13,016 kcal/kg換算、一般炭は6,203 kcal/kg換算、原料炭は6,877 kcal/kg換算。
　　2018年度からは石油は9,139 kcal/L換算、LNGは13,068 kcal/kg換算、一般炭は6,231 kcal/kg換算、原料炭は6,866 kcal/kg換算。
　　3. 大規模水力を含む。　4.（ ）内は旧統計値。5. 1 m³ = 10,000 kcal換算。

3. IEEJアウトルック2024

— エネルギー転換への多様な道筋をどう実現するか—

　日本エネルギー経済研究所(IEEJ : The Institute of Energy Economics, Japan)の「IEEJ Outlook 2024」は、2050 年までの世界のエネルギー需給の見通し、3E の視点からエネルギー変革に向けた課題を分析する。レファレンス・技術進展の両シナリオにおいて中国のエネルギー需要は 2030 年ごろにピークを迎え減少に転じる一方、インド・ASEAN・中東・アフリカがエネルギー需要を牽引する。レファレンスシナリオの二酸化炭素(CO_2)排出量はほぼ横ばい、技術進展シナリオの場合でもカーボンニュートラル実現は道半ばであり、さらなる削減のために非電力部門・新興途上国における排出量削減が難題である。発電量は、経済成長や電化に加えて、グリーン水素用需要の押し上げ等により足元の 2 倍程度に増加する。とりわけ変動再エネの拡大は当面続く見込みであることから、電力貯蔵や火力(CO_2 回収・貯留(CCS)付/水素)による需給安定への取り組みが極めて重要となる。2050 年でも一次エネルギー供給に占める化石燃料の割合は、レファレンスシナリオ、技術進展シナリオでそれぞれ 73%、53%と依然高い水準にある。消費効率改善や CCS 導入等 CO_2 排出量削減に向けた取り組みとともに、安定供給確保が引き続き必要となる。

(1)主要な前提条件

● 経済成長

新型コロナウィルスは、2024 年以降は大規模な感染の再拡大や、それに伴う厳しい都市封鎖は発生しないと見込む。また、ロシアによるウクライナ侵攻の長期化は、局地的・短期的な影響はあるものの、長期的には世界経済に対して甚大な影響を及ぼさないと見る。2024 年は、2023 年のプラス成長が継続し、2.5%成長となる。2024 年以降の経済成長率は 2%台後半から 2%台前半へと徐々に低下してゆく。

● 原油価格

レファレンスシナリオでの石油需要は、インドや ASEAN 等、アジアの新興・途上国に牽引され増加を続ける。供給側では、中長期的には OPEC 等へ依存度が高まる一方、油田開発規制強化・投資意欲減退から非 OPEC での生産量は伸び悩み、需給を均衡させる原油価格は中長期的に上昇する。

技術進展シナリオにおいては、省エネルギーや原子力、再生可能エネルギー、水素などへのエネルギー転換が進み、化石燃料需要が減少するため、原油価格はレファレンスシナリオと比較して下落する。一方、エネルギー需要構造の円滑な転換とそれに対応した供給体制が構築されない場合は、価格の乱高下リスクが顕在化することもありうる。

(2) シナリオ

- **レファレンスシナリオ**

現在までのエネルギー・環境政策等を背景に、これまでの趨勢的な変化が継続するシナリオ。

- **技術進展シナリオ**

エネルギー安定供給の確保や気候変動対策のために、エネルギー・環境技術が社会での適用機会および受容性を踏まえて最大限導入されることを見込むシナリオ。

(3)試算結果の概要

＜レファレンスシナリオ＞

- 世界の一次エネルギー需要は、足元の増加ペースが継続。先進国・中国は需要が減少する一方、他新興・途上国が増加を牽引する。
- CO_2排出量は、需要増と排出原単位の低下が相殺しほぼ横ばいで推移する。
- 発電量は足元の1.7倍に増加。その大半は新興・途上国だが、先進国も電化進展に伴い増加する。
- 再エネ設備容量は、導入の進展に伴い条件の悪い地域(設備利用率低、遠隔地等)にも設置する必要が生じるため、増加ペースはやや減速する。それでも2050年時点での容量は2021年の4倍となる。
- 2050年には、一次エネルギー供給全体で2021年の1.2倍に増加し、そのうち73%が化石燃料となる。石油は1.2倍、ガスは1.3倍に増加する一方、石炭は0.8倍と減少する。

＜技術進展シナリオ＞

- 世界の一次エネルギー需要は、2050年には2021年の需要水準を下回る。新興・途上国も2030年代で需要が頭打ちになるが、新興国の需要減少は主に中国であり、インド、ASEAN、中東、アフリカの増加基調は継続する。
- CO_2排出量は2020年代にピークアウトし、2050年には14.7GtCO₂(2021年比56%減)まで減少する。特に電力部門の排出削減割合が大きく、2021年の1/4以下となる。しかし、カーボンニュートラル実現は道半ばであり、非電力部門、新興・途上国での脱炭素化が引き続き課題である。
- 2050年の発電量は2021年の2倍に増加。電化進展に加え、グリーン水素用需要が押し上げる。先進国、新興・途上国の電源構成は大きく変化し、電源の約85%が脱炭素電源となる。その過半を占める変動再エネに対応した需給安定化対策が課題。新興・途上国においてはトランジションの過程で化石火力が一定程度残る。
- 再エネ設備容量は導入が加速し、2021年の5.4倍となる。特に太陽光・風力の設備容量合計が10倍近くになり、出力変動への効果的な対応がさらに重要となる。日間、季

　　節間貯蔵の両方が不可欠であり、電力貯蔵手段の大幅な拡充(揚水、系統増設、蓄電池
　　等)や火力設備の確保(特に CCS 付あるいは水素等)が求められる。
● 2050 年でも一次エネルギー供給の半分程度は化石燃料であり、石油・石炭は主に運輸・
　発電用需要の減少から 2020 年代にピークを迎える。ガスは 2030 年代に概ね横ばいで
　推移したのち 2040 年手前より減少基調となる。いずれも供給能力の維持が課題となる。

<ASEAN のエネルギートランジションに向けた道筋>
● 経済発展の著しい ASEAN は今後のエネルギー需要増加の中心であり、世界全体の脱
　炭素化の成否に影響する一方、経済成長と カーボンニュートラル の両立のためには
　コスト抑制が必須で、経済合理的なエネルギーミックスの追求が必要となる。
● 経済成長やエネルギー効率改善をどう見るかにより、将来のエネルギー需要予測には
　大きな差が生じる。需要の総量によって目指すべきエネルギーミックスは変わるため、
　再エネの「比率」に注目するだけでは十分でない。
● 再エネの発電コストは、ゼロエミッション電源の中で低位になると見込まれ、有望な電
　源となるが、コスト上昇の可能性には留意を要する。需要や気象条件、土地制約に応じ
　て最適な数量を見極める必要がある。
● ガスは主に産業の排出削減(特に電化の難しい高温の熱需要)および電力の需給調整で
　役割を果たし、特に転換期の排出削減において経済合理的な燃料となりうる。ガス市場
　安定とそのための供給能力拡大は、エネルギー転換コスト低減に貢献する。

3．IEEJアウトルック2024
(3)世界のGDP見通し

(単位：2015年価格 十億米ドル)

	実績		予測			年平均伸び率（%）				
	1990年	2021年	2030年	2040年	2050年	1990/2021	2021/2030	2030/2040	2040/2050	2021/2050
世　界	35,916 (100)	86,438 (100)	109,746 (100)	144,034 (100)	184,046 (100)	2.9	2.7	2.8	2.5	2.6
ア ジ ア	6,690 (18.6)	29,673 (34.3)	41,194 (37.5)	59,070 (41.0)	80,738 (43.9)	4.9	3.7	3.7	3.2	3.5
中　国	1,027 (2.9)	15,802 (18.3)	22,368 (20.4)	32,274 (22.4)	43,522 (23.6)	9.2	3.9	3.7	3.0	3.6
イ ン ド	475 (1.3)	2,782 (3.2)	4,761 (4.3)	8,307 (5.8)	13,614 (7.4)	5.9	6.2	5.7	5.1	5.6
日　本	3,510 (9.8)	4,435 (5.1)	4,744 (4.3)	5,178 (3.6)	5,607 (3.0)	0.8	0.8	0.9	0.8	0.8
韓　国	402 (1.1)	1,694 (2.0)	2,060 (1.9)	2,479 (1.7)	2,817 (1.5)	4.8	2.2	1.9	1.3	1.8
台　湾	161 (0.4)	658 (0.8)	812 (0.7)	990 (0.7)	1,137 (0.6)	4.7	2.4	2.0	1.4	1.9
ASEAN	728 (2.0)	3,011 (3.5)	4,570 (4.2)	6,979 (4.8)	9,916 (5.4)	4.7	4.7	4.3	3.6	4.2
インドネシア	270 (0.8)	1,066 (1.2)	1,657 (1.5)	2,664 (1.8)	4,013 (2.2)	4.5	5.0	4.9	4.2	4.7
マレーシア	75 (0.2)	355 (0.4)	535 (0.5)	756 (0.5)	992 (0.5)	5.2	4.7	3.5	2.8	3.6
ミャンマー	7 (0.0)	67 (0.1)	87 (0.1)	137 (0.1)	209 (0.1)	7.5	3.0	4.6	4.3	4.0
フィリピン	107 (0.3)	379 (0.4)	654 (0.6)	1,057 (0.7)	1,479 (0.8)	4.2	6.2	4.9	3.4	4.8
シンガポール	71 (0.2)	361 (0.4)	447 (0.4)	539 (0.4)	611 (0.3)	5.4	2.4	1.9	1.3	1.8
タ　イ	144 (0.4)	438 (0.5)	582 (0.5)	805 (0.6)	1,066 (0.6)	3.7	3.3	3.3	2.8	3.1
ベトナム	45 (0.1)	332 (0.4)	591 (0.5)	1,000 (0.7)	1,521 (0.8)	6.7	6.6	5.4	4.3	5.4
非OECDアジア	2,778 (7.7)	23,544 (27.2)	34,390 (31.3)	51,413 (35.7)	72,314 (39.3)	7.1	4.3	4.1	3.5	3.9
北　米	10,626 (29.6)	22,210 (25.7)	26,292 (24.0)	32,069 (22.3)	38,016 (20.7)	2.4	1.9	2.0	1.7	1.9
米国	9,811 (27.3)	20,529 (23.8)	24,289 (22.1)	29,608 (20.6)	35,085 (19.1)	2.4	1.9	2.0	1.7	1.9
中　南　米	2,597 (7.2)	5,348 (6.2)	6,670 (6.1)	8,934 (6.2)	11,587 (6.3)	2.4	2.5	3.0	2.6	2.7
欧州先進国	11,682 (32.5)	19,669 (22.8)	23,173 (21.1)	26,699 (18.5)	30,170 (16.4)	1.7	1.8	1.4	1.2	1.4
欧州連合	9,107 (25.4)	14,681 (17.0)	17,280 (15.7)	19,827 (13.8)	22,275 (12.1)	1.6	1.8	1.4	1.2	1.4
他欧州/ユーラシア	1,832 (5.1)	2,628 (3.0)	3,085 (2.8)	3,867 (2.7)	4,805 (2.6)	1.2	1.8	2.3	2.2	2.1
アフリカ	920 (2.6)	2,663 (3.1)	3,830 (3.5)	6,227 (4.3)	9,596 (5.2)	3.5	4.1	5.0	4.4	4.5
中　東	910 (2.5)	2,664 (3.1)	3,563 (3.2)	4,727 (3.3)	6,120 (3.3)	3.5	3.3	2.9	2.6	2.9
オセアニア	658 (1.8)	1,583 (1.8)	1,939 (1.8)	2,441 (1.7)	3,015 (1.6)	2.9	2.3	2.3	2.1	2.2
先進国	27,230 (75.8)	50,940 (58.9)	59,864 (54.5)	70,870 (49.2)	81,906 (44.5)	2.0	1.8	1.7	1.5	1.7
新興国・途上国	8,685 (24.2)	35,497 (41.1)	49,883 (45.5)	73,163 (50.8)	102,141 (55.5)	4.6	3.9	3.9	3.4	3.7

出所：世界銀行"World Development Indicators"他、見通しはInternational Monetary Fund"World Economic Outlook"他を参考に(一財)日本エネルギー経済研究所推計.
注：カッコ内は対世界比(%).

3. IEEJアウトルック2024
(4)世界の一次エネルギー消費の見通し（レファレンスシナリオ）

（単位：石油換算百万トン）

	実績		予測			年平均伸び率(%)				
	1990年	2021年	2030年	2040年	2050年	1990/2021	2021/2030	2030/2040	2040/2050	2021/2050
世界	8,754 (100)	14,759 (100)	15,968 (100)	16,722 (100)	17,449 (100)	1.7	0.9	0.5	0.4	0.6
アジア	2,088 (23.9)	6,439 (43.6)	7,310 (45.8)	7,823 (46.8)	8,179 (46.9)	3.7	1.4	0.7	0.4	0.8
中国	874 (10.0)	3,738 (25.3)	3,977 (24.9)	3,837 (22.9)	3,514 (20.1)	4.8	0.7	-0.4	-0.9	-0.2
インド	280 (3.2)	944 (6.4)	1,280 (8.0)	1,645 (9.8)	2,054 (11.8)	4.0	3.4	2.5	2.2	2.7
日本	437 (5.0)	400 (2.7)	376 (2.4)	348 (2.1)	329 (1.9)	-0.3	-0.7	-0.8	-0.5	-0.7
韓国	93 (1.1)	292 (2.0)	296 (1.9)	288 (1.7)	276 (1.6)	3.8	0.2	-0.3	-0.4	-0.2
台湾	51 (0.6)	123 (0.8)	121 (0.8)	118 (0.7)	110 (0.6)	2.9	-0.1	-0.4	-0.6	-0.4
ASEAN	231 (2.6)	678 (4.6)	930 (5.8)	1,171 (7.0)	1,380 (7.9)	3.5	3.6	2.3	1.7	2.5
インドネシア	99 (1.1)	235 (1.6)	350 (2.2)	471 (2.8)	577 (3.3)	2.8	4.5	3.0	2.0	3.1
マレーシア	21 (0.2)	95 (0.6)	129 (0.8)	146 (0.9)	156 (0.9)	5.0	3.4	1.3	0.6	1.7
ミャンマー	11 (0.1)	22 (0.1)	28 (0.2)	36 (0.2)	46 (0.3)	2.3	3.0	2.4	2.6	2.6
フィリピン	27 (0.3)	61 (0.4)	83 (0.5)	109 (0.7)	134 (0.8)	2.7	3.5	2.7	2.1	2.7
シンガポール	12 (0.1)	35 (0.2)	38 (0.2)	39 (0.2)	40 (0.2)	3.7	0.7	0.4	0.3	0.5
タイ	42 (0.5)	130 (0.9)	147 (0.9)	165 (1.0)	179 (1.0)	3.7	1.4	1.2	0.8	1.1
ベトナム	18 (0.2)	95 (0.6)	152 (0.9)	200 (1.2)	244 (1.4)	5.5	5.3	2.8	2.0	3.3
非OECDアジア	1,558 (17.8)	5,748 (38.9)	6,638 (41.6)	7,187 (43.0)	7,574 (43.4)	4.3	1.6	0.8	0.5	1.0
北米	2,126 (24.3)	2,429 (16.5)	2,354 (14.7)	2,214 (13.2)	2,126 (12.2)	0.4	-0.4	-0.6	-0.4	-0.5
米国	1,914 (21.9)	2,139 (14.5)	2,045 (12.8)	1,897 (11.3)	1,804 (10.3)	0.4	-0.5	-0.7	-0.5	-0.6
中南米	467 (5.3)	821 (5.6)	921 (5.8)	1,031 (6.2)	1,143 (6.6)	1.8	1.3	1.1	1.0	1.1
欧州先進国	1,644 (18.8)	1,698 (11.5)	1,549 (9.7)	1,428 (8.5)	1,352 (7.7)	0.1	-1.0	-0.8	-0.5	-0.8
欧州連合	1,441 (16.5)	1,388 (9.4)	1,284 (8.0)	1,176 (7.0)	1,112 (6.4)	-0.1	-0.9	-0.9	-0.6	-0.8
他欧州/ユーラシア	1,514 (17.3)	1,225 (8.3)	1,190 (7.5)	1,217 (7.3)	1,296 (7.4)	-0.7	-0.3	0.2	0.6	0.2
アフリカ	390 (4.5)	853 (5.8)	975 (6.1)	1,100 (6.6)	1,228 (7.0)	2.6	1.5	1.2	1.1	1.3
中東	223 (2.5)	829 (5.6)	1,009 (6.3)	1,138 (6.8)	1,253 (7.2)	4.3	2.2	1.2	1.0	1.4
オセアニア	99 (1.1)	150 (1.0)	153 (1.0)	152 (0.9)	151 (0.9)	1.4	0.2	-0.1	-0.1	0.0
先進国	4,471 (51.1)	5,139 (34.8)	4,900 (30.7)	4,599 (27.5)	4,397 (25.2)	0.5	-0.5	-0.6	-0.4	-0.5
新興国・途上国	4,081 (46.6)	9,306 (63.0)	10,559 (66.1)	11,502 (68.8)	12,330 (70.7)	2.7	1.4	0.9	0.7	1.0

出所：IEA「World Energy Balances」、見通しは(一財)日本エネルギー経済研究所推計。
注：カッコ内は対世界比（%）。世界は国際バンカーを含む。

3. IEEJアウトルック2024
(5)世界のCO₂排出量の見通し（レファレンスシナリオ）

（単位：百万トン）

	実績		予測			年平均伸び率(%)				
	1990年	2021年	2030年	2040年	2050年	1990/2021	2021/2030	2030/2040	2040/2050	2021/2050
世界	20,522 (100)	33,568 (100)	34,019 (100)	33,905 (100)	33,922 (100)	1.6	0.1	-0.0	0.0	0.0
アジア	4,700 (22.9)	16,776 (50.0)	17,635 (51.8)	17,515 (51.7)	17,000 (50.1)	4.2	0.6	-0.1	-0.3	0.0
中国	2,195 (10.7)	10,649 (31.7)	10,454 (30.7)	8,925 (26.3)	6,874 (20.3)	5.2	-0.2	-1.6	-2.6	-1.5
インド	531 (2.6)	2,279 (6.8)	2,976 (8.7)	3,810 (11.2)	4,786 (14.1)	4.8	3.0	2.5	2.3	2.6
日本	1,056 (5.1)	998 (3.0)	794 (2.3)	685 (2.0)	607 (1.8)	-0.2	-2.5	-1.5	-1.2	-1.7
韓国	208 (1.0)	559 (1.7)	537 (1.6)	522 (1.5)	495 (1.5)	3.2	-0.4	-0.3	-0.5	-0.4
台湾	109 (0.5)	267 (0.8)	270 (0.8)	247 (0.7)	216 (0.6)	2.9	0.1	-0.9	-1.3	-0.7
ASEAN	350 (1.7)	1,517 (4.5)	1,979 (5.8)	2,465 (7.3)	2,891 (8.5)	4.8	3.0	2.2	1.6	2.2
インドネシア	131 (0.6)	557 (1.7)	742 (2.2)	989 (2.9)	1,226 (3.6)	4.8	3.3	2.9	2.2	2.8
マレーシア	59 (0.2)	226 (0.7)	289 (0.8)	309 (0.9)	315 (0.9)	5.0	2.8	0.7	0.2	1.1
ミャンマー	4 (0.0)	54 (0.1)	54 (0.2)	83 (0.2)	119 (0.4)	6.4	7.8	4.4	3.7	5.2
フィリピン	35 (0.2)	132 (0.4)	184 (0.5)	253 (0.7)	315 (0.9)	4.3	3.4	3.2	2.2	3.0
シンガポール	29 (0.1)	46 (0.1)	48 (0.1)	49 (0.1)	49 (0.1)	1.5	0.4	-0.0	0.0	0.3
タイ	80 (0.4)	235 (0.7)	248 (0.7)	254 (0.7)	244 (0.7)	3.5	0.6	0.3	-0.4	0.1
ベトナム	16 (0.1)	285 (0.8)	404 (1.2)	518 (1.5)	615 (1.8)	9.6	4.0	2.5	1.7	2.7
非OECDアジア	3,436 (16.7)	15,219 (45.3)	16,304 (47.9)	16,308 (48.1)	15,897 (46.9)	4.9	0.8	0.0	-0.3	0.2
北米	5,126 (25.0)	5,055 (15.1)	4,383 (12.9)	3,674 (10.8)	3,085 (9.1)	-0.0	-1.6	-1.7	-1.7	-1.7
米国	4,740 (23.1)	4,549 (13.6)	3,859 (11.3)	3,132 (9.2)	2,529 (7.5)	-0.1	-1.8	-2.1	-2.1	-2.0
中南米	867 (4.2)	1,453 (4.3)	1,519 (4.5)	1,730 (5.1)	1,939 (5.7)	1.7	0.5	1.3	1.1	1.0
欧州先進国	3,944 (19.2)	3,242 (9.7)	2,467 (7.3)	2,027 (6.0)	1,827 (5.4)	-0.6	-3.0	-1.9	-1.0	-2.0
欧州連合	3,464 (16.9)	2,570 (7.7)	1,724 (5.1)	1,419 (4.2)	1,274 (3.8)	-0.9	-4.4	-1.9	-1.1	-2.4
他欧州/ユーラシア	3,878 (18.9)	2,584 (7.7)	2,424 (7.1)	2,454 (7.2)	2,662 (7.8)	-1.3	-0.7	0.1	0.8	0.1
アフリカ	524 (2.6)	1,218 (3.6)	1,463 (4.3)	1,876 (5.5)	2,375 (7.0)	2.8	2.1	2.5	2.4	2.3
中東	569 (2.8)	1,862 (5.5)	2,192 (6.4)	2,393 (7.1)	2,542 (7.5)	3.9	1.8	0.9	0.6	1.1
オセアニア	279 (1.4)	392 (1.2)	360 (1.1)	341 (1.0)	328 (1.0)	1.1	-1.0	-0.5	-0.4	-0.6
先進国	10,784 (52.5)	10,593 (31.6)	8,898 (26.2)	7,584 (22.4)	6,646 (19.6)	-0.1	-1.9	-1.6	-1.3	-1.6
新興国・途上国	9,102 (44.4)	21,990 (65.5)	23,544 (69.2)	24,426 (72.0)	25,113 (74.0)	2.9	0.8	0.4	0.3	0.5

出所：IEA「Greenhouse Gas Emissions from Energy」、見通しは(一財)日本エネルギー経済研究所推計.
注：カッコ内は対世界比(%)、世界は国際バンカーを含む。

3. IEEJアウトルック2024
(6)世界のエネルギー消費見通し（レファレンスシナリオ）

	(石油換算百万トン = Mtoe)						シェア(%)			年平均伸び率(%)	
	1990	2000	2021	2030	2040	2050	1990	2021	2050	1990/2021	2021/2050
一次エネルギー消費合計[*1]	8,754	10,026	14,759	15,968	16,722	17,449	100	100	100	1.7	0.6
石炭	2,223	2,318	4,016	3,784	3,492	3,186	25	27	18	1.9	-0.8
石油	3,237	3,684	4,352	4,727	4,887	5,001	37	29	29	1.0	0.5
天然ガス	1,662	2,068	3,487	3,660	4,025	4,519	19	24	26	2.4	0.9
原子力	526	675	732	842	878	915	6.0	5.0	5.2	1.1	0.8
水力	184	225	369	416	461	505	2.1	2.5	2.9	2.3	1.1
地熱	34	52	111	210	269	298	0.4	0.8	1.7	3.9	3.5
太陽光・風力等	2.5	8.2	291	769	1,208	1,612	0.0	2.0	9.2	16.5	6.1
バイオマス・廃棄物	885	994	1,397	1,556	1,499	1,412	10	9.5	8.1	1.5	0.0
最終エネルギー消費合計	6,242	7,012	10,082	11,014	11,618	12,194	100	100	100	1.6	0.7
[部門別]											
産業	1,578	1,966	2,690	3,127	3,291	3,476	29	30	30	1.7	0.7
運輸	2,390	2,561	3,360	3,462	3,548	3,724	25	27	29	1.7	0.9
民生・農業他	477	616	995	1,100	1,214	1,322	38	33	31	1.1	0.4
非エネルギー	751	542	913	843	803	766	7.6	9.9	11	2.4	1.0
[エネルギー源別]											
石炭	751	542	913	843	803	766	12	9.1	6.3	0.6	-0.6
石油	2,608	3,130	3,924	4,331	4,505	4,640	42	39	38	1.3	0.6
天然ガス	945	1,120	1,710	1,787	1,870	1,925	15	17	16	1.9	0.4
電力	834	1,087	2,077	2,566	3,075	3,654	13	21	30	3.0	2.0
熱	336	248	347	370	359	331	5.4	3.4	2.7	0.1	-0.2
水素	-	-	-	0.0	0.0	0.0	-	-	0.0	N.A.	N.A.
再生可能	768	886	1,109	1,117	1,006	879	12	11	7.2	1.2	-0.8

発電量	(TWh)						シェア(%)			年平均伸び率(%)	
	1990	2000	2021	2030	2040	2050	1990	2021	2050	1990/2021	2021/2050
合計	11,837	15,423	28,402	35,078	41,769	49,102	100	100	100	2.9	1.9
石炭	4,430	5,995	10,252	9,831	9,083	8,460	37	36	17	2.7	-0.7
石油	1,317	1,184	723	565	497	396	11	2.5	0.8	-1.9	-2.1
天然ガス	1,748	2,772	6,556	6,876	8,550	11,332	15	23	23	4.4	1.9
原子力	2,013	2,591	2,808	3,233	3,371	3,511	17	9.9	7.2	1.1	0.8
水力	2,139	2,611	4,293	4,835	5,364	5,871	18	15	12	2.3	1.1
地熱	36	52	96	180	228	255	0.3	0.3	0.5	3.2	3.4
太陽光	0.1	0.8	1,020	3,905	6,627	8,884	0.0	3.6	18	35.1	7.7
風力	3.9	31	1,864	4,278	6,370	8,416	0.0	6.6	17	22.0	5.3
太陽熱・海洋	1.2	1.1	16	96	180	307	0.0	0.1	0.6	8.6	10.8
バイオマス・廃棄物	130	168	735	1,238	1,460	1,630	1.1	2.6	3.3	5.7	2.8
水素	-	-	-	-	-	-	-	-	-	N.A.	N.A.

エネルギー・経済指標他							年平均伸び率(%)	
	1990	2000	2021	2030	2040	2050	1990/2021	2021/2050
GDP (2015年価格10億ドル)	35,916	48,229	86,438	109,746	144,034	184,046	2.9	2.6
人口(100万人)	5,286	6,135	7,877	8,511	9,155	9,680	1.3	0.7
エネルギー起源CO2排出量[*2](100万t)	20,522	23,175	33,568	34,019	33,905	33,922	1.6	0.0
一人あたりGDP (2015年価格1,000ドル/人)	6.8	7.9	11.0	12.9	15.7	19.0	1.6	1.9
一人あたり一次エネルギー消費(toe/人)	1.66	1.63	1.87	1.88	1.83	1.80	0.4	-0.1
GDPあたり一次エネルギー消費[*2]	243.7	207.9	170.8	145.5	116.1	94.8	-1.1	-2.0
GDPあたりCO2排出量[*3]	571.4	480.5	388.3	310.0	235.4	184.3	-1.2	-2.5
一次エネルギー消費あたりCO2排出量(t/toe)	2.34	2.31	2.27	2.13	2.03	1.94	-0.1	-0.5

*1 電力、熱、水素の輸出入を掲載していないため、合計と内訳は必ずしも一致しない。
*2 toe/2015年価格100万ドル、*3 t/2015年価格100万ドル。

3. IEEJアウトルック2024
(7)世界のエネルギー消費見通し（技術進展シナリオ）

	（石油換算百万トン＝Mtoe）						シェア(%)			年平均伸び率(%)	
	1990	2000	2021	2030	2040	2050	1990	2021	2050	1990/2021	2021/2050
一次エネルギー消費合計[1]	8,754	10,026	14,759	15,389	14,666	13,802	100	100	100	1.7	-0.2
石炭	2,223	2,318	4,016	3,485	2,532	1,575	25	27	11	1.9	-3.2
石油	3,237	3,684	4,352	4,321	3,545	2,704	37	29	20	1.0	-1.6
天然ガス	1,662	2,068	3,487	3,541	3,432	3,044	19	24	22	2.4	-0.5
原子力	526	675	732	988	1,257	1,450	6.0	5.0	11	1.1	2.4
水力	184	225	369	419	471	527	2.1	2.5	3.8	2.3	1.2
地熱	34	52	111	227	306	340	0.4	0.8	2.7	3.9	4.2
太陽光・風力等	2.5	8.2	291	903	1,781	2,848	0.0	2.0	21	16.5	8.2
バイオマス・廃棄物	885	994	1,397	1,502	1,339	1,289	10	9.5	9.3	1.5	-0.3
最終エネルギー消費合計	6,242	7,012	10,082	10,513	9,900	9,176	100	100	100	1.6	-0.3
[部門別]											
産業	1,578	1,966	2,690	2,896	2,567	2,343	29	30	30	1.7	-0.4
運輸	2,390	2,561	3,360	3,271	3,001	2,796	25	27	26	1.7	-0.5
民生・農業他	477	616	995	1,099	1,213	1,320	38	33	30	1.1	-0.6
非エネルギー	751	542	913	799	659	509	7.6	9.9	14	2.4	1.0
[エネルギー源別]											
石炭	751	542	913	799	659	509	12	9.1	5.6	0.6	-2.0
石油	2,608	3,130	3,926	3,981	3,339	2,636	42	39	29	1.3	-1.4
天然ガス	945	1,120	1,710	1,701	1,457	1,097	15	17	12	1.9	-1.5
電力	834	1,087	2,077	2,650	3,222	3,725	13	21	41	3.0	2.0
熱	336	248	347	346	307	246	5.4	3.4	2.7	0.1	-1.2
水素	-	-	-	-	26	261	-	-	2.8	N.A	N.A
再生可能	768	886	1,109	1,036	810	702	12	11	7.6	1.2	-1.6

	（TWh）						シェア(%)			年平均伸び率(%)	
発電量[2]	1990	2000	2021	2030	2040	2050	1990	2021	2050	1990/2021	2021/2050
合計	11,837	15,423	28,402	36,128	45,879	57,517	100	100	100	2.9	2.5
石炭	4,430	5,995	10,252	8,854	5,671	2,468	37	36	4.3	2.7	-4.8
石油	1,317	1,184	723	453	287	161	11	2.5	0.3	-1.9	-5.0
天然ガス	1,748	2,772	6,556	6,833	7,661	8,119	15	23	14	4.4	0.7
原子力	2,013	2,591	2,808	3,792	4,824	5,565	17	9.9	9.7	1.1	2.4
水力	2,139	2,611	4,293	4,871	5,482	6,128	18	15	11	1.2	1.2
地熱	36	52	96	201	264	313	0.3	0.3	0.5	3.2	4.2
太陽光	0.1	0.8	1,020	4,642	9,798	16,458	0.0	3.6	29	35.1	10.1
風力	3.9	31	1,864	4,955	9,318	14,214	0.0	6.6	25	22.0	7.3
太陽熱・海洋	1.2	1.1	16	147	374	676	0.0	0.1	1.2	8.6	13.9
バイオマス・廃棄物	130	163	735	1,341	1,600	1,830	1.1	2.6	3.2	5.7	3.2
水素	-	-	-	-	562	1,545	-	-	2.7	N.A	N.A

エネルギー・経済指標他	1990	2000	2021	2030	2040	2050	年平均伸び率(%)	
							1990/2021	2021/2050
GDP（2015年価格10億ドル）	35,916	48,229	86,438	109,746	144,034	184,046	2.9	2.6
人口（100万人）	5,286	6,135	7,887	8,511	9,155	9,688	1.3	0.7
エネルギー起源CO2排出[2]（100万t）	20,522	23,175	33,568	31,010	23,137	14,704	1.6	-2.8
一人あたりGDP（2015年価格1,000ドル/人）	6.8	7.9	11.0	12.9	15.7	19.0	1.6	1.9
一人あたり一次エネルギー消費（toe/人）	1.66	1.63	1.87	1.81	1.60	1.43	0.4	-0.9
GDPあたり一次エネルギー消費[3]	243.7	207.9	170.8	140.2	101.8	75.0	-1.1	-2.8
GDPあたりCO2排出[2]	571.4	480.5	388.3	282.6	160.6	79.9	-1.2	-5.3
一次エネルギー消費あたりCO2排出	2.34	2.31	2.27	2.02	1.58	1.07	-0.1	-2.6

*1 電力、熱、水素の輸出入を掲載していないため、合計と内訳は必ずしも一致しない。
*2 toe/2015年価格100万ドル。*3 t/2015年価格100万ドル。

3. IEEJアウトルック2024
(8)アジアのエネルギー消費見通し（レファレンスシナリオ）

	(石油換算百万トン＝Mtoe)						シェア(%)			年平均伸び率(%)	
	1990	2000	2021	2030	2040	2050	1990	2021	2050	1990 /2021	2021 /2050
一次エネルギー消費合計*1	2,088	2,867	6,439	7,310	7,823	8,179	100	100	100	3.7	0.8
石炭	789	1,038	3,142	3,150	2,941	2,628	38	49	32	4.6	-0.6
石油	618	918	1,491	1,634	1,763	1,889	30	23	23	2.9	0.8
天然ガス	116	233	722	923	1,128	1,317	5.5	11	16	6.1	2.1
原子力	77	132	189	279	340	399	3.7	2.9	4.9	3.0	2.6
水力	32	41	157	180	207	230	1.5	2.4	2.8	5.3	1.3
地熱	8.2	23	64	133	173	187	0.4	1.0	2.3	6.8	3.8
太陽光・風力等	1.3	2.1	142	371	616	845	0.1	2.2	10	16.4	6.3
バイオマス・廃棄物	448	480	530	638	654	672	21	8.2	8.2	0.5	0.8
最終エネルギー消費合計	1,534	1,976	4,131	4,653	5,071	5,464	100	100	100	3.2	1.0
[部門別]											
産業	189	323	719	884	984	1,101	33	42	39	4.1	0.7
運輸	721	818	1,222	1,337	1,463	1,637	12	27	20	4.4	1.5
民生・農業他	115	181	439	502	559	610	47	30	30	1.7	1.0
非エネルギー	423	373	762	703	671	645	7.5	11	11	4.4	1.1
[エネルギー源別]											
石炭	423	373	762	703	671	645	28	18	12	1.9	-0.6
石油	465	743	1,343	1,488	1,614	1,739	30	33	32	3.5	0.9
天然ガス	46	89	392	459	516	558	3.0	9.5	10	7.1	1.2
電力	157	279	1,023	1,361	1,658	1,939	10	25	35	6.2	2.2
熱	14	30	157	185	183	169	0.9	3.8	3.1	8.1	0.3
水素	-	-	0.0	0.0	0.0	0.0	-	-	-	N.A.	N.A.
再生可能	429	462	454	456	429	414	28	11	7.6	0.2	-0.3

発電量	(TWh)						シェア(%)			年平均伸び率(%)	
	1990	2000	2021	2030	2040	2050	1990	2021	2050	1990 /2021	2021 /2050
合計	2,237	3,971	13,664	18,317	22,235	25,744	100	100	100	6.0	2.2
石炭	868	1,984	7,824	8,250	7,788	7,079	39	57	27	7.4	-0.3
石油	433	381	130	98	92	84	19	1.0	0.3	-3.8	-1.5
天然ガス	237	566	1,466	2,100	2,949	3,916	11	11	15	6.1	3.4
原子力	294	505	727	1,071	1,303	1,533	13	5.3	6.0	3.0	2.6
水力	368	478	1,825	2,091	2,407	2,678	16	13	10	5.3	1.3
地熱	8.4	20	30	76	99	108	0.4	0.2	0.4	4.2	4.5
太陽光	0.1	0.4	560	2,069	3,639	5,073	0.0	4.1	20	33.6	7.9
風力	0.0	2.4	761	1,878	3,108	4,284	0.0	5.6	17	38.1	6.1
太陽熱・海洋	0.0	0.0	2.5	11	17	32	0.0	0.0	0.1	20.8	9.2
バイオマス・廃棄物	9.0	15	315	651	810	935	0.4	2.3	3.6	12.2	3.8
水素	-	-	-	-	-	-	-	-	-	N.A.	N.A.

エネルギー・経済指標他	1990	2000	2021	2030	2040	2050	年平均伸び率(%) 1990 /2021	2021 /2050
GDP (2015年価格10億ドル)	6,690	10,397	29,673	41,194	59,070	80,738	4.9	3.5
人口(100万人)	2,955	3,454	4,284	4,567	4,686	4,772	1.2	0.4
エネルギー起源CO_2排出*2(100万t)	4,700	6,817	16,776	17,635	17,515	17,000	4.2	0.0
一人あたりGDP (2015年価格1,000ドル/人)	2.3	3.0	6.9	9.1	12.6	16.9	3.7	3.1
一人あたり一次エネルギー消費(toe/人)	0.71	0.83	1.50	1.62	1.67	1.71	2.5	0.5
GDPあたり一次エネルギー消費*2	312.2	275.8	217.0	177.5	132.4	101.3	-1.2	-2.6
GDPあたりCO_2排出*3	702.5	655.7	565.3	428.1	296.5	210.6	-0.7	-3.3
一次エネルギー消費あたりCO_2排出(t/toe)	2.25	2.38	2.61	2.41	2.24	2.08	0.5	-0.8

*1 電力、熱、水素の輸出入を掲載していないため、合計と内訳は必ずしも一致しない。
*2 toe/2015年価格100万ドル、*3 t/2015年価格100万ドル。

3. IEEJアウトルック2024
(9)アジアのエネルギー消費見通し（技術進展シナリオ）

	(石油換算百万トン＝Mtoe)						シェア(%)			年平均伸び率(%) 1990/2021	2021/2050
	1990	2000	2021	2030	2040	2050	1990	2021	2050		
一次エネルギー消費合計*1	2,088	2,867	6,439	7,127	6,815	6,173	100	100	100	3.7	-0.1
石炭	789	1,038	3,142	2,951	2,146	1,248	38	49	20	4.6	-3.1
石油	618	918	1,491	1,522	1,347	1,096	30	23	18	2.9	-1.1
天然ガス	116	233	722	906	904	684	5.5	11	11	6.1	-0.2
原子力	77	132	189	377	531	645	3.7	2.9	10	3.0	4.3
水力	32	41	157	182	216	251	1.5	2.4	4.1	5.3	1.6
地熱	8.2	23	64	140	202	246	0.4	1.0	4.0	6.8	4.8
太陽光・風力等	1.3	2.1	142	424	853	1,331	0.1	2.2	22	16.4	8.0
バイオマス・廃棄物	448	480	530	623	591	584	21	8.2	9.5	0.5	0.3
最終エネルギー消費合計	1,534	1,976	4,131	4,487	4,397	4,130	100	100	100	3.2	0.0
[部門別]											
産業	189	323	719	823	773	732	12	17	18	4.4	0.1
運輸	721	818	1,222	1,280	1,280	1,278	47	30	31	1.7	0.2
民生・農業他	115	181	439	501	558	608	7.5	11	15	4.4	1.1
非エネルギー	423	373	762	666	549	426	28	18	10	1.9	-2.0
[エネルギー源別]											
石炭	423	373	762	666	549	426	28	18	10	1.9	-2.0
石油	465	743	1,343	1,387	1,238	1,020	30	33	25	3.5	-0.9
天然ガス	46	89	392	434	389	290	3.0	9.5	7.0	7.1	-1.0
電力	157	279	1,023	1,404	1,714	1,948	10	25	47	6.2	2.2
熱	14	30	157	167	149	117	0.9	3.8	2.8	8.1	-1.0
水素	-	-	-	-	13	44	-	-	1.1	N.A	N.A
再生可能	429	462	454	428	345	285	28	11	6.9	0.2	-1.6

発電量	(TWh)						シェア(%)			年平均伸び率(%) 1990/2021	2021/2050
	1990	2000	2021	2030	2040	2050	1990	2021	2050		
合計	2,237	3,971	13,664	18,866	23,006	26,570	100	100	100	6.0	2.3
石炭	868	1,984	7,824	7,670	5,001	1,894	39	57	7.1	7.4	-4.8
石油	433	381	130	80	74	59	19	1.0	0.2	-3.8	-2.7
天然ガス	237	566	1,466	2,182	2,700	2,310	11	11	8.7	6.1	1.6
原子力	294	505	727	1,446	2,037	2,474	13	5.3	9.3	3.0	4.3
水力	368	478	1,825	2,121	2,514	2,921	16	13	11	5.3	1.6
地熱	8.4	20	30	84	122	151	0.4	0.2	0.6	4.2	5.7
太陽光	0.1	0.4	560	2,435	5,199	8,434	0.0	4.1	32	33.6	9.8
風力	0.0	2.4	761	2,115	4,278	6,507	0.0	5.6	24	38.1	7.7
太陽熱・海洋	0.0	0.0	2.5	15	35	83	0.0	0.0	0.3	20.8	12.9
バイオマス・廃棄物	9.0	15	315	695	872	1,047	0.4	2.3	3.9	12.2	4.2
水素	-	-	-	-	152	667	-	-	2.5	N.A	N.A

エネルギー・経済指標他							年平均伸び率(%) 1990/2021	2021/2050
	1990	2000	2021	2030	2040	2050		
GDP(2015年価格10億ドル)	6,690	10,397	29,673	41,194	59,070	80,738	4.9	3.5
人口(100万人)	2,955	3,454	4,284	4,507	4,686	4,772	1.2	0.4
エネルギー起源CO2排出*2(100万t)	4,700	6,817	16,776	16,331	12,109	6,812	4.2	-3.1
一人あたりGDP(2015年価格1,000ドル/人)	2.3	3.0	6.9	9.1	12.6	16.9	3.7	3.1
一人あたり一次エネルギー消費(toe/人)	0.71	0.83	1.50	1.58	1.45	1.29	2.5	-0.5
GDPあたり一次エネルギー消費*2	312.2	275.8	217.0	173.0	115.4	76.5	-1.2	-3.5
GDPあたりCO2排出*3	702.5	655.7	565.3	396.4	205.0	84.4	-0.7	-6.3
一次エネルギー消費あたりCO2排出(t/toe)	2.25	2.38	2.61	2.29	1.78	1.10	0.5	-2.9

*1 電力、熱、水素の輸出入を掲載していないため、合計と内訳は必ずしも一致しない。
*2 toe/2015年価格100万ドル、*3 t/2015年価格100万ドル。

3. IEEJアウトルック2024
(10)中国のエネルギー消費見通し（レファレンスシナリオ）

	(石油換算百万トン＝Mtoe)						シェア(%)			年平均伸び率(%) 1990/2021	2021/2050
	1990	2000	2021	2030	2040	2050	1990	2021	2050	1990/2021	2021/2050
一次エネルギー消費合計*1	874	1,133	3,738	3,977	3,837	3,514	100	100	100	4.8	-0.2
石炭	531	668	2,266	2,143	1,763	1,290	61	61	37	4.8	-1.9
石油	119	221	678	682	654	601	14	18	17	5.8	-0.4
天然ガス	13	21	299	391	433	423	1.5	8.0	12	10.7	1.2
原子力	-	4.4	106	147	193	237	-	2.8	6.7	N.A.	2.8
水力	11	19	112	121	135	145	1.2	3.0	4.1	7.8	0.9
地熱	-	1.7	24	28	30	31	-	0.6	0.9	N.A.	0.9
太陽光・風力等	0.0	1.0	111	275	440	589	0.0	3.0	17	29.9	5.9
バイオマス・廃棄物	200	198	144	192	191	193	23	3.9	5.5	-1.1	1.0
最終エネルギー消費合計	658	781	2,317	2,451	2,435	2,357	100	100	100	4.1	0.1
[部門別]											
産業	30	83	346	420	422	406	36	49	37	5.2	-0.9
運輸	351	339	629	703	767	838	4.6	15	17	8.2	0.5
民生・農業他	43	58	212	227	235	237	53	27	36	1.9	1.0
非エネルギー	311	274	542	437	347	277	6.5	9.2	10	5.3	0.4
[エネルギー源別]											
石炭	311	274	542	437	347	277	47	23	12	1.8	-2.3
石油	85	180	619	625	602	562	13	27	24	6.6	-0.3
天然ガス	8.9	12	223	242	241	228	1.3	9.6	9.7	11.0	0.1
電力	39	89	652	856	980	1,048	5.9	28	44	9.5	1.6
熱	13	26	147	176	174	159	2.0	6.4	6.8	8.1	0.3
水素	-	-	-	-	-	-	-	-	-	N.A.	N.A.
再生可能	200	199	133	115	93	84	30	3.4	3.6	-1.1	-1.6

発電量	(TWh)						シェア(%)			年平均伸び率(%) 1990/2021	2021/2050
	1990	2000	2021	2030	2040	2050	1990	2021	2050	1990/2021	2021/2050
合計	621	1,356	8,560	11,305	12,894	13,678	100	100	100	8.8	1.6
石炭	441	1,060	5,417	5,505	4,571	3,285	71	63	24	8.4	-1.7
石油	50	47	11	10	6.3	3.0	8.1	0.1	0.0	-4.7	-4.5
天然ガス	2.8	5.8	268	561	763	787	0.4	3.1	5.8	15.9	3.8
原子力	-	17	408	564	739	910	-	4.8	6.7	N.A.	2.8
水力	127	222	1,300	1,406	1,566	1,684	20	15	12	7.8	0.9
地熱	0.1	0.1	1.1	1.1	1.5	1.6	0.0	0.0	0.0	2.6	9.1
太陽光	0.0	0.0	327	1,275	2,112	2,813	0.0	3.8	21	47.3	7.7
風力	0.0	0.6	656	1,591	2,654	3,649	0.0	7.7	27	50.6	6.1
太陽熱・海洋	0.0	0.0	2.0	4.1	6.3	14	0.0	0.0	0.1	20.0	6.8
バイオマス・廃棄物	-	2.4	170	388	476	532	-	2.0	3.9	N.A.	4.0
水素	-	-	-	-	-	-	-	-	-	N.A.	N.A.

エネルギー・経済指標他						年平均伸び率(%) 1990/2021	2021/2050
	1990	2000	2021	2030	2040	2050	
GDP (2015年価格10億ドル)	1,027	2,770	15,802	22,368	32,274	43,522	9.2	3.6
人口(100万人)	1,135	1,263	1,412	1,404	1,367	1,305	0.7	-0.3
エネルギー起源CO_2排出*2(100万)	2,195	3,209	10,649	10,454	8,925	6,874	5.2	-1.5
一人あたりGDP(2015年価格1,000ドル/人)	0.9	2.2	11.2	15.9	23.6	33.4	8.4	3.8
一人あたり一次エネルギー消費(toe/人)	0.77	0.90	2.65	2.83	2.81	2.69	4.1	0.1
GDPあたり一次エネルギー消費*3	850.4	409.1	236.6	177.8	118.9	80.7	-4.0	-3.6
GDPあたりCO_2排出量*3	2,136.9	1,158.4	673.9	467.4	276.5	157.9	-3.7	-4.9
一次エネルギー消費あたりCO_2排出(t/toe)	2.51	2.83	2.83	2.63	2.33	1.96	0.4	-1.3

*1 電力、熱、水素の輸出入を掲載していないため、合計と内訳は必ずしも一致しない。
*2 toe/2015年価格100万ドル、*3 2015年価格100万ドル。

3．IEEJアウトルック2024
(11)中国のエネルギー消費見通し（技術進展シナリオ）

	（石油換算百万トン = Mtoe）						シェア(%)			年平均伸び率(%)	
	1990	2000	2021	2030	2040	2050	1990	2021	2050	1990/2021	2021/2050
一次エネルギー消費合計*1	874	1,133	3,738	3,908	3,317	2,510	100	100	100	4.8	-1.3
石炭	531	668	2,266	2,062	1,316	518	61	61	21	4.8	-5.0
石油	119	221	678	639	502	364	14	18	14	5.8	-2.1
天然ガス	13	21	299	396	332	110	1.5	8.0	4.4	10.7	-3.4
原子力	-	4.4	106	170	238	305	-	2.8	12	N.A	3.7
水力	11	19	112	121	135	145	1.2	3.0	5.8	7.8	0.9
地熱	-	1.7	24	28	28	24	-	0.6	1.0	N.A	0.1
太陽光・風力等	0.0	1.0	111	294	563	822	0.0	3.0	33	29.9	7.2
バイオマス・廃棄物合	200	198	144	199	205	222	23	3.9	8.9	-1.1	1.5
最終エネルギー消費合計	658	781	2,317	2,384	2,160	1,846	100	100	100	4.1	-0.8
[部門別]											
産業	30	83	346	396	340	291	36	49	35	5.2	-1.9
運輸	351	339	629	682	685	668	4.6	15	16	8.2	-0.6
民生・農業他	43	58	212	226	234	236	53	27	36	1.9	0.2
非エネルギー	311	274	542	416	291	194	6.5	9.2	13	5.3	0.4
[エネルギー源別]											
石炭	311	274	542	416	291	194	47	23	10	1.8	-3.5
石油	85	180	619	586	465	344	13	27	19	6.6	-2.0
天然ガス	8.9	12	223	227	168	84	1.3	9.6	4.6	11.0	-3.3
電力	39	89	652	881	992	1,003	5.9	28	54	9.5	1.5
熱	13	26	147	157	140	109	2.0	6.4	5.9	8.1	-1.0
水素	-	-	-	0.0	8.5	30	-	-	1.6	N.A	N.A
再生可能	200	199	133	116	95	83	30	5.8	4.5	-1.3	-1.6

発電量	（TWh）						シェア(%)			年平均伸び率(%)	
	1990	2000	2021	2030	2040	2050	1990	2021	2050	1990/2021	2021/2050
合計	621	1,356	8,560	11,633	13,029	13,184	100	100	100	8.8	1.5
石炭	441	1,060	5,417	5,363	3,053	328	71	63	2.5	8.4	-9.2
石油	50	47	11	9.8	4.5	0.3	8.1	0.1	0.0	-4.7	-11.4
天然ガス	2.8	5.8	268	701	764	142	0.4	3.1	1.1	15.9	-2.2
原子力	-	17	408	651	912	1,169	-	4.8	8.9	N.A	3.7
水力	127	222	1,300	1,406	1,566	1,684	20	15	13	7.8	0.9
地熱	0.1	0.1	0.1	2.1	2.6	2.7	0.0	0.0	0.0	2.6	11.1
太陽光	0.0	0.0	327	1,399	2,754	4,068	0.0	3.8	31	47.3	9.1
風力	0.0	0.6	656	1,689	3,431	5,083	0.0	7.7	39	50.6	7.3
太陽熱・海洋	0.0	0.0	0.0	3.0	7.9	40	0.0	0.0	0.4	20.0	11.7
バイオマス・廃棄物	-	2.4	170	407	503	597	-	2.0	4.5	N.A	4.4
水素	-	-	-	-	19	60	-	-	1.6	N.A	N.A

エネルギー・経済指標他							年平均伸び率(%)	
	1990	2000	2021	2030	2040	2050	1990/2021	2021/2050
GDP(2015年価格10億ドル)	1,027	2,770	15,802	22,368	32,274	43,522	9.2	3.6
人口(100万人)	1,135	1,263	1,412	1,404	1,367	1,305	0.7	-0.3
エネルギー起源CO$_2$排出*2(100万t)	2,195	3,209	10,649	9,930	6,281	2,178	5.2	-5.3
一人あたりGDP(2015年価格1,000ドル/人)	0.9	2.2	11.2	15.9	23.6	33.4	8.4	3.8
一人あたり一次エネルギー消費(toe/人)	0.77	0.90	2.65	2.78	2.43	1.92	4.1	-1.1
GDPあたり一次エネルギー消費*2	850.4	409.1	236.6	174.7	102.8	57.7	-4.0	-4.7
GDPあたりCO$_2$排出量*3	2,136.9	1,158.4	673.9	443.9	194.6	50.0	-3.7	-8.6
一次エネルギー消費あたりCO$_2$排出(t/toe)	2.51	2.83	2.85	2.54	1.89	0.87	0.4	-4.0

*1 電力、熱、水素の輸出入を掲載していないため、合計と内訳は必ずしも一致しない。
*2 toe/2015年価格100万ドル、*3 t/2015年価格100万ドル。

3. IEEJアウトルック2024
(12)インドのエネルギー消費見通し（レファレンスシナリオ）

	（石油換算百万トン＝Mtoe）						シェア(%)			年平均伸び率(%)	
	1990	2000	2021	2030	2040	2050	1990	2021	2050	1990 /2021	2021 /2050
一次エネルギー消費合計[*1]	280	418	944	1,280	1,645	2,050	100	100	100	4.0	2.7
石炭	93	146	421	533	644	767	33	45	37	5.0	2.1
石油	61	112	223	295	407	548	22	24	27	4.3	3.1
天然ガス	11	23	55	94	150	215	3.8	5.8	10	5.5	4.8
原子力	1.6	4.4	12	36	47	61	0.6	1.3	3.0	6.8	5.7
水力	6.2	6.4	14	20	27	34	2.2	1.5	1.6	2.7	3.1
地熱	-	-	-	-	-	-	-	-	-	N.A.	N.A.
太陽光・風力等	0.0	0.2	15	53	113	169	0.0	1.5	8.2	26.3	8.8
バイオマス・廃棄物	108	126	204	249	257	261	39	22	13	2.1	0.9
最終エネルギー消費合計	215	290	632	846	1,110	1,413	100	100	100	3.5	2.8
[部門別]											
産業	21	32	102	141	205	304	27	39	44	4.7	3.3
運輸	122	147	228	250	285	342	9.6	16	22	5.3	3.8
民生・農業他	13	27	55	76	105	139	57	36	24	2.0	1.4
非エネルギー	38	33	107	138	180	218	6.2	8.8	9.9	4.7	3.2
[エネルギー源別]											
石炭	38	33	107	138	180	218	18	17	15	3.4	2.5
石油	50	94	205	275	381	516	23	32	37	4.6	3.2
天然ガス	6.1	12	38	57	87	118	2.8	6.0	8.4	6.1	4.0
電力	18	32	104	175	264	370	8.5	16	26	5.8	4.5
熱	-	-	-	-	-	-	-	-	-	N.A.	N.A.
水素	-	-	-	-	-	-	-	-	-	N.A.	N.A.
再生可能	102	119	179	202	199	191	48	28	13	1.8	0.2

発電量	（TWh）						シェア(%)			年平均伸び率(%)	
	1990	2000	2021	2030	2040	2050	1990	2021	2050	1990 /2021	2021 /2050
合計	289	561	1,635	2,715	3,939	5,274	100	100	100	5.7	4.1
石炭	189	387	1,170	1,503	1,756	2,088	65	72	40	6.1	2.0
石油	13	25	4.5	1.4	-	-	4.3	0.3	-	-3.2	-100.0
天然ガス	10	56	62	176	309	505	3.4	3.8	9.6	6.1	7.5
原子力	6.1	17	47	140	179	234	2.1	2.9	4.4	6.8	5.7
水力	72	74	162	230	309	391	25	9.9	7.4	2.7	3.1
地熱	-	-	-	-	-	-	-	-	-	N.A.	N.A.
太陽光	-	0.0	76	452	1,055	1,589	-	4.6	30	N.A.	11.1
風力	0.0	1.7	77	126	214	320	0.0	4.7	6.1	28.6	5.0
太陽熱・海洋	-	-	-	3.2	5.9	9.5	-	-	0.2	N.A.	N.A.
バイオマス・廃棄物	-	0.2	37	82	110	139	-	2.3	2.6	N.A.	4.7
水素	-	-	-	-	-	-	-	-	-	N.A.	N.A.

エネルギー・経済指標他							年平均伸び率(%)	
	1990	2000	2021	2030	2040	2050	1990 /2021	2021 /2050
GDP (2015年価格10億ドル)	475	817	2,782	4,761	8,307	13,614	5.9	5.6
人口(100万人)	870	1,060	1,408	1,514	1,613	1,674	1.6	0.6
エネルギー起源CO2排出[*3](100万t)	531	892	2,279	2,976	3,810	4,786	4.8	2.6
一人あたりGDP (2015年価格1,000ドル/人)	0.5	0.8	2.0	3.1	5.1	8.1	4.2	5.0
一人あたり一次エネルギー消費(toe/人)	0.32	0.39	0.67	0.85	1.02	1.23	2.4	2.1
GDPあたり一次エネルギー消費[*2]	590.2	511.5	339.3	268.8	198.0	150.9	-1.8	-2.8
GDPあたりCO2排出量[*3]	1,118.6	1,092.1	819.1	625.0	458.7	351.6	-1.0	-2.9
一次エネルギー消費あたりCO2排出(t/toe)	1.90	2.14	2.41	2.33	2.32	2.33	0.8	-0.1

*1 電力、熱、水素の輸出入を掲載していないため、合計と内訳は必ずしも一致しない。
*2 toe/2015年価格100万ドル、 *3 t/2015年価格100万ドル。

3. IEEJアウトルック2024
(13)インドのエネルギー消費見通し（技術進展シナリオ）

	（石油換算百万トン＝Mtoe）						シェア(%)			年平均伸び率(%)	
	1990	2000	2021	2030	2040	2050	1990	2021	2050	1990/2021	2021/2050
一次エネルギー消費合計*1	280	418	944	1,217	1,365	1,464	100	100	100	4.0	1.5
石炭	93	146	421	472	443	407	33	45	28	5.0	-0.1
石油	61	112	223	272	299	288	22	24	20	4.3	0.9
天然ガス	11	23	55	98	126	138	3.8	5.8	9.4	5.5	3.2
原子力	1.6	4.4	12	49	91	119	0.6	1.3	8.1	6.8	8.1
水力	6.2	6.4	14	22	33	49	2.2	1.5	3.3	2.7	4.4
地熱	-	-	-	-	-	-				N.A.	N.A.
太陽光・風力等	0.0	0.2	15	74	177	294	0.0	1.5	20	26.3	10.9
バイオマス・廃棄物	108	126	204	231	196	166	39	22	11	2.1	-0.7
最終エネルギー消費合計	215	290	632	804	912	979	100	100	100	3.5	1.5
[部門別]											
産業	21	32	102	129	155	187	27	39	39	4.7	1.5
運輸	122	147	228	236	246	270	10	16	19	5.3	2.1
民生・農業他	13	27	55	76	105	139	57	36	28	2.0	0.6
非エネルギー	38	33	107	127	135	126	6.2	8.8	14	4.7	3.2
[エネルギー源別]											
石炭	38	33	107	127	135	126	18	17	13	3.4	0.6
石油	50	94	205	253	279	269	23	32	28	4.6	0.9
天然ガス	6.1	12	38	54	68	71	2.8	6.0	7.3	6.1	2.2
電力	18	32	104	185	291	414	8.5	16	42	5.8	4.9
熱	-	-	-	-	-	-				N.A.	N.A.
水素	-	-	-	-	1.9	5.3		-	0.5	N.A.	N.A.
再生可能	102	119	179	185	136	93	48	28	9.5	1.8	-2.2

発電量	（TWh）						シェア(%)			年平均伸び率(%)	
	1990	2000	2021	2030	2040	2050	1990	2021	2050	1990/2021	2021/2050
合計	289	561	1,635	2,831	4,208	5,755	100	100	100	5.7	4.4
石炭	189	387	1,170	1,274	1,017	805	65	72	14	6.1	-1.3
石油	13	25	4.5	1.2	-	-	4.3	0.3	-	-3.2	-100.0
天然ガス	10	56	62	209	342	441	3.4	3.8	7.7	6.1	7.0
原子力	6.1	17	47	188	348	455	2.1	2.9	7.9	6.8	8.1
水力	72	74	162	251	385	566	25	9.9	9.8	2.7	4.4
地熱	-	-	-	-	-	-				N.A.	N.A.
太陽光	-	0.0	76	611	1,561	2,607	-	4.6	45	N.A.	13.0
風力	0.0	1.7	77	209	429	710	0.0	4.7	12	28.6	8.0
太陽熱・海洋	-	-	5.1	11	22	-				N.A.	N.A.
バイオマス・廃棄物	-	0.2	37	82	115	150	-	2.2	2.6	N.A.	4.9
水素	-	-	-	-	-	-				N.A.	N.A.

エネルギー・経済指標他							年平均伸び率(%)	
	1990	2000	2021	2030	2040	2050	1990/2021	2021/2050
GDP(2015年価格10億ドル)	475	817	2,782	4,761	8,307	13,614	5.9	5.6
人口(100万人)	870	1,060	1,408	1,514	1,613	1,674	1.6	0.6
エネルギー起源CO_2排出*2(100万t)	531	892	2,279	2,657	2,585	2,299	4.8	0.0
一人あたりGDP(2015年価格1,000ドル/人)	0.5	0.8	2.0	3.1	5.1	8.1	4.2	5.0
一人あたり一次エネルギー消費(toe/人)	0.32	0.39	0.67	0.80	0.85	0.87	2.4	0.9
GDPあたり一次エネルギー消費*2	590.2	511.5	339.3	255.7	164.3	107.5	-1.8	-3.9
GDPあたりCO_2排出*3	1,118.6	1,092.1	819.1	558.1	311.2	168.9	-1.0	-5.3
一次エネルギー消費あたりCO_2排出(t/toe)	1.90	2.14	2.41	2.18	1.89	1.57	0.8	-1.5

*1 電力、熱、水素の輸出入を掲載していないため、合計と内訳は必ずしも一致しない。
*2 toe/2015年価格100万ドル。 *3 t/2015年価格100万ドル。

4. 石油製品・石油ガス需要見通し

(1)石油製品需要見通し

年度 油種	実績 2021年度	実績見込 2022年度	2023年度	2024年度
ガソリン	44,509	44,677 + 0.4	44,073 - 1.4	42,946 - 2.6
ナフサ	41,660	38,242 - 8.2	40,525 + 6.0	40,387 - 0.3
ジェット燃料油	3,313	3,940 + 18.9	4,211 + 6.9	4,231 + 0.5
灯油	13,518	12,825 - 5.1	12,709 - 0.9	12,261 - 3.5
軽油	32,075	32,007 - 0.2	32,171 + 0.5	32,001 - 0.5
A重油	10,135	10,364 + 2.3	9,959 - 3.9	9,468 - 4.9
B・C重油(一般用)	4,546	4,210 - 7.4	4,093 - 2.8	3,922 - 4.2
燃料油計 (電力用C重油除)	149,756	146,264 - 2.3	147,741 + 1.0	145,216 - 1.7
(参考) 　電力用C重油	3,733	5,780 + 54.8	-	-
(参考) 　燃料油計	153,489	152,044 - 0.9	-	-

出所:石油通信社「石油資料」

（単位：上段　千kL、下段　％）

見通し			年率平均	全体伸び率
2025年度	2026年度	2027年度	2022-2027	2022-2027
41,914 - 2.4	40,842 - 2.6	39,841 - 2.5	- 2.3	- 10.8
40,125 - 0.6	39,597 - 1.3	39,417 - 0.5	+ 0.6	+ 3.1
4,253 + 0.5	4,275 + 0.5	4,301 + 0.6	+ 1.8	+ 9.2
11,818 - 3.6	11,480 - 2.9	11,183 - 2.6	- 2.7	- 12.8
31,821 - 0.6	31,628 - 0.6	31,476 - 0.5	- 0.3	- 1.7
9,163 - 3.2	8,881 - 3.1	8,616 - 3.0	- 3.6	- 16.9
3,776 - 3.7	3,629 - 3.9	3,489 - 3.9	- 3.7	- 17.1
142,870 - 1.6	140,332 - 1.8	138,323 - 1.4	- 1.1	- 5.4
-	-	-		-
-	-	-		-

注：(1)上段の数字は燃料油内需量、下段の数字は前年度比。
　　(2)(参考)燃料油計は燃料油計に電力用C重油を加えた値。

4. 石油製品・石油ガス需要見通し
(2)石油ガス需要見通し

用途 \ 年度	実績	実績見込		
	2021年度	2022年度	2023年度	2024年度
家庭業務用	6,089 + 2.7	6,099 + 0.2	6,083 - 0.3	6,096 + 0.2
工業用	2,691 - 13.1	2,737 + 1.7	2,795 + 2.1	2,838 + 1.5
都市ガス用	1,312 + 19.6	1,628 + 24.1	1,332 - 18.2	1,378 + 3.5
自動車用	551 + 4.2	547 - 0.7	504 - 7.9	505 + 0.2
化学原料用	1,893 - 11.4	2,111 + 11.5	2,226 + 5.4	2,178 - 2.2
需要合計	12,536 - 2.0	13,122 + 4.7	12,940 - 1.4	12,995 + 0.4
(参考)電力用	0	0	-	-
(参考)需要合計	12,536 - 2.0	13,122 + 4.7	-	-

出所:石油通信社「石油資料」

（単位：上段　千t、下段　％）

見通し			年率平均	全体伸び率
2025年度	2026年度	2027年度	2022-2027	2022-2027
5,994 - 1.7	5,919 - 1.3	5,829 - 1.5	- 0.9	- 4.4
2,851 + 0.5	2,859 + 0.3	2,864 + 0.2	+ 0.9	+ 4.6
1,439 + 4.4	1,518 + 5.5	1,616 + 6.5	- 0.1	- 0.7
495 - 2.0	471 - 4.8	449 - 4.7	- 3.9	- 17.9
2,157 - 1.0	2,096 - 2.8	2,102 + 0.3	- 0.1	- 0.4
12,936 - 0.5	12,863 - 0.6	12,860 - 0.0	- 0.4	- 2.0
- -	- -	- -	-	-
- -	- -	- -	-	-

注：(1)上段の数字は需要量、下段の数字は前年度比。
　　(2)(参考)需要合計は需要合計に電力用の見込みを足したもの。

5. 長期電力需要想定

(1)今後の需要電力量の見通し（全国）

年度 用途別	2023 (推定実績)	2024	2025	2026	2027
最大需要電力(送電端)	15,723	15,857	15,941	15,997	16,060
年負荷率(%)	60.9	60.9	61.1	61.2	61.4
需要電力量合計(送電端)	841,343	846,128	852,747	857,995	866,293
需要電力量合計(需要端)	803,776	806,699	813,196	818,371	826,479
需要電力量合計(使用端)	802,671	805,602	812,097	817,272	825,377
家庭用その他	290,863	288,822	287,330	285,964	285,357
業務用	192,846	193,165	193,502	193,433	193,989
産業用その他	318,962	323,615	331,266	337,875	346,032
8月15時における供給予備力					
最大需要電力	16,179	16,217	16,190	16,152	16,113
供給力	19,014	19,558	18,312	18,163	18,326
供給予備率(%)	17.5	20.6	13.1	12.5	13.7

出所： 電力広域的運営推進機関「全国及び供給区域ごとの需要想定(2023年度)」、
　　　「2023年度供給計画の取りまとめ」

(単位:電力量 百万kWh、最大需要電力 万kW)

2028	2029	2030	2031	2032	2033	平均増加率(%) 2023〜2033
16,117	16,173	16,185	16,185	16,179	16,163	0.3
61.6	61.7	61.7	61.8	61.8	61.8	-
869,058	873,520	875,050	878,142	875,918	875,385	0.4
829,266	833,631	835,160	838,162	836,084	835,608	0.4
828,167	832,531	834,060	837,059	834,984	834,507	0.4
283,141	281,722	280,248	279,560	277,250	275,732	-0.5
193,502	193,600	193,596	194,129	193,590	193,602	0.0
351,523	357,208	360,216	363,370	364,144	365,173	1.4
16,078	16,041	16,000	15,958	15,918	-	-0.2
18,363	18,414	18,487	18,404	18,313	-	-0.4
14.2	14.8	15.5	15.3	15.0	-	-

注:8月15時における供給予備力の年平均増加率は、2023〜2032年度。

5. 長期電力需要想定

(2)全国電源種別発電設備容量

(単位：万kW、%)

年度 電源	2023年度末 (推定実績)		2027年度末		2032年度末	
火力	15,006	(46.6)	15,072	(44.4)	15,061	(42.1)
石炭	5,187	(16.1)	5,104	(15.0)	5,094	(14.2)
LNG	7,970	(24.8)	8,202	(24.2)	8,199	(22.9)
石油他	1,851	(5.8)	1,766	(5.2)	1,767	(4.9)
原子力	3,308	(10.3)	3,308	(9.7)	3,308	(9.2)
新エネルギー等	13,639	(42.4)	15,446	(45.5)	17,248	(48.2)
一般水力	2,174	(6.8)	2,187	(6.4)	2,197	(6.1)
揚水	2,739	(8.5)	2,739	(8.1)	2,739	(7.7)
風力	623	(1.9)	1,144	(3.4)	1,780	(5.0)
太陽光	7,332	(22.8)	8,542	(25.2)	9,707	(27.1)
地熱	52	(0.2)	54	(0.2)	55	(0.2)
バイオマス	605	(1.9)	666	(2.0)	656	(1.8)
廃棄物	91	(0.3)	93	(0.3)	90	(0.3)
蓄電池	22	(0.1)	22	(0.1)	23	(0.1)
その他	231	(0.7)	130	(0.4)	185	(0.5)
合計	32,184	(100)	33,956	(100)	35,801	(100)

出所：電力広域的運営推進機関「2023年度供給計画の取りまとめ」
注：(1) 電気事業者の保有発電設備に加えて、小売電気事業者及び
一般送配電事業者が「その他事業者」からの調達分として計上
した電気事業者以外の者の保有発電設備を集計。
(2) 石油他は、石油・LPG・その他ガス・歴青質混合物の合計値。
(3) その他は調達先未決定や調達する電源の種別が特定不能。
(4) 四捨五入の関係で合計値と合わない場合がある。

(3)原子力発電所開発計画

事業者名	発電所名	出力 (万kW)	着工年月	運転開始年月	備考
東北電力	東通2号	138.5	未 定	未 定	ABWR
東京電力	東通1号	138.5	2011年 1月	未 定	ABWR
	東通2号	138.5	未 定	未 定	ABWR
中国電力	島根3号	137.3	2005年12月	未 定	ABWR
	上関1号	137.3	未 定	未 定	ABWR
	上関2号	137.3	未 定	未 定	ABWR
九州電力	川内3号	159.0	未 定	未 定	APWR
電源開発	大間原子力	138.3	2008年 5月	未 定	ABWR
日本原子力 発電	敦賀3号	153.8	未 定	未 定	APWR
	敦賀4号	153.8	未 定	未 定	APWR
合 計		1,432.3	万kW (10基)		

出所：各社HP等

5. 長期電力需要想定
(4)全国電源種別送電端電力量

(単位：億kWh、%)

年度 電源	2023年度末 (推定実績)		2027年度末		2032年度末	
水力	817	(8.9)	840	(8.9)	862	(9.5)
一般水力	752	(8.2)	789	(8.3)	799	(8.8)
揚水	65	(0.7)	51	(0.5)	63	(0.7)
火力	6,203	(67.4)	6,323	(66.8)	5,727	(63.4)
石炭	3,003	(32.6)	2,898	(30.6)	2,843	(31.5)
LNG	2,873	(31.2)	3,145	(33.2)	2,613	(28.9)
石油他	327	(3.6)	280	(3.0)	271	(3.0)
原子力	749	(8.1)	555	(5.9)	461	(5.1)
新エネルギー等	1,416	(15.4)	1,740	(18.4)	1,976	(21.9)
風力	117	(1.3)	210	(2.2)	325	(3.6)
太陽光	890	(9.7)	1,035	(10.9)	1,156	(12.8)
地熱	26	(0.3)	30	(0.3)	32	(0.4)
バイオマス	354	(3.8)	434	(4.6)	432	(4.8)
廃棄物	28	(0.3)	27	(0.3)	27	(0.3)
蓄電池	1	(0.0)	4	(0.0)	4	(0.0)
その他	13	(0.1)	13	(0.1)	11	(0.1)
合計	9,198	(100)	9,471	(100)	9,037	(100)

出所：電力広域的運営推進機関「2023年度供給計画の取りまとめ」
注：(1) 各発電事業者や各一般送配電事業者が一定の仮定の下で計算
した各年度の電源種別の発電電力量(送電端)を合計した試算で
あり、実際の発電電力量とは異なる点について留意が必要。
発電事業者の保有する発電設備に加えて、小売電気事業者
及び一般送配電事業者が発電事業者以外の者から調達する
発電設備(FIT電源等)の発電電力量も計上。
(2) 石油他は、石油・LPG・その他ガス・歴青質混合物の合計値。
(3) その他は電源種が特定できない設備。公表されている合計値から
水力・火力・原子力・新エネルギー等を差し引いた残差を記載。
(4) 四捨五入の関係で合計値と合わない場合がある。

6. 一般ガス需給計画

1. 需給計画

(1m³当たり46MJ)

項目 ＼ 年度	単位	2022年度	2023年度	2024年度
年間需要量	千m³/年	37,129,288	37,425,530	37,520,848
需要量	千m³/時間	9,195	9,250	9,262

出所:日本ガス協会「ガス事業便覧」
　注:(1)一般ガス導管事業者が2022年度供給計画として作成した導管第1表を基に
　　　　集計したものである。
　　　(2)各年度の数値は見込みである。
　　　(3)「年間需要量」とは、当該年度の託送供給量の総量のこと。
　　　(4)「需要量」とは、当該年度の最大受入日における最大受入時ガス量(製造所等からの
　　　　ガスの受入量にガスホルダーからの最大時ガス送出量を合算したもの。)のこと。

2. 普及計画

項目 ＼ 年度		2022年度	2023年度	2024年度	対前年度伸び率 (%)	
					22/23	23/24
一般世帯数	供給区域内(千戸)	42,651	43,045	43,390	0.9	0.8
ガスメーター取付数	供給区域内(千個)	31,679	31,898	32,113	0.7	0.7
普 及 率	供給区域内 (%)	74.3	74.1	74.0	-	-
導管延長	供給区域内 (km)	268,965	270,588	272,154	0.6	0.6
面 積	供給区域内(km²)	23,212.5	23,472.0	23,578.4	1.1	0.5
1km²当り導管延長	供給区域内 (km)	11.6	11.5	11.5	-	-

出所:日本ガス協会「ガス事業便覧」
　注:(1)一般ガス導管事業者が2022年度供給計画として作成した導管第2表を基に集計したものである。
　　　(2)各年度の数値は見込みである。

3. 一般ガス導管事業者の託送供給用設備計画

(1) ガス導管

項 目	単位			2022年度	2023年度	2024年度
新　設	高 圧	1MPa以上	(m)	4,150	15,697	3,130
	中 圧	1MPa未満0.1MPa以上	(m)	304,954	280,824	252,717
	低 圧	0.1MPa未満	(m)	2,087,129	2,063,268	2,026,163
廃　止	高 圧	1MPa以上	(m)	474	820	1,200
	中 圧	1MPa未満0.1MPa以上	(m)	60,391	57,368	53,546
	低 圧	0.1MPa未満	(m)	706,703	680,196	668,908
年度末導管総延長	高 圧	1MPa以上	(m)	2,499,328	2,514,205	2,516,135
	中 圧	1MPa未満0.1MPa以上	(m)	35,715,032	35,938,488	36,137,659
	低 圧	0.1MPa未満	(m)	230,847,337	232,230,409	233,587,664
	合　　計		(m)	269,061,696	270,683,101	272,241,458
取　替	合　計		(m)	1,183,633	1,169,972	1,139,055

出所: 日本ガス協会「ガス事業便覧」
注:(1)一般ガス導管事業者が、2022年度供給計画として作成した導管第4表の「ガス導管」
　　を基に集計したものである。
　(2)各年度の数値は見込みである。
　(3)端数は四捨五入のため合計に合わない場合がある。

(2) ガスホルダー

単位				2022年度	2023年度	2024年度
年度末ガスホルダー計画	基　数		(基)	344	341	340
	貯蔵容量		(千m³)	21,666	21,425	21,325

出所: 日本ガス協会「ガス事業便覧」
注:(1)一般ガス導管事業者が、2022年度供給計画として作成した導管第4表の「年度末
　　ガスホルダー計画」を基に集計したものである。
　(2)各年度の数値は見込みである。
　(3)一般ガス導管事業者として設置しているガスホルダーの基数、容量である。
　(4)ガス製造事業者として製造計画に、ガス小売事業者として供給計画に記載されている
　　ガスホルダーは含めない。

7. 世界の人口予測

地域・国名	年央推計人口（百万人）						年平均人口増加率（%）		
	1970年	2000年	2020年	2030年	2050年	2070年	1970～2020年	2020～2050年	2050～2070年
世界全域	3,695.4	6,148.9	7,841.0	8,546.1	9,709.5	10,297.2	1.5	1.4	0.2
先進地域	999.2	1,189.9	1,276.2	1,282.1	1,266.3	1,215.1	0.5	-0.1	-0.1
発展途上地域	2,696.2	4,959.0	6,564.8	7,264.1	8,443.2	9,082.1	1.8	1.7	0.2
アフリカ	365.5	819.0	1,360.7	1,710.7	2,485.1	3,205.8	2.7	4.1	0.7
エチオピア	28.3	67.0	117.2	149.3	214.8	272.8	2.9	4.1	0.7
タンザニア	13.6	34.5	61.7	81.9	129.9	181.3	3.1	5.1	1.0
DRコンゴ	20.2	48.6	92.9	127.6	217.5	315.7	3.1	5.8	1.1
エジプト	34.8	71.4	107.5	125.2	160.3	186.0	2.3	2.7	0.4
ナイジェリア	55.6	122.9	208.3	262.6	377.5	473.9	2.7	4.0	0.7
アジア	2,145.5	3,736.0	4,664.3	4,958.8	5,292.9	5,204.3	1.6	0.8	0.0
中国	822.5	1,264.1	1,424.9	1,415.6	1,312.6	1,085.3	1.1	-0.5	-0.5
日本	105.4	126.8	125.2	118.5	103.8	89.1	0.3	-1.2	-0.4
韓国	32.6	46.8	51.8	51.3	45.8	35.9	0.9	-0.8	-0.7
バングラデシュ	67.5	129.2	167.4	184.4	203.9	204.7	1.8	1.3	0.0
インド	557.5	1,059.6	1,396.4	1,515.0	1,670.5	1,690.2	1.9	1.2	0.0
イラン	28.4	65.5	87.3	92.9	99.0	94.3	2.3	0.8	-0.1
パキスタン	59.3	154.4	227.2	274.0	367.8	440.4	2.7	3.3	0.5
インドネシア	115.2	214.1	271.9	292.2	317.2	317.7	1.7	1.0	0.0
フィリピン	37.4	78.0	112.2	129.5	157.9	175.1	2.2	2.3	0.3
タイ	35.8	63.1	71.5	72.1	67.9	58.4	1.4	-0.3	-0.4
ベトナム	41.9	79.0	96.6	102.7	107.0	103.2	1.7	0.7	-0.1
トルコ	35.5	64.1	84.1	88.9	95.8	93.9	1.7	0.9	-0.1
ヨーロッパ	656.5	727.0	746.2	736.6	703.0	648.3	0.3	-0.4	-0.2
ロシア	130.1	146.8	145.6	141.4	133.1	122.5	0.2	-0.6	-0.2
イギリス	55.7	58.9	67.1	69.2	71.7	71.6	0.4	0.4	0.0
イタリア	53.3	57.0	59.5	57.5	52.3	44.3	0.2	-0.9	-0.5
フランス	50.5	58.7	64.5	65.5	65.8	63.9	0.5	0.1	-0.1
ドイツ	78.3	81.6	83.3	82.8	78.9	73.8	0.1	-0.4	-0.2
中南米	573.1	1,045.0	1,303.7	1,395.2	1,498.3	1,477.0	1.7	0.9	0.0
メキシコ	50.3	97.9	126.0	134.5	143.8	139.1	1.9	0.9	-0.1
ブラジル	96.4	175.9	213.2	223.9	230.9	219.0	1.6	0.5	-0.2
北アメリカ	221.9	313.2	374.0	393.3	421.4	436.4	1.0	0.8	0.1
カナダ	21.4	30.7	37.9	41.0	45.9	49.5	1.1	1.3	0.2
アメリカ	200.3	282.4	335.9	352.2	375.4	386.8	1.0	0.7	0.1
オセアニア	19.5	31.2	43.9	49.2	57.8	63.9	1.6	1.8	0.3
オーストラリア	12.6	19.0	25.7	28.2	32.2	35.1	1.4	1.5	0.2

出所：UN「World Population Prospects 2022」
注：先進地域は、ヨーロッパ、北アメリカ、日本、オーストラリア、及びニュージーランドからなる地域、
　　それ以外の地域が発展途上地域。また、予測数値は中位ケースによる。

1．日本の関連統計＜その1＞

区分	統計資料名	作成・編集
経済・価格	＊「国民経済計算年報」	内閣府
	＊「機械受注統計調査年報」	内閣府
	＊「鉱工業指数年報」	経済産業省
	＊「金融経済統計月報」	日本銀行
	＊「経済産業統計」	経済産業省
	＊「全産業活動指数」	経済産業省
	＊「第三次産業活動指数」	経済産業省
	＊「農林水産統計月報」	農林水産省
	＊「鉄鋼・非鉄金属・金属製品統計月報」	経済産業省
	＊「化学工業統計月報」	経済産業省
	＊「窯業・建材統計月報」	経済産業省
	＊「紙・印刷・プラスチック・ゴム製品統計月報」	経済産業省
	＊「生産動態統計年報」	経済産業省
	＊「商業販売統計年報」	経済産業省
	＊「セメントハンドブック」	一般社団法人セメント協会
	＊「建築統計年報」	国土交通省
	＊「消費動向調査年報」	内閣府
	＊「家計調査年報」	総務省
	＊「気象庁年報」	気象庁
	＊「住民基本台帳人口要覧」	公益財団法人国土地理協会
	＊「人口推計」	総務省
	＊「労働力調査報告」	総務省
	＊「消費者物価指数年報」	総務省
	＊「物価指数年報」	日本銀行
	＊「企業物価指数」	日本銀行
	＊「小売物価統計調査」	総務省
	＊「住民基本台帳に基づく全国 　人口・世帯数表及び人口動態表」	総務省
	＊「外国貿易概況」	財務省
	＊「国際収支統計」	日本銀行
	＊「日本貿易月表」、「貿易統計」	財務省
	＊「自動車輸送統計年報」	国土交通省
	＊「鉄道輸送統計年報」	国土交通省
	＊「航空輸送統計年報」	国土交通省
	＊「交通経済統計要覧」	国土交通省
	＊「内航船舶輸送統計年報」	国土交通省
	＊「海事レポート」	国土交通省
	＊「自動車燃費一覧」	国土交通省
	＊「自動車保有車両数」	一般財団法人自動車検査登録情報協会
	＊「自動車産業ハンドブック」	㈱日刊自動車新聞社
	＊「自動車年鑑」	㈱日刊自動車新聞社 一般社団法人日本自動車会議所共編
	＊「自動車統計月報」	一般社団法人日本自動車工業会
	＊「主要国自動車統計」	一般社団法人日本自動車工業会
	＊「世界自動車統計年報」	一般社団法人日本自動車工業会

注：＊印は本書で利用した統計である。

1. 日本の関連統計＜その2＞

区分	統計資料名	作成・編集
国内エネルギー全般	•「総合エネルギー統計」	経済産業省資源エネルギー庁/EDMC
	•「資源・エネルギー統計年報」	経済産業省
	•「石油等消費動態統計年報」	経済産業省
	•「石油等消費構造統計表」	経済産業省
	•「省エネルギー便覧」	一般財団法人省エネルギーセンター
	•「省エネ性能カタログ」	一般財団法人省エネルギーセンター
石炭	•「日本貿易月表」	財務省
	•「石油等消費動態統計年報」	経済産業省
	•「電力調査統計月報」	経済産業省
	•「コールノート」	一般財団法人カーボンフロンティア機構
	•「石炭年鑑」	㈱テレックスレポート
石油	•「資源・エネルギー統計年報」	経済産業省
	•「生産動態統計」	経済産業省
	•「石油資料」	㈱石油通信社
	•「石油資料月報」	石油連盟
	•「石油製品市況調査」	石油情報センター
	•「出光石油資料」	出光興産㈱
	•「LPガス資料年報」	㈱石油化学新聞社
	•「LPガス価格動向」	石油情報センター
	•「液化石油ガス需給見通し」	㈱石油化学新聞社
	•「内外石油資料」	石油連盟
	•「LPガス需給の推移」	日本LPガス協会
	•「石油50年の歩み」	㈱石油通信社
都市ガスLNG	•「ガス事業便覧」	一般社団法人日本ガス協会
	•「ガス事業生産動態統計月報」	経済産業省資源エネルギー庁
	•「資源・エネルギー統計年報」	経済産業省
	•「生産動態統計」	経済産業省
	•「ガス取引の状況」	電力・ガス取引監視等委員会
電力	•「電力調査統計月報」	経済産業省資源エネルギー庁
	•「電力需給の概要」	経済産業省資源エネルギー庁
	•「電気事業便覧」	電気事業連合会
	•「電気事業30年の統計」	通産省/電気事業連合会
	•「電気事業40年の統計」	通産省/電気事業連合会
	•「電力取引の状況」	電力・ガス取引監視等委員会
新エネルギー	•「総合エネルギー統計」	経済産業省資源エネルギー庁/EDMC
	•「コージェネレーションシステム導入実績表」	一般財団法人コージェネレーション・エネルギー高度利用センター
	•「コージェネ導入実績報告」	一般財団法人コージェネレーション・エネルギー高度利用センター
	•「ソーラーシステム会報」	電気事業連合会

注：*印は本書で利用した統計である。

2．海外の関連統計＜その1＞

区分	統計資料名	作成・編集
海外経済	* 「World Development Indicators」	世界銀行
	* 「Handbook of Economic Statistics」	米国/CIA
	* 「International Financial Statistics(IFS)」	国際通貨基金(IMF)
	* 「Main Economic Indicators」	OECD
	「Monthly Bulletin of Statistics」	国連
	「Survey of Current Business」	米国/商務省(DOC)
	「世界自動車統計年報」	一般社団法人日本自動車工業会
	「Ward's World Motor Vehicle Data」	Wards Intelligence
海外エネルギー全般	* 「World Energy Balances」	OECD/IEA
	* 「World Energy Statistics」	OECD/IEA
	* 「Energy Statistical Yearbook」	国連
	* 「Statistical Review of World Energy」	Energy Institute(2022年以前はBP)
	「Monthly Energy Review」	米国/エネルギー省(DOE/EIA)
	「Annual Energy Review」	米国/エネルギー省(DOE/EIA)
	「Digest of United Kingdom Energy Statistics」	英国/DECC
	「Bulletin Mensuel」	仏/CPDP
	「Mineralölzahlen」	独/Wirtschaftsverband Fuels und Energie e.V. (2021年以前はMWV)
	「Yearbook of Energy Statistics」	韓国/KEEI
	* 「International Energy Annual」	米国/エネルギー省(DOE/EIA)
	「Greenhouse Gas Emissions from Energy」	OECD/IEA

注：*印は本書で利用した統計である。

2. 海外の関連統計＜その2＞

区分	統計資料名	作成・編集
価格	* 「Energy Prices & Taxes」	OECD/IEA
	* 「Oil Market Report」	OECD/IEA
	* 「Notizie Statistiche Petrolifere」	伊/Unione Petrolifera
	「Petroleum Intelligence Weekly」	Energy Intelligence
	* 「OPEC Bulletin」	OPEC
石油	「Oil Market Report」	OECD/IEA
	「Oil & Gas Journal (OGJ)」	PENNWELL社
	「Petroleum Intelligence Weekly」	Energy Intelligence
	「World Oil Trade」	BLACKWELL社
	「Oil Information」	OECD/IEA
電力	* 「Electricity Information」	OECD/IEA
	「海外電気事業統計」	海外電力調査会
	「Electrical World」	Mcgrawhill社
	「Energy Business & Technology」	Mcgrawhill社
石炭	「International Coal」	全米鉱業協会
	「Coal Information」	OECD/IEA
	「International Coal Report」	Financial Times
	「Coal Statistics International」	Coal Week International
	「Annual Prospects for World Coal Trade」	米国/エネルギー省(DOE/EIA)
天然ガス	「BP Review of World Gas」	BP
	「Natural Gas Information」	OECD/IEA
	「Natural Gas Prospects & Policies」	OECD/IEA
原子力	* 「World Uranium Mining Production」	World Nuclear Association
新エネルギー	「Trends in Photovoltaic Applications」 「Renewables Information」	OECD/IEA

注：*印は本書で利用した統計である。

1．各種エネルギーの発熱量

エネルギー	単位	平均発熱量 (kcal)		エネルギー	単位	平均発熱量 (kcal)	
原料炭 (国内)	kg	1953～55年	7,400	灯油	L	1953～99年	8,900
		1956～60年	7,500			2000～12年	8,767
		1961～65年	7,600			2013年～	8,718
		1966年～	7,700	軽油	L	1953～99年	9,200
原料炭 (輸入)	kg	1953～99年	7,600			2000～04年	9,126
		2000～04年	6,904			2005～12年	9,006
		2005～12年	6,928			2013年～	9,088
		2013～17年	6,877	A重油	L	1953～99年	9,300
		2018年～	6,866			2000～12年	9,341
一般炭 (国内)	kg	1953～65年	5,900			2013年～	9,293
		1966～70年	5,800	B重油	L	1953～99年	9,600
		1971～80年	5,600			2000年～	9,651
		1981～99年	5,800	C重油	L	1953～99年	9,800
		2000～12年	5,375			2000～04年	9,962
		2013年～	6,040			2005～12年	10,009
一般炭 (輸入)	kg	1953～99年	6,200	潤滑油	L	1953～99年	9,600
		2000～04年	6,354			2000年～	9,603
		2005～12年	6,139	その他石油製品	kg	1953～99年	10,100
		2013～17年	6,203			2000～04年	10,105
		2018年～	6,231			2005～12年	9,771
無煙炭 (国内)	kg	1953～65年	5,700			2013～17年	10,003
		1966～70年	5,600	製油所ガス	m³	1953～99年	9,555
		1971～75年	6,100			2000～12年	10,726
		1976年～	4,300			2013年～	11,017
無煙炭 (輸入)	kg	1953～99年	6,500	オイルコークス	kg	1953～99年	8,500
		2000～04年	6,498			2000～04年	8,504
		2005～12年	6,426			2005～12年	7,143
		2013年～	6,642			2013年～2020年	7,953
亜炭	kg	1953～99年	4,100			2021年～	8,148
		2000～12年	4,109	L P G	kg	1953～99年	12,000
		2013年～	3,117			2000～04年	11,992
コークス	kg	1953～99年	7,200			2005～12年	12,136
		2000～04年	7,191			2013～17年	11,958
		2005～12年	7,023			2018年～	11,963
		2013～17年	6,971	天然ガス	m³	1953～99年	9,800
		2018年～	6,930	国産天然ガス	m³	2000～04年	9,771
コークス炉ガス	m³	1953～99年	4,800			2005～12年	10,392
		2000～12年	5,041			2013～17年	9,466
		2013～17年	4,508			2018年～	9,168
		2018年～	4,391	L N G	kg	1953～99年	13,019
高炉ガス	m³	1953～99年	800	輸入天然ガス	kg	2000～04年	13,009
		2000～12年	815			2005～12年	13,043
		2013～17年	774			2013～17年	13,016
		2018年～	772			2018年～	13,068
転炉ガス	m³	1953～99年	2,000	炭鉱抜きガス	m³	1953～99年	8,600
		2000～12年	2,009			2000～12年	3,989
		2013～17年	1,801			2013年～	3,607
		2018年～	1,798	都市ガス	m³	1953～99年	10,000
練豆炭	kg	1953～99年	5,700			2000～04年	9,818
		2000年～	5,709			2005～12年	10,702
原油	L	1953～55年	9,300			2013～17年	9,715
		1956～60年	9,350			2018年～	9,547
		1961～65年	9,400	電力	kWh	()内は熱効率	
		1971～80年	9,300			(20.7%) 1953年	4,150
		1981～99年	9,250			(22.2%) 1954年	3,850
		2000～12年	9,126			(24.0%) 1955年	3,600
		2013～17年	9,145			(25.8%) 1956年	3,350
		2018年～	9,139			(26.8%) 1957年	3,200
N G L	L	1953～99年	8,100			(28.6%) 1958年	3,000
		2000～12年	8,433			(31.1%) 1959年	2,750
		2013～17年	8,343			(31.9%) 1960年	2,700
		2018年～	8,312			(32.7%) 1961年	2,650
ガソリン	L	1953～99年	8,400			(33.9%) 1962年	2,550
		2000～12年	8,266			(36.0%) 1963年	2,400
		2013～17年	7,973			(36.5%) 1964年	2,350
		2018年～	7,970			(36.9%) 1965年	2,350
ナフサ	L	1953～99年	8,000			(37.4%) 1966～70年	2,300
		2000～04年	8,146			(38.2%) 1971～99年	2,250
		2005～12年	8,027			(40.0%) 2000～04年	2,250
		2013年～	7,957			(40.9%) 2005～12年	2,105
ジェット燃料油	L	1953～99年	8,700			(41.5%) 2013～17年	2,074
		2000～12年	8,767			(42.1%) 2018年～	2,045
		2018年～	8,672				

出所：経済産業省/EDMC「総合エネルギー統計」

2. エネルギー源別炭素排出係数

（単位：Gg-CO$_2$/10^{10}kcal）

	1990年度 ～2012年度	2013年度 ～2017年度	2018年度～
石炭			
原料炭	3.7620	3.7649	3.7763
輸入一般炭	3.7927	3.7480	3.7278
国産一般炭	3.8219	3.6441	3.7167
無煙炭	3.9078	3.9792	3.9792
石炭製品			
コークス	4.5095	4.6379	4.5859
コールタール	3.2079	3.2079	3.2079
練豆炭	4.5095	3.9792	-
コークス炉ガス	1.6868	1.6773	1.6699
高炉ガス	(2012年度)	(2017年度)	(2021年度)
	4.0192	4.0706	4.0343
転炉ガス	5.9001	6.4031	6.4410
電気炉ガス	-	6.4031	6.4410
原油			
原油	2.8641	2.9163	2.9137
瀝青質混合物	3.0636	3.0636	3.0636
NGL・コンデンセート	2.8242	2.8035	2.7971
石油製品			
ナフサ	2.7889	2.8596	2.8596
ガソリン	2.8073	2.8738	2.8715
ジェット燃料油	2.8104	2.8552	2.8536
灯油	2.8411	2.8712	2.8712
軽油	2.8748	2.8847	2.8847
A重油	2.9009	2.9659	2.9659
C重油	2.9992	3.0966	3.0966
潤滑油	2.9500	3.0524	3.0524
他重質油	3.1880	3.1323	3.1888
オイルコークス	3.8909	3.7605	3.8063
製油所ガス	2.1719	2.2165	2.2165
液化石油ガス(LPG)	2.4753	2.5148	2.5126
天然ガス			
輸入天然ガス(LNG)	2.0675	2.1413	2.1295
国産天然ガス	2.1335	2.1438	2.1348
都市ガス	(2012年度)	(2017年度)	(2021年度)
	2.1531	2.1550	2.1458

出所：経済産業省「総合エネルギー統計」
　注：(1)高炉ガス、都市ガスの排出係数は、それぞれの製造工程における炭素収支に基づき、
　　　　毎年度設定している。
　　　(2)オイルコークスの排出係数は、2020年度まで2017年度と同じ。
　　　　2021年度から適用。

3. 単位換算表

(1)重量

～から ＼ ～へ	グラム gram (g)	キログラム kilogram (kg)	トン ton (t)	トン(米) short ton (tn)	トン(英) long ton (l.tn)	ポンド pound (lb)	オンス ounce (oz)
グラム	1	1×10^{-3}	1×10^{-6}	1.10231×10^{-6}	9.84206×10^{-7}	2.20462×10^{-3}	3.52740×10^{-2}
キログラム	1×10^{3}	1	1×10^{-3}	1.10231×10^{-3}	9.84206×10^{-4}	2.20462	3.52740×10^{1}
トン	1×10^{6}	1×10^{3}	1	1.10231	9.84206×10^{-1}	2.20462×10^{3}	3.52740×10^{4}
トン(米)	9.07185×10^{5}	9.07185×10^{2}	9.07185×10^{-1}	1	8.92857×10^{-1}	2.00000×10^{3}	3.20000×10^{4}
トン(英)	1.01605×10^{6}	1.01605×10^{3}	1.01605	1.12000	1	2.24000×10^{3}	3.58400×10^{4}
ポンド	4.53592×10^{2}	4.53592×10^{-1}	4.53592×10^{-4}	5.00000×10^{-4}	4.46429×10^{-4}	1	1.60000×10^{1}
オンス	2.83495×10^{1}	2.83495×10^{-2}	2.83495×10^{-5}	3.12500×10^{-5}	2.79018×10^{-5}	6.25000×10^{-2}	1

(2)容量

～から ＼ ～へ	リットル liter (L)	キロリットル kiloliter (kL)	立方フィート cubic feet (ft³)	ガロン(米) United States gallon (U.S. gal)	ガロン(英) Imperial gallon (U.K. gal)	バレル(米) United States barrel (bbl)	立方インチ cubic inch (in³)
リットル	1	1×10^{3}	3.53147×10^{-2}	2.64172×10^{-1}	2.19969×10^{-1}	6.28981×10^{-3}	6.10237×10^{1}
キロリットル	1×10^{3}	1	3.53147×10^{1}	2.64172×10^{2}	2.19969×10^{2}	6.28981	6.10237×10^{4}
立方フィート	2.83169×10^{1}	2.83169×10^{-2}	1	7.48052	6.22884	1.78108×10^{-1}	1.72800×10^{3}
ガロン(米)	3.78541	3.78541×10^{-3}	1.33681×10^{-1}	1	8.32674×10^{-1}	2.38095×10^{-2}	2.31000×10^{2}
ガロン(英)	4.54609	4.54609×10^{-3}	1.60544×10^{-1}	1.20095	1	2.85940×10^{-2}	2.77419×10^{2}
バレル(米)	1.58987×10^{2}	1.58987×10^{-1}	5.61458	4.20000×10^{1}	3.49723×10^{1}	1	9.70200×10^{3}
立方インチ	1.63871×10^{-2}	1.63871×10^{-5}	5.78704×10^{-4}	4.32900×10^{-3}	3.60465×10^{-3}	1.03072×10^{-4}	1

3. 単位換算表

(3)熱量

～から ＼ ～へ	メガジュール megajoule (MJ)	キロワット時 kilowatthour (kWh)	キロカロリーIT kilocalorie (kcalIT) 国際定義 *1	キロカロリーJP kilocalorie (kcalJP) 国内定義 *2	原油換算 キロリットル kiloliter of crude oil equivalent *3	石油換算トン ton of oil equivalent (toe) *4	British thermal unit (Btu)
メガジュール	1	2.77778×10^{-1}	2.38846×10^{2}	2.38889×10^{2}	2.58258×10^{-5}	2.38846×10^{-5}	9.47817×10^{2}
キロワット時	3.60000	1	8.59845×10^{2}	8.59999×10^{2}	9.29729×10^{-5}	8.59845×10^{-5}	3.41214×10^{3}
キロカロリーIT	4.18680×10^{-3}	1.16300×10^{-3}	1	1.00018	1.08127×10^{-7}	1×10^{-7}	3.96832
キロカロリーJP	4.18605×10^{-3}	1.16279×10^{-3}	9.99821×10^{-1}	1	1.08108×10^{-7}	9.99821×10^{-8}	3.96761
原油換算 キロリットル	3.87210×10^{4}	1.07558×10^{4}	9.24834×10^{6}	9.25000×10^{6}	1	9.24834×10^{-1}	3.67004×10^{7}
石油換算トン	4.18680×10^{4}	1.16300×10^{4}	1×10^{7}	1.00018×10^{7}	1.08127	1	3.96832×10^{7}
Btu	1.05506×10^{-3}	2.93071×10^{-4}	2.51996×10^{-1}	2.52041×10^{-1}	2.72477×10^{-8}	2.51996×10^{-8}	1

*1 International System of Units (Bureau International des Poids et Mesures)による定義から計算

*2 計量法(日本)による定義から計算

*3 原油換算 1L=9,250kcalとして計算

*4 1toe＝10^{7}kcalITとして計算